恒源祥美学文选书系

中國當代美學文選

Chinese Contemporary Aesthetics Theory Anthology

2022

祁志祥 主编

上海市美学学会
上海交通大学人文艺术研究院 编

人民文学出版社

图书在版编目（CIP）数据

中国当代美学文选. 2022/祁志祥主编；上海市美学学会，上海交通大学人文艺术研究院编. —北京：人民文学出版社，2022
ISBN 978-7-02-017400-3

Ⅰ.①中… Ⅱ.①祁… ②上… ③上… Ⅲ.①美学—文集 Ⅳ.①B83-53

中国版本图书馆 CIP 数据核字（2022）第 151145 号

责任编辑　陈彦瑾
装帧设计　黄云香
责任印制　任　祎

出版发行　人民文学出版社
社　　址　北京市朝内大街 166 号
邮政编码　100705

印　　刷　北京建宏印刷有限公司
经　　销　全国新华书店等

字　　数　404 千字
开　　本　890 毫米×1290 毫米　1/32
印　　张　15.5　插页 3
版　　次　2022 年 9 月北京第 1 版
印　　次　2022 年 9 月第 1 次印刷

书　　号　978-7-02-017400-3
定　　价　76.00 元

如有印装质量问题，请与本社图书销售中心调换。电话：010-65233595

编委会

名誉主任

曾繁仁(山东大学文艺美学研究中心名誉主任、中华美学学会原副会长)

朱立元(复旦大学文科资深教授、中华美学学会原副会长、上海市美学学会名誉会长)

刘瑞旗(恒源祥集团创始人、擘雅集团董事长)

主任

王　宁(上海交通大学人文学院院长、欧洲科学院外籍院士)

陈忠伟(恒源祥集团董事长兼总经理)

策划

毛时安(文艺评论家、中国文艺评论家协会原副主席)

主编

祁志祥(上海交通大学人文艺术研究院副院长、上海市美学学会会长)

资助

恒源祥(集团)有限公司

编委会成员

王德胜(首都师范大学艺术与美育研究院院长、中华美学学会副会长)

徐碧辉(中国社会科学院哲学所美学室主任、中华美学学会副会长)

张　法(四川大学教授、中华美学学会副会长)

陆　扬（复旦大学教授、中华美学学会副会长、上海市美学学会副会长）

党圣元（中国社会科学院研究员、全国马列文论研究会会长）

杨燕迪（中国音乐家协会副主席、哈尔滨音乐学院院长）

胡晓明（华东师范大学教授、中国古代文学理论学会会长）

叶舒宪（上海交通大学教授、中国比较文学学会会长）

陈晓明（北京大学教授、中国文艺理论学会副会长）

丁亚平（中国艺术研究院电影电视研究所研究员、中国高校影视学会会长）

张　晶（中国传媒大学文科资深教授、中国辽金文学研究会会长）

金惠敏（四川大学教授、国际东西方研究学会副会长）

丁国旗（中国社会科学院研究员、全国马列文论研究会副会长）

李春青（北京师范大学教授、中国文艺理论学会副会长）

欧阳友权（中南大学教授、中国文艺理论学会网络文学研究分会会长）

宛小平（安徽大学教授、安徽省美学学会会长）

周兴陆（北京大学教授、中国近代文学学会副会长）

周志强（南开大学教授、天津市美学学会会长）

刘悦笛（中国社会科学院研究员、国际美学协会原总执委）

张宝贵（复旦大学教授、全国马列文论研究会副会长、上海市美学学会副会长）

范玉吉（华东政法大学教授、上海市美学学会副会长）

张永禄（上海大学教授、上海市美学学会秘书长）

胡　俊（上海社会科学院副研究员、上海市美学学会副秘书长）

英　译　孙沛莹

审　校　胡　俊

Editorial Board

Honorary Director

Zeng Fanren (Honorary Director of the Research Center of Literary Aesthetics, Shandong University; Former Vice President of Chinese Society for Aesthetics)

Zhu Liyuan (Senior Professor of Liberal Arts, Fudan University; Former Vice President of Chinese Society for Aesthetics; Honorary President of Shanghai Aesthetics Society)

Liu Ruiqi (Founder of Heng Yuanxiang Group; Chairman of Boya Group)

Director

Wang Ning (Dean of School of Humanities, Shanghai Jiao Tong University; Foreign Member of Academia Europaea)

Chen Zhongwei (Chairman and General Manager of Heng Yuanxiang Group)

Plan

Mao Shi'an (Literary and Art Critic; Former Vice-Chairman of Chinese Literature and Art Critics Association)

Editor-in-Chief

Qi Zhixiang (Vice President of Humanities and Arts Institute of Shanghai Jiao Tong University; President of Shanghai Aesthetics Society)

Funding

Heng Yuanxiang (Group) Co., Ltd.

Editorial Board Members

Wang Desheng (President of the Institute of Art and Aesthetic Education, Capital Normal University; Vice President of Chinese Society for Aesthetics)

Xu Bihui (Director of the Aesthetics Department, Institute of Philosophy, Chinese Academy of Social Sciences; Vice President of Chinese Society for Aesthetics)

Zhang Fa (Professor of Sichuan University; Vice President of Chinese Society for Aesthetics)

Lu Yang (Professor of Fudan University; Vice President of Chinese Society for Aesthetics; Vice President of Shanghai Aesthetics Society)

Dang Shengyuan (Professor Researcher of the Chinese Academy of Social Sciences; President of China National Association of Works on Marxist-Leninist Literary Theories)

Yang Yandi (Vice Chairman of Chinese Musicians Association; President of Harbin Conservatory of Music)

Hu Xiaoming (Professor of East China Normal University; President of Chinese Association of Ancient Literary Theory)

Ye Shuxian (Professor of Shanghai Jiao Tong University; President of Chinese Comparative Literature Society)

Chen Xiaoming (Professor of Peking University; Vice President of Chinese Association for Theory of Literary and Art)

Ding Yaping (Professor Researcher of Film and Television Research Institute of Chinese National Academy of Arts; President of Chinese collegial Association for Visual Art)

Zhang Jing (Senior Professor of Liberal Arts, Communication University of China; President of Liao-Jin Literature Society of China)

Jin Huimin (Professor of Sichuan University; Vice President of International Society for East-West Studies)

Ding Guoqi (Professor Researcher of Chinese Academy of Social Sciences; Vice President of China National Marxist-Leninist Literature Research Association)

Li Chunqing (Professor of Beijing Normal University; Vice President of Chinese Association for Theory of Literary and Art)

Ouyang Youquan (Professor of Central South University; President of Network Literature Research Branch of Chinese Association for Theory of Literary and Art)

Wan Xiaoping (Professor of Anhui University; President of Anhui Aesthetics Society)

Zhou Xinglu (Professor of Peking University; Vice President of Chinese Modern Literature Society)

Zhou Zhiqiang (Professor of Nankai University; President of Tianjin Aesthetics Society)

Liu Yuedi (Professor Researcher of Chinese Academy of Social Sciences; Former General Executive Committee of International Association for Aesthetics)

Zhang Baogui (Professor of Fudan University; Vice President of National Society of Marxist-Leninist Literary Theories; Vice President of Shanghai Aesthetics Society)

Fan Yuji (Professor of East China University of Political Science and La; Vice President of Shanghai Aesthetic Society)

Zhang Yonglu (Professor of Shanghai University; Secretary General of Shanghai Aesthetics Society)

Hu Jun (Associate Professor Researcher of Shanghai Academy of Social Sciences;Deputy Secretary General of Shanghai Aesthetics Society)

Translator Sun Peying
Reviewer Hu Jun

《一望青山三百里,白云都是故乡情》,劳继雄作

目 录

前言 ………………………………………………… 祁志祥 1

第一章　美学本体论的形上追问 ………………………………… 1
第一节　当代中国学术语境中的实践存在论美学 ……… 朱立元 2
一、提出"实践存在论美学"的学术语境 ………………………… 3
二、"实践存在论美学"的思想来源 ……………………………… 7
三、"实践存在论美学"的基本主张 ……………………………… 12
第二节　新实践美学视阈下的文学审美特征论 …… 张玉能、张弓 15
一、文学是话语实践 ……………………………………………… 15
二、文学形象的间接性 …………………………………………… 19
三、文学的审美意象性 …………………………………………… 22
四、文学的深广思想性 …………………………………………… 25
第三节　安德烈《谈美》的美学观念 ………………………… 张颖 28
一、《谈美》其书 …………………………………………………… 29
二、《谈美》的写作动机 …………………………………………… 30
三、"美"的分类法 ………………………………………………… 34
四、"美在统一" …………………………………………………… 40
五、安德烈美学的特征 …………………………………………… 45

第二章　美与乐感的关系探索 …………………………………… 49
第一节　乐:中国美感的起源—定型—特色 ………………… 张法 50
一、"乐"字释义与远古美感的起源与演进 ……………………… 51

1

二、《尔雅》"乐"的语汇与远古美感的演进的定型 ……… 55
　　三、"乐"的定型与中国美感的基本特点 ……………… 59
　第二节　神经美学视角下的快乐与审美体验 ……… 胡俊 62
　　一、快乐在审美中的桥梁作用 …………………………… 62
　　二、审美快乐理论引发的美学重释 ……………………… 65
　　三、神经美学研究的意义及展望 ………………………… 74
　第三节　美从"乐"处寻 ……………………………… 杨守森 75
　　一、从《乐感美学》的探寻说起 ………………………… 75
　　二、"美"是表示"乐感"的情感语言 …………………… 77
　　三、美的"乐感"反应的价值维度 ……………………… 79
　　四、"乐感美学"的综合继承与理论创新 ………………… 81

第三章　美育的概念辨析与实践对策 ………………………… 83
　第一节　"美育"的重新定义及其与"艺术教育"的异同
　　　　　辨析 ………………………………………… 祁志祥 84
　　一、"美育"概念的历史及其在新中国走过的"Z"字历程 … 85
　　二、"美育"现有定义的缺失 …………………………… 88
　　三、美育是情感教育、快乐教育、价值教育、形象教育、艺术教育的
　　　　复合互补 ……………………………………………… 91
　　四、"美育"的实施路径 ………………………………… 101
　第二节　礼乐中和：中国古代审美教育的基本观念 …… 曾繁仁 103
　　一、"中和之美"的美学原则 …………………………… 103
　　二、"礼乐教化"：中国古代的审美教育观念 …………… 106
　　三、"风骨"与"境界"：体现人格美学的美学概念 ……… 110
　　四、儒道佛艺"融贯一体"的中华美育精神 ……………… 114
　第三节　中国当代美育学范畴体系的建构 ……………… 杜卫 117
　　一、美育学提出的历史背景 …………………………… 117
　　二、中国美育学所面临的问题 ………………………… 119
　　三、中国美育学的概念范畴架构 ……………………… 125

第四节　学校美育的三个难点与三重关系············　王德胜　131
　　一、三个难点：做什么、如何有效、如何超越知识化陷阱········　133
　　二、学校美育的三重关系························　139

第四章　中国上古美学鸟瞰·····························　145
第一节　万年中国说与美学史重构···············　叶舒宪　146
　　一、聚焦文化总体与核心价值······················　147
　　二、三观结构：宇宙观决定生命观和价值观···········　148
　　三、万年玉石神话信仰：文明核心价值···············　151
　　四、万年中国视角与美学大传统····················　155
　　五、原"象"：蓦然回首，那"象"却在三万年前·······　158

第二节　殷商甲骨文的美学价值·················　陈望衡　162
　　一、史前的类文字符号···························　162
　　二、甲骨文：中国最早的文字·····················　165
　　三、甲骨文对中华文化的影响······················　168
　　四、甲骨文中重要的中国美学概念···················　170

第三节　夏朝的礼乐文明·······················　杨赛　174
　　一、夏完善礼乐传承制度·························　176
　　二、禹初制《大夏》弘扬先王功德··················　177
　　三、禹命皋陶和启增修《大夏》宣扬政绩实施礼乐教化···　179
　　四、《夏颂》与《虞歌》·························　183

第五章　中国当代美学观照···························　185
第一节　当代美学论争中的方法论、本体论问题········　杨春时　186
　　一、第一次美学论争：20世纪50—60年代···········　186
　　二、第二次美学论争：20世纪80年代···············　189
　　三、第三次美学论争：20世纪90年代···············　193

第二节　西方当代美学新范式：丹托的理论诉求·······　代迅　200
　　一、古典艺术的终结与古典美学的坍塌················　200
　　二、普通物品的变容与艺术本质的重构···············　204

三、艺术边界的扩展与艺术属性本于理论阐释 ……………… 208
第三节　当代事件文论的主线发生与复调构成 ………… 刘阳 213
一、背景与主线：语言论/反语言论/非语言论的三元交织 …… 214
二、意识层面上的事件文论及其复调构成 ……………… 215
三、历史层面上的事件文论及其复调构成 ……………… 219
四、语言层面上的事件文论及其复调构成 ……………… 222
第四节　当代艺术"知识沟"的断裂与弥合 …………… 汤筠冰 227
一、当代传播学"知识沟"理论及其研究进展 …………… 227
二、当代艺术的"知识沟"现象及成因 ………………… 230
三、如何弥合当代艺术的"知识沟" …………………… 232

第六章　"后学"的美学征候 ……………………………… 235
第一节　后现代文化的审美特征 ………………………… 王宁 236
一、后现代主义的文化特征与审美特征 ………………… 236
二、后现代的碎片式"微时代"特征催生"抖音"现象 …… 238
三、文学经典在大众"抖音"时代的动态化重构 ………… 240
第二节　"后文明"时代的写作或"后文学"的诞生 …… 陈晓明 246
一、"后文明"与视听时代的感性解放 …………………… 248
二、网络文学的"爽"与"YY" ………………………… 250
三、科幻文学建构的宇宙论与虚拟世界 ………………… 253
四、文学让人类享有"爱的自由和美丽" ………………… 259
第三节　后现代的文学理论："没有文学的
　　　　文学理论" ……………………………………… 金惠敏 261
一、文学作为理论的越界 ………………………………… 262
二、唯美主义和对于唯美主义的认识误区 ……………… 264
三、审美民族主义与间在解释学 ………………………… 271
四、承认"审美的文学"，反对"审美本质主义" ………… 276

第七章　影视美学的历史与现状 …………………………… 279
第一节　为了中国电影未来的光荣与梦想 …………… 毛时安 280

一、作为艺术，电影值得万岁……………………………… 280
　　二、电影艺术的神圣担当与思考 ………………………… 281
　　三、必须向着纵深挺进…………………………………… 283
　第二节　中国电影的形象塑造和历史观念的
　　　　　建构………………………………………… 丁亚平 284
　　一、中国现代电影的民族主义与英雄书写 ……………… 285
　　二、新中国电影及公共场域中的两类新英雄人物 ……… 287
　　三、新时期电影史中的英雄典型如何跨越时间 ………… 290
　　四、英雄与人民同构：形象塑造与现代性之间的张力 … 292
　　五、电影与典型：重新思考人民和英雄书写的关系及意义…… 294
　第三节　当代中国文学"欲望书写"电影改编的新感性
　　　　　重构………………………………………… 陶赋雯 298
　　一、"新感性"的生发："欲望书写"改编的镜像表征 ……… 300
　　二、"新感性"的沉沦："欲望书写"改编的审美误区 ……… 305
　　三、"新感性"的重构："欲望书写"改编的路径拓延 ……… 308

第八章　音乐舞蹈的史论探讨 ……………………………………… 313
　第一节　中国音乐的经典化建构…………………… 杨燕迪 314
　　一、本命题的提出过程 …………………………………… 314
　　二、命题依托的学理背景 ………………………………… 316
　　三、音乐经典：立足中国境况的思考 …………………… 321
　　四、中国音乐经典化建构的展望与建议 ………………… 325
　第二节　舞台意象：舞剧创作的美学本质 ………… 张麟 327
　　一、舞剧的抒情性本质决定了意象创造成为舞剧表现的
　　　　核心……………………………………………………… 328
　　二、主体呈现决定了意象创造成为舞剧表现的主要手段 … 330
　　三、舞剧表意系统决定了意象创造成为舞剧言说的
　　　　主要手段………………………………………………… 333
　第三节　音乐作品曲式分析中的历史观…………… 冯磊 338

一、古典时期的音乐作品 ……………………………… 340
二、古典曲式的"原型性"特征 ………………………… 343
三、浪漫主义时期音乐曲式的新变 …………………… 350

第九章　生活美学与当代社会　353

第一节　生活美学：21世纪的新美学形态 ……… 仪平策 354
一、生活美学是与现代人类学思维范式相对应的理论产物 … 356
二、生活美学是对近代以来"超越论"美学的学术超越 ……… 361
三、生活美学是当代审美文化发展的理论旨归 …………… 363
四、生活美学以得天独厚、丰富深刻的传统美学
　　资源为根基 ……………………………………………… 364

第二节　从"美是生活"到"生活美学" ………… 刘悦笛 367
一、"美是生活"成为真正的历史起点 ……………………… 368
二、"美是生活"的三种中国化阐释 ………………………… 372
三、新世纪"生活美学"的转向 …………………………… 379

第三节　中国生活美学的形态与问题 ………… 张宝贵 381
一、中国生活美学的三种思想形态 ………………………… 382
二、现代性问题意识 ………………………………………… 388
三、形而上意识 ……………………………………………… 392

第十章　品牌美学与文化经营　399

第一节　品牌经营与品牌美学 ……………… 刘瑞旗 400
一、品牌设计与品牌管理 …………………………………… 400
二、中国制造与自主品牌 …………………………………… 407

第二节　品牌美学构建的五重维度 ……………… 周韧 415
一、民族文化：品牌美学的本土资源 ……………………… 417
二、生活之美：品牌美学的现实前提 ……………………… 420
三、五觉愉快：品牌美学的外在呈现 ……………………… 422
四、价值追求：品牌美学的内在标准 ……………………… 423
五、艺术联姻：品牌美学的形态升级 ……………………… 425

第三节　品牌美学视阈下的品牌塑造……………… 张继明 430
　一、何谓品牌美学 ………………………………………… 432
　二、美学为何能成为品牌的竞争优势 …………………… 434
　三、在品牌塑造中如何运用美学策略 …………………… 437

附录

一、坚守价值与快乐的双重维度，积极开展美学研究和美育活动
　　——上海市美学学会第九届工作报告 …………… 祁志祥 442
二、2021 年，我们这样走过
　　——上海市美学学会年度工作回顾 ……………… 祁志祥 453
三、永不凋谢的绒线花
　　——民族品牌恒源祥与奥运会的合作历程 ……… 陈忠伟 457

书画作者索引 ……………………………………………………… 462

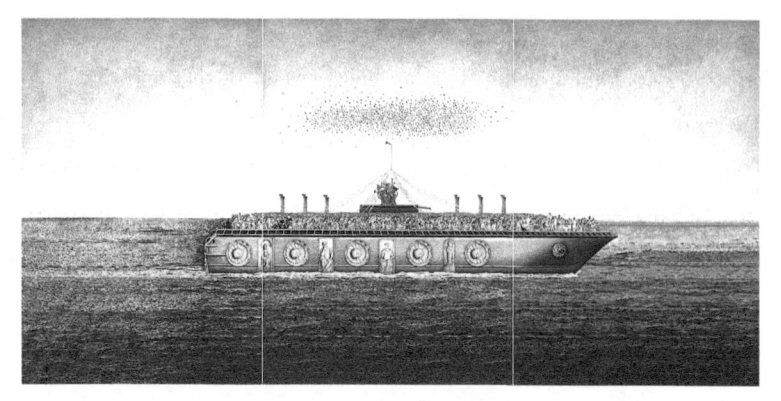

《梦之船 No.1》，张敏杰作

Chinese Contemporary Aesthetics Theory Anthology 2022

Contents

Foreword ·· Qi Zhixiang *1*

Chapter 1 Metaphysical Inquiry of Aesthetics Ontology ················ *1*
Section 1 Practical Ontology Aesthetics in the Context of Contemporary Chinese Academics (Zhu Liyuan) ·· 2
Section 2 Literary Aesthetic Features from the Perspective of New Practical Aesthetics (Zhang Yuneng, Zhang Gong) ····························· 15
Section 3 The Aesthetic Concept of Andre's *On Beauty* (Zhang Ying) ··· 28

Chapter 2 Exploration of the Relationship between Beauty and Pleasure ··· 49
Section 1 Pleasure: The Origin of Chinese Aesthetics–Styling–Characteristics (Zhang Fa) ·· 50
Section 2 Pleasure and Aesthetic Experience from the Perspective of Neuroaesthetics (Hu Jun) ··· 62
Section 3 Beauty is Obtained from Pleasure (Yang Shousen) ············ 75

Chapter 3 Conceptual Analysis and Practical Countermeasures of Aesthetic Education ······································ 83
Section 1 Redefinition of Aesthetic Education and Its Similarities and Differ-

ences with Art Education (Qi Zhixiang) ················· 84
Section 2 Ritual, Music, Moderation and Peace: The Basic Concepts of Aesthetic Education in Ancient China (Zeng Fanren) ················· 103
Section 3 Construction of the Category System of Chinese Contemporary Aesthetic Education (Du Wei) ················· 117
Section 4 Three Difficulties and Triple Relationships in School Aesthetic Education (Wang Desheng) ················· 131

Chapter 4 A Bird's Eye View of Ancient Chinese Aesthetics ············ 145
Section 1 Ten Thousand Years of China Theory and Reconstruction of Aesthetic History (Ye Shuxian) ················· 146
Section 2 The Aesthetic Value of Oracle Bone Inscriptions in the Shang Dynasty (Chen Wangheng) ················· 162
Section 3 The Ritual and Music Civilization of the Xia Dynasty (Yang Sai) ················· 174

Chapter 5 Chinese Contemporary Aesthetics ················· 185
Section 1 Methodology and Ontology in Contemporary Aesthetics Debates (Yang Chunshi) ················· 186
Section 2 The New Paradigm of Contemporary Western Aesthetics: Danto's Theoretical Appeal (Dai Xun) ················· 200
Section 3 The Occurrence Mainline and Polyphonic Composition of Contemporary Event Literary Theory (Liu Yang) ················· 213
Section 4 Breaking and Bridging the Knowledge-Gap of Contemporary Art (Tang Yunbing) ················· 227

Chapter 6 Aesthetic Signs of Post-ism ················· 235
Section 1 Aesthetic Characteristics of Postmodern Culture and Analysis of

Tik Tok Phenomenon (Wang Ning) ……………………………… 236
Section 2 Writing in the Post-Civilization Era or the Birth of Post-Literature (Chen Xiaoming) ……………………………………… 246
Section 3 Literary Theory in the Post Era: Literary Theory Without Literature (Jin Huimin) ………………………………………… 261

Chapter 7 History and Current Situation of Film and Television Aesthetics ……………………………………………………… 279
Section 1 For the Future Glory and Dream of Chinese Film (Mao Shian) ……………………………………………… 280
Section 2 Hero Image Creation and Historical Concept Construction in Chinese Films (Ding Yaping) ……………………………… 284
Section 3 The New Perceptual Reconstruction of the Film Adaptation of Desire Writing in Contemporary Chinese Literature (Tao Fuwen) …… 298

Chapter 8 A Historical Discussion on Music and Dance …………… 313
Section 1 On Canon Construction in Chinese Music (Yang Yandi) …… 314
Section 2 Stage Imagery: The Aesthetic Essence of Dance Drama Creation (Zhang Lin) ……………………………………………… 327
Section 3 Historical Views in the Analysis of Musical Compositions (Feng Lei) ………………………………………………… 338

Chapter 9 Aesthetics of Living and Contemporary Society …………… 353
Section 1 Aesthetics of Living: The New Aesthetic Form of the 21st Century (Yi Ping Ce) …………………………………………… 354
Section 2 From "Beauty is Living" to "Life Aesthetics" (Liu Yuedi) …… 367
Section 3 The Form and issues of Chinese Living Aesthetics (Zhang Baogui) …………………………………………………… 381

Chapter 10 Brand Aesthetics and Cultural Management ·················· 399
Section 1 Brand Management and Brand Aesthetics (Liu Ruiqi) ······ 400
Section 2 Five Dimensions of Brand Aesthetics Construction
　　(Zhou Ren) ·· 415
Section 3 Brand Building from the Perspective of Brand Aesthetics (Zhang
　　Jiming) ·· 430

Appendix
1. The Ninth Work Report of Shanghai Aesthetic Society
　　(Qi Zhixiang) ··· 442
2. Review of the work of Shanghai Aesthetic Society in 2021
　　(Qi Zhixiang) ··· 453
3. The Cooperation Process Between the National Brand Hengyuanxiang and
　　the Olympic Games (Chen Zhongwei) ································· 457

Artist Index ··· 462

《黄土高坡》,乐震文作

前　言

《中国当代美学文选2022》属于"恒源祥美学文选书系"第一辑。

恒源祥（集团）有限公司是文化兴企、有着近百年历史积淀的著名民族品牌。第三代掌门人陈忠伟先生在繁忙的经营活动之余不懈读书充电。因为读过我的《中国美学全史》有所触动，并了解到我们是盐城同乡，便安排助手与我取得联系。2021年2月24日我们第一次见面，相谈甚惬。几次交流后，确立了恒源祥与上海市美学学会的战略合作关系，并将这种合作落实为"恒源祥美学文选书系"。一年一辑，一辑一题，不定期出版，试图办成向国内外介绍当代中国美学最新成果的一扇窗口。

说起"恒源祥"与本人及美学会的联系，似乎有某种宿命。首先，"恒源祥"和"祁志祥"的名字有一个字相同。一个"祥"字，将"恒源祥"与本人联系到了一起。其次，"祥"字的构造包含"羊"。"羊"与"美"有着天然联系。《说文解字》说："羊大为美。""恒源祥"是以羊毛、羊绒为主原料的服装家纺行业，曾经流行的广告语即"羊羊羊"。在"羊"身上大做文章，爱美求美，引领潮流，是"恒源祥"的经营之道。上海市美学学会姓"美"。我和上海市美学学会都以研究"美学"为业。追求"美"的企业需要得到研究"美"的学人的理论指导，研究"美"的学者和学会也需要理论联系实践。于是，我们双方便走到了一起。

上海市美学学会成立于1981年，首任会长是复旦大学蒋孔阳教授。第二任会长是上海社会科学院蒋冰海研究员。第三任会长是复旦大学朱立元教授。本人是第四任会长,也是现任会长。本届副会长有复旦大学陆扬、张宝贵教授,华东政法大学范玉吉教授,上海戏剧学院王云教授,东华大学王梅芳教授,华东师大王峰教授,秘书长为上海大学张永禄教授。学会目前有三百多位会员,覆盖上海各大高校。设五个专业委员会,分别是中小学美育专委会、书画艺术专委会、审美时尚专委会、设计美学专委会、舞台艺术专委会。学会在致力美学基础理论研究的同时积极开展美育实践,学术影响日益扩展,社会美誉度不断提升。学会所依托的上海交通大学在最近的世界权威机构排名中综合实力位居全国前三,人文学科位居全国第八。目前中国语言文学专业拥有一级博士点和博士后流动站。作为会长任职单位,上海交大人文学院和人文艺术研究院可为学会发展提供强大支撑。

"恒源祥"于1927年创立于上海。第一代掌门人叫沈莱舟。他在任上完成了两次壮举。一是1935年之后完成了从毛纺零售到生产制造的转型,成为享誉遐迩的"毛线大王"。二是1956年完成了从私营向国营的转型,表现了一个老字号业主的拳拳爱国之心。第二代掌门人叫刘瑞旗。1987年他接手恒源祥零售店之后,恰逢中国开启了计划经济向市场经济转轨的历史进程。任内二十四年,他完成了三次转型。一是1991年从老字号商业零售到商标品牌产销一体的转型。二是1998年从毛线单品向家纺多品的转型。三是2001年恒源祥改制独立后从有限策略经营向长远战略经营的转型。2011年,刘瑞旗将恒源祥总经理的位置交给陈忠伟,自己到北京创建擎雅集团有限公司,致力于企业文化和品牌美学研究和经营。2020年,陈忠伟从刘瑞旗手中接过恒源祥董事长的嘱托,成为恒源祥的第三代掌门人。陈忠伟任内完成的又一次企业重大转型,是传统线下零售转向现代线上电商销售。如今,恒源祥在全国三十一个省、市、自治区共有线上线下六千多家生产与销售网点,年销售额八十多亿,品牌评估值二百多亿。2008年以来连续八次成为世界纺织行业唯一的奥运赞助商。委托上海市美学学会主编的"恒源祥美学文选书系"是其品牌战略的神来之笔。它以争创第一的品牌经营战略选择与本人及上海市美学学会合作,是对我和学会的莫大肯定。作为主编,本人也将努力将本丛书打造成中国美学文选的标志性品牌。

本书以选载上海和全国美学工作者近期发表的优秀论文为主。获选文章压缩在万字以内,以保证本书具有更为广泛的代表性。主编对选文按照以类相从的原则分章排序,设立章、节、小标题三级目,部分论文题目及小标题适当加以调整或增补,力图体现选文之间的有机联系。每章前加"主编插白"作简要导读,也适当生发,希望形成一种对话的张力,增加读者的阅读兴趣。

本书共分十章。

第一章是美学本体论的探讨。本体论是探究对象本原或基质的哲学理论。美学本体论是关于美学研究的主要对象美和艺术的本原、特质的理论。相对于形形色色的审美现象,它是关于现象背后被称作"美"和"艺术"的统一规定性的思考。这种形而上的追问纷纭复杂的审美现象背后统一性义界的思考,传统意义上叫作"本质论"。最近几十年来,人们谈"本质"色变,用"本体论"替代之,其实内涵大同小异。道不可言,但又不离言。传统的本质论有缺陷,但完全取消本质思考也行不通。在美学领域,完全取消美和艺术的本质规定性,也就取消了美和艺术的边界,势必导致对美丑界限、艺术与生活的界限的混淆和马克思主义哲学所肯定的"美的规律"的否定,带来有害的后果。因此,美的本质论或美学本体论的形上追问,是美学研究者无法回避的理论原点。在中国当代关于美的本质论或美学本体论的形上追问中,笔者是其中的一员,曾提出"美是有价值的乐感对象"[①]"文艺是审美的精神形态"[②]等命题,坚持认为艺术是人造的有价值的乐感载体。与此同

---

① 详参祁志祥:《乐感美学》第三章"美"的语义:有价值的乐感对象》,北京大学出版社 2016 年版。
② 详参祁志祥:《论文艺是审美的精神形态》,《文艺理论研究》2001 年第 6 期。收入《祁志祥学术自选集》,复旦大学出版社 2019 年版,第 3—11 页。

时,本人也十分关注其他同行的相关新说。本章选文三篇。一是复旦大学文科资深教授,也是上海市美学学会名誉会长朱立元先生关于其提出"实践存在论美学"本体论的学术语境、思想来源及基本主张的阐述。"实践存在论美学"的提出旨在对李泽厚、蒋孔阳先生的实践论美学有所超越,其思维路径是以"实践"为核心范畴,试图在马克思的社会存在论、反映性认识论与海德格尔的现象存在论、生成性认识论之间找到某种通约性,从而对审美现象的本原做出新的解释,给人颇多启发。二是张玉能、张弓父子在张玉能先生早已提出的"新实践美学"视野下对"文学审美特征论"做出的阐释。"文学审美特征论"是钱中文、童庆炳先生在20世纪80年代提出的文学本质论,王元骧、吴中杰等学者加以呼应。张氏父子以"新实践美学"的视角将文学定义为用语言所描绘的间接形象表达"深广思想"的"话语实践",审美意象是文学的根本特征,另备一说。三是中国艺术研究院中青年学者张颖关于法国启蒙主义时期美学家安德烈在1741年出版的《谈美》一书主要内容及"美在统一"核心观点的阐释。安德烈及其《谈美》在现有西方美学史资料和论著中鲜有涉及。张颖利用自己精通法语、研究法国文化的专攻对此加以发覆,值得参考。从学术流变来看,安德烈的《谈美》属于传统西方美学的范围,在思维方式、观点表述等方面与现代、后现代西方美学迥然不同。张颖的研究文章表明:传统的西方美学成果仍然有其参考价值,不可盲目无视、粗暴否定。

  第二章是美的本体与乐感联系的探讨。美是什么呢?古今中外,理论家、艺术家乃至文化大众都曾从思辨需要和实践需要出发,对美的含义做出过若干说明。如果我们做一个统计学的实验,将会发现,在各种定义中,谈论美与快感的联系的言论是最多的[①]。快感是美的最基本的功能,也是美的最基本的维度。不过,"快感"给人感觉的字面意

[①] 笔者的《乐感美学》60万字,搜罗了古今中外关于"美"的大量定义,被复旦大学陆扬教授称为"关于'美'的百科全书"。见陆扬《〈乐感美学〉批判》,《上海文化》2018年第2期。

义与肉体、感官紧密相连。美所引起的快感不仅包括肉体快乐，而且包含精神愉悦。所以，我们借用中国古代文化中"乐感文化"的"乐感"一语，来指称美所引发的主体心智的快乐反应。2016年，笔者的国家社科基金后期资助成果《乐感美学》在北京大学出版社出版，用"乐感"或"快乐"而不是用"快感"来指称"美"的特质，渐渐在学界形成默契。辽宁大学的高楠教授著文指出："乐"是中国传统美的生成范畴。① 温州大学的马大康教授著文指出：从"乐感"探寻美学的理论基点。② 本章选择三文。四川大学教授、中国美学史家张法的《乐：中国美感的起源、定型、特色》。该文从"乐"的文字学释义入手探讨远古美感的起源、演进、定型和中国古代美感思想的基本特点，提供了许多实证性材料，可以丰富我们对中国古代乐感美学传统的认知。上海社会科学院中青年学者胡俊这些年来以研究西方泽基的神经美学引人注目。她对神经美学关于快乐在审美中的桥梁作用、审美经验与快乐联系的研究评述，为人们认识美的乐感功能特征提供了另外一种重要参考。山东师大的杨守森教授从《乐感美学》的美本质探寻说起，指出"美从'乐'处寻"，"美"是表示乐感的"情感语言"，美产生的"乐感"反应恪守价值底线，属于"深得吾心"之作，也可视为《乐感美学》的一种学术反应。

  第三章探讨美育问题。美育是美学原理在实践中的应用。建设新时代美好生活，美育从未像今天这样显得举足轻重。2018年8月30日，习近平总书记给中央美术学院八位老教授回信，提出了"做好美育工作""遵循美育特点，弘扬中华美育精神"的时代课题。2020年10月，中共中央办公厅、国务院办公厅联合下发《关于全面加强和改进新时代学校美育工作的意见》，进一步强调美育工作的重要性。何为"美育"？"美育"与"艺术教育"的种差在哪里？从那些地方入手实施"美育"？上海交通大学祁志祥教授的文章结合"美育"概念在中国提出的

---

① 高楠：《"乐"：中国传统美的生成范畴》，《学习与探索》2017年第2期。
② 马大康：《从"乐感"探寻美学的理论基点》，《人文杂志》2016年第12期。

历史和"美育"定义的现有缺失,在与"艺术教育"异同的比较中对"美育"的含义做了重新甄别厘析,提出"美育是情感教育、快乐教育、价值教育、形象教育、艺术教育的复合互补","美育"应从上述五方面加以实施,最终培养人们懂得如何欣赏和创造"有价值的乐感对象"这样的美。中国古代素有美育传统。王国维曾于 1904 年发表《孔子之美育主义》,指出以"乐""礼"育人的孔子"始于美育,终于美育"。[①] 山东大学教授曾繁仁先生以研究美育著称。他上承王国维的思想而加以拓展,总结探讨中国古代的美育形态和精神,指出"礼乐教化"与"中和"之美是中国古代美育的基本观念,而"风骨"与"境界"则是中国古代体现人格美学的美学概念。美育从古代发展到今天,适应时代需要,杭州师范大学的杜卫教授提出了建构当代中国"美育学"的构想,从中国当前面临的相关问题出发,提出了"美育学"概念范畴体系的基本架构。美育不仅是全社会的任务,更是学校教育的重中之重。首都师范大学艺术与美育研究院的王德胜教授念兹在兹,从中心工作要求出发长期思考学校美育问题,有针对性地提出了当前学校美育的三个难点与三重关系,具有很好的操作意义,值得参考。

第四章是中国上古美学鸟瞰。美学的研究异彩纷呈,说到底不外乎纵横交错的史论研究。关于上古中国美学史的研究,笔者的《中国美学通史》《中国美学全史》依据的上限是三千年前周代有文字可稽的文献。文字是思想的直接表征。对周代文献的文字训诂和文化解读,是认识和阐释上古美学思想的可以征信的方法。不过也有另一种方法,主张超越文字记录,上溯此前的岩画玉陶青铜雕塑等器物,诠释其中物化的审美意识。尽管对器物中物化的审美意识的解读存在着或见仁或见智的不确定性和强烈的主观性,但不失为解读上古审美意识的一种参考。中国比较文学学会会长、上海交通大学神话学研究院首席专家叶舒宪教授最近领衔出版了"玉成中国:中华

[①] 周锡山编校:《王国维集》第四册,中国社会科学出版社 2008 年版,第 5 页。

创世神话考古专辑"成果,提出"玄玉时代"概念,以大量实物揭示了在距今约五千五百年仰韶文化后期至距今约四千年龙山文化晚期青铜器时代开端这段时期,在中原曾经存在过一个玉礼器时代,其玉料是墨绿色、玄黑色的蛇纹石玉。早在一万年前,此类玉石就被神圣化。到了"玄玉时代",以黑色的玄玉和以黑绿两色相杂的蛇纹石为美,成为突出的"史前古老审美风尚"①。这种风尚一直延续到夏代,因此《礼记·檀弓》有"夏后氏尚黑"的记载。随着距今约四千年玄玉礼器逐渐被从昆仑山大批东输而来的白玉(又称"和田玉""昆山之玉")取代,审美风尚转向以纯白为美,即《礼记·檀弓》说的"殷人尚白"。叶舒宪把这种审美转向称为"玄素之变",一直延续到清末。《红楼梦》形容贾府"白玉为堂",即是明证②。叶舒宪教授从万年之前中国的玉石神话信仰鸟瞰上古审美风尚,大大拓展了上古美学史研究的上限。殷商的甲骨文字至今有三分之二不能解,已破译的文字大多与占卜神灵的吉凶有关,其中是否含有审美意识,一直未见论及。美学史家、武汉大学的陈望衡教授近些年致力于"文明前的文明"及其审美意识研究,成果卓著③。他的近作《试论甲骨文的美学价值》探讨了殷商甲骨文中的重要美学概念,填补了这方面研究的一个空白,值得重视。"周因于殷礼,殷因于夏礼"。夏礼是中国古代礼教文明的源头。但由于夏代尚无文字,夏礼缺少当时的文字记载,只存在于后世的传说中,所以关于夏代文明的研究一直是一个薄弱环节。上海音乐学院的中青年学者杨赛研究员最近几年致力于上古五帝三王礼乐文明的研究,发表了系列研究成果,成绩斐然,引起学界关注。本章选择他探讨夏朝礼乐文明的文章一篇,以见大概。

---

① 叶舒宪:《玄玉时代》,上海人民出版社2020年版,第238页。
② 详参祁志祥:《从〈玄玉时代〉看中华创世神话研究工程的重大意义》,《中华读书报》2022年1月13日。
③ 详见陈望衡:《文明前的"文明"——中华史前审美意识研究》(上、下册),人民出版社2018年版。

第五章是中国当代美学观照。中国当代美学怎么看？厦门大学的杨春时教授既是中国当代美学的参与者和一派学说的代表人物，也是中国当代美学的研究者。以这样一种双重身份审视新中国成立后的当代美学论争，聚焦运用的方法论及得出的本体论，杨春时先生将中国当代美学论争概括为三次。第一次论争发生在20世纪50—60年代，论争的焦点是美的主客观属性问题，出现了蔡仪的美在客观派，吕荧、高尔泰的美在主观派，朱光潜的美在主客观合一派，李泽厚的美在客观社会属性派。第二次美学论争发生于20世纪80年代，论争的焦点是美的本质问题，主要在李泽厚与蔡仪之间展开，高尔泰、朱光潜等也加入了讨论。这是第一次论争的延续和深化。第三次论争发生于1990年至2000年代，论争的双方是后实践美学与实践美学，后实践美学是一个包含着多种学说的总体概括，其中包括杨春时自己的"主体间性超越论美学"、张玉能的"新实践美学"、朱立元的"实践存在论美学"等。西方当代美学范式出现了什么样的新变？厦门大学的代迅教授以丹托的艺术理论为切入点，由点及面地阐释了这个问题。一是西方古典艺术的终结与艺术模仿论美学传统的坍塌，二是普通物品的艺术化与艺术本质的重构，三是艺术边界的扩展与理论阐释对于艺术的决定作用。艺术的存在依赖于理论。物品的外在形式并不重要，是美是丑也无关宏旨，能否援引艺术理论加以阐释才是最为关键的因素。这决定了某一物品是否有资格获得认证进入艺术界，成为一件艺术作品。文学本来被定义为社会生活的反映，而社会生活是由一个个的事件构成的。在当代文论中，集体名词"社会生活"被个别概念的"事件"取代，"事件文论"成为一种新潮文论。华东师范大学的刘阳教授以研究当代事件文论著称。他的《当代事件文论的主线发生与复调构成》从意识层面、历史层面、语言层面三方面分析介绍了当代西方"事件文论"的产生及其复调构成，为我们了解"事件文论"的主要内容提供了可以参考的依据。在艺术借助新媒体的传播中，受众与新媒体之间存在的知识鸿沟愈来愈大，这直接影响着受众的审美接受。如何弥合受众的知识与新媒体艺术的断裂鸿沟？起源于1970年代的美国"知识沟"理论作为重要的艺术传播理论，对这个问题做了有意义的探讨。复旦大学致力于艺术传播学研究的汤筠冰教授介绍了这一当代学说，并通过"知识沟"理论来审视我国当代艺术传播与接受中存在的数字鸿沟，就如何弥合这一鸿沟、提升受众的艺术素养提出了对策性思考。

第六章是"后学"美学征候探讨。长江后浪推前浪，芳林陈叶催新叶。江山代有才人出，各领风骚数百年。"后学"就是当代西方文化百家争鸣、自由竞放、不断超越所形成的琳琅满目的思想景观。"后……"是西文前缀"Post-"的意译。这个前缀可以和任何词根联系起来，从而构成西方后现代文化的各种"后学"分支："后文明""后文学""后理论"等等。在西方当代文化中，"后学"属于离我们今天最近的文化形态，不仅时间上具有当下性，而且性质上具有前沿性。本书编委会主任、欧洲科学院外籍院士、上海交通大学人文学院院长王宁教授以研究后现代文化蜚声海内外。他的《后现代文化的审美特征及"抖音"现象分析》从后现代主义的文化特征论及审美特征，揭示当下"抖音"现象的出现乃是后现代碎片化"微时代"特征催生的结果，而文学艺术的经典在大众"抖音"时代会产生不断的充满主体个性的动态化重构。这是一篇以后现代文化理论对当下流行的网红现象以及传统的文学经典在其中被重新建构的新问题的敏锐把握和剖析，读来饶有兴味。中国作家协会文学理论批评委员会主任、北京大学中文系教授陈晓明以研究"后学"著称。他的《后文明时代的写作或后文学的诞生》一文论及"后文明"与视听时代的感性解放、网络文学追求的"爽"与流行的"YY"、科幻文学建构的宇宙论与虚拟世界，最后重申让人类享有"爱的自由和美丽"依然是"后时代"的"后文学"具有的基本特征和神圣使命。"没有文学的文学理论"是"后时代"的一种重要文学理论现象。"没有文学的文学理论"是否具有"文学理论"的合法性？如何理解"没有文学的文学理论"产生和存在的合理性？四川大学的长江学者金惠敏教授长期致力于这一研究，2021年刚在四川大学出版社出版

《没有文学的文学理论》专著。在本章所收的论文中,他为文学理论越界到文学以外的缘由和奥妙做了辩护,最后重申:他并不反对"审美的文学",只是反对"审美本质主义"。

第七章是中国影视美学探讨。上海是中国电影的发祥地。截至2021年,一年一度的上海国际电影节已经举办了二十五届。毛时安先生是中国当代著名的文艺评论家。几十年来,他挥动一支如椽大笔,以恢宏的气魄、敏锐的感受、美丽的文字,评小说、评戏剧、评绘画、评书法、评篆刻,评电影、评电视,笔之所到,皆成佳作。写在第十八届上海国际电影节开幕之际的《为了中国电影未来的光荣与梦想》,就是其中的一篇代表作。他为电影的艺术魅力叫好,也为电影艺术的神圣担当呼唤。中国电影扎根中国故事,借鉴好莱坞技术成果,在近二十年来取得了突飞猛进,但相对于十四亿人对美好生活的期盼,中国电影任重道远,必须向着纵深挺进。中国艺术研究院电影电视研究所前所长丁亚平是出版过多种中国电影史专著的电影史家。他的《中国电影的英雄形象塑造和历史观念的建构》从中国现代电影的民族主义理念与英雄形象的书写出发,巡视新中国电影中反映的新英雄人物和改革开放新时期的多种典型的电影文本,揭示了中国电影英雄与人民同构的美学传统,并在新形势下对英雄塑造与人民的关系奉献了新的思考。上海师范大学传媒学院的青年学者陶赋雯这些年以影视评论和研究崭露头角。围绕中国电影对中国当代欲望书写的文学作品的改编及其得失,她提出"新感性的重构"加以理论概括和分析评点,给人颇多启发。

第八章是音乐舞蹈的史论研究。中国音乐经典化建构的宏大命题,既来自现实驱动,也有学理依据。中国音乐家协会副主席、哈尔滨音乐学院院长杨燕迪教授在繁忙的行政工作之余笔耕不辍,对这一宏大命题提出了自己的系统化思考。从中国当前音乐生活状况的个人观察出发,结合中外学者有关文学经典和音乐经典的相关论述,立足中国当代音乐发展的实际,杨燕迪教授指出经典意识对于中国音乐建设具有积极意义,并就如何在中国音乐的创作、演出和理论批评等领域展开经典化建构做出展望、提出建议。舞蹈创造的艺术美的本质是什么，舞蹈家出身的上海戏剧学院舞蹈学院张麟教授结合自己的亲身体验对此做了理论回答，即舞台意象。他指出：舞剧的抒情本质决定了意象成为舞剧创造的艺术美核心，舞蹈家的主体呈现和舞剧的表意系统决定了意象创造成为舞剧创作的主要手段。如果说上述二人的文章是乐舞美学的理论探讨，上海音乐学院冯磊教授的《曲式与作品分析中的历史观》则注入了历史意蕴的考察。文章考察了古典时期音乐曲式的原型性特征和浪漫主义时期音乐曲式的新变，颇多独得，是专业性很强的当行之作。

第九章是生活美学研究。随着社会生产力的提高和人类物质文明的进步，人们的衣食住行在满足了基本的功利需要之后，日益往外观美、形式美方向发展，从事踵事增华、锦上添花的建设。于是，日常生活的美化和生活的艺术化，成为当代社会的一个重要表征。改革开放四十多年，中国人解决了温饱问题，逐渐富裕起来，于是对美好生活的向往，成为新时代中国人的奋斗目标。正是在这样的历史语境和时代背景下，"生活美学"的概念在21世纪之初被大家不约而同地提出来了。2003年，山东大学的仪平策教授发表文章指出："生活美学"是"21世纪的新美学形态"。他这样展开论证：生活美学是与现代人类学思维范式相对应的理论产物，是对近代以来"超越论"美学的一种学术超越，它既是当代审美文化发展的理论旨归，同时也有得天独厚、丰富深刻的传统美学的根基。几乎从那时起，中国社会科学院的研究员刘悦笛开始了"生活美学"的倡导，一路著述一路呼唤，还返论于史，对中国传统的生活美学资源做了饶有趣味的发掘与描绘。生活美学强调美在生活中，这与车尔尼雪夫斯基早已提出的"美是生活"有何不同的特点？中国学者如何对"美是生活"做出过"中国化解释"？新世纪"生活美学"的转向体现在何处？刘悦笛在《从"美是生活"到"生活美学"》一文中具体回答了这些问题。与刘悦笛相呼应，复旦大学的张宝贵教授也倡导"生活美学"。那么，当下"生活美学"学说的思想形态是怎样

11

的？还存在哪些问题需要面对和思考？他的《中国生活美学的形态与问题》一文对此做了比较系统的阐释。多年来，本人一直是"生活美学"的关注者。依我的体会，车尔尼雪夫斯基"美是生活"所说的"生活"是"生命"的意思。车尔尼雪夫斯基的"美是生活"与其说是"生活美学"的理论资源，不如视为"生命美学"的理论依据更为合适。今天我们倡导"生活美学"，并不意味着"生活"等于"美"（因为"生活"中也有"丑"，说"美是生活"，也可以说"丑是生活"），而是旨在强调：美应当成为我们当今生活追求的更高目标。而美是"本身具有价值同时使人愉快的东西"（亚里士多德），是"有价值的乐感对象"。让我们在生活中多多欣赏和创造有价值的令人愉快的对象，使我们的生活更加快乐、更有价值。

第十章是品牌美学研究。品牌既是一个商业问题，也是一个美学问题。如何把握品牌美学，这是美学研究的一个新课题，也有着强烈的现实需要，需要我们努力做出探索。品牌是文化，品牌是历史，品牌是个性，品牌是记忆，品牌是感动，品牌是价值。1927年沈莱舟在上海创立的恒源祥在30—40年代曾开创了一代商业传奇。改革开放以来，经过第二代传人刘瑞旗的妙手回春，恒源祥成功转制，脱胎换骨，凤凰涅槃，独步天下，成为家纺行业享誉世界的民族品牌。刘瑞旗先生是这个品牌的亲手创立者。几十年来，他以品牌战略经营恒源祥集团公司，既取得了超乎寻常的商业成功，也积累了品牌经营与品牌美学的若干心得。他的《品牌与文化》（中国发展出版社2013年版）一书足以成为品牌美学研究的一手资源。本章选取他发表过的《品牌设计与品牌管理》《中国制造与自主品牌》二文，以见恒源祥的品牌创立之路及品牌美学感悟。上海师范大学传媒学院的周韧教授结合大量品牌案例研究，提交了《品牌美学构建的五重维度》，以现代视阈对品牌美学的学理系统做了整体把握，揭示民族文化属于品牌美学的本土资源，生活之美属于品牌美学的现实前提，五觉愉快属于品牌美学的外在呈现，价值追求属于品牌美学的内在标准，艺术介入属于品牌美学的形态升级，形成了品牌美学的初步框架。张继明先生长期从事全国医药行业上市公司的品牌顾问。他结合自己成功的从业经验提交的《品牌美学视阈下的品牌塑造》一文，从品牌美学的义涵、美学为何能成为品牌的竞争优势、在品牌塑造中如何运用美学策略三方面做了理论总结，给品牌美学研究提供了值得重视的参考。

希望本书的编选能够给读者带去真正的收益。谢谢读者诸君！

祁志祥

2022 年 3 月 23 日

《园圃之一》，卢治平作

《老子》，杨国新作

第一章　美学本体论的形上追问

主编插白：本体论是探究对象本原或基质的哲学理论。美学本体论是关于美学研究的主要对象美和艺术的本原、特质的理论。相对于形形色色的审美现象，它是关于现象背后被称作"美"和"艺术"的统一规定性的思考。这种形而上的追问纷纭复杂的审美现象背后统一性义界的思考，传统意义上叫作"本质论"。最近几十年来，人们谈"本质"色变，用"本体论"替代之，其实内涵大同小异。道不可言，但又不离言。传统的本质论有缺陷，但完全取消本质思考也行不通。在美学领域，完全取消美和艺术的本质规定性，也就取消了美和艺术的边界，势必导致对美丑界限、艺术与生活的界限的混淆和马克思主义哲学所肯定的"美的规律"的否定，带来有害的后果。因此，美的本质论或美学本体论的形上追问，是美学研究者无法回避的理论原点。在中国当代关于美的本质论或美学本体论的形上追问中，笔者是其中的一员，曾提出"美是有价值的乐感对象"[1]"文艺是审美的精神形态"[2]等命题，坚持认为艺术是人造的有价值的乐感载体。与此同时，本人也十分关注其他同行的相关新说。本章选文三篇。一是复旦大学文科资深教授，

---

[1] 详参祁志祥：《乐感美学》第三章《"美"的语义：有价值的乐感对象》，北京大学出版社 2016 年版。
[2] 详参祁志祥：《论文艺是审美的精神形态》，《文艺理论研究》2001 年第 6 期。收入《祁志祥学术自选集》，复旦大学出版社 2019 年版，第 3—11 页。

也是上海市美学学会名誉会长朱立元先生关于其提出"实践存在论美学"本体论的学术语境、思想来源及基本主张的阐述。"实践存在论美学"的提出旨在对李泽厚、蒋孔阳先生的实践论美学有所超越,其思维路径是以"实践"为核心范畴,试图在马克思的社会存在论、反映性认识论与海德格尔的现象存在论、生成性认识论之间找到某种通约性,从而对审美现象的本原做出新的解释,给人颇多启发。二是张玉能、张弓父子在张玉能先生早已提出的"新实践美学"视野下对"文学审美特征论"做出的阐释。"文学审美特征论"是钱中文、童庆炳先生在20世纪80年代提出的文学本质论,王元骧、吴中杰等学者加以呼应。张氏父子以"新实践美学"的视角将文学定义为用语言所描绘的间接形象表达"深广思想"的"话语实践",审美意象是文学的根本特征,另备一说。三是中国艺术研究院中青年学者张颖关于法国启蒙主义时期美学家安德烈在1741年出版的《谈美》一书主要内容及"美在统一"核心观点的阐释。安德烈及其《谈美》在现有西方美学史资料和论著中鲜有涉及。张颖利用自己精通法语、研究法国文化的专攻对此加以发覆,值得参考。从学术流变来看,安德烈的《谈美》属于传统西方美学的范围,在思维方式、观点表述等方面与现代、后现代西方美学迥然不同。张颖的研究文章表明:传统的西方美学成果仍然有其参考价值,不可盲目无视、粗暴否定。

第一节　当代中国学术语境中的实践存在论美学[①]

进入新世纪以来,中国当代美学出现了多元展开的新局面。一方面,实践美学与后实践美学以及后实践美学与新实践美学之间展开了

[①] 作者朱立元,复旦大学文科资深教授,中华美学学会原副会长,上海市美学学会名誉会长。本文原载《美与时代》2021年4月。

多方面、多层次的论争,将中国美学研究向前推进了一步;另一方面,在论争的二十多年间,各派都有一些学者在努力做一些建设性的工作,尝试按照各自的思路建构有创新性的现代美学学术话语体系(除了后实践美学、新实践美学等以外,影响较大的还有曾繁仁的生态存在论美学、叶朗的意象美学、张世英的审美超越论美学、王元骧的人生论美学、陈伯海的生命体验美学、陈望衡的环境美学、王一川的感兴修辞论美学,等等)。他们思想十分活跃,体现出对当代美学学科建设的新追求、新探索。这种"多元展开"的现象令人欣喜,而我本人的实践存在论美学正是这股学术思潮中的一种努力和尝试。但这样的尝试究竟是不是创新、有没有推动作用?跟其他种种理论尝试是什么关系?本文拟就此做一些说明。

一、提出"实践存在论美学"的学术语境

首先要做一个简要的历史回顾。众所周知,在20世纪五六十年代的第一次美学大讨论中,众多学者围绕美的本质问题,形成了当代中国美学四大派:以吕荧、高尔泰为代表的主观派美学,以蔡仪为代表的客观派美学,以朱光潜为代表的主客观统一派美学,以及以李泽厚为代表的客观社会派美学。四大派在"文革"后或多或少都有发展,特别是在80年代初期,各派都学习、研讨马克思《1844年经济学—哲学手稿》,出现了第二次美学大讨论,除了客观派以外,各派原有观点都发生了一些相互接近的变化,而李泽厚的客观社会派美学则发展为实践美学。由于种种原因,到80年代中后期,其他三派美学的影响逐渐减弱(或表述方式有所改变),而实践美学则逐渐上升到主流地位。这是一个非常简要的回顾。

但是与此同时,围绕着实践美学的诸多观点也展开了一系列的争论。特别是20世纪90年代开始,美学界发生了长达十多年的实践美学与后实践美学的第三次美学大讨论,这场大讨论从80年代后期开始,当时就有人向李泽厚发起挑战。1993年、1994年,杨春时先后发表

了《超越实践美学》和《走向"后实践美学"》两篇重要文章,对实践美学提出了系列批评。后实践美学认为李泽厚的实践美学存在的主要问题是:把实践直接作为美学的基础,跳过了很多中介环节,直接推论到美学基本问题;审美强调超越性,而实践没有超越性;审美强调个体性,而实践往往是群体的、集体的、社会的活动;审美强调感性,而实践强调理性,带有目的性。当时,实践美学派里的一些代表人物展开了反批评,形成了大讨论的局面。我本人在开始阶段也参与了讨论,当然主要是站在实践美学立场上为李泽厚辩护的。后来,随着讨论的深入,我发现李泽厚的实践美学虽然成就很大,但也并非十全十美、无懈可击;而后实践美学开始时似乎破多立少,虽然也提出了"超越美学""生命美学"等,但当时还不够成熟,暂时无法抗衡、取代实践美学。然而,他们对实践美学的批评仍然不无合理、可取之处,有的批评确有振聋发聩的功效。这场实践美学与后实践美学的争论引起了我认真而深入的反思,促进我重新学习有关的马克思主义经典著作,研读西方现当代哲学、美学尤其是现象学的论著,思考当代中国美学应当如何走出沉闷、停滞的现状,希望真正有所突破、有所推进。这就是我开始思考实践存在论美学的最初动因。

此后,我对李泽厚的实践美学理论有几点反思。当然,我对实践美学总体上持基本肯定和维护的态度没有任何改变,我始终认为,李泽厚先生是当代中国成就最高、贡献最大的哲学家、美学家,他为实践美学创立了整个哲学框架,建构了基本的理论思路,提出了一整套学术新范畴,并做了系统、深入、严密的逻辑论证和阐述;实践美学是中国当代美学史上最重要、最有影响的学派,特别是 20 世纪 80 年代以来上升为占据中国美学主导地位的学派,它是具有中国当代特色和原创精神的马克思主义美学理论。但是与此同时,我也开始认识到,李泽厚的实践美学在某些重要方面确实存在着薄弱环节和严重缺陷,从而开始对其从过去的全面辩护转变到深入反思。我觉得,它最主要的局限表现在以下五个方面:

第一,李泽厚对实践的看法失之狭隘,把实践概念仅仅局限于物质生产劳动,而把人类其他实践形态(特别是艺术和审美活动)排除在外,无法真正成为实践美学的理论根基。在对实践概念的理解上,李泽厚认为实践就只是人的物质生产劳动。在他看来,马克思主义的实践范畴就只是指物质生产劳动,人的其他活动包括艺术和审美活动都不算实践。这就把实践理解得太狭隘了。我认为这既不符合西方思想传统对实践的理解,也不符合马克思(以及后来的毛泽东)的实践观。我认为,人的实践活动既包括物质生产和生活,也包括精神生产和生活,实践应该是大于物质生产劳动的。除物质生产劳动之外,它还应该包括革命实践、政治实践、道德实践、审美和艺术实践以及人们广大的日常生活实践,即人生实践。而李泽厚由于对实践的理解过于狭隘,所以始终无法真正解决物质功利性的实践如何过渡到非功利性的审美的问题。

第二,李泽厚偏重于美和美感的历史生成,而对它们在感性个体生存实践中的当下生成关注不够。例如李泽厚的"人类学本体论"是从"类"的群体性角度展开的,相对忽视了审美中的个体的人,虽然后来有所改进。

第三,李泽厚在《美学四讲》里有把"美的本质"与"美的起源"混为一谈的倾向。在"美论"一开始,他就提出"美是什么"的问题且对"美"的含义做了多层次的分析,虽然他没有直接替美下定义,但最后还是去寻找抽象的、普遍的"美的本质"(等同于"美的根源")。

第四,构成李泽厚人类学本体论哲学基础的"两个本体论",从唯物史观的一元论退到历史二元论,且没有真正揭示本体论最核心的存在论层面的内涵意义。李先生从原先坚持的一元论"工具本体"的唯物史观,逐渐走向"工具本体"与"心理本体"或"情本体"并列的"两个本体论"。然而,就李泽厚一再强调的本体作为"最终实在"这一含义而言,历史本体只能有一个,那就是"工具本体",其他的诸如情感、心理等等都只是派生的,不能成为本体,即使一定要命名为"本体",也只能是第二、第三本体,而不能与"工具本体"平起平坐、等量齐观,不能像李先生所说的那样"向外""向内"分化成两个并列的本体,那样只能与他长期坚持的唯物史观有所疏离。

第五,李泽厚没有完全超越西方近代以来主客二分的认识论思维框架,而这恰恰是中国美学要真正取得重大突破和发展的主要障碍之一。第一次美学大讨论中,四大派虽然观点各异,但都把对"美是什么"这个寻求美的本质的问题作为研究美学的一种不言自明的预设的前提,而这个前提正是主客二分的单纯认识论的提问方式。实践美学也不例外。一直到80年代末的《美学四讲》,其逻辑构架仍是"美—美感—艺术"三大块,内中隐含着先有客观的美、再有主观的美感的主客二元对立的认识论思路,一句话,李先生仍未完全摆脱本质主义的理路和主客对立的二元思维模式。

以上五点虽然是李泽厚的局限性,但仍然没有遮蔽他整体的成就。我认为,李泽厚的主流派实践美学并不是实践美学的全部,实践美学也并非铁板一块,其内部呈现出"派中有派"的复杂状况。一些学者在坚持实践概念的基础上,从不同角度丰富和发展了实践美学,形成了自己独特的美学观点。其中包括朱光潜"整体的人"实践美学、王朝闻"审美关系论"实践美学、杨恩寰"审美现象论"实践美学、刘纲纪"创造自由论"实践美学、周来祥"和谐论"实践美学、蒋孔阳"关系—生成论"实践美学等多个声部,而"领唱"的则是李泽厚的"主体性实践美学"。他们共同构成了非主流派的实践美学谱系。他们的美学思想中都包含着许多现在还可以进一步发展的、非常有价值的观点。

同时,我也认为,即使是李泽厚的主流派实践美学,尽管面临着很多问题,但并非已经过时,更非一无是处,没有谁能够宣布其将要终结,它同样也可以进一步改进、发展和完善。当然,如果坚持旧有的主客二分的认识论框架,那么实践美学要取得突破性的新发展恐怕也是有困难的。

以上这一切都构成了我们(一批仍然基本赞同和维护实践美学,而不同意走向后实践美学的学者)对实践美学进行反思的起点。反思并不是要推倒实践美学,相反,正是为了促进实践美学(包括主流派与非主流派)的变革和发展,增强其生命力。于是,如何在坚持现有实践美学的实践哲学基础的同时,重新思考如何突破其局限,进行理论创新,在新的历史条件下进一步推进和发展实践美学,就成为包括我在内的一批美学学者尝试探索、建构适合于新时代和新的学术语境的实践美学的新形态的内驱力。这也是新世纪以来新实践美学和实践存在论美学产生的主要原因。可以说,我们在尝试走一条中间道路,既要突破实践美学的局限,又没有完全走向后实践美学,而是寻找一条推进的路径。

二、"实践存在论美学"的思想来源

接下来谈谈"实践存在论美学"的思想来源。现在,学界有些学者认为我的实践存在论美学思想主要来自海德格尔,这需要做些说明。我在开始时确实受到海德格尔现象学存在论思想的某些启示和影响,但这不是主要思想来源,更不像有的学者所说,"把马克思主义海德格尔化"。海德格尔的基础存在论恰恰要跳出笛卡尔以来的主客二分的认识论,返回到人与世界最本原的存在,即人和世界是不可分割的一体,人就在世界中存在。我借鉴了海德格尔专门对笛卡尔"我思故我在"那个存在着无根的缺陷的命题进行批评的存在论命题——"此在(人)在世","人在世界中存在"。他认为"此在""在之中"不是人(身体物)在世界"一个现成存在者'之中'现成存在",而是"意指此在的一种存在机制,它是一种生存论性质",是此在"融身在世界之中","此在"与"世界"绝非"现成共处""比肩并列"的两个"存在者";揭示出此在"能够领会到自己在它的'天命'中,已经同那些在它自己的世界之内同它照面的存在者的存在缚在一起了"。[①] 海德格尔正是通过这种

---

① 海德格尔:《存在与时间》,生活·读书·新知三联书店1999年版,第16、62、63、64、66页。

对此在的生存论分析,阐明了"此在在世界中存在"这个命题的存在论意义。海氏这里强调的是人与世界在原初的不可分离性。人一产生,就离不开世界,人本身是世界的一部分,同时,世界只是对人存在,离开了人,无所谓世界。这就意味着不存在现成的孤零零的绝对主体,也不存在现成的、和人截然对立的绝对客体。确定无疑的存在,就是人在世界中存在,然后才能考虑其他问题。这是我90年代以来研读海德格尔得到的有可能超越主客二分认识论思维模式的重要启发。

在读海德格尔著作时,又发现"人在世界中存在"的思想其实并不是海德格尔的发明,实际上马克思比海德格尔早八十多年就已发现并作过明确表述:"人不是抽象的蛰居于世界之外的存在物。人就是人的世界。"①只不过马克思当时没有直接用这一存在论思想来批判近代主客二分的认识论罢了。于是,我重新认真回到马克思,重新认真学习、研读《巴黎手稿》。结果欣喜地发现,马克思确确实实、明确无误地表明了自己以实践为中心的存在论思想:

> 如果人的感觉、情欲等等不仅是[狭]义的人类学的规定,而且是对本质(自然界)的真正本体论的(ontologisch)肯定;如果感觉、情欲等等仅仅通过它们的对象对它们来说是感性的这一点而现实地肯定自己,那么,不言而喻:(1)它们的肯定方式绝不是同样的,毋宁说,不同的肯定方式构成它们的此在(Dasein)、它们的生命的特点;对象对于它们是什么方式,这也就是它们的享受的独特方式;(2)凡是当感性的肯定是对独立形式的对象的直接扬弃时(如吃、喝、加工对象等),这也就是对于对象的肯定;(3)只要人是人性的,因而他的感觉等等也是人性的,则别人对对象的肯定同样也是他自己的享受;(4)只有通过发达的工业,即通过私有财产的媒介,人的情欲的本体论的(ontologisch)本质才既在其总体性中又在其人性中形成起来;所以,关于人的科学本身是人的

---

① 《马克思恩格斯选集》第一卷,人民出版社1995年版,第1页。

实践上的自我实现的产物;(5)私有财产——如果从它的异化中摆脱出来——其意义就是对人来说既作为享受的对象又作为活动的对象的本质性对象的此在(Dasein)。①

  这段话内容极为丰富和深刻,限于篇幅,这里只着重说明四点:第一,马克思在这里两次提到了 ontologisch(本体论的,亦译存在论的),也两次使用了被某些学者误以为是海德格尔最初使用的 Dasein("此在",或译"定在""亲在"等)这个现代存在论的重要概念,这不仅有力证明了马克思存在论思想的客观存在,而且也表明了马克思绝不是按照传统本体论学说的实体主义思路和方法来讨论存在问题的,而是在现代存在论的视阈,即回归现实生活的新境域中展开对存在问题的阐述的;当然,马克思的 Dasein 含义也不同于海德格尔的"此在"概念。第二,马克思在这里把"存在论的"与"人类学的"对比起来谈,把对自然的"存在论的"肯定看得高于"人类学的"肯定。他认为仅仅从人类学角度谈论人的感觉、情欲等等是不够的,必须从"存在论的"视角把人的感觉、情欲等看成是对本质(自然界)的真正肯定。第三,马克思的存在论思想完全不同于基于实体思维的西方传统本体论学说,它是在人与对象世界(自然界)的关系中展开,这一点开启了现代存在论的新思路,这完全不同于有的学者硬把马克思的本体论思想说成是实体性的物质本体论;第四,最重要的,马克思的存在论思想也不同于现代西方其他存在论学说(包括海德格尔的现象学基础存在论),它是与人的实践活动紧密结合在一起的,他强调,"感觉、情欲等等仅仅通过它们的对象对它们来说是感性的这一点而现实地肯定自己",也就是说,人"仅仅"是通过他对自然对象的"感性的肯定"——对象化的感性活动(实践活动)来达到"人的实践上的自我实现"的,而这在马克思看

---

① 马克思:《1844 年经济学—哲学手稿》,中央编译局 2000 年版,第 140 页。译文据邓晓芒:《马克思论存在与时间》,见邓晓芒:《实践唯物论新解:开出现象学之维》,武汉大学出版社 2007 年版,第 305—306 页。

来,乃是"真正本体论的"(即存在论的)。马克思在此是用实践范畴来揭示此在(人)在世的基本在世方式,表明了实践与存在都是对人生在世的本体论(存在论)陈述。海德格尔的存在论始终没有达到马克思的实践论的高度,而马克思则把实践论与存在论有机地结合起来,使实践论立足于存在论根基上,同时使存在论具有实践的品格。而这,正是马克思存在论思想最独特和高于其他存在论(包括海德格尔的基础存在论)学说之处。在进一步研读了马克思其他许多重要著作后,我发现,这一实践观与存在论结合一体的思路不仅贯彻于《巴黎手稿》全文,而且也贯彻到马克思中后期的一系列著作,包括《资本论》之中。上引文字就是马克思正面、直接阐述其以实践为中心的现代存在论思想的证据。海德格尔虽然曾经给过我重要启示,但真正为实践存在论美学提供了直接理论依据的,乃是马克思。有人硬说实践存在论把马克思主义海德格尔化,是完全背离事实的。

我们正是以马克思关于实践与存在一体的思想为哲学基础,寻求建构实践存在论美学的基本思路。当然,对这一点的认识也有一个深化的过程。经过了较长时间和反复地读原著,我越来越坚信,在马克思的实践学说中其实早已包含了存在论的维度和丰富内涵,也明确地认识到这种存在论的内涵主要在于:实践是人的现实的、具体的、历史的生存在世方式;实践包含人类各种各样的活动形态,由物质生产实践,社会改革、伦理道德实践,精神实践、审美和艺术实践等多层面、多维度的活动方式组成,可以视作广义上的人生实践;实践是人与自然,人与社会,人与自我交往的基本方式①。学习、研究马克思以实践为中心的存在论思想,使我对理顺和建构实践存在论美学的思路、超越主客二分的认识论美学的局限,突破和发展现有的实践美学增添了信心。所以说,马克思的《巴黎手稿》等著作所表述的现代存在论思想,是实践存

---

① 详见朱立元、任华东:《试论马克思实践观的存在论内涵》,《河北学刊》2008年第2期。

在论美学的主要来源和根本基础。本人正是以马克思关于实践与存在一体的思想为哲学基础,寻求建构实践存在论美学的基本思路。

这里还不能不提到我的导师蒋孔阳先生。蒋先生"以实践论为哲学基础、以创造论为核心的审美关系理论"是实践存在论美学的另一个重要思想来源,对实践存在论美学的形成产生了直接而重要的影响。1999年蒋先生去世后,我重读了他的美学论著,写了系列"新探"文章,认为他的美学是通向未来的美学,在新世纪仍有其生命力。我认为,他的"审美关系"说,是突破形而上学主客二分思维方式的孕育;他的"美在创造中"思想,是突破本质主义思路的酝酿;他的"人是世界的美"论,体现了对存在论根基的探寻;他的美感论,开始从单纯认识论思路超拔。作为他一生美学思想总结的《美学新论》实际上已开始从四个层面探索实践论与存在论的结合:一是从劳动实践入手直探人的存在本质,认为人的本质是从劳动实践中创造出来的,劳动没有止境,人的本质也就没有止境,永远处在创造之中。二是揭示了人和世界的多层累性,认为人是一个有生命的有机整体,人的本质力量是生生不已的活泼的生命力量,世界及其向人展示出来的美也是既多层累又无限流变。三是揭示出审美现象的生成性质,认为美是人在对现实发生审美关系的过程中诞生的;人作为审美主体也不是现成主体,而是审美关系里的主体。四是提出人是世界的美,认为美的各种因素都必须围绕人这一中心,人在自己的生存实践中实现自己的本质力量而创造了美。美为人而有、因人而生,人是美的目的和归宿[①]。综上可见,蒋先生的美学思想展示出一个以人生实践为本源,以审美关系为出发点,以创造论为中心,以艺术为典范对象,以关系—生成观为指导思想和基本思路的理论整体。这个理论整体为我们建设和发展实践存在论美学初步奠定了基础。

---

① 以上参见:《蒋孔阳全集》第三卷,安徽教育出版社2000年版,第166—188页。

三、"实践存在论美学"的基本主张

第一,实践存在论美学仍然以实践论作为哲学基础,但将其根基从单纯认识论转移到马克思的以实践为基础的现代存在论根基上,主张从存在论(本体论)角度把实践的内涵理解为人最基本的存在方式,理解为广义的人生实践,从而实现实践论与存在论的有机结合。第一,人是在实践过程中才逐渐成其为人的,实践是人之为人的一个原动力,也是人之为人的一个标志。第二,更重要的是,实践还是人存在的基本方式,或者更准确地说,人生在世的基本方式就是实践。这里,实践不仅仅是物质生产劳动,虽然物质生产劳动是人整个实践活动中最基础的,却不是全部。实际上,我们每个人每天都要进行大量的各种各样的实践活动,包括学习、工作、经济、政治、道德、艺术、审美、休闲等全部活动在内。我们就是在如此这般、各种各样的实践活动中生存和发展的。在此意义上,也就是在存在论意义上,我们说实践是人存在的基本方式。

第二,审美活动不仅是人生实践的一个不可缺少的组成部分,而且也是一个人的基本存在方式和基本人生实践。人类社会就是建立在包括审美活动在内的无限丰富的人生实践基础上的。人类的文明通过实践活动而得到建构和提升,作为人类文明标志之一的审美活动也在人类的实践过程中得到发展;反过来,审美活动也推进了人类实践整体的发展,推进了人类文明的建设。而且,审美活动是人走向全面、自由发展之非常重要的一个环节和因素。人如果只局限于物质生产劳动,而没有审美活动,那么其实践就是不完整的、片面的,这种实践造就的人也是片面的、不自由的。总之,艺术和审美活动是人的一种高级的精神需要,是见证人之所以为人、人超越于动物、最能体现人的本质特征的基本存在方式之一;它是人与世界的关系由物质层次向精神层次的深度拓展;它与制造工具、物质生产、科学研究、政治活动、道德行为和其他精神文化活动等一样,是人类不可缺少的一种基本的人生实践。

第三，实践存在论美学以"关系—生成论"来突破单纯的认识论框架。一方面是用"关系论"超越主客二分的思维模式，在美学研究对象问题上，改变以往多以美或美的本质、规律为主要研究对象的观念，而是以人与世界的审美关系及其现实展开即审美活动为研究对象；另一方面是用生成论取代以往美学的现成论，实践存在论美学的思考方式不再问"美是什么"而是问"美何以存在""美如何存在"，这个改变乃是从现成论向生成论的重要改变。

首先，根据马克思主义的观点，在某种意义上可以说，人是"关系"的动物，人在现实中可以发生多种关系，审美关系是其中之一。审美活动是在人类长期历史实践中，从人与世界的多种关系、多种活动中逐渐独立出来的；美和审美主体都不是先在、现成、固定不变的存在者；只是在审美活动中，现实的美才生成，现实的审美主体才生成。如前所述，包括实践美学在内的以往各派美学，在解释人对世界的审美关系时，隐含着主客分立在先的观念，即是说，认为先有审美主体和审美客体，而后有认识论意义上的审美关系和审美活动。实践存在论美学则认为，不存在脱离具体审美关系、审美活动的审美主体和审美客体，审美主客体都是在具体的审美关系、审美活动中现实地生成的。

其次，实践存在论美学是用生成论取代以往美学的现成论。实践存在论美学认为，人与自然界（世界）的主客分立关系不是从来就有、永恒不变的，而是在实践中、通过实践活动历史地生成的。这就是发生学上人与自然（世界）之间相互依存、双向建构、生成发展的存在论关系。在美学上，它必然否认主客二分的现成论的思路。现成论美学的基本立足点，是把"美"作为一个早已客观存在的对象来认识，预设了一个固定不变的"美"的先验存在。由于已经先在地把"美"设定为一个现成的客观的实体，所以必须找到一个唯一的答案，为"美"下定义，从而总是追问"美是什么""美的本质是什么"这类问题。这个提问方式就是现成论的。因为在我们追问"美是什么"时，实际上已假定和预设了美的实体性存在，已经是现成的研究对象。而实际上，根本没有一个客观固定的美先在地实存于世界的某个地方,美只能在具体现实的审美关系和活动中动态地生成。所以,用现成论的思考方式是无法解决美学基本问题的。

总之,"关系—生成论"乃是实践存在论美学在哲学根基处超越原有实践美学的根本之处。

第四,审美是一种高级的人生境界。人在各种生存实践活动中,在与世界打交道的过程中,会形成与世界不同程度的统一、圆融的关系,这种统一关系着重体现在人对自身生存实践的觉解与对宇宙人生意义的体悟的不同程度、层次和水平上,于是会形成不同层次的人生境界,审美境界是其中一个比较高层次的境界。审美有一个基本条件是要求人与世界之间实现比较高程度的"交融",即中国美学所说的"物我两忘""天人合一"。如果主客体始终处于隔离、割裂、矛盾的状态,那就不太可能是审美的。从心境来说,审美境界较大程度上超越个体眼前的某种功利性和有限性,达到相对自由的状态。所以,我们认为,审美境界属于比较高层次的人生境界,审美境界不同于、高于一般的人生境界之处,在于它是对人生境界的一种诗意的提升和凝聚,也可以说是一种诗化了的人生境界。

第五,实践存在论美学遵循上述审美关系、活动在先的原则,其逻辑构架如下:审美活动论——审美形态论——审美经验论——艺术审美论——审美教育论。实践存在论美学并不正面去寻找、界定固定不变的、唯一的美的本质,而是首先以审美活动(作为审美关系的具体展开)作为逻辑起点,探讨审美对象和审美主体如何在审美活动中现实地生成,以及审美活动的性质、特点。接着分别从对象形态和主体经验两个方面论述审美形态和审美经验,认为审美形态可理解为人对不同样态的美(广义的美)即审美对象的归类和描述,它是审美活动中当下生成的自由人生境界的对象化、感性表现形式和具体存在状态;而审美经验则体现为在审美活动中主体直观到了超越现实功利、伦理、认识的自由人生境界、体验到了人与世界的存在意义而产生的自由感、幸福感和愉悦感。然后论艺术和艺术活动,由于艺术最集中、典型地体现、凝结了审美活动的诸方面,因此,美学应该通过研究艺术和艺术活动来把握一般审美活动的特质。最后落实到审美教育即美育,美育指有意识地通过审美活动,增强人的审美能力,提高人的整体素质,焕发人的精神风貌,提升人的生存境界,建构人向全面发展成长的存在方式,促进人向理想的、自由的、健康的、精神丰满的人生成。本人主编的《美学》(第三版,高等教育出版社2016年版)就是按照这一逻辑思路展开论述的。

综上所述,我认为"关系—生成论"乃是实践存在论美学在哲学根基处超越原有实践美学的根本之处。当然,实践存在论美学现在看来仍然不够成熟,我希望继续深入研究下去,努力加以完善。

第二节　新实践美学视阈下的文学审美特征论[①]

文学是一种话语实践。之所以用话语实践来界定文学,是因为文学是一种遵循语言系统规则,在言语活动之中生成话语意义的语言文字实践。为从语言的整体上审视文学,强调"文学意义的生成",避免长期以来对"文学是语言的艺术"的泛泛而谈和模糊理解,有必要重新阐释文学作为话语实践的审美特征。

一、文学是话语实践

根据马克思主义美学的艺术本质论,新实践美学把文学当作一种话语生产实践。在这种"语言—言语—话语"的,"按照美的规律来构造"的文学生产中,文学形象的存在方式和感受方式及其与现实生活的关系决定了文学的审美特征。文学的审美特征主要有:形象的间接

[①] 作者张玉能,华中师范大学文学院教授;张弓,华东政法大学传播学院教授。本文原载《青岛科技大学学报(社会科学版)》2020年第4期,题目有改动。

性,审美意象性,深广的思想性。

古今中外的美学论著和文论,谈到文学,一般认为其是"语言的艺术"。然而"语言"一词,含义较丰富,既是一种人类特有的符号,又是一种人类社会的交流手段和活动,还是一种人类表达意义的方式和工具;到了现代语言学这里,语言学家,特别是结构主义语言学家把语言一分为三:一是语言,它是系统的语音、文字、词语、句子的构成和变化规则,一般是共时性的;二是言语,它是人们使用语言系统规则进行的交流活动,一般是历时性的;三是话语,它是人们遵循一定的语言系统规则进行言语活动所生成的意义陈述。鉴于此,为了明确文学与语言文字、语言系统规则、话语意义生产的具体关系,进而使得"文学是语言的艺术"的命题具体化、完善化、精准化,我们根据马克思主义美学和文论关于文学艺术是一种特殊生产、审美意识形态、"实践—精神的"掌握世界的特殊方式的论述,把文学当作是一种话语实践。作为一种话语实践,文学遵循语言文字的系统规则,在人类所进行的言语活动中生产出由语言文字所构成的文本作品的话语意义,表达人类的审美意识及其相关的政治、道德、宗教、科学等意识,表现人类对现实世界及其事物的知(认识)、情(情感)、意(意志)统一的精神掌握和力图改变世界存在发展的实践掌握。

我们在这里突出了"话语实践",把语言的系统规则和言语的实践活动包含在了"文学是一种话语实践"的概括之中。主要目的有三个:

第一,抓住文学的核心环节——文学意义的生成。在现代语言学诞生之前,语言实践或者语言生产被认为是人类特定的符号活动,这种实践活动的中心即是意义的生成。没有意义的生产,也就没有必要谈论语言活动或者语言实践了。正如恩格斯在《劳动在从猿到人转变中的作用》一文中所说:"语言是从劳动中并和劳动一起产生出来的,这个解释是唯一正确的,拿动物来比较,就可以证明。动物,甚至高度发达的动物,彼此要传递的信息很少,不用分音节的语言就可以互通信息。在自然状态下,没有一种动物会感到不能说话或不能听懂人的语言是一种缺陷。它们经过人的驯养,情形就完全不同了。狗和马在和人的接触中所养成的对于分音节的语言的听觉十分敏锐,以至它们在自己的想象力所及的范围内,能够很容易地学会听懂任何一种语言。此外,它们还获得了如对人表示依恋、感激等等的表达感受的能力,而这种能力是它们以前所没有的。和这些动物经常接触的人几乎不能不相信:有足够的情况表明,这些动物现在感到没有说话能力是一种缺陷。不过,它们的发音器官可惜过分地专门朝特定的方向发展了,再也无法补救这种缺陷。但是,只要有发音器官,这种不能说话的情形在某种限度内是可以克服的。"[1]由此可见,人类语言的产生恰恰是因为劳动使得人类有着更加复杂的意义要在人群中交流传达。因此,语言文字的核心作用就是表达意义,这个意义包括了认识、情感和意志等方面。而以语言文字为工具的文学生产的核心环节就应是充分发挥语言的表达意义的作用,我们运用"话语实践"界定文学则更加精准地标识出了文学的意义生成这个核心环节。

　　第二,把文学作为语言的言语活动具体到话语意义的对话和交流。话语意义生成,当然不是言说者的自言自语,也不是为了意义生成而生成意义,其根本目的在于交流、对话、沟通,这正是劳动之所以能够使人产生语言的根本原因。恩格斯说:"劳动的发展必然促使社会成员更紧密地互相结合起来,因为劳动的发展使互相支持和共同协作的场合增多了,并且使每个人都清楚地意识到这种共同协作的好处。一句话,这些正在形成中的人,已经达到彼此间不得不说些什么的地步了。需要也就造成了自己的器官。"[2]由于社会交往的需要,人类的发音器官在劳动中得以改造,人类特有的分音节的语言也逐渐形成。文学生产更加是人类交流、对话、沟通等语言意义的运用。文学生产要表达出文学生产者的感受、思想、情感、意愿、希望等

---

[1][2]　中国作家协会、中央编译局编:《马克思恩格斯列宁斯大林论文艺》,作家出版社2010年版,第124页。

等,而文学表达是需要倾诉对象的,也即文学的消费者、接受者、呼应者。最早的文学生产产生于文字出现之前,如人类上古时代的神话、故事、诗歌,由人们口耳相传,流传至今,这些生动地表明,文学文本作品是人们交流、对话、沟通的载体,是为了交流感情、沟通思想、完成对话愿望的产物。长期以来西方近代认识论美学和文论流行文学的模仿说、镜子说、再现说等,针对这些观点或理论中的片面认识,一些作家、美学家、文艺理论家提出了"表现说",马克思主义美学和文论则率先提出了艺术生产论、审美意识形态论、"实践—精神的"把握世界论的理论观点。这些观点或理论之中都包含了意义交流、意义沟通、意义对话的内涵。美国现代美学家苏珊·朗格则说:"艺术是情感的表现。"①苏联美学家和文艺理论家巴赫金认为文学是一种生成意义的"对话"。德国解释学美学家伽达默尔主张,文学的意义生成在于作者和读者的"视界融合",是在不断阅读之中的"效果历史",因此文学的意义是不确定的。法国后现代主义美学家德里达更是坚称,语言文本的意义是语言的异延、播撒留下的痕迹,是永远不可能确定的。这些论述,实际上揭示了文学意义生成的交流性、对话性、沟通性。因此,把文学界定为话语实践能够如实反映文学话语意义的交流性、对话性、沟通性。

第三,把文学作为语言文字规则体系的运用与文学意义的生成,即话语实践联系起来。尽管语言作为符号是约定俗成的,符号的能指和所指是任意的,但是,每一种特定的语言都有其相对固定的语音、文字、词语、句子构成和变化的系统规则。尽管现代语言学把语言系统划分为语言、言语、话语三部分,但这三部分已然是一个具有内在规则和逻辑的整体。当"文学是语言的艺术"的命题在当今现代语言学的语境中被重新审视时,就应该考虑这三者的逻辑关系。语言系统规则是话

---

① 苏珊·朗格:《艺术问题》,滕守尧、朱疆源译,中国社会科学出版社1983年版,第103页。

语意义生成的内在机制,人类的言语活动和话语意义生成都必须根据这个内在机制,而言语活动遵循语言系统规则进行,就是为了生成话语意义,所以,话语意义生成是语言实践的根本、核心、指归。因此,只有把文学概括为话语实践才能够真正实现现代语言学关于"语言—言语—话语"的整体逻辑,才能够以"话语实践"把文学的话语意义生成,生成交流、沟通、对话文学意义的言语活动,话语意义生成和言语活动根据的语言系统规则有机统一起来,从而如实、合理、全面地揭示文学作为艺术生产的本质和本质特征。

二、文学形象的间接性

对于绘画、雕塑、建筑等艺术作品而言,我们直面的是绘画的画面形象、雕塑的实体形象、建筑的实存形象,而文学形象存在于由语言文字构成的文本中。我们打开或者收听一个文学文本作品,首先看到和听到的是语言文字,而不是直接的文学形象本体。如果我们要把语言文字生产的文本作品显现为可感的文学感性形象和形象世界,就必须根据语言文字的描写、抒情、议论等等表达,通过联想和想象构筑具体的形象世界。因此,文学形象不是直接的感受对象,而是根据文本作品的语言文字的表述,通过联想和想象间接形成的可感的感性形象。文学形象的间接性给文学的生产者和消费者带来了不同于其他艺术形式的要求。

第一,文学形象的间接性要求文学生产者具备语言文字的运用能力。在文字产生之前出现的或者某些民间的文学生产者,他们虽然不具备文字能力,但具备了构思间接形象的能力,所以他们仍然可以进行文学生产。在文字出现后,文字成为更加重要的表达形象间接性的工具和媒介,随着时代的发展,口头语言与书面语言逐渐出现差异,甚至较大差异,比如古代汉语的白话和文言在语言系统规则和言语活动规律方面几乎可以称为两套表意系统。所以在语言文字成为文学生产的基本工具、绝对媒介后,语言文字能力也就成了进行文学生产必须具备的最基本能力。且由于文学生产的形象间接性,文学生产者的语言文字能力就不仅仅是一般的文字表达能力,而是一种把现实世界及其事物的形象和形象世界转换为语言文字的形象表达能力。

第二,文学形象的间接性要求文学的生产者和消费者具有较强的联想和想象能力。和其他艺术形式相比,联想和想象在文学形象的消费和欣赏中至为关键。我们消费和欣赏直接形象的艺术时,如绘画、雕塑、建筑等,离不开联想和想象,但是即使不展开联想和想象我们也可以感受到艺术形象世界直接呈现的美;音乐艺术虽是需要二度创作的非直接形象的艺术,消费者还是能够通过二度创作的演奏直接听到音乐形象,从而完成音乐艺术的消费和欣赏。对于直接艺术形象和经过二度创作可以呈现直接形象的艺术生产来说,联想和想象并不是不可或缺的,其作用主要在于把审美感受深化和扩张。然而,面对语言文字所呈现的文学文本作品,直接的感受是不可能产生文学形象和文学形象世界的,而只能看见或听到语言文字本身。因此,文学形象的间接性使得联想和想象在文学的消费和欣赏中举足轻重,离开了联想和想象就无法展开文学形象的消费和欣赏。

一般来说,文学生产者在构思时,甚至在观察和体验生活时,就在运用语言文字进行联想和想象,即把现实世界及其事物的直接形象转换为语言文字的间接形象的过程,完全展现为一个运用语言文字进行的联想和想象过程。文学生产者的构思过程就是一个运用语言文字来建构可以转换为直观形象的语言文字的间接形象的过程。

在这里,我们需要强调联想的作用。以往的心理学、文学心理学等著作往往只论述想象的作用,要么忽视联想,要么认为联想包含在想象之中。我们认为,联想和想象是两种心理活动,有着不同的特点和作用。联想是从一个事物想到另一个事物的心理活动,一般分为相似联想(由事物的性状相似形成的联想)、接近联想(由事物在时间和空间上的接近形成的联想)、对比联想(由事物的性状相反形成的联想)、关系联想(由事物之间的所属、因果等关系形成的联想)等等。联想与想象的根本区别在于是否形成新的形象。联想一般是从一个事物想到另一个事物,不会产生新的形象;而想象,一般必须产生新的形象。联想是许多艺术表现手法和语言文字修辞手法的心理基础,比如比喻、象征、起兴、通感等是以相似联想为基础的,对比是以对比联想为心理活动基础的,时空并置蒙太奇是以接近联想为心理基础的,拟人、拟物是以关系联想为心理基础的,它们一般是从一个事物联系到、过渡到、引发出另一个相关的事物。分别阐述联想和想象在文学生产中的地位和作用,可以使文学的生产者和消费者更加细致地了解文学形象的构成过程,更加深入地了解文学形象的间接性与文学形象性之间的关系以及二者在文学生产和消费中的转换规律,从而遵循文学生产和消费的规律,"按照美的规律来构造"文学形象。

第三,文学形象的间接性要求文学的生产者和消费者具有较强的语言形象化能力。语言文字,特别是词语、句子等是与概念、命题之类的抽象思维相联系的。人们要把词语、句子等与现实世界及其事物的外观形象联系起来,就应该充分了解词语、句子等语言文字要素的形象化方式,充分发挥语言文字描摹、绘制现实世界及其事物外观形象的方法,从而运用抽象化的语言文字来描摹、绘制现实世界及其事物的外观形象,克服语言文字的概念化、抽象化、一般化的倾向和特点。如"人"这个词表征的是一种抽象的、概念的、一般的"人类"的称谓,但是,现实生活中的每一个人都是具体的、现象的、感性存在的"此在",因此,文学家笔下的"人"应该是形象化的、具体的、活生生的、有血有肉、有情有义的、有个性的、多样统一的"这一个"。这就需要文学生产者用准确、鲜明、生动的语言文字,由此及彼、由表及里,"按照美的规律来构造"一个具体(多样统一)、独特(独一无二)、感人(合情合理)的文学形象,而文学消费者可以通过联想和想象构建一个活在文学生产和消费的文学场域和文学想象之中的文学形象。简言之,文学生产者和消费者应该具有运用语言文字把文学意象形象化的能力和把语言文字形象化为审美意象的能力。否则,就不可能有文学的生产和消费。尽管现代以来,特别是新中国成立以来,中小学教育、大学中文系教育在写作课程上安排了大量时间,花费了大量精力来传授运用语言文字将对象形象化的语言文字构型能力,但是伟大的作家还是凤毛麟角。这说明语言文字的形象化构型能力是难能可贵的,是需要多方面努力才可能获得的,只有那些自觉地进行语言文字训练的有心人才有成功的可能。比如,汉语的语言文字的表意性特征与文学形象思维的关系、汉字的表意性质、汉字的"六书"构成艺术在文学形象构成中的特殊意义等等问题,需要有心人在文学生产和消费的实践中细心领会、反复琢磨才可能有所提高,有所体悟,有所创新,才能真正达到新的高度、新的水平,从而拥有新的建树。

三、文学的审美意象性

由于文学形象的间接性,审美意象在文学的生产和消费过程中,相较于其他"非语言艺术"具有了更重要的地位和作用,文学的生产和消费是通过审美意象来完成的,而不是直接由语言文字来运作的。

文学的审美意象是语言文字构成的审美意象。一般的艺术生产和消费,是在构思和感受的过程中生成审美意象,在从构思到表达的过程中把审美意象转变为艺术形象,在从感受到享受的过程中把艺术形象转变为审美意象。因此,在一般的艺术生产和消费中,审美意象主要是一种过渡性的意识存在,它是表象的概括性和具象性的升华,是一种既有鲜明具象性,又有高度概括性的内心形象、意中之象。但是,在文学生产和消费中,审美意象是始终存在的,没有审美意象就不可能形成文学形象,审美意象与文学形象是如影随形的。在文学生产中,文学生产者是运用语言文字把物象转换为审美意象的,因而文学生产者在构思中就必须让语言文字唤起心中由物象转换的审美意象,然后在表达中把这种审美意象转换为语言文字描绘的间接文学形象,并最终成为语言文字的文本作品呈现给消费者。文学消费者在阅读这个文本作品时,其通过语言文字形成审美意象,然后以这个审美意象返回现实世界及其事物的物象世界。因此,文学生产和消费就是通过语言文字所唤起的审美意象来完成具体的生产和消费过程的。

文学的审美意象性给文学的生产者和消费者提出了特殊要求。

第一,文学的审美意象性要求文学的生产者和消费者正确处理语言文字的概括性和文学审美意象的具象性之间的矛盾,以个别表现一般。一般说来,任何艺术种类的生产和消费都是以个别表现一般的。文学生产和消费的工具和媒介是概念化的语言文字,因此只能通过唤起文学生产者和消费者意识中的审美意象来进行创作和欣赏,要把表达抽象概念的词语、句子转化为具象性的审美意象和文学形象。因此,我们在文学生产和消费中,看到一个"树"字,联想到的不应是它的"字典意义",而应唤起一个心理表象,然后在这个心理表象的概括性和具象性的统一中凸显它的具象性,以具体描绘的"树"的具象形象来显示文本作品中所描绘的"树",如鲁迅笔下的"枣树",茅盾笔下的"白杨树",从而形成相应的"以个别表现一般"或者"以个别显现一般"的文学的审美意象和"树"(枣树、白杨树)的文学形象。换句话说,文学生产者要用概念化的词语、句子描绘出形象化的对象("树"),而且是具象的"树"(枣树、白杨树),从而,用这一棵"此在的""具体的""枣树""白杨树"显现许多枣树和白杨树的本质和本质特征。这就是一种运用语言文字"按照美的规律来构造"文学审美意象和文学形象的特殊构型能力或者创造能力。以汉语言为创作工具和媒介的文学生产者还应具有运用汉字的"六书"构成艺术的形象思维能力。汉字的构成方式"六书"赋予了汉语言文字以强大的唤起审美意象的意象性特征和能力。如象形字、指事字,"象形者,画成其物,随体诘诎""指事者,视而可识,察而见意",每个字都可唤起一个相应的审美意象,给文学生产者的描摹提供了绘色绘影、如在眼前的条件和潜能,可以让文学生产者把物象在联想和想象中按照语言文字的美的规律构造审美意象,再用相应的语言文字表达出来。会意字、形声字,可以让文学生产者在语言文字的意义构成的领悟和语音与字形的关系的感觉之中,使用更加符合形象思维的逻辑来构成审美意象,并把审美意象以前面预定的和相应的语言文字显现出来。至于转注字、假借字,更是让文学生产者在形声义组成的同声部、同部首的假借和转注文字系列之中触类旁通,联类相比,让其形象思维更加顺畅、通达。汉字的意象性给汉语言文学生产者提供了得天独厚、无比强大的形象思维工具。

第二,文学的审美意象性要求文学的生产者和消费者在联想和想象过程中时刻不离开内心表象,文学生产者更需选取准确、鲜明、生动的语言文字来建构审美意象。正因为审美意象在文学生产和消费中的核心地位和关键作用,无论是生产者的构思和表达,还是消费者的感受和欣赏,都要围绕运用语言文字构造审美意象来进行,所以,对文学生产者和消费者在正确处理语言文字与文学审美意象两者之间的关系方面提出了非常严格的要求。文学生产中的遣词造句、修辞藻饰应该是独一无二的,不可移易的,而不应该是模棱两可的,大而化之的。典型如鲁迅先生《故乡》中"豆腐西施"杨二嫂的形象:"'哈!这模样了!胡子这么长了!'一种尖利的怪声突然大叫起来。我吃了一吓,赶忙抬起头,却见一个凸颧骨,薄嘴唇,五十岁上下的女人站在我面前,两手搭在髀间,没有系裙,张着两脚,正像一个画图仪器里细脚伶仃的圆规。我愕然了。"《孔乙己》中孔乙己"是站着喝酒而穿长衫的唯一的人","他身材高大;青白脸色,皱纹间时常夹些伤痕;一部乱蓬蓬的花白的胡子。穿的虽然是长衫,可是又脏又破,似乎十多年没有补,也没有洗"。这些词语和句子显现出鲁迅先生文学审美意象的天才构型能力。

第三,文学的意象性要求文学的生产者和消费者运用语言文字"按照美的规律来构造"具体、独特、感人的文学意象。用语言文字"按照美的规律来构造"的具体、独特、感人的文学意象,在叙事性文学中应该就是"典型",而在抒情性文学中应该是"意境"。前期的文学理论一般把"典型"界定为"共性与个性相统一的人物形象"。这样的界定是有道理的,不过也存在一定的局限性:一是太抽象化,这一界定是从哲学层面进行的界定；二是太一般化，因为从哲学上来看，任何事物都是共性与个性的统一，这一界定并没有凸显"典型"的审美特点。因此，我们把"典型"规定为"'按照美的规律来构造'的具体、独特、感人的文学意象"，以凸显"典型"的审美特点：具体性，即多样性统一的审美特点；独特性，即独一无二的创造性的审美特点；感人性，即在情感和意志上熏陶人的审美特点。在此界定下的审美意象，才是"按照美的规律来构造"的自由创造的"文学审美意象"。"意境"属于中国古代传统美学和文论的范畴，它概括、升华于以抒情文学为主导的中国古代传统文学之中。"意境"是情景融合的"象外之象""韵外之致"。实质上，"意境"也界定为"按照美的规律来构造"的具体、独特、感人的抒情性文学意象。通过对"典型"和"意境"的重新界定，就可以比较合理地区分两大类文学审美意象：叙事性文学的"典型"，抒情性文学的"意境"，甚至还可以把"典型"和"意境"运用到其他艺术门类的审美意象分析上，达到"洋为中用，古为今用"的理论目的。文学的审美意象性特征，给文学生产的繁荣发展提示了审美意象的具体、独特、感人的方向和要求，并且在不同的文学类型中有着相应的特殊方向和要求，为我们建设新时代中国特色社会主义文学提示了比较明确的、合理的、实事求是的方向和要求。

四、文学的深广思想性

马克思、恩格斯在《德意志意识形态》中说："语言是思想的直接现实。"[①]语言文字可以直接把思想表征为直接的现实，让人感受、体验、领悟到文学文本作品的政治思想、道德思想、科学思想、宗教思想等意识形态的倾向性，因而文学的生产和消费具有深广的思想性，这是其他艺术门类难以企及的。

文学的政治思想倾向性是文学最直接的意识形态特征。一般来

---

① 马克思、恩格斯：《德意志意识形态》，人民出版社1987年版，第515页。

说,所有的艺术门类都是社会构成中的审美意识形态的存在。在"经济基础—上层建筑—意识形态"的社会结构中,艺术是一种由一定的生产力和生产关系构成的经济基础决定的,受上层建筑制约的意识形态;不过,艺术是一种审美意识形态,表征为一定的美和审美及其艺术的思想观点的理论体系;它可以反作用于上层建筑和经济基础,促进或者阻碍经济基础和上层建筑的发展,同时与政治、道德、宗教、科学等意识形态相互作用。政治作为一种关系社会成员和社会群体利益的权力意识形态,在整个意识形态领域中占据着重要的地位,直接影响其他的社会意识形态,并且集中反映一定的经济基础和上层建筑的性质和状态。因此,政治这种权力意识形态,在各种审美意识形态的艺术生产和消费中会明显地表现出来。相较于其他艺术,文学是可以最直接表现政治思想及其倾向性的审美意识形态和生产方式,这源于文学生产的媒介和工具——语言文字的特殊性。文学以外的艺术通过自己的媒介"按照美的规律来构造"审美意象和艺术形象,例如绘画的三维立体空间的审美意象和二维平面空间的艺术形象、舞蹈的身体动作的审美意象和艺术形象、电影的活动影像世界的审美意象和艺术形象等等,以此表达生产者和消费者的政治思想及其倾向性,这种表达势必要受到审美意象和艺术形象的转述和间接表达的制约,不可能那么直截了当,酣畅淋漓。然而,文学生产和消费的工具和媒介——语言文字,本身就是"思想的直接现实",文学生产者和消费者都可以运用文学文本作品直截了当、酣畅淋漓地表达自己的政治思想及其倾向性。不仅以表达思想为主的杂文、政论文、哲理诗、檄文等等可以把生产者和消费者的政治思想及其倾向性鲜明地、精准地、毫不掩饰地宣示出来,而且那些艺术性强、审美性要求高的文学样式,比如抒情诗、小说、散文诗、小品文、文艺随笔等等,也可以比其他艺术形式更加直接地表达政治思想及其倾向性。在小说、诗歌、散文、戏剧等文学作品中有诸多直接表述政治思想的警句,至今激励着人们奋然前行。比如鲁迅先生在《狂人日记》中写道:"我翻开历史一查,这历史没有年代,歪歪斜斜的每页上都写着'仁义道德'四个字。我横竖睡不着,仔细看了半夜,才从字缝里看出字来,满本都写着两个字是'吃人'!"这样深刻揭露中国封建社会"吃人"本质的思想表达给"五四"前后的中国人民,特别是中国觉醒的知识分子以刻骨铭心的震撼。

　　文学的道德思想倾向性也是文学作为审美意识形态的一个重要特征。尤其是在中国长期的传统伦理型美学的影响下,在中国近现代不断英勇奋斗的革命战争中,文学生产和消费的直接的、明确的道德思想倾向性,更是成为中国文学生产和消费的一个优良传统。孔子关于诗的"兴(激发人们情感)、观(观察风俗民情)、群(团结凝聚群体)、怨(表达不满情绪)"说,汉代《诗大序》关于诗的"经夫妇,成孝敬,厚人伦,美教化,移风俗"的论断①,唐代古文运动倡导的"文以载道",宋明理学主张的"文以明道",一直到现代文学研究会的"为人生的文学",都贯穿着一条文学宣示道德思想的伦理学美学和文论的优良传统。文学生产的道德思想倾向性同样缘于文学的工具和媒介:语言文字。语言文字可以直接进行现实的伦理道德教化的宣传和传播,可以达到立竿见影、直达人心的审美效果。《论语》中记录了许多孔子关于道德的箴言,比如"德不孤,必有邻。"(《论语·里仁》)"君子之德风,小人之德草,草上之风必偃。"(《论语·颜渊》)波斯诗人萨迪在《蔷薇园》中写道:"假如你的品德十分高尚,/莫为出身低微而悲伤,/蔷薇常在荆棘中生长。"类似于这样的警句、格言,在许许多多文学名著之中往往直接呈现,起到了直接道德教化的作用,充分发挥了语言文字直接表达道德思想及其倾向性的作用,是值得文学生产者和消费者高度重视的。

　　当然,我们应该充分注意文学作为审美意识形态和文学"按照美的规律来构造"的美学特征,要尽可能含蓄地、形象地运用语言修辞技巧来进行文学生产和消费的思想倾向性表述。关于思想倾向性的表

---

① 于民:《中国美学史资料选编》,复旦大学出版社2008年版,第105页。

达,恩格斯在《致玛格丽特·哈克奈斯》中这样写道:"我绝不是责备您没有写出一部直截了当的社会主义的小说,一部像我们德国人所说的'倾向性小说',来鼓吹作者的社会观点和政治观点。我绝不是这个意思。作者的见解越隐蔽,对艺术作品来说就越好。我所指的现实主义甚至可以不顾作者的见解而表露出来。"①这应该是我们文学生产和消费表达思想倾向性遵循的基本原则。

文学生产的宗教思想倾向性和科学思想倾向性,也是文学生产者和消费者应该注意的,其倾向性表述的基本原则与文学的政治倾向性和道德思想倾向性是基本相同的。

总而言之,基于实践美学的角度,文学的审美特征主要有:形象的间接性,审美意象性,深广的思想性。我们在文学生产和消费的过程中应充分注意这些审美特征,真正做到"按照美的规律来构造"文学的审美意象和文学形象,充分运用语言文字的审美意象性、形象间接性、思想直接性的性质进行文学的生产和消费。

第三节　安德烈《谈美》的美学观念②

法国启蒙时期,博学多识的耶稣会士安德烈神父在1741年出版了《谈美》。狄德罗称赞此书在"美"这个问题上比克鲁萨、哈奇生、巴托等前人的研究都更加深入,并在他主编的《百科全书》"美"的词条中多处整段摘引。然而,翻译的滞后制约了安德烈美学在英语世界和中文世界的传播和接受。鉴于此,本文致力于勾勒这部著作的主要思想,评估安德烈对美学史的贡献。安德烈美学的主要内容为美的分类法和"美在统一"之原则。他将美的两分法和三分法嵌合无间,由此试图展现美的现象与最高秩序之间的关联性结构,或者说

---

① 中国作家协会、中央编译局编:《马克思恩格斯列宁斯大林论文艺》,作家出版社2010年版,第139—140页。
② 作者张颖,中国艺术研究院研究员。本文原载《美学》2017卷。

递嬗性结构。他还从圣奥古斯丁那里借来"美在统一"作为美的世界的总原则。他置身于18世纪上半叶围绕趣味之标准展开的愈演愈烈的讨论当中,试图论证美的本质与美的规范之永恒性。面对趣味学说给审美判断的普遍性带来的强力冲击,他勉力维护古典主义美学标准。他的美学在当时历史趋势下略显守旧,是18世纪理性主义美学的一个典型标本。

一、《谈美》其书

伊夫·马利·安德烈(Yves Marie André),人称安德烈神父(le Père André)。这位学识广博的学者以一部《谈美》跻身美学史。该书在当时一经面世即令作者获享声名,是安德烈在世时所出版的为数不多的作品中较有影响力的一部。按埃米尔·克朗茨的说法,安德烈的《谈美》实际上由十篇系列谈话组成,这些谈话在1731年前后陆续出现在卡昂学院的系列会议上,并在十年后合成一部文集出版。[①] 也就是说,《谈美》一书首次正式出版的时间是1741年(本章的写作所参考的正是1741年版本[②])。这是一部排版疏朗的小书,由于版心窄小、边白阔大,故而虽达三百页之多,体量却不算厚重。该书在1763年出版增订本,添加了论时尚、装饰、优雅、美之爱、无利害的爱等主题的共计六篇单篇随笔。1770年,这部增订本获得重印[③]。

关于该书的二次传播情况,可分作翻译和引用两方面来谈。先说

---

① Voir Emile Krantz, *Essai sur l'esthétique de Descartes*, Paris: Librairie germer bailliere et Cie, 1974, p. 317. 不过,就阅读体验而言,在1741年版《谈美》中,除第四章显然由两篇文章组成外,我们无法看出其他三章的内部何以能够切割为数篇独立文章;若说是该书由五篇独立的论文组成,倒更可信。

② Yves Marie André, *Essai sur le Beau*, chez Hippolyte-Louis Guerin, & Jacques Guerin, Libraires, rue S. Jacques, a S. Thomas Aquin, 1741.

③ Pere André, *Essai sur le Beau, nouvelle Edition, augmentee de six discours sur le modus, sur le decorum, sur les grâces, sur l'amour de beau, et sur l'amour desinteresse*, Paris: Ganeau, 1770.

翻译。该书在1759年即被翻译成德语,但完整的英译本迟至最近十年才出现,这势必直接影响其在英语世界的传播。①

再说引用。最著名的引用出现于1752年出版的《百科全书》第二卷的词条"美"。该词条由狄德罗撰写,第三段和第四段整个是对安德烈《谈美》的引用,另有在以转述为形式的多处整段暗引。狄德罗对《谈美》的评价很高,不仅将之放入"为美写过卓越论著的作者的见解"之列,而且认为,安德烈神父是到那时为止对"美"这个问题研究得最深入的人(相较于克鲁萨、哈奇生、巴托而言):"他对这个问题的范围和困难认识得最清楚,提出的原则最真实、最稳妥,因此,他的著作也就最值得一读"。②

另一位引用者名气相对小些,但引用比例较高。在1882年初次面世的《论笛卡尔美学》里,埃米尔·克朗茨几乎将《谈美》全书内容择其大要重述了一遍。之所以这么做,一方面是由于,在克朗茨写书的那个时代,即19世纪晚期,该书已经湮没无闻,不大为人所知了③;另一方面,克朗茨认定安德烈的《谈美》意义重大。他认为安德烈的《谈美》是第一部用法语写作的美学论文(当然其实并不是。第一位用法语写作的美学论文应是1714年出版的克鲁萨的《论美》),更重要的是,他认定安德烈与布瓦洛、拉布吕艾尔等作家一样,是笛卡尔主义意义上的古典主义者④,故而安德烈此书对美学的贡献是独特而不可取代的。

二、《谈美》的写作动机

作为撰写此书的动机和背景,据安德烈的交代,乃是起因于文人共

---

① See Paul Guyer, *A History of Modern Aesthetics*, Vol. I, Cambridge University Press, 2014, pp. 248—249.
② 可参见狄德罗:《关于美的根源及其本质的哲学探讨》,《狄德罗美学论文选》,张冠尧、桂裕芳译,人民文学出版社2008年版,第1—3页。
③④ Emile Krantz, *Essai sur l'esthétique de Descartes*, Paris: Librairie germer bailliere et Cie, 1974, p. 311.

和国里围绕美(Beau)进行的一场争论。安德烈视自己的论敌为当时的皮罗主义者,也就是自古有之的怀疑论者。这些人认为美是无规范的。① 安德烈对他们痛恨有加,把他们指斥为"蛮横无理""疯狂与荒谬"。② 他认为,皮罗主义者的辩术仅限于从人一无所知推出人一无所知,这些人谈论美,却不知自己在说些什么。这对当时的哲学家们研究美的态度产生了消极影响。③

古希腊哲学家皮罗认为,一件事物是真还是假,这样的判断既不可依赖于我们的感觉,也不可依赖于我们的意见。我们的感觉是无所谓正误的,所有意见也可以相互冲突。所以,我们不该做出肯定或否定的判断,而应该在看到任何一面时,都同时考虑到其对立面并等而视之,保持一种悬而不决的非判断状态,并且通过这种方式远离纷扰,获得灵魂的平和宁静。由于皮罗将他之前业已存在的怀疑主义发挥到了极致,人们将这种更彻底的怀疑主义称作皮罗主义。

至于18世纪上半叶发生在文人共和国的那场围绕美的争论,安德烈并没有进一步详谈其细节。毋庸置疑,自16世纪开始,尤其是17世纪末到18世纪初,全欧洲的知识界广泛盛行怀疑论。按彼得·伯克的解释,这股风潮与宗教改革、笛卡尔哲学、科学的进步、信息的激增等皆有关联,这是从旧的知识结构向新的知识结构转化的过程中必然引起的混乱局面。④ 然而,怀疑论立场与辩论并不相容。以追求灵魂的平和为目标的人,理当超然世外,不会参与关乎立场的纷争。所以,当时

---

① 比如,安德烈说:"有关可见之美的意见与趣味是无线多样的,基于此,皮罗主义者们的结论是:对于判断可见之美,不存在什么规范。但我们究其根源,用良知(bon sens)的首要原则来检验那些东西,得出的结论却恰恰相反:并不是不存在判断可见之美的规范,而是大部分人乐于做出无规范的判断。"(Yves Marie André, *Essai sur le Beau*, p. 61)
② Yves Marie André, *Essai sur le Beau*, p. 13.
③ 同上,p. 6。
④ 具体可参见彼得·伯克:《知识社会史(上卷):从古登堡到狄德罗》,陈志宏、王婉旎译,浙江大学出版社2016年版,第224—232页。

围绕美的问题进行争论的参与者，可能是一些持有怀疑论倾向的文人，而未必是真正意义上的皮罗后裔。那么，安德烈的论敌实际上是谁呢？

克朗茨主张，《谈美》这个小册子旨在反对当时的文学，特别是卢梭的文学类型，即新生的浪漫主义；而安德烈所大力推举的那种文学，正是古典主义法则的一个见证。① 这个解释单只在时间上就讲不大通。毕竟，卢梭是从 1750 年那篇论科学与艺术的文章才开始因文成名的。即使克朗茨仅将卢梭作为浪漫主义的代称而并非实指卢梭的作品，其解释仍不大靠得住，原因有二：其一，在当时的法国，浪漫主义尚未集聚起压倒性的气势，"浪漫主义"至 18 世纪和 19 世纪之交才成为一个拥有固定内涵的术语②；其二，在浪漫主义者与怀疑主义者之间并非没有联系，但实难直接画等号。

克朗茨的解释不尽妥当。他所开辟的这条路太过狭窄，而且有点像以今度古的后见之明。虽然浪漫主义确实是古典主义的反题，但我们不准备完全采信克朗茨的意见。毕竟，对于历史事件或现象的成因，只能到更早的历史中去寻找。故此，笔者试图换一条路径，在客观主义与主观主义之争的脉络上来理解安德烈所说的那个事件。具体说来，笔者希望从 17 世纪、18 世纪之交古典主义美学的危机出发，来做一些侧面的推测。

17 世纪前期，相对主义美学在崇尚意志自由的笛卡尔那里略有崭露，但在法国当时的局面下并未形成强有力的影响。17 世纪下半叶绝对主义政治权力的巩固，直接催生出一套强势的审美话语和僵化的美学标准，强有力地支撑起一种客观主义美学。而到了该世纪末的古今之争中，学院的固有审美标准开始松动。厚今派主将夏尔·佩罗的兄

---

① Emile Krantz, *Essai sur l'esthétique de Descartes*, p. 311.
② 参见塔塔尔凯维奇:《西方六大美学观念史》，刘文潭译，上海译文出版社 2006 年版，第 193 页。

长、建筑学家克劳德·佩罗指出,一些比例被视作客观的、绝对的美不过是习惯、成规使然,是偶然现象或社会征候①;在王家绘画学院里,德·皮勒等开始关注趣味问题……随着古典主义文人阵营的分裂,尤其是文化教育普及性的提高,18世纪初的法国文人如伏尔泰等,尝试着书写关于趣味问题的专论。

  类似的趋向在英吉利海峡两岸几乎同步发生,而在英国更甚。从哈奇生到休谟,几乎演变为一场针对美的客观主义观念的战争。据乔治·迪基,在该世纪初,围绕着趣味理论,出现了由美的客观概念向趣味的主观概念的转向,并在1725年的时候,哈奇生第一次向英语世界提供了相对精熟的、系统的、哲学的趣味学说。②哈奇生的趣味学说很快被传播到法国,推助了围绕趣味之标准问题的争论。综合各种资料会发现,在二三十年代的法国沙龙里,"趣味"已经是一个被竞相谈论的热词,这当中很难排除哈奇生以及其他英国人的趣味学说的影响。

  很有可能,在陆续写作《谈美》各篇章的时期,即18世纪30年代,安德烈置身于关于趣味之标准的讨论里,目睹了趣味学说给审美判断的普遍标准所带来的冲击,尽管他在《谈美》中并没有像休谟他们那样将"趣味"当作一个中心概念去集中讨论。所以,笔者推断,《谈美》中所说的"皮罗主义者",应当就是赞同"趣味无争辩"这条英谚的人,我们不妨称其为"趣味主义者"。

  按"趣味无争辩"的含义,结合以皮罗主义的哲学立场,可以推知,(安德烈口中的)皮罗主义者在美的问题——即对于某物是否为美的判断——上会持不决断的态度,否认事物中可能存在任何因其自性而令人愉悦的品质。这符合安德烈的描述:争论中的这一类文人认为,人在做出审美判断时,依赖于各个不同的意见和趣味,而这些意见和趣味

---

① 克劳德·佩罗:《根据古代方法的五种柱式布局》,参见塔塔尔凯维奇:《西方六大美学观念史》,第140—141页、216—219页。
② George Dickie, "Introduction", *The Century of Taste: The Philosophical Odyssey of Taste in the Eighteenth Century*, New York, Oxford: Oxford University Press, 1996, p. 3.

受到时代、地域、年龄、秉性、境遇、兴趣等因素的影响,因此其对错优劣是无须判别的。① 比如,同一件艺术作品,在西班牙或意大利令人愉悦,但到了法国却可能普遍地令人不快;一位在外省受欢迎的诗人,到了巴黎却会遭到失败;在巴黎成功的诗人,到了宫廷却可能事业不顺……所有这些现象,都令人怀疑在审美中有任何固定的、绝对的标准。② 一言以蔽之,美是人的主观意见,不可能存在绝对的标准。

按上述逻辑,美是不可谈的,或者说只能谈出些有关美的个体意见,无权期许普遍性的赞同。较之克鲁萨的书名"论美","谈美"一题相对柔和,却同样以首字母大写的"美"(Beau)为论证对象:"为了仅仅提出不可置疑的东西,我想说的是,在所有心灵里存在着一种美的观念;该观念亦被称作卓越、愉悦、完美;它向我们把美再现为一种卓越的品质,相对于其他品质,我们更加看重它,发乎内心地喜爱它。问题在于……它对所有专注的心灵而言都是显而易见的;这正是我提出的计划。"③

安德烈意图发现美的普遍规范,发现卓越、愉悦、完美的恒常性。就此动机而言,他站在客观主义和理性主义的美学立场,旨在反对审美上的相对主义或怀疑主义。在他看来,皮罗主义者看不到美的绝对性,是由于被无规范的流变之美遮蔽了眼睛。他努力在《谈美》中证明美的本质恒定地存在于审美的各个领域,而缺乏本质的流变之美只是比例极小的一部分现象。他要将这极小的一部分从主流中剔除出去,所以,分类法在安德烈这里不仅必要,而且重要。

三、"美"的分类法

分类法是 17 至 18 世纪欧洲文人谈论美这个话题时被广泛使用的方法。安德烈的分类法的别致之处在于采用了两种分类方式的嵌合。

---

① Yves Marie André, *Essai sur le Beau*, p. 40.
② 同上, pp. 137—139。
③ 同上, pp. 6—7。

他用以结构全书的观念是美的两分法。按照审美经验发生的处所,美被划分成两种类型。在身体里被察觉到的美,被称作"可感的美";在心灵里被察觉到的美,被称作"可理解的美"。不过,并非所有感觉都拥有认识美的特权。比如味觉、嗅觉、触觉,它们就像兽类那样仅仅寻求对自身而言善(有利)的东西,而不会费心去关注美。唯有视觉和听觉才拥有辨别美的能力,唯有可见的美和可听的美才被依照一种最高秩序建立起来。①

那么,是什么能够既在身体里,又在心灵里察觉到美呢? 安德烈的回答是理性。理性通过专注于诸感官所传递的观念而察觉到可感的美,通过专注于纯粹心灵的观念而察觉到可理解的美。依塔塔尔凯维奇的看法,将辨别美的能力归于理性,是古典主义美学所特有的。② 按此,安德烈探讨关于美的学问,必然不拘于对感性世界的探讨,而延伸至精神世界和超验领域,是一门理性主义—古典主义学说。

按此两分法,《谈美》一书有了这样的结构布局:除起首的一篇《告读者》外,全书共分四章;第一章讨论可见的美,第四章讨论可听的美,主要是音乐美,它们组成可感的美;余下的第二章和第三章分别讨论道德美和心灵作品的美,也就是可理解的美。这也正是《谈美》一书的副标题向读者预告的内容:"检验物理、道德、心灵作品及音乐里的美确切说来在于何处"。

安德烈尽管用美的两分法来结构全书,但作为《谈美》的原理性结构,则使用美的三分法。美被分作如下三种基本类型:本质美、自然美、任意美。按安德烈的规定(此规定在《谈美》中被多次重申),美的三种类型的基本定义如下:本质美是一种必然的美,它不依赖于任何制度,包括神的制度;自然美依赖于造物主的意志,但不依赖于我们的意见和我们的趣味;任意美则依赖于我们的意见和趣味。这个定义着眼于美

---

① Yves Marie André, *Essai sur le Beau*, pp. 9—11.
② 塔塔尔凯维奇:《西方六大美学观念史》,第 144 页。

与制度的关系。这里的"制度"应在"秩序"的意义上被理解。在安德烈看来,"美的基础往往是秩序"①,这在审美现象发生的每个处所概莫能外。比如在道德领域里,本质美的基础是本质秩序,自然美的基础是自然秩序,任意美的基础是世俗的和政治的秩序。

与此平行,各种类型的美(beauté)可分别追溯到不同的原初的美(Beau)之观念,这些观念总体上可分作如下三种:其一是纯粹心灵的一般观念,它们给我们提供美的永恒规范;其二是灵魂的自然判断,在那里,心灵同纯粹精神性的观念混合在一处;其三是教育的或惯例的种种成见,它们有时候看起来是互相颠覆、互相拆台的。② 这样就形成了美的三分法的两种划分依据:制度(秩序)和观念。它们在书中并行不悖,本应合一,也就是说,观念就是对制度的观念。

安德烈认定,这三种类型的美既存在于可感的美,也存在于可理解的美,所以,审美经验发生的每个处所里都具备这种三层式的美。两分法和三分法的关系可以这样理解:美的两分法是一个外部结构,美的三分法是一个内部结构;二者被紧密镶嵌,形成了安德烈的美学框架。比较而言,美的三分法是安德烈论证的主要目标。原因在于,这种分类方式着眼于美的源头(关于美的各种观念)以及与此相关的美的性质。如前所论,可见、可听之美以最高秩序为建立依据,安德烈试图表明,非止于此,对于无论何种类型的美而言,唯有以最高秩序为依据,才可能保持自身的恒定性。所以,从根本上讲,他要通过美的分类来展现一个与最高秩序之间的关联性结构,或者说递嬗性结构。

从本质美到任意美,自律性逐级降低,依赖性逐级增加。本质美的等级最高,其规范性最强,不受任何制度的决定。这种超制度的极端自律性,意味着它其实就是最高制度或者说最高秩序本身。既然本质美不依赖于上帝的意志,那么它就与上帝平级,或者干脆就是上帝的代名

---

① Yves Marie André, *Essai sur le Beau*, p. 69.
② 同上, pp. v.-vii.

词。① 它表示美的绝对性,是各种类型的美的总依据。对可见之物来说,本质美也称几何美。对本质美的观念形成"造物主的艺术",这种艺术是至高无上的,"为自然妙物提供所有模范"②。在心灵作品里,本质美表现为真、秩序、诚实、得体。这些品质特征不会遭到好趣味的否认,是本质的、永恒的,是心灵作品之美的基础。在音乐中,本质美是一种比我们所听到的声音之悦耳更加纯粹的快适,这是一种并非感官对象的美,它感染心灵,唯有心灵能够觉察它和判断它。③

需要注意的是,"本质美"指的并非存在于本质里的美,"自然美"同样不可能指存在于在自然世界的事物之美。安德烈采用的皆是形容词性的"本质""自然"来修饰中心词"美"。既然如前所述,美的两分法(及其扩展性的四分法)的分类依据是审美现象发生的处所,那么,美的三分法不可能以处所为依据。准确来说,"自然美"指的是一种居间状态的秩序,它介乎上帝的意志和人的意志之间,从上帝视角看起来是受造物,从人类视角看起来则仿佛是自然而然的,不以主观的意见和趣味为转移。所以,说自然美由造物主的意志决定,与说它以本质美为基础,意思上并没有差别。按塔塔尔凯维奇的理解,从本质美到自然美,等于是从美的抽象原则到该原则的具体形式④。本质美与自然美之间绝对不容混淆,用安德烈自己的话来说,二者之间"有天壤之别"⑤——从神学角度看,这里并未使用比喻。

唯有明确了自然美中的"自然"并非表示处所,才能够理解这种美何以能够存在于精神世界,比如道德品质和心灵作品。安德烈说,在道德世界里,存在着一种自然感觉秩序,规范着我们与其他血脉相连的人

---

① 这是克朗茨的看法(Voir Emile Krantz, *Essai sur l'esthétique de Descartes*, p. 320)。
② Yves Marie André, *Essai sur le Beau*, pp. 22—23.
③ 同上,p. 247。
④ Tatarkiewicz, *History of Aesthetics*, Vol. III, *Modern Aesthetics*, trans. Chester A. Kisiel and John F. Besemeres, ed. D. Petsch, The Hague: Mouton and Warsaw: PWN-polish Scientific Publishers, 1974, p. 430.
⑤ Yves Marie André, *Essai sur le Beau*, pp. 22—23.

37

的情感,这种自然秩序构成全部人类自然的一般法则,对它的遵从则形成自然的道德美。① 心灵作品的自然美在于肖似自然,它也有三个子类:图像里的美、感觉里的美、运动里的美。需要指出的是,图像里的美并非一幅可见的图像的美(那样的话就属于可见之美了),而是心灵作品的形象化能力,也就是达到一种如在目前的阅读体验(安德烈在此意义上引用"一切作者皆画家"这句话②)。

本质美与自然美尽管泾渭有别,却丝丝相扣、毫无背离,二者之间是彻底的决定与被决定关系。换言之,美的本质在这两个等级之间的传递不会出现实质性的耗损。然而,当美的本质传递到任意美这一层,情况就发生了变化,出现了"人"这一干扰项。任意美存在于人身上,是从人的自然属性推演而来的,安德烈也称其为"人工美"。后一种命名方式与"自然美"对称,令人联想到杜博(Du Bos)的概念"人工激情",它们都着眼于人工与自然的关系。人的造物在等级上低于神的造物,故而人工低于自然。自然美与任意美的关系可以参考光和绘画的关系,它们在可见之美上被安德烈用作例证。按他的意思,光是颜色的主宰,绘画是人类利用颜色生产的作品;光决定颜色的生死③,对颜色的运用取决于人的主观意识和能力。总之,人工美是以人类尺度为基础的美,是主观的、相对的、处于变动中的,所以规范性最弱。

安德烈不是第一个提出"任意美"的概念的人。在17世纪末,克劳德·佩罗已提出过"任意美"与"令人信服的美"两种类型④,这有可能被安德烈参考过。不过,佩罗的分类更强调不同类型的美的区别性特征,安德烈的分类则既区分又联系,即侧重于突出不同类型的美的相

---

① Yves Marie André, *Essai sur le Beau*, pp. 106—109.
② 同上,p. 154。
③ 安德烈指出,光的"在场催生颜色。它的接近激活颜色","它的缺席令颜色死亡";"光美化一切。它与黑暗正相反,后者丑化一切,把一切包裹起来"(Yves Marie André, *Essai sur le Beau*, p. 28)。
④ 参见塔塔尔凯维奇:《西方六大美学观念史》,第145页。

互交融和孕育关系。我们在后文会再回到这一点。

关键在于,任意美是否完全无法作为美的学问的研究对象呢?并非如此。安德烈指出,任意美的任意性既是与本质美和自然美相对照来说的,也是就一定程度而言的。按其任意程度之不同,在任意美之下,安德烈又划分出三个子类:天才之美、趣味之美、纯粹一时兴致之美。"天才之美建基于对本质美的一种认识,它非常广阔,可以形成一个应用一般规范的特殊体系;我们在艺术上承认趣味之美,它建基于对自然美的清晰感觉,我们可以在谦虚适度的种种限制下容许时尚潮流中的趣味之美;最后是纯粹一时兴致之美,它并不建基于任何纯粹的东西,在任何地方都不该被容许……"①

安德烈以建筑为例来说明天才之美和趣味之美何以拥有规范性。建筑拥有两类规范,一类基于几何学原理(即本质美的别称"几何美"),它绝对不容违背,不是建筑师个体眼光选择的结果;另一类基于特定的观察发现("对自然美的清晰感觉")。前一类规范是一成不变的,比如,支撑建筑物的柱子要垂直,各楼层要平行,相互呼应的部分之间要对称等等,尤其要一望即知其统一性。后一类规范则有所不同,比如建筑师基于自己对自然的观察心得以及对大师作品的揣摩,受当时的惯例、成规、风尚的影响,就会采用不同的柱式,让柱高与底面直径之间呈现不同的比例。这两类规范分别属于天才之美和趣味之美。对后一种的论述与前述克劳德·佩罗的看法接近,但安德烈通过趣味之美——自然美——本质美这样一种层层传递,保证了趣味之美的基础与规范,避免了佩罗式的主观主义倾向。

因此,唯有纯粹一时兴致之美是彻底"任意"的,它脱离了美的本质,彻底缺乏基本的规范性,它被安德烈干干脆脆地逐出了美的"理想国"。安德烈所谓的皮罗主义者被纯粹一时兴致之美的流变特征遮蔽了眼睛,误以为那是美的世界的全貌。本质美、自然美,以及任意美中

---

① Yves Marie André, *Essai sur le Beau*, pp. 61—62.

的天才之美和趣味之美都拥有恒定的本质，故此，一门关于美的学问是可能的。

在18世纪，安德烈不是第一个使用美的三分法的人。在他之前，至少有两位英国人曾把美分成三个等级来讨论。1711年时，夏夫兹博里认为，最低等级的美是"死的形式"，高于它的是"赋形的形式"，最高等级的美既为纯粹形式赋形也为赋形的形式赋形，因此被称作"美的原理、根源和基础"。① 1738年，哈奇生也提出一套三等级说：最高的美是原初美或绝对美，第二等级是公理的美，第三等级是相对的美或比较的美。相对美"通常被视作对某个原初美的模仿"②，这两种三分法同样展现出一种自上而下完美性逐级递减、依赖性逐渐增强的美的层级。安德烈的三分法与它们具有显而易见的相似，很可能受其启发。他自觉吸取了夏夫兹博里和哈奇生分类法的一个共性，即不止于展现各等级之间泾渭分明的区别与对立，而更加突出它们的传递、孕育关系。

若说安德烈版本相对于前人有所改进，那么其优势应该体现在如下三点上：首先，三种美的命名更加简洁、直接、对称；其次，它拥有一个（在当时的宗教氛围看来）相对可靠的神学依据和起点（本质美）；最后，最重要的是，它与美的两分法嵌合在一起，便于展现审美现象的处所与性质之间更加复杂而立体的关系结构。

四、"美在统一"

按塔塔尔凯维奇的界定，美学上的客观主义与主观主义之区别在于：当我们称一物为"美的"之时，是将其原有的性质归于它，还是将其原来没有的性质归于它。前者为客观主义，后者为主观主义。③ 就此

---

① 参见彼得·基维主编：《美学指南》，彭锋等译，南京大学出版社2008年版，第13页。
② 同上，第20页。
③ 参见塔塔尔凯维奇：《西方六大美学观念史》，第203页。

看来,对安德烈而言,确立美的固有性质,是其论证中最为关键的一步。按他的美的三分法的思路,可以推知,美的固有性质也就是本质美的内容;他所要做的是先确立什么是本质美或者说美的本质,然后证明在次级的美当中存在这样的内容,换言之,他必须证明在看似不规范的诸艺术实践中存在着美的形而上学(métaphysique du beau)的规范性,并以此规范性为实质内核。

但这样还不够。安德烈指出,要想从规范性的美的形而上学下降到不规范的诸艺术实践,就不仅仅要证明美的规范之存在,还要发现美的规范之原因。为了发现这个终极原因,这位神父自觉地站到柏拉图—圣奥古斯丁传统中,视他们为这条道路上的先驱。不过,安德烈对柏拉图的论美篇章并不满意。他认为,《大希庇阿斯篇》实际上最终证明了美并不存在,而《斐德若篇》也并没有真正以美为主题;更重要的是,这两篇对话的视角是修辞学家而非哲学家。基于这些原因,他宣称放弃了对柏拉图的参考。不过,就像研究者们所指出的那样,从安德烈的美的三分法的设置思路来看,其柏拉图主义流溢说的色彩还是很明显的。

作为詹森主义的实际拥护者,安德烈对圣奥古斯丁的看重并不令人意外。不过需要注意的是,在讨论美的问题时,安德烈所看重的并非作为神学家的圣奥古斯丁,而是作为哲学家的圣奥古斯丁。圣奥古斯丁早年曾经撰写一本关于美之本性的多卷本著作《论美与适当》,后来在其《忏悔录》中自述该书已经佚失。安德烈认为,圣奥古斯丁在《论真正的宗教》一书中阐发了亡佚之作的相近主张。该书带领读者从诸艺术的可见美上升到作为规范的本质美,其分析"给现代哲学带来荣耀"[1]。这表明,安德烈自己在谈美时所选择的也是一条哲学进路,而非神学进路,或者说,他不以解决神学问题为主要诉求。另外,安德烈的两种分类法应该同样(或主要)受到过圣奥古斯丁的可见美—本质

---

[1] Yves Marie André, *Essai sur le Beau*, p. 18.

美这一两分法的启发。

那么,圣奥古斯丁那里的"本质美"指的是什么呢?在《论真正的宗教》里,圣奥古斯丁使用了一个建筑学的例子,被安德烈转述在《谈美》第一章里。① 他用一连串苏格拉底式的提问,使得"美在统一"的论断逐渐浮出水面——

假如询问一位建筑师,在建筑一翼搭盖拱廊后,为何要在另一翼盖一同样的拱廊?建筑师会回答说,是为了让建筑各部分对称为一个整体。那么,为何对称对建筑而言是必要的呢?回答是它令人愉悦。您是从何得知对称令人愉悦的?回答:这一点我确信,因为照那样安置的事物会体面、恰当、优美,一句话,因为那样是美的。提问者继续说:但请告诉我,它是因愉悦才美,还是因美才愉悦呢?回答是因美才愉悦。提问者还发问:为何那样会是美的?提问者耐心地补充说道,在您的艺术里,大师们事实上不曾触及这样的问题,所以我的问题可能令您不舒服,那么,您至少会同意这一点:您的建筑物的各部分的相似、平等、相配,这将一切化约到一种统一性,它令理性满意。这才是我想要表达的意思。至此我们看到,提问者自问自答地给出了答案。

从这个例子出发,圣奥古斯丁进一步指出:统一性是不容违背的法则,建筑物要想是美的,就必须模仿这种统一性;尽管我们从某些可见的形体上窥见统一性,但真正的统一性并不存在于可无限分解下去的形体之中;任何尘世的东西皆无法完美地模仿,因为它们无法成为完美的"一";所以必须认识到,在我们的心灵之上存在着某种原初的、至高的、永恒的、完美的统一性,它就是艺术实践所寻觅的美的本质性规范。② 按这种解释,"美在统一"其实是模仿说的一个版本;统一性也就是仅存于上帝身上的完美性;发现事物身上的统一性,也就是在不完美的事物身上发现上帝之完美的影子。

---

① Yves Marie André, *Essai sur le Beau*, pp. 18—20.
② 同上,pp. 20—21。

这就是上文所说的美的三分法的神学依据和起点。不过仍需指出的是,对安德烈而言,这个"美在统一"原则并不是对上帝之存在的一个证明。如前所述,他所看重的是圣奥古斯丁的哲学进路而非神学进路,或者说,上帝仅只作为神学依据或总源头存在。这个策略是笛卡尔式的,即把上帝作为可靠的第一动力,而在余下的论证中不再继续仰赖于它。所以,与其说"美在统一"旨在回答"美为何在于统一",倒不如说它所针对的是这个问题:从本质美到自然美、任意美,这种传递如何可能? 换言之,这条统一性原则的提出,着眼于为美的三分法的内在连贯性奠立基础。

　　明确了这一点,也就可以进而推知,"统一"作为一条美的原则,必然包容其他本质性的原则,至少应与它们并行不悖。可见之物的几何之美,如对称、均衡、比例适当等,心灵作品之真、秩序、诚实、得体等,这些被古典主义者视作永恒不变的法则,都可以被涵盖到"统一"这条总原则之下。于是,"美在统一"在《谈美》中是作为一条最基础的原则被提出的。在每一章里,安德烈都要一再强调这里涉及的审美领域服从于这一原则,并且不断以各种方式重申圣奥古斯丁的这句话——"统一性是所有类型的美的真正形式"①。

　　在可见之美中,拥有统一性的可见之物更均匀、更齐整,也就更美。安德烈表示,说一幅图像更美,意思是在它上面更可感到统一性。② 不过,统一性并不意味着同质性。安德烈在绘画大师的作品里发现,那里存在着友好的颜色和敌对的颜色。前者看起来是互相美化的;后者彼此妒忌对方的美,显得互相躲避,似乎担心被这场竞争消抹或掩盖。不过他同时又发现,以下这种友好的颜色是不存在的:它们在共同基底上被组配起来,不需要其他中间色将彼此分开,从而使它们的统一显得太生硬;也不存在如下这种敌对的颜色:我们无法用其他中介,就像共同

---

① Voir Yves Marie André, *Essai sur le Beau*, p. 22, 111, 123, 188, 282.

② Yves Marie André, *Essai sur le Beau*, p. 32.

的朋友那样,将它们调和在一起。① 这是天才之美参透本质美的真意,并将真正的统一性动态地运用在画面上的例子。在音乐之美中,统一性的必要性更加明显,因为"音乐的本义,乃是和谐的声音及其一致性的科学"②。在音乐当中,即便是任意美,也总是依赖于永恒的和谐法则。

人的道德的真正的美在于适宜,即让一切成为一体;不适宜的冲突则给人带来不快感。③ 比如,当高个子低身俯就矮个子时,我们觉得他的礼貌很迷人,因为这种礼貌见证了自然的统一性。相反地,当一些出身平民的新贵族举止倨傲,自以为跻身半神之列时,就会遭人鄙视,因为它们否认了人种的一致性。人们向军人的牺牲致敬,因为军人以自身的死亡保全共同体的存续。相反地,人们谴责暴政的君主,因为他们荼毒他人而保全自己的生命。④

在心灵作品之美中,统一性是一个文体学问题。它指的是心灵作品应当是一个关联的、连续的、有活力的、站得住脚的作品,其中并无任何打断其统一性的题外话。⑤ 他援引贺拉斯的箴言道:"各组成部分的关联之统一性,样式(style)与所涉题材之间的比例的统一性,谈话者、所谈内容与语调之间在礼法上的统一性",并表示贺拉斯的这句箴言也是自然的箴言。⑥ 样式之美在于令文章显得出于同一人手笔,和谐一致,浑然一体。

---

① Yves Marie André, *Essai sur le Beau*, p. 36. 他还引用菲力比安在《画家的对话》中的话,以此阐明人们对绘画的评判必然以统一性为标准:"它们希望在布置得当的光与影中间,人们在一幅画上看到真正的自然的染色:经过细心观察会发现,那里的色块之间的这种友好,这种一致性:人们灵巧地搭配椅子与帷幔,帷幔与帷幔,帷幔间的人们,风景,远方,这眼中的一切如此艺术性地关联起来,画面看起来是用同一套调色板画就的。"(pp. 37—38)
② Yves Marie André, *Essai sur le Beau*, p. 210.
③ 同上,p. 116。
④ 同上,pp. 120—123。
⑤ 同上,p. 202。
⑥ 同上,p. 289。

总而言之,"美在统一"是一条理性主义美学原则。美的事物之所以能够令人愉悦,在根本上是由于其统一性令理性满意:理性因事物身上的统一性而得以施展自身的把握能力,事物也因统一性而成为合理性的。这个立场的直接结果是对感性和想象的贬抑。一方面,在这条原则下,人的感官与事物的可感性质被放在相对次要的位置上。就像保罗·盖耶说的那样,对安德烈而言,颜色仅仅是可见之美的一个附加性的愉悦之源。[1] 另一方面,安德烈尽管承认想象同理性一样是一种能力,但用适宜、适度等理性原则去约束它。

五、安德烈美学的特征

以上是安德烈美学的基本内容和核心主张。《谈美》架构整齐、匀称,行文简洁、朴素,自有一种数学之美。其美的分类法借鉴了诸多先前的资源并用新的思路加以改进,突出了美的本质在各等级之间的可传递性,尽管常被后人批评为如数学公式一般生硬、机械,在当时仍不失创意和优势。克朗茨正是在这一点上肯定了安德烈的贡献。在他看来,《谈美》问世之前,美往往被解释为上帝的一个属性,如同善、真一样,但问题在于,在上帝的属性与一件艺术作品的审美价值之由来之间,也就是精神与物质之间,其关联尚不明显。可感之美是我们唯一能够把握的东西,我们何以能够设想一种不可感的美?故而,"把美定义为上帝的一个属性,就等于把美学的难题弃之不顾了"。《谈美》恰恰直面了这个难题,并做出了可贵的尝试,这种尝试具体说来就在于持续不断地努力在精神性的和绝对的美、艺术所创造的各种不同程度的美以及技艺所实现的低层次美之间建立起一种传递关系。[2]

作为启蒙时期理性主义美学的一个典型标本,《谈美》的美学观念有如下三个特征:

---

[1] Paul Guyer, *A History of Modern Aesthetics*, Vol. I, Cambridge University Press, 2014, p. 250.

[2] Emile Krantz, *Essai sur l'esthétique de Descartes*, pp. 315—316.

其一是客观性。安德烈认为美是事物的客观属性,不应当因人的主观因素而更改其恒常性。这里的客观性并非仅就客体本身的性质而言,也指论述者的旁观视角。就像安妮·贝克指出的那样,安德烈的《谈美》同克鲁萨的《论美》一样,都是采取旁观视角,几乎不怎么分析在艺术家那里所发生的情况[1]。不仅如此,《谈美》也极少言及欣赏者的心理活动。这显著区别于之前的克鲁萨、杜博,之后的巴托、孟德斯鸠等人,在18世纪中期欧洲注重审美现象的心理经验分析的整体趋势里显得非常特别。就此而言,它难以面对读者对于审美心理过程的进一步追问。

其二是封闭性。安德烈坚定地将美认作一个形而上的赋予,视统一性为不证自明、人皆赞同的审美标准。这样一种不由分说的立论方式,被狄德罗批评为"演说味道远较论理味道浓厚"[2]。美的分类法与"美在统一"原则是一体两面,构成一个密不透风的论美系统。低等级的美必须以高等级的美为依据,统一性作为终极依据/美的本质,是审美愉悦的源头,也是上帝的代称,展现出一种静态的确定性,并在此确定性的保障之下绕开了那些流变的审美风尚或趣味问题,而我们知道,流变之美所带来的难题才是18世纪欧洲美学层层进展的推助力。安德烈回避了困难,也止步于自己的确定答案。

其三是等级性。安德烈认为,在每一个美的领域,都恰好存在相同的三个等级的美。这种公式般齐整的结构,令人怀疑它是否真正触及审美现象的复杂性和深度。另外,从审美社会学上看,美的等级性观念关联于社会的等级观念。在以天主教为国教、由国王掌握绝对权力的法国社会里,美的等级性天然地较易被接受,好的趣味一般也被视同于较高等级阶层的趣味。不过,不出四十年,大革命的烈火就会将平等观

---

[1] Annie Becq, *Genèse de l'esthétique française moderne 1680—1814*, Paris: Editions Albin Michel, 1994, p. 416.
[2] 狄德罗:《关于美的根源及其本质的哲学探讨》,《狄德罗美学论文选》,张冠尧、桂裕芳译,人民文学出版社2008年版,第20页。

念送向全欧洲。届时,美的等级性连同古典主义趣味标准都将面临挑战。

由此看来,在趣味主义越来越深入人心的18世纪前半期,《谈美》更像是一个故去时代的背影,展现出启蒙时期美学保守的一面。① 然而,时代的车轮不一定总是向前。大革命后保守主义返潮,我们又可在维克多·库赞那里看到类似的分类法。就此而言,在法国"美之学"的整个历史里,安德烈其实也是一个幽灵般的存在。

《巢》,姜陆作

---

① 保罗·盖耶尖锐地批评它为"死不悔改的柏拉图主义或奥古斯丁主义"(Paul Guyer, *A History of Modern Aesthetics*, Vol. I, Cambridge University Press, 2014, p. 261)。这似乎太过苛责古人,其中展露的美学进化主义立场亦不可取。

《雁荡山显胜门》,谢麟作

第二章　美与乐感的关系探索

主编插白：What is this？这是人出生以后认识这世界的最基本的认知方式。对"美"的认知也是如此。美是什么呢？古今中外，理论家、艺术家乃至文化大众都曾从思辨需要和实践需要出发，对美的含义做出过若干说明。如果我们做一个统计学的实验，将会发现，在各种定义中，谈论美与快感的联系的言论是最多的。快感是美的最基本的功能，也是美的最基本的维度。不过，"快感"给人感觉的字面意义与肉体、感官紧密相连。美所引起的快感不仅包括肉体快乐，而且包含精神愉悦。所以，我们借用中国古代文化中"乐感文化"的"乐感"一语，来指称美所引发的主体心智的快乐反应。2016年，笔者的国家社科基金后期资助成果《乐感美学》在北京大学出版社出版，用"乐感"或"快乐"而不是用"快感"来指称"美"的特质，渐渐在学界形成默契。辽宁大学的高楠教授著文指出："乐"是中国传统美的生成范畴。① 温州大学的马大康教授著文指出：从"乐感"探寻美学的理论基点。② 本章选择三文。四川大学教授、中国美学史家张法的《乐：中国美感的起源、定型、特色》。该文从"乐"的文字学释义入手探讨远古美感的起源、演进、定型和中国古代美感思想的基本特点，提供了许多实

---

① 高楠：《"乐"：中国传统美的生成范畴》，《学习与探索》2017年第2期。
② 马大康：《从"乐感"探寻美学的理论基点》，《人文杂志》2016年第12期。

证性材料,可以丰富我们对中国古代乐感美学传统的认知。上海社会科学院中青年学者胡俊这些年来以研究西方泽基的神经美学引人注目。她对神经美学关于快乐在审美中的桥梁作用、审美经验与快乐联系的研究评述,为人们认识美的乐感功能特征提供了另外一种重要参考。山东师大的杨守森教授从《乐感美学》的美本质探寻说起,指出"美从'乐'处寻","美"是表示乐感的"情感语言",美产生的"乐感"反应恪守价值底线,属于"深得吾心"之作,也可视为《乐感美学》的一种学术反应。

第一节　乐:中国美感的起源—定型—特色①

中国美感,从远古的仪式之乐中产生和定型,这从"乐"字的甲骨文、金文的释义中点滴可见,也从《尔雅》中与乐相关的词汇群中透出。乐在从八千年前至六千年前的上古,到六千年前至四千年前的中古,再到四千年前至两千年前的下古的时间演进和东西南北的族群整合,以及由之而来的古礼的整合中产生、演进、定型,由此形成了中国美感的三大特点:一、"乐"字兼有主体和客体的用法,内蕴着主体美感是与客体之美紧密关联的美感;二、中国美感是五官心性一体的美感;三、在中国美感的五官心性一体中,味觉、嗅觉、肤觉与视觉和听觉一样,都有通向形上境界的能力。

中国美感的远古起源最难讲,在考古上,可从人体装饰、文身岩画、彩陶图案、美饰斧钺等精美化器物进行推导,但难以精确定位。以文字和文献为线索,再联系到美的器物,则可以大致走近远古美学的原样。讲远古美感,有三个节点可以作为参考框架:一是先秦思想家把美感用乐字来表达,成为由后上溯的基础。《礼记·乐记》《荀子·乐论》都讲

---

① 作者张法,四川大学文学与新闻学院教授,本文原载《山东社会科学》2020年第5期。

了"夫乐(以诗乐舞合一的仪式之乐)者,乐(快乐)也。"共认主体之乐(快乐)由客体之仪式之乐进而产生。《墨子·非乐》,则把乐看成是"大钟、鸣鼓、琴瑟、竽笙之声""刻镂华文章之色""刍豢煎炙之味""高台厚榭邃野之居"的整体,其所透出的,正是从远古到先秦的基本观念:乐主要或典型地体现为礼乐整体之美。构成礼乐文化主项的美音美色美味,正是美感产生的客观基础。乐之一字,既用来指整个礼乐之美,又用来指礼乐美感,体现了中国美学把美和美感结合为一体来思考,在结合的基础上再分开来讲美感,恰可作为进入中国美感起源的向导。二是从篆文到金文到甲骨文的乐字,乐之一字虽然殷商甲骨文方有,但甲骨文不是从天而降,内蕴着悠久的传统,乐之一字,曲折复杂地浸透着远古美感的内容。三是《尔雅·释诂》专讲了十二个包含美感于其中的用作快感的"乐"的字:"怡、怿、悦、欣、衎、喜、愉、豫、恺、康、媱、般",最后将之总括为:"乐也。"里面几近一半的字在先秦已经不作快乐来用了。十二字以片段方式透出了远古快感演进的重要内容。从而,乐的古字释意,《尔雅》关于快感之乐的语汇群,先秦关于快感之乐的基本结构,构成了远古美感的起源与演进的主要内容。

一、"乐"字释义与远古美感的起源与演进

先从乐字释义讲起,乐字从甲骨文到金文到先秦篆文,大致如下:

甲骨文:🌿(前五·一·三) 🌿(后一·一〇·五) 🌿(新3728)

金文:🌿(子璋钟) 🌿(𤼵钟) 乐(上乐钟) 🌿(洹子孟姜壶)

篆文:🌿睡虎地秦简(日乙一三二) 🌿古玺文编(5314)

甲骨文的乐,基本上由下"木"上"丝丝"组成,金文以下,下部基本上仍为"木",上在"丝丝"之中多了"白"成为🌿。乐字内容,古今解释甚多。但有一个共同点,都认为是某一类仪式之乐。中国远古从上古到中古到下古,时间悠长,东西南北族群众多,各种仪式虽有差异,又有共性。因此,不妨将学人的不同解释,与远古仪式的演进历程结合起来,正好呈

现远古仪式演进的重要片段。中国远古思想的演进,从神灵的人神关系来看仪式,是由虚灵的灵到较实的鬼神,鬼神分为天神地祇祖鬼,三者的构成,按历史顺序,先是以天为中心的天地祖结构,中杆占有重要地位,其次是以地为中心的天地祖结构,社坛占重要地位,然后是以祖为中心的天地祖结构,祖庙占有重要地位,最后是以王为中心的天地祖结构,宫殿占有重要地位。从乐的角度来看仪式,先是以乐为主,乐中呈礼,再是乐礼兼重,乐礼互彰,最后以礼为主,礼中有乐。总之,乐都出现在礼中,形成了《通志·乐略·乐府总序》讲的"礼乐相须为用,礼非乐不行,乐非礼不举"的基本特点。因此,从乐字,可以透呈出远古仪式的演进,及其内蕴的美感的演进。当学人把乐字解成仪式之时,将之放进这一发展大线,可做如下安排:刘正国、王晓俊认为"乐"下部是木架或案台,上部的𢆶是供奉作为祖灵的葫芦,体现最初的祖灵崇拜。① 联系到闻一多说:葫芦型的匏瓜,也是乐器之形,还是天上北斗之形状,远古的伏羲女娲就是一对葫芦。② 依此,乐字透出了采集狩猎时代以来的最初仪式结构和观念结构,以及由这类仪式举行而产生的主体快乐(美感)。修海林说,乐字上部的𢆶是庄稼的蕙实,因此,乐字呈现的农业丰收仪式,以及由之而来快乐(美感)③。陈双新说,乐即栎树,是可养蚕的神树④,联系到考古中河姆渡文化就有蚕的图像和文献上蚕来自黄帝之妻嫘祖,而与栎树相同且养蚕更好的桑树在商代还是仪式圣地。商汤祷于桑林。由此,乐就与蚕的仪式关联了起来。而且有从上古末到中古到下古的演进。李蒲说"乐"字上部的ᗺ为女阴,既与远古的生殖崇拜相关,又与后来高媒仪式相连,联系到《周易·系辞

---

① 参见刘正国:《"樂"之本义与祖灵(葫芦)崇拜》,《交响》2011年第4期;王晓俊:《以葫芦图腾母体——甲骨文乐字构形、本义解释之一》,《南京艺术学院学报(音乐与表演)》2014年第3期。
② 《闻一多全集》(二),生活·读书·新知三联书店,第247页。
③ 参见修海林:《"樂"之初义及其历史沿革》,《人民音乐》1986年第3期。
④ 参见陈双新:《"乐"义新探》,《故宫博物院院刊》2001年第3期。

下》讲的"天地之大德为生",乐字体现了一种从远古开始一直延伸到社坛仪式的传统①,以及由之而来的姓—性—孳的快乐(美感)。洛地、周彦武、冯洁轩认为,乐字是木、是神树、是社树、是作为神主的牌位②,如此,乐字就与远古的空地中杆、中古的社坛、下古的祖宗牌位,都关联了起来,乐既可为远古以来的中杆仪式,也可是地祇突出后的社坛仪式,还可以是祖庙仪式,这些不同的读解,正好使乐与上古中古下古的不同仪式关联了起来,使"乐"的内容有了丰富的展开。张国安说,乐即傩祭即乐祭③,一种古老的仪式,在《周礼》《论语》中还有记录。中国远古仪式,在名称上,北方主要以萨满为主,南方主要以傩为主,分布甚广,类型很多。这样,乐与仪式的关联,不仅流动在作为主流演进的中杆仪式、社坛仪式、祖庙仪式之中,还与各种各样具有地域特色的仪式相关联。乐虽是仪式,但毕竟是通过仪式中的音乐体现出来,因此,自许慎始,主流文字学家都把乐字与乐器关联起来。这里仍有不同看法。乐字所象的乐器,许慎、林义光、高田忠周等认为,象鼓鞞木虡(有的以 88 为鼓,有的以 ⊖ 为鼓);罗振玉、商承祚、徐中舒等认为,乃琴瑟之象(以 88 为琴弦);④林桂榛、王虹霞认为,是建鼓悬铃之象, 是中间为鼓,两边为铃。⑤ 远古仪式用乐的演进主潮,上古以来是鼓为主的鼓磬系列,中古之后渐以琴瑟为主,下古以来,以钟为主。乐字象鼓铃象琴瑟,与从中古到上古的悠久仪式之乐关联了起来。由于乐字是商周对东西南北各族群仪式的整合之后而产生的文字,其后面本就内蕴着多种多样的内容。因此,各家讲来,都算持之有据,自有其理。如上所述,不管这些讲法各有怎样的差别,但都有共同的一点,乐与仪式相

---

① 参见李蒲:《乐义钩沉》,《音乐探索:四川音乐学院学报》1998 年第 4 期。
② 洛地:《乐字音义考释》,《音乐艺术》2013 年第 3 期;周彦武:《"乐"义在辩》,《音乐艺术》1998 年第 3 期;冯洁轩:《"乐"字析疑》,《音乐研究》1986 年第 1 期。
③ 参见张国安:《"乐"名义之语言学辨析》,《武汉音乐学院学报》2005 年第 1 期。
④ 以上诸家,参见李圃主编:《古文字诂林》(第 5 册),上海教育出版社 2004 年版,第 940—945 页。
⑤ 参见林桂榛、王虹霞:《乐字形字义综考》,《中国音乐史研究》2014 年第 3 期。

关联,而且这种关联,正好呈现了远古仪式之乐,从上古到中古到下古的演进。乐字本意为乐器,实际上,无论字形上是象鼓铃还是象琴瑟,都是按汉语部分带全体(虚实结构)的方式,指的是乐器整体,这就是《说文》对乐的定义:"五声八音总名。象鼓鞞木虡也。"同样,中国的整体性思维把由乐器的演奏使人产生的快乐,也称为乐。如果音乐为美,那么,把由乐产生的美感也用乐这一相同的字来表达,能对这一美感进行更准确的把握。因此,作为美感的乐,是在乐用于仪式时产生出来,并在仪式之乐的历史演进和多样展开中随之演进和展开。作为美感的乐的丰富性和深厚性由之而来。把仪式的产生和演进,做一简要呈现,同时也就是对在其中的音乐之乐,从而也是对由乐而产生的美感的快乐之乐,做了简要呈现。因此列表如下:

时间	仪式主流类型	仪式乐的主导乐器	美感之乐
上古到中古初期	空地中杆仪式	以鼓为主	以鼓为主之鼓舞之喜的美感
中古晚期	邑城社坛仪式	以琴瑟—管龠为主	以琴龠为主之天地之龢的美感
下古	京城祖庙仪式	以编钟为主	以编钟为主的中和之乐的美感

前面讲了,远古之礼,最初是以乐为主,包含三点:第一,乐为礼主。乐的内容成为礼的主要和核心内容,"击石拊石,百兽率舞……神人以和"(《尚书·尧典》)。第二,以乐启礼。礼由乐而开始进行,并按乐的节奏韵律而呈现出来。第三,礼以乐成。礼是以乐的指导和引导下进行。这样,整个礼的内容成了乐的内容,对礼的感受成了对乐的感受。因此,礼之初,虽然饮食与音乐具有同样的地位,但饮食荐神和荐后自食,也是在乐的节奏引导下进行的。直到周代具有相当程度的理性内容之后,王仍然是"以乐侑食"(《周礼·天官·膳

夫》)。因此,最初之礼,是乐礼文化。随着历史演进,思想提升,礼的程序性和思想性日益突出,演进为礼乐文化。正因乐在礼(特别在最初之礼)中的重要性,对乐的感受,实际上是对整个礼的感受。由此产生了对乐的两个基本观念。一是"乐由天作"(《礼记·乐记》),即乐是来自于天的。二是"乐者,天地之和也"(《礼记·乐记》)。这样,由乐而来的美感,一是礼乐的整体美感,二是这一美感具有形上的天人之和的内容。在这一历史的和思想的基础上,"乐(音乐)者,乐(快乐)也"(《礼记·乐记》),呈现的美感之乐,具有天道的形上意义和礼乐的整体内容。因此,乐之一词,成为既可专指(音乐美感),又可泛指(普遍美感)的美感之词,在后一意义上,乐之一词,成为最高级别的最有普遍性的美感。

二、《尔雅》"乐"的语汇与远古美感的演进的定型

中国远古,地域广大、时间悠久,仪式多样,仪式之乐也曾以多种方式呈现出来。把《尔雅》所列与乐相关的字,结合远古历史演进和仪式演进的逻辑,进行重新排列,有五词:欣、般、衎、喜、愷,与上古仪式之美感之乐相关,有三词:怡、怿、悦,与中古仪式之美感之乐内容相关,有四词:康、豫、愉、媅,与下古仪式之美感之乐内容相关。

先看第一阶段透出美感之乐的五字:欣、般、衎、喜、愷。

欣,与石器以来的斤斧相关,由持斤斧而舞的仪式而产生的美感之乐,其美感内容随由斤到斧到钺的演进而演进。钺做过王者象征,做过北斗象征,当远古思想由以刑为主转为以德为主,钺仍在冕服图案之中。欣在心理之乐中一直有自己的地位。欣(气悦)——忻(心悦)——䜣(言悦)体现着欣的展开。般即槃,来自由中杆仪式中盘旋往还舞蹈程序而来的美感之乐。衎,也是围绕着"干"(中杆)的行走,与槃相同。《说文》中有"昇",段玉裁注曰:般槃昇三字同音,"般亦昇之假借"。其实,三字强调了中杆仪式的不同重点。般的美感内容随中杆仪式的演进而演进。当由社坛仪式转变到祖庙仪式,中杆

转为牌位,般的乐感内容渐渐消退。喜和愷,都来自鼓(壴)引出的美感。鼓在远古仪式中居主导地位,因此,由鼓而来的喜得到高扬,中古和下古,鼓虽然不在中心,但仍在仪式之乐中有重要地位,因此,鼓之喜一直有重要地位。

再看第二阶段美感之乐的三字:怡、怿、悦。

怡,《说文》曰:"和也。"段注曰:"龢也……龢者,调也。"即把不同而多样性的东西调和起来。台,阮元、徐中舒、强运开等训为"以"。陈梦家说"如台即以字"。① 这里的调和应为仪式中语言的作用提升,包括歌唱地位在音乐整体中的提升,需要有新的调和,这时主体不是站在某一因素上看整体,而是从各个部分抽身出来,以一虚的心态(台—以)去看整体。由调和成果而来的快乐即怡。"悦"最初是"说",由仪式中语言运用带来的快乐(心旷神怡)。怿,《说文》曰:"说也。从心睪声。"与说(悦)相关,突出"言"的作用。悦,最初为说,是与言的作用而来的。中古仪式走向理性化,需要提高语言的作用,从而中古仪式之乐,有了与上古仪式之乐不同的特点。

最后看第三阶段美感之乐的四字:康、豫、愉、媅。

康之一字,为"广"部构形,意与"宀"同,为在室中,应是仪式进入到以祖庙为主体的时代。甲骨文和《说文》无康字,但金文用作形象词的有吉康、逸康、康乐……应与心理美感相关。《尔雅·释诂》曰:"康,安也。"《洪范》五福,三曰"康宁",皆与居室的美感之乐相连。豫,《说文》曰:"象之大者。"段注曰:"引申之,凡大皆称象。"《尔雅·释诂》曰:"豫,安也。"透露豫有与康一样由祖庙而来的安感,另一方面祖庙仪式应有一种更阔大的气象,更宽广的胸怀。《周易·序卦》曰:"有大而能谦必豫。"孔颖达疏曰:"有大则有天下国家之象,能谦则有政事恬豫之休……豫行出而喜乐之意。"②突出了朝廷仪式的特点。远古仪式

---

① 诸家之释,参见李玲璞主编:《古文字诂林》(第2册),上海教育出版社2000年版,第63页。
② 〔清〕李道平:《周易集解纂义》,中华书局1994年版,第200页。

进入夏商周之后,一方面更为宏大,从而有康、豫之乐感,另一方面仪式在丰富精致的同时,其享乐性也相当的突出,从而审美与伦理的冲突不时发生。夏桀商纣都发生过这方面的事情。愉和媅,透出了对仪式之乐感沦落享乐方面的提醒。愉,《说文》曰:"薄也。从心俞声。"《论语》曰:"私觌,愉愉如也。"薄,近也。太亲近,与仪式之礼的庄严有所不合。以前,仪式享受的内容包裹在宗教体系之中,现在,理性程度越是提高,享受本身的性质越是突显。因此,愉的同义词有媮、偷、娱、虞……主体快乐已经显得复杂起来。媅,毛传注《诗经小雅》曰:"乐之久也。"媅即妉即耽,有沉溺于快乐、女乐中之意。因此,康与豫和愉与媅,透出了仪式演进到精致复杂的体系之时,由仪式而来的快感开始出现了分化。

然而,《尔雅》关于乐感的十二字,只是历史悠长空间众多的各类仪式及其复杂演进的一些片段。远古美感的演进,远要比《尔雅》十二乐字复杂。以仪式的声色味之美感为结构,从《尔雅》扩大到所有词汇,还可以看到更多曾有过的多种多样的演进史。从理论上讲,仪式的四大要项(行礼之人之美、行礼之器之美、行礼地点之美、行礼过程之美),与人心的主要感官心性的结合,从美感的角度、从主体角度,形成眼、耳、鼻、口、身五大类,即眼见形色而来之美感,耳闻声音而来之美感,口尝饮食而来的美感,鼻嗅气味而来的美感,身居环境而来的美感。这五大要项的美感。在先秦的思想家中,可以看到如下的归纳:

> 身知其安也,口知其甘也,目知其美也,耳知其乐也。(《墨子·非乐》)
>
> 口之于味也,有同耆(感到好吃)焉,耳之于声也,有同听(感到好听)焉,目之于色也,有同美焉。(《孟子·告子上》)
>
> 身不得安逸,口不得厚味,形不得美服,目不得好色,耳不得声音(好声音)。(《庄子·至乐》)
>
> 目辨黑白美恶,耳辨声音清浊,口辨酸咸甘苦,鼻辨芬芳腥臊,

骨体肤理辨寒暑疾养。(《荀子·荣辱》)

口好味,而臭味莫美焉;耳好声,而声乐莫大焉;目好色,而文章致繁,妇女莫众焉;形体好佚,而安重闲静莫愉焉。(《荀子·王霸》)

每人因其行文语境和互文照顾,而对各感官的美感用词有所不同,但基本有相同的共识,当要区别眼耳鼻口身感受的专门性时,用来之于这一感官的美词,因此,目为美,耳为乐,口为甘,鼻为香,身为安。而一些词汇已经上升到普遍性的,为了行文漂亮,也可以用于其他项。在这些词中,只有两个词上升到普遍性的美感:美和乐。美由仪式中的巫王之美而可指整个仪式,进而扩大到整个社会和整个宇宙。二者在客观之美和主体美感的区分时,前者一般用美,后者一般用乐。美和乐成为普遍的美感,只是最后的结果。在历史的演进中,还有一些词竞争过美感的普遍性,如来自雚的歡。以雚为核心,曾形成一个天地人的体系,天上之觀,地上之鑵,认识之觀,从而产生在天地人的各有雚之处及相互关系中都感到美感的歡。但随雚这一禽鸟形的高位被人形的帝王所取代,歡也从快感中的核心地位退了出去。如来自鼓(壴)的喜,也曾形成一系列:歆、憙、嬉、禧、熺、譆、僖……但随着琴瑟管龠进入高位,与鼓相当,特别是钟镛出现超越鼓占有高位,乐成为音乐的总名,喜也从美感的高位上退了出来。还有由隹而来的"雅",由圭而来的"佳",由女而来"妙",由味而来的"旨"……都在理性化中,或从美感的普遍性中退了出来,或从美感的最高位降了下来。而从文献上看,在《尚书》里,来自悠久传统的中杆仪式的"休"成了普遍的美。《尚书》,美字只出现了两次,一是《说命下》的"格于皇天,尔尚明保予,罔俾阿衡专美有商";二是《毕命》的"商俗靡靡……实悖天道,敝化奢丽……服美于人"。两篇都是梅赜文本,如果将其为伪,那整个《尚书》就没有美字;如果视为非伪,美的使用也很合当时的情理。《说命下》用美指人,《毕命》用美指服装,服装为人所穿,还是指人。两例中前例之美是正面的,后例之美是反面的。因此美在《尚书》中几乎没有美学意义。而休字贯穿于整个《尚书》之中，共出现三十九次，几乎全被西汉的孔安国（传）和唐代的孔颖达（疏和正义）明确地注释为美①，普遍地用于赞美天帝祖先、王朝政治、伟大个人。② 但《尚书》之后的先秦典籍，休退出了美的中心。总之，最后的结果是：乐，成为普遍性的美感和普遍性的快感。

三、"乐"的定型与中国美感的基本特点

乐，成为美感的普遍性语汇，透出了中国美学的基本特点。

第一，乐，一字两意，既是客体审美对象，又是主体审美快感，透出的正是美感与美的同一性、互动性，离开一方，另一方就难以说明。因此，乐作为美感与审美对象紧密关联在一起。乐，在其起源和展开中，作为审美对象来讲，既为音乐的总称，也是包含音乐在其中的仪式整体的总称，还是仪式所反映的宇宙的运行规律的总称。乐，作为主体美感来讲，既是由音乐而来的美感，也是由音乐在其中的仪式整体而来的美感，还是由仪式所关联着的宇宙运行规律而来的美感。樂的古字，下面之"木"，意源之一，有最初带鼓的中杆，有后来编钟的木虡。上面的𢆶或𢆶𢆶，意源有鼓有铃有瑟有丝有帛，乐不仅为乐器，还是天之规律，由北辰之气引导日月星运行的天乐，由气生风通过乐器而产生出来，宫商角徵羽五声，可由乐器而发，又在天地之中，其最后的规律来自天道运行的天乐。因此，樂字上部的𢆶，为幺为玄，其构成的𢆶𢆶和𢆶𢆶𢆶，为玄为幽，彰显的是天地之气运行的幽玄的一面。因此，乐，把天然五声，组成美声之音，其后面是要透出天意之乐。总之，乐是由声音之实和天道之虚两部分构成。庄子讲听乐，最初是用耳听声，然后是用心观音，最后

---

① 只有一例未明注为美，即《秦誓》"如有一介臣，断断猗，无它伎，其心休休焉。"孔安国传曰："断断猗然专一之臣，虽无他伎，其心休休焉乐善。"孔颖达正义："其心乐善休休焉。"（第570—571页）联系他例，也应解释为美美地乐于善道。
② 关于休作为美主导了《尚书》全书的具体情况，参见张法：《〈尚书〉〈诗经〉的美学语汇及中国美学在上古演进之特色》，《中山大学学报》2014年第4期。

要用气体乐。乐之美感,由耳之乐感到心之乐感到气之乐感。三层之美感,对应作为审美对象的音乐的三层面。音乐美感如此,色之美感、味之美感,以及其他美感无不如此。因此,中国的作为美感之乐,是与审美对象具有同一性的美感之乐。

第二,乐,作为美感是五官心性一体的美感。这一体,主要体现为五官平等,特别是口的味感、鼻的嗅感、身的肤感,与眼耳的快感有相同的重要性,因此,中国的美感从五官的每一部分产生出来。由耳而来的美感,除了乐,还有喜、愷、鼓、舞、龢……由眼而来的快感,除了美,还有佳、媚、雅、英、俊、婷……由口而来的快感,除了甘,还有旨、味、隽、盉、醇……由鼻而来的美感,除了香,还有馨、馥、香、芳、芬、畅……由身而来的美感,除了安,还有宁、逸、康、放、舒、泰……而每一种感官的具体之美,都曾通向普遍性的美。听觉而来之乐和视觉而来之美的普遍性,不用说了。味觉之"旨"在《尚书·说命中》:"王曰:旨哉,说乃言惟服。"传曰:"旨,美也。美其所言皆可服行。"这里的"旨哉"的用法,与《左传》季札观乐,每听一曲后进行评论,先说"美哉"相同,"旨"作为可以用在一切感官快感上之词。嗅觉之"畅"来自灌礼用的名鬯的香草的香气,任何一种感官的通透舒坦的快感,都可以通向"畅"。虽然,中国美感在形成过程中,每一感官的美感都通向着美感的普遍性,但由于乐自天作,乐以启礼,乐以彰礼,乐通天道观念,从上古到下古一直不变,因此,乐成为美感总称的最高级,在以乐为中心的美感中,而其他感官产生的美感词汇,与乐一道,与乐互动,形成中国美感的词汇群。在以乐为中心及各词汇的互动、互渗、互换中,与其他文化特别是西方文化的美感相比,中国美学形成了以乐为中心的心气五官动力结构的审美主体构成,从而中国的美感也是心气五官对审美对象进行全面欣赏的美感。

第三,在以乐为中心的五官心性动力结构中,最具中国美感的特点有三。一是味觉具有由外到内(《说文》释"甘",曰:"美也,从口含一"),内容丰富(《说文》释"味"曰:"滋味也",段注:"滋言多也"),转化为与天地之气相关的体内之气(《左传昭公九年》"味以行气")。从而余味无穷,与道相连(《说文》讲"甘"的"从口含一"时说"一,道也"),从而美感之"味"具有了象外之象、景外之景、味外之味的内涵,成为美感中具有通向宇宙深邃的词汇。

二是嗅觉成为美感中非常重要的因素:

小园香径独徘徊。(晏殊《浣溪沙》)
暗香浮动月黄昏。(林逋《山园小梅》)
麝熏微度绣芙蓉。(李商隐《无题》)

三是肤觉成为美感中非常重要的因素:

石滑岩前雨。(张宣《题冷起敬山亭》)
风头如刀面如割。(岑参《走马川行奉送封大夫出师西征》)
莺啼如有泪,为湿最高花。(李商隐《天涯》)

肤觉,在中国文化中,由于与气相通,更有一番风韵:

泉声咽危石,日色冷青松。(王维《过香积寺》)
蓝水远从千涧落,玉山高并两峰寒。(杜甫《九日蓝田崔氏庄》)
月明如水浸楼台,透出了西风一派。(王玉峰《焚香记·情探》)

总之,在中国美感的主体构成中,五官在审美上等同。虽然由于具体对象的性质或各门艺术的具体材料性质,在具体情况下会偏重某一感官,但古人却更倾向于用"通感"的方式去感受。宗炳对山水画,"抚琴动操,欲令众山皆响"(《南史·隐逸传上》)。常建"江上调玉琴",效果却是"能使江月白,又令江水深"(常建《江上琴兴》)。感官通感进而要通向心气。从顺序上说,就是"物以貌求,心以理应"(刘勰《文心雕龙·神思》),"应目会心,会应感神,神超理得"(宗炳《画山水序》)。从最后结果上说,就是"但见性情,不睹文字"(皎然《诗式·重意诗例》),"俯仰自得,游心太玄"(嵇康《赠兄秀才入军诗》)。

第二节 神经美学视角下的快乐与审美体验[1]

关于审美活动机制,古往今来许多哲学家、美学家等从认知和情感视角提出各种观点,可谓仁者见仁,智者见智。与多数哲学美学家们偏重于审美与情感的联系不同,神经美学家们早期更强调认知与审美的关系。"神经美学之父"泽基(Semir Zeki)认为"人们是通过认知来欣赏这个世界,并通过认知来达到审美满意",艺术审美活动是"在一个不断变化的世界中对于本质知识的追寻"。[2] 后来,在进一步的研究中,神经美学家们逐步承认情感在审美中的作用,但仍偏重认知的影响。比如查特杰(Anjan Chatterjee)认为在审美过程中,人脑先是对审美对象进行认知分析,然后基于认知的影响,生发了情感。近年来大量脑科学实验发现认知可以引导情感,而情感也会影响判断。因此,目前大部分神经美学家把认知和情感视为审美过程中同等重要的因素。比如莱德(Helmut Leder)等认为审美认知过程始终伴随着主体的情感,而且在审美体验过程中认知和情感之间是相互作用的。但审美中认知和情感相互作用的大脑神经机制,即两者是如何相互关联起来,共同促发审美体验的机制,尚不明确,还需要系统深入地研究。

一、快乐在审美中的桥梁作用

多伦多大学教授瓦塔尼安(Oshin Vartanian)依据神经美学实验成果进行严谨细致的推测和验证,搭建了审美中"有意识快乐"的理论模型,试图论证人脑审美过程中,是由快乐体验在起着连接认知和情感的作用。

---

[1] 作者胡俊,上海社会科学院思想文化研究中心副研究员。本文原载《文艺理论研究》2021年第3期。
[2] Zeki, Semir. A *Vision of the Brain*. Oxford: Blackwell Scientific Publications, 1993. p. 12.

首先,瓦塔尼安把贝瑞特(Lisa Feldman Barrett)的情感体验理论和莱德的审美体验模式进行比较,认为贝瑞特的情感体验理论形成了莱德的审美体验模式中感情或情感的神经生物学基础。莱德等提出人脑审美活动过程中的"五阶段"加工模型,包括认知和感情两个部分,前者是感知分析、暗示记忆加工、明确分类、认知掌握和评估五个阶段的有序连接,后者是一个与认知顺序流分离独立而又平行运行的感情评估流。通过艺术品信息的输入,经过认知流和感情流的并行加工,依据加工结果即认知和感情状态的是否清晰完满,最后产生"审美判断"和"审美情感"这两个输出。十年后,莱德和纳达尔(Marcos Nadal)还对该模型进行了完善,认为审美过程中认知和情感通路是密切而动态的相互作用,并强调了审美情感和语境在审美场景中的作用。莱德的审美体验模型明确地探究了审美体验中认知和感情的作用,后来瓦塔尼安和纳达尔还检验了该模型,认为该模型最具有神经生物学的支撑条件。

贝瑞特的情感体验理论可以帮助我们更好地认识审美过程中的情感作用,所以瓦塔尼安把贝瑞特的情感体验理论作为莱德的审美体验模型的神经生物学意义上的理论基础。贝瑞特情感理论中有"核心感情"(core affect)与情感(emotion)或者情感体验(emotional experience),这一组有些相近又不太相同的关联概念。贝瑞特把核心感情认定为感情的内在核心部分,即围绕一个客体是好的还是坏的、有益的还是有害的、奖赏的还是产生威胁的初步认识,产生针对内容的基本的快乐或不快乐的状态。贝瑞特把情感看作是与环境相互作用的核心感情的心理表征,也就是说,关于情感的体验是指感情的外在表征,是在核心感情的基础上再次加工,并加入一些围绕该事情及环境理解的认知成分,也可以理解为一种情绪表现形式。就两者关系而言,在贝瑞特的情感理论中,核心感情被概念化为一般情感体验中的关键基石。简而言之,贝瑞特所指的核心感情,是指感情中的核心部分,是基本的快乐还是不快乐,而情感体验是核心感情引发的心理表征,是感情的一种外在表现。比如快乐的核心感情可以引发为喜悦、幸福、兴奋、狂喜等不同程度、层次的情感体验；不快乐的核心感情可以引发悲伤、忧郁、痛苦、害怕、失望、焦躁等不同方面、程度、层次的情感体验。此外,情感体验是一种不仅包括感情成分,还包括认知成分的心理表征状态。感情成分是指被核心感情囊括的快乐和不快乐状态。情感体验还涉及认知成分,是指获取有机体与环境的关系的感情状态的心理表征。贝瑞特等在情感体验研究中,发现大脑的腹侧部包括两个不同位置和功能分离的神经回路,它们互相依赖,共同调节核心感情。

接着,瓦塔尼安通过一些绘画艺术的脑实验研究结果,来测试贝瑞特情感体验模式中的两个神经回路是否涉及绘画等相关的审美体验,从而阐释审美体验中情感和快乐的问题。瓦塔尼安挑选了这样几个案例,包括瓦塔尼安和戈尔(Vinod Goel)、川端秀明(Hideaki Kawabata)和泽基,以及斯科夫(Martin Skov)等的核磁共振成像(fMRI)的视觉审美实验,克拉-孔迪(Camilo José Cela-Conde)等的脑磁图(MEG)实验。这几个实验研究了审美体验、审美判断的大脑神经机制。在莱德等看来,审美体验和审美判断都涉及感情和认知的成分。瓦塔尼安认为这几个实验能阐明审美体验中情感所发挥的作用。因此瓦塔尼安把这几个神经美学实验的研究结果和莱德的审美体验模型及贝瑞特的情感体验理论联系起来。测试结果显示,进行视觉图像的第一人称的审美判断,可能会被在导致价值心理表征的加工次序中的相对早期阶段促进核心感情的神经系统所调节。而且结果显示,第一人称的审美体验除了涉及认知因素,还涉及情感因素,为初级的快乐或不快乐编码的核心感情是连接到后者的。

最后,瓦塔尼安提炼出一个基本框架来表明审美体验中快乐的作用。瓦塔尼安认为,促发人脑产生快乐或不快乐的核心感情的神经回路,尤其是人脑对刺激物进行价值认知加工编码的早期阶段的促发核心感情的神经回路,调节产生了审美判断,引发最后的审美情感的心理表征。或许我们可以这样理解瓦塔尼安关于快乐在审美过程中的贡献:关于刺激物的价值加工编码等早期阶段的基本认知促发了快乐或不快乐的核心感情,而调节核心感情的神经回路调节了客体的心理表征等,形成了美或不美的审美判断,并伴随着审美情感。也就是说,认知促发了核心感情,核心感情引发了审美判断和审美情感,所以说审美过程中的快乐在连接审美认知和审美情感中起了重要的作用。于是,瓦塔尼安提出一个审美体验中的快乐模型,以此搭建审美体验的认知和情感连接框架,并启发神经美学家们展开更深入的研究。瓦塔尼安有关快乐在审美中的桥梁理论模型可以分成这样的几个部分:其一,核心感情是后面的情感体验的基石,核心感情的心理表征引起情感;其二,由于核心感情的心理表征还涉及关于内容的认知掌握,它们形成了情感和认知的桥梁;其三,核心感情形成了觉得快乐和不快乐状态的生理支撑,在核心生理状态引发的情感,与给予它们意义的认知之间,有一个理论连接。也就是说,审美过程中的有意识快乐体验在赋予核心感情以意义的审美认知,和核心感情状态引发的审美情感之间形成了一个有效的理论连接。

二、审美快乐理论引发的美学重释

瓦塔尼安的审美快乐理论,指出了审美过程的开始阶段,基本的核心感情是在客体对主体形成利害关系的基本认识的前提下建立的,并激活了其后的情感机制,成为审美中认识和情感的连接处。笔者认为,在审美过程中,确定了基本的核心感情之后,会经过中间阶段的情感充分弥散以及审美主体对客体在脑海中相关经历的再加工,包括回忆想象、语义理解、意义识别等,然后关于审美的文化、社会价值等还会对已充分发酵的情感进行最后调节,进行确定性的审美判断。一旦主体得出确定的审美判断,愉悦的审美情感将会伴随而来,这次的审美情感将更持久、更强烈、更具有高峰体验。这也解释了为什么有些画面或音乐在审美的初期和中期阶段原本激起的是负性的消极情感,而在后期却被审美判断为正性,并伴随愉悦的审美情感。也就是说,在不同文艺领域,有的审美活动开始激发的是喜悦或快乐的感情,有的审美活动在开始时主体产生了负面情绪,比如,我们在欣赏悲剧时产生了恐惧、痛苦情绪,聆听伤感音乐时产生了悲伤情绪,观看《泉》等现代主义作品时产生了厌恶情绪,但艺术与现实隔着一层距离,在经过审美心理表征的意义认知后,还是能够在后期进行审美判断,获得审美体验和审美愉悦情感的。

1. 快感与美感

关于快感与美感两者的区别和联系,一直是美学研究关注的焦点之一。两者的差异是和审美过程中的认知意义加工和感情体验有关:主体对客体及其特质的外在的视觉听觉的认识,是一种感官认知,与此紧密相连带来的快乐是基本的核心感情,即快感,如果浅尝即止,那么就仅仅停留在快感体验中,也可以理解为一种涉及初级感觉加工的悦目悦耳的感官快乐,后面我们的大脑必须进行深度体验,才可以发展出审美愉悦情感。这种深度体验,像是一种沉浸于审美过程中的自我思想巡游的状态,可以用中国古代审美中的"神与物游""思接千载"来理解,可能是主体自我的内在认知和情感体验,一种自我生命体验和对客体心理表征认知的融合,一种心理表征的情感浸润和文化意义的再附加,这个过程中可能主要涉及大脑中进行自我审视和反思的默认网络,能够起到共情作用的镜像神经元系统,参与情景回忆及检索加工并体现想象力和创造力的海马系统,进行逻辑推理的工作记忆系统,调节大脑情感加工中枢的边缘系统,以及进行语言和语义加工的意义系统。在经过审美过程中的深度体验后,大脑在审美过程中有了情感充分浸润与文化意义阐释后,会形成审美意象,意中有象,意中有情,意中有义,同时根据意象形成的完满度,有关判断和决策的脑区,会对客体有一个审美判断,在此前后,会持续激活快乐及愉悦体验的奖赏系统,并继续在意象的基础上,进行意境的加工,伴随着稳定的审美愉悦情感,进而产生象外之象、意外之意、韵外之致,达到一种只可意会、不可言传,或者说妙不可言的审美高峰体验。

也就是说,审美过程的关键是生成审美意象,美感即审美愉悦的产生是来自对审美意象的深度内在体验,审美愉悦的核心加工对象是审美意象。从神经美学的角度看,美感体验区腹内侧前额叶/内侧眶额叶是与人脑镜像神经元系统、共情系统、记忆系统、推理系统和默认网络相关联,涉及审美意象的生成和意识加工。2012年韦塞尔(Edward Vessel)等的美学实验发现,枕颞区等初级感觉区和纹状体等皮层下结构,在欣赏不同审美等级的作品时,呈直线上升式激活,而包括内额叶、后扣带在内的反思自我和社会的默认网络、额下回等语义系统和镜像神经元系统、海马等记忆系统在欣赏最高审美等级作品的体验过程中,呈飞跃式激活,极度活跃。所以我们推断可能在这一阶段,客体的感知觉信息进入大脑以后,以默认网络为首的脑区激活,对大脑内在的审美对象表征,即心中之象,进行具身化和心智化再加工,促使审美意象的生成,激活大脑的意义、共情和奖赏系统,达到在审美判断和审美情感上双向认同的美的意境及愉悦体验。

不论外物最初激活的是快感还是不快感,悲伤还是快乐的情感,最终是否产生美感愉悦高峰体验的关键之处还是审美意象是否生成。在我们进行审美深度体验的过程中,大脑往往激活了多个脑区,保证了能够从形象性、情感性、意义性、自我反思和社会性等方面,形成情—象—意系统的稳定审美意象。审美意象形成的情—象—意完满度是进行审美判断的一个重要标准。审美意象的形成,促使我们有可能进行审美的判断,并伴随着轻松愉悦的审美情感。接着,审美意象作为审美中介体,或者说审美的第二客体,成为审美内部加工的对象,人脑各相关脑区将对人脑内部的审美意象进行深度加工,特别是审美意象在认知的审美判断和感情的审美情感的更进一步融合推动中,最终形成具有范型的独特鲜明的审美意境,从而更加典型和凝练。比如诗句"大漠孤烟直,长河落日圆",再如维米尔的画作,米开朗基罗的雕塑。

换句话说,快感是审美愉悦感的一个前提,快感发展成美感,还需要经过深度审美体验,增加很多智性的情感的考量,所以从这个意义上来说,审美愉悦一定是一种智性愉悦,一种心灵和精神的愉悦,而不仅是一种感官享受。也就是说美感中包含感官的快感,但不能停留于感官,还要达到能够愉悦心灵的层面,即这种快感能不能往前走,还要看后面理性的智性的文化因素以及个人因素、感情因素等能不能对此快感进行提升。至于痛感与快感的关系,以及痛苦感、悲伤感能不能发展成审美愉悦感,后文将进行回答和阐释。

2. 美与崇高

在痛苦、悲伤的美的消极情感体验中,关于崇高与美,是美学史中的重要理论问题,从朗吉弩斯(Casius Longinus)的《论崇高》,到伯克的《关于崇高与美两种观念根源的哲学探讨》,再到康德的《关于美感和崇高感的考察》《判断力批判》等,还有叔本华对崇高的不同分类等,美学家们对此议题一直探索不息。伯克是将崇高看作一个独立的审美范畴,并把崇高与美进行严格区别,使得崇高的审美范畴与美这一审美范畴并列起来。康德在《判断力批判》中把崇高和美视为两个不同的范畴,强调崇高作为一种精神力量超越了任何感官的标准,而美的体验是与被欣赏对象的特征有着直接相关的。叔本华认为真正的崇高只能在人的心灵而非自然界的对象中寻找。

近年来神经美学家们也对崇高与美进行了探索,2014年石津智大(Tomohiro Ishizu)和泽基进行了一项fMRI实验,结果表明人脑进行崇高的体验与美的体验时,激活的是两个独立的神经活动模式,验证了伯克和康德等认为的崇高的体验和美的体验是两个不同的范畴。那么我们怎么理解悲剧激发了悲伤、恐惧等消极情绪,但是主体通过文化理解,能够认识到悲剧中的人物,尤其是英雄人物体现出的人类的崇高心灵和崇高力量,从而引发愉悦情感呢?石津智大和泽基认为崇高涉及恐惧、宏大等许多因素,但又与每一个单独因素相区别。石津智大和泽基的实验结果还表明崇高体验激活了受到环境威胁(包括安全距离处感到的威胁)产生焦虑的脑区,但也使得原本在恐惧中激活的脑区又变得迟钝甚至失活,甚至还激发了积极情绪的脑区,并导致原本涉及消极体验的脑区的失活。这都是社会意义和文化意义赋予原先的生存意义的再认识和再调整,在通往审美体验的中间过渡发展中起着决定性作用,使得我们能从恐惧的情绪之中发展到崇高体验,再从主体内部心理认知的崇高之中升华到审美情感。2017 年石津智大和泽基进行的另一项 fMRI 实验,再次证实悲伤等负面情绪与喜悦等正面情绪所引起的大脑机制都可以激发审美体验。人们面对米开朗基罗在梵蒂冈圣彼得大教堂的雕塑作品《圣殇图》(The Pietà)时,看到典雅而沉静的圣母默默地俯视着横躺在她双膝上死去基督的场景,欣赏者很容易从雕塑中体会到悲伤情绪,并从中领会到崇高的力量,又进而产生美感。

这是因为主体在审美过程中的后期阶段,通过对客体审美意义的文化认知来重新调节弥散性情感。这样推测也是有神经美学的实验依据的,一些实验数据显示这是通过涉及认知控制的背外侧前额叶来进行调节的。石津智大和泽基的实验结果表明"在体验悲伤的美的期间,背外侧前额叶和内侧眶额叶的连通性有着显著增强"[1],神经美学家们普遍认为内侧眶额叶与审美体验有着密切的联系,2011 年石津智大和泽基通过实验数据分析,把内侧眶额叶中的 A1 区视为审美体验的专化区。"2013 年,泽基等人通过实验发现,眶额叶皮层部分也是与审美判断相关的,而且进行审美判断时内侧眶额叶皮层的激活区域与审美体验激活的 A1 区是部分重叠的。"[2]还有一些学者把腹内侧前额叶看作审美评估的一个重要脑区,因为目前对于腹内侧前额叶没有明确划分,不同研究者用它来描述不同的脑区,有的研究者认为腹内侧前额叶和内侧眶额叶是临近的两个脑区,有的研究者认为腹内侧前额叶包括内侧眶额叶,还有的研究者是把两者相混用。柯克(Ulrich Kirk)等设计了一个 fMRI 实验来测试认知信息对主体审美判断和偏爱的影

---

[1] Ishizu,Tomohiro,and Semir Zeki. "The Experience of Beauty Derived from Sorrow." *Human Brain Mapping* 38.8(2017):1—16.
[2] 胡俊:《论泽基审美判断的脑神经机制研究》,《上海文化》2018 年第 8 期,第 37—42 页。

响,实验中的艺术品全部来自哥本哈根的路易斯安娜现代艺术博物馆,其中一半的艺术品贴上来自"电脑"的标签,一半贴上来自博物馆"画廊"的标签。实验结果显示,没有经过艺术训练的被试者普遍在主观上对后者做出更高的审美判断,同时也观测到这些被试者观看后者时,比观看前者有着更强烈的腹内侧前额叶激活。而另一个实验显示,专业人员对于标有不同金钱价值而实际是同一批艺术品的审美判断几乎没有差异,同时观测到他们的腹内侧前额叶的激活没有差异,经过检测发现这是因为专业知识起到了校准的作用。在实验中这些专业人员的背外侧前额叶也被激活,背外侧前额叶涉及执行控制和价值调节,在这次实验中背外侧前额叶持续参与了对偏见易感性的校准,从而对腹内侧前额叶进行调节。可见腹内侧前额叶/内侧眶额叶作为神经计算评估机制中的重要脑区,可以被涉及认知控制的背外侧前额叶所调节和校准,尤其主体在深层自我审查时,专业知识可以把大脑从环境信息、语义信息、金钱价值、社会声望、个人经历等产生的偏见中拉出来。所以说悲剧是通过崇高感的认知意义校准来产生审美愉悦的。

3. 审美净化与审美愉悦

前面主要是从神经运行机制的角度来看审美中的快乐作用,这里从神经递质角度来进行一点补充。人脑可以分泌多种让人产生快乐感觉的神经递质,即多巴胺、内啡肽和五羟色胺(也称血清素)等。近年来,萨琳普(Valorie N. Salimpoor)、甘拉德(Abhishek Gangrade)、埃弗斯(Stefan Evers)等神经美学家们开始把神经递质的观测作为一种研究审美体验的方法,通过实验发现这些快乐神经递质与审美快乐有着紧密的联系。人脑在欣赏让人感到喜爱的文艺作品时,一般都会激活奖赏机制以及释放出内啡肽、多巴胺和五羟色胺等,同时会产生愉悦感,包括瞬间高峰体验的幸福感和持续平和的喜悦感。

从这些快乐的神经递质角度出发,我们也可以理解为什么欣赏悲剧等也会给我们带来审美的愉悦感。由于文艺与现实中间是有隔离的,主体在欣赏负性情绪的文艺作品时,可以通过少剂量的与现实保持一定距离的痛苦、恶心、恐惧等消极情感的领略和感知,间接让人感受到自己受伤,一种情绪受伤,从而激活自我的一种情绪疗伤及免疫能力,即释放或分泌人脑中的一些快乐神经递质,比如内啡肽。内啡肽是一种痛并快乐着的神经递质,是在身体或者精神遭受痛苦后,大脑产生分泌的一种多肽化合物,在镇痛的同时,还伴随轻松和快乐的感觉。大脑分泌的内啡肽又会压制氨基丁酸(GABA)的活动,GABA 对多巴胺起着抑制作用,这样解除 GABA 的抑制就增加了多巴胺的释放,引起兴奋和强烈快乐的感觉。如果说多巴胺是让人兴奋而快乐的递质,那血清素是使人平静且快乐的递质。一般来说,多巴胺释放引发强烈兴奋的情绪,然后会释放血清素,产生一种安宁的愉悦。有实验证实,人体在聆听这些负性情绪音乐时,也会分泌让人产生愉快感的血清素,即五羟色胺。

关于亚里士多德提出的艺术的情感净化功能,我们可以发掘神经美学研究数据来进行支撑和验证。我们在欣赏带来消极情感的艺术时,人脑不仅产生内啡肽,进行情绪的镇痛,同时内啡肽释放又会联动促发多巴胺的大量释放和接受,使人产生兴奋的情绪,随后还有血清素的分泌,转为平静安宁的快乐。可见,正常人观看有些悲伤、恐惧情绪的悲剧作品可以激发内啡肽、多巴胺和血清素等快乐递质,而且人脑中血清素的促发和接受,可以使人获得平静、轻松的感觉。人们喜欢阅读悲剧,除了我们从中可以感受到崇高的社会认知意义,更因为内啡肽、多巴胺和血清素等快乐神经递质的分泌和释放,引起人脑神经感受的审美愉悦感。

总之,从亚里士多德的艺术情感净化功能和大脑快乐神经递质的角度,我们了解到,欣赏美的事物,无论悲伤或快乐的,都可以激发人脑的奖赏系统,分泌内啡肽、多巴胺和血清素等快乐递质,这些快乐神经递质对人脑的净化和愉悦功能,可以从艺术作品的审美实验结果窥见一斑,而且临床医学使用的抗抑郁药物也是通过提高多巴胺、五羟色胺在正常范围内的释放,对人的精神起着治疗和康复功能。这三种有着差异而又相互关联的快乐递质能够更完善地解释审美过程中可以细分的不同情景、不同阶段、不同程度甚至不同类型的快乐及愉悦。

4. 审美共通感与差异性

前面提及不同的文化及个体等因素,虽然都会起到认知调控的作用,但在不同阶段对不同主体的审美判断有着不同的影响。这也说明了,虽然人类都有共同的审美神经机制,但不同文化背景的个人在审美判断上还是有差异的,比如专业人员和新手对于同一个客体的审美判断有时是不一样的,这是因为知识、文化、环境、民族、个人经历等因素会在审美过程的最后阶段对相同的审美对象形成不同的意义和情感,从而产生不同的审美差异。"一千个读者就有一千个哈姆雷特"。通过理解瓦塔尼安提出的认知和情感在审美中的相互作用,我们也正好解答了康德所提出的审美普遍性和差异性问题。

一方面,"共通感"是美感的普遍性基础,审美是先验的属于人类的一种共同能力,因为我们人类天生具备着基本的审美脑神经机制,并逐步发展、进阶和丰富,从幼儿时期就可以识别某事物是美或不美的,到后来经过文化熏陶和专业培养能够理解更复杂程度的美,甚至进行审美创造。而且,即使是面对相反审美价值的事物,"来源于喜悦和悲伤两种不同情感状态中的美的体验分享着共同的审美体验神经机制"①。根据实验结果,石津智大和泽基发现这两种不同类型的美的体验最后都激活了内侧眶额叶皮层。石津智大和泽基认为,在审美过程中,不论艺术作品最初产生的是消极感情,还是积极感情,最后都能带来审美体验,并产生审美愉悦情感,这是因为人脑具有共情的结构和功能,使得人类具备理解他人的积极情感和消极情感的共情能力。"同情心,使人类有可能意识到别人的感受,并且感受到不同程度的快乐或悲伤的感觉。由于从积极或消极的效价情感中体验到美,不可避免地需要心智化他人的情绪状态或者解释他们的意图,共情是悲伤和快乐

---

① Ishizu, Tomohiro, and Semir Zeki. "The Experience of Beauty Derived from Sorrow." *Human Brain Mapping* 38.8(2017):1—16.

来源的美的体验的另一个共同点"①。这样就从神经美学角度,把共情与审美体验联系起来了。

也很有可能,我们在感受到和他人的共情时,这本身就能让我们感觉愉悦。因为从脑神经科学的数据来看,人脑的共情神经是和奖赏愉悦机制相互连接的。这可以从文化意义的角度来理解,我们在欣赏文艺作品时,通过心智系统解读他人行为、语言背后的意图,并产生情感共鸣的效果,从而和他人保持社会性的情感连接,成为社会整体网络中的一员,这也是我们喜欢阅读小说,观看电视、电影的原因之一。可见,艺术能够帮助我们提高心智能力,并据此产生共情效应,形成一个社会的情感共同体,让我们每个个体更能够融入社会。

人类审美机制中共通的不仅有共情机制,还有通感加工机制。共通感的说法最早来源于亚里士多德《论灵魂》中的"共通感觉",他认为人具有视觉、听觉、嗅觉、味觉和触觉五个感觉,人能够将上述不同的感觉联结在一起,形成一种复合的感觉,即共通感觉。钱钟书曾提到古诗句"红杏枝头春意闹"就运用了视觉和听觉的通感。虽然大脑有专门处理视觉、听觉等感觉的不同脑区,比如视觉脑区有 V1、V2 等,但是背外侧前额叶可以进行不同感觉信息(视觉、触觉等)的跨模式加工,背外侧前额叶是一个通感皮层,是连接基本感觉信息与高级认知决策,背外侧前额叶上有不同神经元群,可以进行视觉、触觉等不同知觉模态之间的信息传递,背外侧前额叶还在知觉与行动的连接中扮演了一个重要角色,在行为、语言和推理合作中发挥重要作用,是不同感觉处理的综合中枢。②

---

① Ishizu, Tomohiro, and Semir Zeki. "The Experience of Beauty Derived from Sorrow." *Human Brain Mapping* 38.8(2017):1—16.
② Wang, Liping, Xianchun Li, Hsiao Steven., Lenz Fred., Mark Bodner, Yong-Di Zhou, and Fuster, Joaquín. "Differential Roles of Delay-period Neural Activity in the Monkey Dorsolateral Prefrontal Cortex in Visual-hapticCrossmodal working memory." *PNAS*112.2 (2015):214—219.

另一方面,即使面对相同审美对象,不同主体的美感形成也具有差异性。"美感又是历史形成的,是在文化中习得的"①,正是这些文化差异带来的认知差异才导致主体在面对相同客体时引发不同的核心感情,或者即使引发相同的核心感情,也会因为认知带来对客体意义理解的不同,从而产生审美趣味、审美判断、审美情感的差异甚至相反结果。

三、神经美学研究的意义及展望

综上,目前神经美学家们对于审美过程中的审美认知、审美体验、审美判断、审美情感等具体运作的神经机制,还是处于一知半晓、推测验证、各方观点相互辉映并争鸣的探索研究阶段,还没有完全揭开审美过程的脑神经运行机制奥秘,当然这也正是当前世界范围美学发展的机遇所在,随着脑科学的进一步发展,我们将期待美学理论和实践的更多创新,比如审美快乐理论模型将使我们重新思考审美中的问题及审美意义。

由于审美过程中能够带来快乐,甚至引发持续、强烈而轻松的审美愉悦感,审美对于人的情感和精神健康具有非常明显的正向效果。审美体验活动不仅有助于我们适度促进大脑分泌多巴胺等快乐神经递质和肾上腺素等,调节呼吸、心跳等身体机能,提升大脑的学习和记忆能力;而且审美过程还有助于人们心智系统增强,提高内在自我反思和社会意识的关联。比如研究显示:"那些喜欢阅读小说的人倾向于拥有更强大的心智化系统"。② 可能是因为读者在融入理解小说中的思想情境时,能够如同身临其境的经历一样,来激活加强我们大脑的默认系统,提高我们社会沟通和交往的心智能力。

目前因为脑科学以及神经美学还处于初期发展阶段,很多脑神经机制和功能都没有完全理清,所以虽然我们知道审美欣赏和创作中的

---

① 刘旭光:《欧洲近代美感的起源》,《文艺研究》2014 年第 11 期,第 41—48 页。
② 马修·利伯曼:《社交天性——人类社交的三大驱动力》,贾拥民译,浙江人民出版社 2016 年版,第 166 页。

快乐机制对人们的健康长寿,甚至对自闭症、抑郁症等的治疗和康复,都有着肯定性作用,但如何通过数据分析来使之量化并可操作化,甚至理论化,还是任重而道远,需要一段路走。

在未来的人工智能时代,期盼有这样的审美智能机器人医生或艺术家,通过扫描我们的大脑及身体心理状况,以及对我们的性别、社会、文化背景等进行综合数据分析,给出非常细致科学合理的审美欣赏或创作的活动方案,或者能够根据我们的状况,为我们量身打造或创造出适合我们个人心理或精神健康状态的艺术作品,从而通过审美欣赏或创作的方式来更有利于心灵的愉悦,情感的净化,提升我们的心灵和情感健康指数。在人工智能将取得大发展的未来,期待更多学者们参与其中并展开更深入的研究,逐步推进脑科学与美学理论的融合和创新。

第三节　美从"乐"处寻[①]

2016年,祁志祥教授的国家社会科学基金后期资助项目成果《乐感美学》一书中由北京大学出版社出版。该书以开放的理论视野、辩证的研究方法,传统与现代并取,主体与客体兼顾,既反对去本质化,也反对唯一本质化的理论原则,紧密结合人类审美活动的实际,充分翔实地论证了他所提出的"美是有价值的乐感对象"这一美学原理,建构了"乐感美学"这一新的、富有创见性的美学体系。其论断及相关论述,能够更有说服力地揭示美的本质及人类审美活动的成因,有助于我们更为深入地认识人类审美活动的奥妙,亦从整体上丰富与完善了中国当代美学理论。

一、从《乐感美学》的探寻说起

美从何处寻？美在哪儿？美是什么？这是古今中外许多美学家苦

[①] 作者杨守森,山东师范大学文学院教授。本文原载《上海文化》2018年第2期。

苦探求、做出过各种回答的基本美学问题，涉及的实际亦乃一般所说的美的"本质"问题。缘其已有回答，均存罅漏，因而也就成为美学研究领域中的千古难题。20世纪以来，西方不少美学家疑其无解，多已规避；在中国当代美学界，"反本质"论的美学观，也早已颇具声势。在这样的美学格局中，祁志祥教授仍坚执于建构性的本质主义立场，提出了"美是一种有价值的乐感对象"这一新的命题，写出了皇皇六十万言的《乐感美学》，其锐意开拓的胆识与气魄，本身就给人鼓舞，就令人振奋。

　　作者在这部著作的开篇即明确表示了对美学领域反本质主义的解构性思潮的忧虑："一味解构之后美学往何处去，这是解构主义美学本身暴露的理论危机"（第1页）。这的确是值得我们深思的问题，形而上的本质论思维，固存缺陷，但如同西方后现代解构主义思潮那样，彻底反叛逻格斯中心主义，导致的结果只能是不可知论与虚无主义。亦势必导致在人类的某些认识领域，无所谓是非，也无所谓真理与谬误了，乃至人类的认知活动本身，都值得怀疑了。同样，在美学领域，亦会如同作者所指出的，如果知难而退，放弃了对"美是什么"的追问，只能"削弱美学的理论品格，造成美学研究的表象化和肤浅化，危及美学学科的存在必要"（第48页）。作者强调，事实上，无论在艺术创作、社会生活，还是人生修养中，毕竟离不开"美"，因而也就存在着客观的"美的规律"，如果不予以总结探讨，就无法用美学指导人们的生活与实践，就会丧失美学学科应有的使命。正因如此，作者坚信，人们在使用"美"这个术语时，一定是存在统一语义的；人们所面对的"美"的现象，无论是现成的还是生成的，背后是必存统一性的；人们用"美"所指称的各种事物，是必会具有共同属性的。因而"'美的本质'就是可以探讨的，是不可取消的，也是不应该取消的"（第54页）。作者的这些思辨、见解与研判，无疑是有说服力的，有助于消除人们在探讨美的"本质"问题时的困惑，有助于促进相关美学问题研究的深入。

　　先前已写作出版过《中国美学原理》《中国美学通史》，对西方美学亦有深厚修养的祁志祥当然清楚,传统本质论的美学观也存在着如下缺陷:许多学者的视野往往集中于客观事物本身,而误将"美"的存在当作纯客观的物理性"实体"了,当作客观世界中存在的唯一"本体"了,从而也就使其研究陷入了机械唯物论的误区。因而,作者在坚守本质论立场的同时,又充分肯定了反本质主义的积极因素,认为"反本质主义告诫我们,美作为一种客观实体、'自在之物',是不存在的,在美本质问题上不要陷入'实体'论思路,这同样是有积极的警醒意义的"(第16页)。这样一来,又如何探讨美的"本体"及"本质"之类问题呢?作者的看法是:在"美是什么"的追问中,除了指美的"实体"是什么这类思维误区值得反思、防范之外,关于"美"所指称的各种现象背后的统一性是什么,"美"这个词语的统一含义是什么之类问题,还是"可以追问的,也是应当加以追问的"(第18页)。据此而追问的"美的本质",当然也就不再是传统美学的本质观力图说清楚的事物的唯一实体属性,而应是复杂现象背后的统一属性、原因、特征及其规律了。综上所述,可以看出,作者虽在坚守本质论立场,但与传统的本质论视野已有根本性的区别。对此,作者自己在《导论》的第一章中也已特别予以申明,他要奉行的是传统与现代并取,本质与现象并尊,感受与思辨并重,主体与客体兼顾,既反对去本质化,也反对唯一本质化的原则。可以说,这样的理论原则,是值得充分肯定的,既体现了开放的现代学术视野,又可避免反本质主义易导致的相对主义、虚无主义之类偏颇;既可拓展形而上理论研究的路径,又可避免僵滞的机械唯物论的弊端。也正是这样的理论原则,保障了这部《乐感美学》,虽基于本质论,但又超越了传统本质论美学的创新意义。

二、"美"是表示"乐感"的情感语言

作者正是由开放的理论视野出发,经由深入细致的思考,明确回答了不同于传统本质论的"美"所指称的各种现象的共同属性是什么,"美"这个词语的统一含义是什么的问题。作者的回答是:这共同属

性、这统一性的含义就是"乐感"。人们所体验到的"美感",都必是以"乐感"为基础的。比如人们在面对一棵树、一朵花、一只鸟等许多不同事物时,即使在十分不同的情况下,之所以都会给人以"美感",都会让人得出"美"的共同判断,关键原因即在于"它们都能给人带来快乐感"(第59页),这就足以证明,美的对象,首先是给人"乐感"的对象,"美"实际上是表示"乐感"的"情感语言"(第60页)。因此,能够使主体产生快乐的"乐感",当然也就是美的最具统一性的基本特质。与历史上已有的"美是充实""美是生活""美是自由""美是人的本质力量的对象化"之类观念相比,作者所提出的美在"乐感",应当说是更为切合人类的审美常识与实际审美经验的,也是最具通约性与共识性的。以事实来看,人们的审美判断(美感)的产生,确乎无一不是以"乐感"为前提条件的,世上恐怕找不到不是基于乐感而生成的美感活动。

客观事物何以会给人"乐感"?"乐感"又何以化为"美感"?这是"乐感美学"能否成立的根基。对此根本问题,作者经由深入思考,富有创见性地提出了"适性"、"主观适性之美"与"客观适性之美"等重要理论范畴,并借助这些特定范畴,详细阐明了"乐感",以及由"乐感"至"美感"的生成机制。作者所说的"适性"是指:客观对象之所以给人"乐感",是因其属性"适合"了审美主体之性或自身生命属性,进而也就形成了"主观适性之美"与"客观适性之美"。作者所说的"主观适性之美",是指因客观对象契合了审美主体的物种属性或在后天习俗中产生的个性需要而产生的一种快乐的美感反应,如体现物种属性的形体、光泽、声音、气味等等,体现个性需要的道德规范、是非标准等等;"客观适性之美"是指因客观对象适合了自身的物种属性、生命本性而令人产生"乐感"而被视之为美,如凫胫之短、鹤胫之长、山之高、谷之低,虽各个不同,但因各适其性,也就可以给人各个不同的美感。这"主观适性"与"客观适性"之间,有时自然难免存在对立,即有的对象,虽然符合自身的客观本性要求,但未必符合审美主体的本性欲求。作者认为,在此情况下,因人类的理性与智慧,亦会尊重其他物种的生命特征,而承认其适性之美。因而也就可以得出如下结论了:不论"主观适性之美"还是"客观适性之美",均是根源审美主体对客观事物的"适性"感。作者就是这样,抓住"适性"这一关节点,更为合乎实际地揭示了人们指称对象为"美"的具有统一性的根本原因,同时亦使其"乐感"美学,立足于坚实的客观根基,而不至于使之成为玄想臆测。作者所提出的"主观适性之美",其意旨虽近于美学史上的主客观统一说,但据此而进行的论证与阐释,无疑更为清晰透彻,亦更见理论深度。作者对"客观适性之美"的肯定,亦别具意义,这就是:破除了传统美学中的人类中心主义的思维方式与价值立场,为现代生态美学的发展提供了理论支持。

由其相关分析,我们还可进一步了然,作者何以既强调"美是什么"是可以追问的,同时又否定机械唯物论所认为的唯一的、不变的、终极的所谓美的"本体"的存在。其道理在于,在人类的审美活动中,审美主体的"乐感",只是客观对象的某些或某一方面的"性质"使然,而这"性质",显然也就并非客观对象本身;这被"感"的客观对象,也就并非美的"本体"了。虽然,实体性的美的"本体"不存在,但客观事物是存在的,其性质与能够构成主体审美感觉的"乐感"之间的关联是存在的,因而关于"美是什么"的问题,也就可以由此入手进行探讨了。作者正是由此入手进行的探讨,不仅为美学研究确立了更为合理的"乐感"这一基点,同时,亦可让人更为清楚地看出一般知识认知与审美认知之间的根本区别,即前者是理性的,后者是情感的;前者客观存在是决定性的,后者客观存在与主体意识同等重要。从中体现出的,亦正乃作者所申明的主体与客体兼顾之原则。

三、美的"乐感"反应的价值维度

对于人类审美活动的奥妙,仅由"乐感"着眼,当然还是有问题的。因为一般的"乐感",虽是"美感"构成的基础,但许多事实证明,并非只要给人"乐感"的对象就是美的对象,如同作者所列举的:"可卡因、卖淫女等等可以给人带来快乐,但人们绝不会认同它(她)们是'美'"(第4页)。可见,美的对象,又绝不等同于一般的乐感对象。正是据此,作者进而完善了自己的命题"美是有价值的乐感对象"(第85页);"'美'实际上乃是人们对于契合自己属性需求的有价值的乐感对象的一种主观评价"(第2页)。作者所说的"有价值",是指给人美感的事物,同时必会具备这样的特征,即对审美主体的生命存在有益而无害。作者指出,这价值,具体又体现在五官快感与心灵愉悦两个层面。前者的价值在于,因视觉、听觉、嗅觉、味觉、肤觉等五觉对象契合了审美主体五官的生理结构阈值,从而使之处于一种有益于生命机体的协调平衡状态;后者的价值在于,因外在感性形象契合了审美主体内心深处的情感诉求与道德、科学及其他方面的功利期待,从而可给人以如痴如醉的幸福的"高峰体验",能够激起人们对审美人生的向往。在作者的命题中,对于"乐感"的"有价值"的这一明确限定,至关重要。人类面对事物产生的基于"乐感"的"美感",说到底,是一种价值判断,即如强调审美无关功利的康德,也还是从实用功利角度,肯定了"附庸美"的存在。对于他所推崇的"纯粹美",也还是从精神价值的角度,认为"美是道德的象征";对于"艺术美"的论述,亦非曾遭批判的"形式主义",而是亦从价值立场出发,明确强调过"艺术永远先有一目的作为它的起因",只是应按艺术规则,做到"像似无意图的"[①]。事实上,从有益于人生,有益于人的生命存在这样的广义价值观来看,凡没有价值的事物,是不可能让人产生"乐感"及"美感"的。因而作者将"价值"之有无,视为界分"美"与"非美"的关键,是具有根本性的理论意义的。正是依据"价值"之有无,作者认为,诸如可卡因、卖淫女之类,虽亦可给人"乐感",但或因有害于人的生命机体,或因有违社会的伦理道德,就不能认为是"美"。作者正是通过这样一种"价值"限定,明确划清了一般客观物象与审美对象之间的界限,从而使其建构的"乐感"美学体

[①] 康德:《判断力批判》上卷,商务印书馆1984年版,第157页、152页。

系,在学理方面更为严密。

由上述两个层面入手,作者还指出,在审美活动中,基于五官的肉体快乐与基于内涵的心灵快乐虽然都很重要,但"追求肉体的快乐及其对象的美,往往导致精神快乐及其对象的美的牺牲;反之,至美的精神快乐常常包含在对肉体快感的克制与否定中"(第67页)。面对这样一种肉体快乐与精神快乐之间的冲突,审美主体又如何生成"有价值"的"乐感"? 对此,作者的看法是,人类毕竟不是动物,有着不同于肉体、能够控制肉体、驾驭肉体的崇高的心灵、精神与灵魂,与肉体快乐相比,其精神快乐的价值要大得多。因而在审美活动中,会"以精神快乐为更高追求,要以精神快乐统帅官能快乐,从而使自己活成真正意义上的'人'"(第346页)。作者的这些论述,又深化了其"美是一种有价值的乐感对象"的命题,即"美不仅是有价值的五官快感的对象,也是符合真善要求的心灵愉悦的对象"(第77页)。

四、"乐感美学"的综合继承与理论创新

从中外美学史上来看,虽早已不乏由"乐感"角度对美学问题进行的探讨,如作者在这部著作中所引述的亚里士多德所说的"美是自身就具有价值并同时给人愉快的东西";康德所说的"美是无一切利害关系的愉快的对象";车尔尼雪夫斯基所说的"美的事物在人心中所唤起的感觉,是类似我们当着亲爱的人面前时洋溢于我们心中的那种愉悦";李泽厚所说的"凡是能够使人得到审美愉快的欣赏对象就都叫作美"等等,但尚乏立足于此的深入系统探讨,有的见解且存偏颇,或不无自相矛盾之处。祁志祥教授则是基于自己的广博阅历,以开放的理论视野,辩证的研究方法,紧密结合人类审美活动的实际,充分翔实地论证了他所提出的"美是有价值的乐感对象"这一美学原理,建构了"乐感美学"这一新的、富有创见性的美学体系。其论断及相关论述,能够更有说服力地揭示美的本质及人类审美活动形成的原因,有助于我们更为深入地认识人类审美活动的奥妙,亦从整体上丰富与完善了

中国当代美学理论。

这部著作,值得肯定之处还在于,其中融汇了古今中外丰富浩繁的美学观念,综合吸取了其中的合理成分,这就使作者关于"乐感美学"的思考,是建立在广博的知识背景之上的,可便于读者在比较辨析中理解其美学观念,把握其独特价值。与传统美学理论所认为的美感源于视觉和听觉不同,作者还特别强调并充分论述了味觉、嗅觉、触觉等都可产生美感的问题,如源于味觉之甘甜,源于嗅觉之芳香,源于触觉之光滑柔软,都会给人快感、乐感,都能介入美感的生成,从而拓展了美学研究的范围。此外,作者在论述过程中提出的诸多相关具体见解,亦往往别具启示意义。如针对有关学者提出的将"美学"改为"审美学"的主张,作者的质疑是有力的:如果"美"说不清楚,"审美活动""审美关系"又怎能说得清楚(第47页)。其看法也就更为令人信服:"美学"不可能为"审美学"所取代,因为"审美",仍"必须以'美'为存在前提,因此,对'美'的追问是美学研究回避不了的问题,也是美学研究的中心问题"(第37—38页)。如在论及黑格尔的美学时指出,黑格尔虽有否定"自然美"的言论,而实际上,他本人也曾意识到自己的看法有些武断,又有"理念的最浅近的客观存在就是自然,第一种美就是自然美"之类论述,且亦探讨过自然美的原因、特征和规律等等。这类辨析,有助于人们更为准确全面地把握黑格尔的美学思想。又如对已为国内学术界广泛认可的源自西方学者的"日常生活审美化"一语,作者认为,由于"审美"含义的过于宽泛,其原文中的"aestheticization",译为"美化"更为贴切,并具体指出,作为现代社会生活的特殊现象,这"美化"指的应是现实生活对象客观形式的美化,或生活用品、环境及生活主体的艺术化,而非指早在原始社会就有的客观效应的美化或任何时候都能存在的主观臆造的美化(第385页)。这些见解,亦有助于我们更为切实、更有效果地从美学角度介入中国当代现实问题的研究。

第三章　美育的概念辨析与实践对策

主编插白：美育是美学原理在实践中的应用。建设新时代美好生活，美育从未像今天这样显得举足轻重。2018年8月30日，习近平总书记给中央美术学院八位老教授回信，提出了"做好美育工作""遵循美育特点，弘扬中华美育精神"的时代课题。2020年10月，中共中央办公厅、国务院办公厅联合下发《关于全面加强和改进新时代学校美育工作的意见》，进一步强调美育工作的重要性。何为"美育"？"美育"与"艺术教育"的种差在哪里？从那些地方入手实施"美育"？上海交通大学的祁志祥教授的文章结合"美育"概念在中国提出的历史和"美育"定义的现有缺失，在与"艺术教育"异同的比较中对"美育"的含义做了重新甄别厘析，提出"美育是情感教育、快乐教育、价值教育、形象教育、艺术教育的复合互补"，"美育"应从上述五方面加以实施，最终培养人们懂得如何欣赏和创造"有价值的乐感对象"这样的美。中国古代素有美育传统。王国维曾于1904年发表《孔子之美育主义》，指出以"乐""礼"育人的孔子"始于美育，终于美育"。[①] 山东大学教授曾繁仁先生以研究美育著称。他上承王国维的思想而加以拓展，总结探讨中国古代的美育形态和精神，指出"礼乐教化"与"中和"之美是中国古代美育的基本观念，而"风骨"与"境界"则是中国古

---

① 周锡山编校：《王国维集》第四册，中国社会科学出版社2008年版，第5页。

代体现人格美学的美学概念。美育从古代发展到今天,适应时代需要,杭州师范大学的杜卫教授提出了建构当代中国"美育学"的构想,从中国当前面临的相关问题出发,提出了"美育学"概念范畴体系的基本架构。美育不仅是全社会的任务,更是学校教育的重中之重。首都师范大学艺术与美育研究院的王德胜教授念兹在兹,从中心工作要求出发长期思考学校美育问题,有针对性地提出了当前学校美育的三个难点与三重关系,具有很好的操作意义,值得参考。

第一节 "美育"的重新定义及其与"艺术教育"的异同辨析[①]

2015年、2020年,国务院办公厅及中共中央办公厅分别发布"加强和改进学校美育工作的意见",愈来愈凸显了"美育"在今天学校教育中的重要地位。然而,究竟何为"美育",却定义含糊,令人难以捉摸。一方面,现有的"美育"定义存在着"美育是审美教育"等同义反复的不足,或"美育是心灵教育"等大而无当的毛病,令人不明白"美育"的确切含义和特殊定性,导致在实施方法上以偏概全,将"美育"等同于"艺术教育"。另一方面,因为"美育"定义不清,就干脆解构"美育"本质,取消"美育"定义,这在实践上也更为有害。

"美育"的字面意义是"美的教育",即关于"美"的教育。也就是教育人们如何认识美,培养人的审美能力或美感素养。而没有经过这种培训的人,往往不辨美丑、混淆美丑,以丑为美或以美为丑。有什么样的"美"本质观,就有什么样的"美育"观。离开"美"的本质的思考,要去圆满回答"美育"是什么,结果只能缘木求鱼。关于"美"的本质的思考答案是否圆满,直接决定着"美育"定义是否圆满。比如,如果认

---

① 作者祁志祥,原载《文艺争鸣》2022年第6期。

为美的本质是"和谐",那么"美育"就是"和谐教育";如果认为美的本质是"实践",那么"美育"就是"实践教育";如果认为美的本质是"自由",那么"美育"就是"自由教育";如果认为美的本质是"意象",那么"美育"就是"意象教育"。然而在审美实践中,"美"的含义不是"和谐""实践""自由""意象"等等所可概括,因而"美育"也就不是"和谐教育""实践教育""自由教育""意象教育"。

"美"是什么呢？亚里士多德早已深刻指出:"美就是自身就具有价值并能同时给人愉快的东西。"[①]他揭示美具有"价值"与"愉快"两重属性,是关于"美"的含义的最精辟、也最宝贵的思想。遗憾的是,这两点思想没有得到后人应有的珍视。后人总是自以为是,试图另辟蹊径,殊不知离真相愈走愈远。2016年,笔者完成、出版了国家社科基金项目《乐感美学》(北京大学出版社出版),用六十万字的篇幅,论证了一个核心命题:"美是有价值的乐感对象"。本文以此为据,分析推衍、重新定义"美育"概念,为美育工作提出了不同于"艺术教育"的新路径。希望能够为大家提供有益的参考。

一、"美育"概念的历史及其在新中国走过的"Z"字历程

理解"美育"的含义,必须联系它在中国发生、发展的历史语境。

"美育"概念的提出是"五四"新文化运动的产物。1840年,伴随着鸦片战争,中国的国门被打开,各种西方的学术纷至沓来,进入中土。"美育"这个概念伴随着西方"美学"学说的译介1901年首次出现于中国。辛亥革命推翻了几千年的帝制,新式教育取代了四书五经的旧式教育。而"美育"作为与"德育""智育""体育"并列的"四育"之一,受到身为民国教育总长、著名美学家的蔡元培先生的大力奖倡,成为新式教育的一个重要组成部分。此外,中国现代美育史上第一部美育原理

---

① 蒋孔阳、朱立元主编:《西方美学通史》第一卷,上海文艺出版社1999年版,第408页。

专著也应运而生。在中国现代美育史上,有三位学者值得注意。

一位是蔡元培。他最早将"美育"概念引进到中国,对"美育"的含义做出"情感教育"的界定,并以教育总长的身份大力倡导"美育"、践行"美育",奠定了"美育"在学校教育中不可或缺的地位。1901年,蔡元培在《哲学总论》一文中引入"美育"概念,这是"美育"概念在中国的最早出现。1912年,蔡元培在教育总长任上发表《对于教育方针之意见》,在"军国民教育(即体育)""实利教育""德育""世界观教育"之外,别立"美育",主张以"五育"教化国民。1917年,蔡元培发表《以美育代宗教说》演讲,着眼于"美"的无私的超功利的快感与利他的道德、宗教的联系,提出著名的"以美育代宗教"①说。1919年,在"五四"新文化运动的关键之年,蔡元培发表《文化运动不要忘了美育》。1920年12月7日,蔡元培在出国考察途经新加坡南洋华侨中学时,作《普通教育和职业教育》演讲,提出"健全的人格,内分四育",即"体育""智育""德育""美育",这是对王国维1903年提出的"四育"观的吸收与改造。1922年,蔡元培发表《美育实施的方法》,明确指出美育在辛亥革命后新式教育中有一席之地是"五四"新文化运动的成果。他回顾说:"我国初办新式教育的时候,只提出体育、智育、德育三条件,称为三育。十年来,渐渐地提到美育,现在教育界已经公认了。"主张将"美育"不仅开展到"学校教育"中,而且开展到"家庭教育""社会教育"中。1930年,蔡元培为《教育大辞书》撰"美育"词条,完整地表述了对"美育"的看法:"美育者,应用美学之理论于教育,以陶养感情为目的者也。"②

第二位是王国维。他是最早提出"体育""智育""德育""美育"四育并举育人方针的学者,也是最早提出"美育即情育"的人,这些都为教育总长蔡元培所继承。1903年,王国维发表《论教育之宗旨》一文,指出"教育的宗旨"是培养"完全之人物"。"完全之人物"包括"身体"

---

① 《蔡元培美学文选》,北京大学出版社1983年版,第70页。
② 据《蔡元培美学文选》,北京大学出版社1983年版;《中国现代美学家文丛·蔡元培》,浙江大学出版社2009年版。

和"精神"两部分,所以教育应从"体育""心育"入手。"心育"包括"智育""德育""美育"。所以培养"完全之人物"必须四育并行。在该文中,王国维还指出:"'真'者知力之理想,'美'者感情之理想,'善'者意志之理想也。"所以,"美育"即"情育"。① 1904年,王国维发表《孔子之美育主义》,指出以"乐""礼"育人的孔子"审美学上之理论虽然不可得而知",然其教人,则"始于美育,终于美育"。②

第三位是李石岑。他曾于20世纪20年代初担任商务印书馆《教育杂志》主编。他在美育上的最大贡献是会聚了当时包括1923年出版中国现代美学史上第一部《美学概论》的作者吕澂在内的几位著名美学家,集体编写并在1925年出版了第一部《美育之原理》,提出美育是"美的情操的陶冶",不同于"智育"是"智的情操的陶冶",也不同于"德育"是"意的情操的陶冶"。

新中国成立后,中华人民共和国教育部起初吸收、继承了民国学校教育四育并举的做法,提出"德育""智育""体育""美育"四育并行的教育方针。但这种情况在1957年之后发生了改变。改变的起因是1956年,毛泽东发表了《关于正确处理人民内部矛盾的问题》一文。文中提出:"我们的教育方针,应该使受教育者,在德育、智育、体育各方面都得到发展,成为有社会主义觉悟的,有文化的劳动者。"由于这段话中没有提到"美育",1957年以后,教育部将"美育"从教育学的理论体系中去除了,各种教材、课程中就不见了"美育"的踪影。到了十年"文革"中,更是谈"美"色变,因为"美"关乎花花草草、色彩艳丽的形式,而这在"文革"中被视为"封资修"的思想意识。

1976年10月粉碎"四人帮",宣布"文革"结束。1978年党的十一届三中全会的召开,标志着改革开放新时期的开启。伴随着对"文革"的反思和对极"左"观念的拨乱反正,"美育"重新回到国家教育体系

---

① 周锡山编校:《王国维集》第四册,中国社会科学出版社2008年版,第7页。
② 同上,第5页。

中,虽然有些姗姗来迟。1995年3月18日,第八届全国人民代表大会第三次会议通过《中华人民共和国教育法》,完整规定了国家的教育方针:"教育必须为社会主义现代化建设服务、为人民服务,必须与生产劳动和社会实践相结合,培养德、智、体、美等方面全面发展的社会主义建设者和接班人。"从此,"德、智、体、美全面发展"这一教育方针被确立下来。1999年,中共中央、国务院颁布《关于深化教育改革全面推进素质教育的决定》,明确提出:"要尽快改变学校美育工作薄弱的状况,将美育融入学校教育全过程。"在"美育"中,"艺术教育"是主流。2002年,教育部专门下达《学校艺术教育工作规程》,要求"各类各级学校应当加强艺术类课程教学,按照国家的规定和要求开齐开足艺术课程"。2015年9月28日,国务院办公厅印发《关于全面加强和改进学校美育工作的意见》,不仅要求把美育贯穿在学校教育的始终,而且对义务教育阶段、普通高中、职业院校、普通高校的美育课程体系和目标提出了具体要求。2018年8月30日,在中央美术学院百年校庆之际,习近平总书记给学院八位老教授回信,提出了"做好美育工作,要坚持立德树人,扎根时代生活,遵循美育特点,弘扬中华美育精神"的时代课题。2020年10月,中共中央办公厅、国务院办公厅联合下发《关于全面加强和改进新时代学校美育工作的意见》,进一步将"美育"工作摆到了学校教育的重要日程。

不难看出,在新中国的学校教育史上,"美育"上承"五四"新文化运动的成果,走过了一个肯定"美育"、取消"美育"、重回并强调"美育"的"Z"字行程。经过四十多年的改革开放,在人民群众的温饱问题解决之后升起对美好生活的向往之际,"美育"在中小学教育和大学教育中的地位从来没有像今天这样受到高度重视。

二、"美育"现有定义的缺失

尽管"美育"的地位相当重要,但何为"美育",如何遵循"美育"特点实施"美育",现有的定义并不令人明白,让人在实践上难于操作。

《辞海》(1989年版)对"美育"的定义是:"美育,亦称'审美教育''美感教育'。通过艺术等审美方式,来达到提高人、教育人的目的,特别是提高对于美的欣赏力与创造力。"①这个定义的缺陷是:1. 用"审美教育""美感教育"解释"美育",解释的宾词中包含尚待解释的主词,自我循环,同义反复。人们不免要问:什么是"审美教育""美感教育"?同理,说"美育"能够"提高对于美的欣赏力与创造力",人们仍然不明白:什么是"美的欣赏力与创造力"? 2. 这个定义说"通过艺术等审美方式",这个"等"指什么?除了"艺术",还有哪些"审美方式"?没有说清楚,让人感到"美育"的"审美方式"仿佛就是"艺术"方式,"美育"就是"艺术教育"。显然,二者是不能等同的。所以,《辞海》的定义是不能令人满意的。

百度的定义是:"美育,又称美感教育。即通过培养人们认识美、体验美、感受美、欣赏美和创造美的能力,从而使我们具有美的理想、美的情操、美的品格和美的素养。"这个解释的不足与《辞海》大同小异:解释的宾词中包含尚待解释的主词,自我循环。它没有解释"美"是什么,却教人们去"认识美、体验美、感受美、欣赏美和创造美",从而具有"美的理想、美的情操、美的品格和美的素养"。人们仍然不明白:什么样的理想、情操、品格、素养是"美的理想、美的情操、美的品格和美的素养"?如何"认识美、体验美、感受美、欣赏美和创造美",培养"审美"能力?

那么,高层发布的意见是怎么定义"美育"的呢? 2015年国务院办公厅印发的《关于全面加强和改进学校美育工作的意见》是这样说的:"美育是审美教育,也是情操教育和心灵教育。"其作用,"不仅能提升人的审美素养,还能潜移默化地影响人的情感、趣味、气质、胸襟,激励人的精神,温润人的心灵"。这个定义大概是从字典或美学专家那里参考过来的,因而不免存在着前面所说的缺憾。人们仍然不明白:什么

---

① 《辞海》1989年版,上海辞书出版社1996年版,第2158页。

是"审美教育""审美素养"？"美育是心灵教育"，"美育"的特殊性在哪里？难道"德育""智育"不也是"心灵教育"？"美育是情操教育"，什么是"情操"？《意见》在"美育"概念的理论界定上含糊不清，在具体论述实施路径时则将"美育"等同于"艺术教育"："学校美育课程建设要以艺术课程为主体。""学校美育课程主要包括音乐、美术、舞蹈、戏剧、戏曲、影视等。"然而，"美育"并不等同于"艺术教育"，其外延比"艺术教育"大得多。《意见》指出：美育课程目标"以审美和人文素养培养为核心，以创新能力培育为重点"。显然，"人文素养培养"和"创新能力培育"不是艺术课程能够全部承担的使命。毋庸讳言，《意见》在学校美育目标与美育课程设计之间存在着明显脱节。

2020年10月中共中央办公厅、国务院办公厅联合下发的《关于加强和改进新时代学校美育工作的意见》是不是在"美育"概念的界定上更明晰一些呢？情况似乎也没有多大改观。《意见》说："美是纯洁道德、丰富精神的重要源泉。美育是审美教育、情操教育、心灵教育，也是丰富想象力和培养创新意识的教育，能提升审美素养、陶冶情操、温润心灵、激发创新创造活力。"该定义在解释"美育"前先解释了何为"美"，这是进步，但它对"美"的解释是存在着以"善"代"美"的不足，因而"美育"就变成了"情操教育""心灵教育"，实际上就是"德育"。说"美育是审美教育"，"能提升审美素养"，仍留下了何为"审美教育""审美素养"的疑问。又说"美育"能"丰富想象力和培养创新意识"，难道"智育"不也是这样吗？"美育"区别于"智育"的特殊规定性到底在哪里，读者仍然看不明白。

有感于现有的"美育"定义不能令人满意，有专家干脆说："美育"这个概念不可定义。这种明显站不住脚的观点由于受到以存在主义、现象学为基础的解构主义、反本质主义思潮的支撑，却言之凿凿，显得理直气壮。"美"没有本质，"审美活动"也没有本质，甚至"人"也没有自己的本质规定性，"美育"定义的命运自然难逃其外。事实上，人类无论是日常交流还是学术交流，都离不开语词。语词都是有特定所指的。语词所指是关于对象的类的统一性的抽象概括,俗称"本质"。否定这个本质,人们将无法说话。马克思主义哲学的一个基本观点,是承认事物的本质、规律的存在。在以马克思主义为统领,建构中国特色的哲学社会科学话语体系的现实语境下,追问"美"的本质、反思"美育"定义,给人们从事"美育"工作提供有效指导,不仅具有重大的理论意义,更有迫切的现实意义。

三、美育是情感教育、快乐教育、价值教育、形象教育、艺术教育的复合互补

蔡元培曾经指出:"美育者,应用美学之理论于教育。"毫无疑问,"美育"是"美学"理论在社会实践中的应用。"美学"是什么呢?在德国鲍姆嘉敦创立"美学"这门学科及其以后的相当长时期内,"美学"都是指"美之哲学",是思考"美"的本质及其引起的美感反应规律的理论学科。[1]"美育"实际上是把美学理论关于"美"的本质的思考结果应用到社会实践中的产物。正如"美学"是"美之哲学"一样,"美育"是"美之教育"。"美育"的使命,是告知人们如何认识美、欣赏美,从而引导人们去创造美。认识美、欣赏美有个专门化的说法,叫"审美"。在此意义上,"美育"被表述为"审美教育",任务是培养人的辨别美丑的"审美能力"。李石岑指出:"美育之解释不一,然不离审美心之养成。"[2]此外,"美育"不能停留于培养人们仅仅成为美的被动接受者、欣赏者,应当鼓励、引导人们成为"美"的积极创造者,所以"美育"还应是"美的创造教育"。

无论说美育是"美的认识教育"或者说美育是辨别美丑的"审美教育",还是认为美育是"美的创造教育",都必须先回答"美"是什么的问题。确定"美"的内涵是准确定义"美育"的前提。关于"美",首先我

---

[1] 详参祁志祥:《"美学"是"审美学"吗?》,《哲学动态》2012年第9期;祁志祥:《中国现当代美学史》,商务印书馆2018年版。

[2] 李石岑等:《美育之原理》,商务印书馆1925年版,第4页。

们必须明确:"美"不同于"美感"。"美感"是主体面对对象中存在的"美"的感受,"美"则是审美主体面对的"对象",所以又称为"审美对象"。这是"美"的对象属性。作为主体面对的审美对象,"美"有两个最基本的规定性,即愉快性和价值性。综合"美"的上述三个特性,所以说:"美是有价值的乐感对象。"①由"美"的愉快性、价值性和对象性,我们可以逻辑地推衍出"美育"的含义是情感教育、快乐教育、价值教育、形象教育、艺术教育复合互补的完整认识。

第一,"美"的认知关涉主体情感反应,所以美育是"情感教育"。"美"这个词,虽然呈现为审美对象的一种属性,但却是审美主体快感的客观化、对象化。正如桑塔亚纳揭示的那样:"美是因快感的客观化而成立的。美是客观化的快感。"②就是说,当客观对象在主体感受中引起愉快情感的时候,你就判断该物为"美"。表面上看,"美"属于客观的物质属性,实际上是主体的情感反应在对象身上的表现。鲍姆嘉敦指出:"美"是"感性知识的完善"。③ 王国维说:"美"是"感情之理想"。因此,"美"被认为是一种表示情感的语言。英国近代美学家瑞恰兹指出:"美"是一种情感语言,它说明的不是对象的客观属性,而是我们的一种情感态度。④ 英国当代美学家摩尔认为:"美"是主体的一种情感状态,"我们说,'看到一事物的美',一般意指对它的各个美质具有一种情感",⑤而不是指科学事实。维特根斯坦揭示:人们评论"这是美的",只不过表达了一种赞成的态度或一种喝彩、感叹而已,是一

---

① 祁志祥:《论美是有价值的乐感对象》,《学习与探索》2017年第2期。另参祁志祥:《乐感美学》,北京大学出版社2016年版。
② 《西方美学家论美和美感》,商务印书馆1982年版,第286页。
③ 北京大学哲学系美学教研室编:《西方美学家论美和美感》,商务印书馆1982年版,第142页。
④ 转引自朱立元主编:《西方美学范畴史》第二卷,山西教育出版社2006年版,第116页。
⑤ 朱立元总主编:《二十世纪西方美学经典文本》第二卷,复旦大学出版社2000年版,第176页。

种情感的表现。①杜威说："按照美这个词的原文来说,它是一种情感的术语,虽然它指的是一种特殊的情感。"②因为"美"表示的是一种"情感",所以美育不是物理教育,而是"情感教育",是陶冶、净化人的情感的。因此,蔡元培下定义说："美育者……以陶养感情为目的者也。"③王国维下定义说："美育即情育。"④李石岑指出:美育是"情操教育",它培养的"审美心"说到底是"美的情操"。⑤ 正是由于"美"表示的是一种情感或感觉,所以"美学"又叫"情感学""感觉学"。它与"物的学问"如物理、化学之类不同,属于"精神的学问",⑥即主体之学,也就是我们今天所说的"人文学科"。

第二,"美"所关涉的情感是一种愉快感,所以美育是"快乐教育"。"美"表示情感,但不是所有情感,而是肯定性的、积极的愉快感。只有当人们感到愉快的时候,才会使用"美"这个判断词。如果不快、难受、厌恶,就会称之为"丑"。所以,"美"与快乐的感觉、情感相连。古希腊诗人赫西俄德指出："美的使人感到快感,丑的使人感到不快。"⑦中世纪意大利的托马斯·阿奎那对"美"的判断是："凡是单靠认识就立刻使人愉快的东西就叫作美。"⑧鲍姆嘉敦的老师、德国美学家沃尔夫指出："产生快感的叫作美,产生不快感的叫作丑。"⑨鲍姆嘉敦重申："美

---

① 刘小枫主编、维特根斯坦等著:《人类困境中的审美精神》,知识出版社1994年版,第524页。
② 转引自朱狄:《当代西方美学》,人民出版社1994年版,第51页。
③ 《蔡元培美学文选》,北京大学出版社1983年版,第174页。
④ 周锡山编校:《王国维集》第四册,中国社会科学出版社2008年版,第7页。
⑤ 李石岑等:《美育之原理》,商务印书馆1925年版,第4页。
⑥ 吕澂:《美学概论》,商务印书馆1923年版,第7页。
⑦ 转引自塔塔科维兹:《古代美学》,杨力译,中国社会科学出版社1990年版,第40页。又见蒋孔阳、朱立元主编:《西方美学通史》第一卷,上海文艺出版社1999年版,第46页。
⑧ 《西方美学家论美和美感》,商务印书馆1982年版,第67页。
⑨ 北京大学哲学系美学教研室编:《西方美学家论美和美感》,商务印书馆1982年版,第88页。

本身就使观者喜爱,丑本身就使观者厌恶。"①康德给美的事物引起的快感加了许多特殊规定:"美是不依赖概念而被当作一种必然愉快的对象。"②"美是不依赖概念而被作为一个普遍愉快的对象。"③《说文解字》定义说:"美者,甘也。"这个"甘",指像甜一样的快适感。美是一种引起快感的事物。美的事物千差万别,但只要能引起观赏者情感的愉快,就都被称为"美"。"佳人不同体,美人不同面,而皆说于目;梨橘枣栗不同味,而皆调于口。"④"妍姿媚貌,形色不齐,而悦情可钧;丝竹金石,五声诡韵,而快耳不异。"⑤梁启超说:"美的作用,不外令自己或别人起快感。"⑥蔡元培指出:"美学观念者,基于快与不快之感,与科学之属于知见,道德之发于意志者,相为对待。"⑦人性趋乐避苦。快乐,是没有遗憾的、圆满完善的情感,所以沃尔夫、鲍姆嘉敦用"感性知识的完善"去界定"美"。这个"感性知识的完善",既指主体感性认识——情感的完美无憾,即愉快感,也指引起这种情感的审美对象的圆满无缺。二者互为因果、融为一体。沃尔夫指出:"美在于一件事物的完善,只要那件事物易于凭它的完善来引起我们的快感。""产生快感的叫作美,产生不快感的叫作丑。""美可以下定义为:一种适宜于产生快感的性质,或是一种显而易见的完善。"⑧鲍姆嘉敦补充说:丑是"感性

---

① 北京大学哲学系美学教研室编:《西方美学家论美和美感》,商务印书馆1982年版,第142页。
② 康德:《判断力批判》上卷,宗白华译,商务印书馆1996年版,第79页。
③ 同上,第48页。
④ 刘安:《淮南子·说林训》。
⑤ 葛洪:《抱朴子·尚博》。
⑥ 梁启超:《情圣杜甫》,《饮冰室文集》卷三十八,《饮冰室合集》,中华书局1936年版。
⑦ 据蔡元培1916年出版的《哲学大纲》"美学观念"节,文艺美学丛书编委会编:《蔡元培美学文选》,北京大学出版社1983年版。
⑧ 北京大学哲学系美学教研室编:《西方美学家论美和美感》,商务印书馆1982年版,第88页。

知识的不完善"①。如果我们做一个定量统计，就会发现，在古今中外美学家关于"美"的特性的论述中，有关"美"与"快感"的联系是说得最多的②。正如尼采指出的那样："如果试图离开人对人的愉悦去思考美，就会立刻失去根据和立足点。"③既然"美"与快乐密切相连，所以，美育毫无疑问是"快乐教育"。

第三，美关涉价值，所以美育是"价值教育"。"美"指涉一种快乐的情感，但不是所有的快感，而是有价值维度的快感。亚里士多德早就揭示过美所引起的快乐的价值维度。在中国出版的最早的一部《美学概论》中，吕澂指出："美为物象之价值，能生起吾人之快感。"④四年后，范寿康在《美学概论》中重申："美是价值，丑是非价值。"⑤李安宅在《美学》一书中指出："我们说什么是'美'，乃是做了价值判断。这个价值判断的对象，便是'美'。"⑥"价值"指什么？指事物相对于生命主体有益的那种意义。"一个机体的生存就是它的价值标准。"⑦所以"价值美学"说到底是"生命美学"："于物象观照中，所感生之肯定是为美，所感生之否定是为丑。"⑧美不限于生机勃勃的客观生物存在，也存在于审美主体在无机物身上的生命投射："吾人于物象中发现生命之态度，是曰美的态度。以生命但就人格为言，虽在无生物亦能感得之而判其美的价值。"⑨危害生命的、无价值的快感对象不是美而是丑。比

---

① 北京大学哲学系美学教研室编：《西方美学家论美和美感》，商务印书馆1982年版，第142页。
② 详参祁志祥：《乐感美学》，北京大学出版社2016年版。陆扬：《乐感美学批判》（《上海文化》2018年第2期）认为《乐感美学》是一部"关于美的百科全书"。
③ 尼采：《悲剧的诞生》，周国平译，生活·读书·新知三联书店1986年版，第321页。
④ 吕澂：《美学概论》，商务印书馆1923年版，第12页。
⑤ 范寿康：《美学概论》，商务印书馆1927年版，第20页。
⑥ 李安宅：《美学》，世界书局1934年版，第13页。
⑦ 兰德：《客观主义的伦理学》，转引自宾克莱《理想的冲突——西方社会中变化着的价值观念》，马德元等译，商务印书馆1983年版，第37页。
⑧ 吕澂：《美学概论》，商务印书馆1923年版，第35页。
⑨ 同上，第8页。

如毒品。包尔生指出:"假设我们能蒸馏出一种类似鸦片的药物","假定这种药物能够方便和顺利地在整个民族中引起一种如醉如痴的快乐",这种"药物"就是"美"吗?不!因为"这种快乐是'不自然的',一个由这种快乐构成的生命不再是一个'人'的生命。无论它所包容的快乐是多么丰富巨大,——都是一种绝对无价值的生命"。①毕淑敏的禁毒小说《红处方》揭示:蓝斑是人类大脑内产生痛苦和快乐的感觉中枢。"F肽"是产生快乐的物质基础,被誉为"脑黄金"。毒品是"F肽"的天然模仿者,它能在人体内部制造出虚幻的极乐世界。在毒品产生的快乐前,人体会逐渐停止"F肽"的生产,自身不再会获得快乐。吸毒者要得到快乐,只有依靠吸食毒品。而且,人体还有一套反馈机制,即由于感觉疲劳,获得同等的快感需要更多剂量的毒品。吸毒者从寻找快乐出发,最终走向万劫不复的痛苦和死亡深渊。因此,能够带来快乐却伤害生命的鸦片、海洛因,从来不被人们视为"美",而是叫"毒品"。因此,美育在从事快乐教育、情感教育时,绝不能忘记价值教育。

美的价值维度,在美学学科创立之初,主要指美引起的愉快情感不涉及"利害关系",是"超功利"的快感。如康德说:"美是无一切利害关系的愉快的对象。"②"美学"引进中国后,早期的中国美学家都这么看。如王国维说:"美之快乐为不关利害之快乐。"③蔡元培指出:美引起的快感具有"全无利益之关系"的"超脱"特征④。后来人们称美在"自由"、美在"超越",都不外是对美的快感具有不同于一般快感的价值特性的不同表述。这种超越"利害关系"的纯粹、自由快感,本指不涉及真、善内涵的事物形式引起的美感,特别是自然美景引起的快感,是形式美、自由美的美感特点。但是在内涵美中,"审美快感的特征不

---

① 均见弗里德里希·包尔生:《伦理学体系》,何怀宏、廖申白译,中国社会科学出版社1988年版,第229页。
② 康德:《判断力批判》上卷,宗白华译,商务印书馆1996年版,第48页。
③ 周锡山编校:《王国维集》第四册,中国社会科学出版社2008年版,第3页。
④ 《蔡元培美学文选》,北京大学出版社1983年版,第68页。

是无利害观念"①,"美属于有用、有益、提高生命等生物学价值的一般范畴"②。"美的本质就是功利其物。"③康德在《判断力批判》中分析"崇高"之美是"道德的象征",而"道德"恰恰是功利欲望的满足。因此,"美"与利他主义的"善"走向融合,"美育"就与"德育"走到了一起。美是"道德的象征""功利的满足"本来与美是"无一切利害关系的愉快对象"相矛盾,但早期中国美学家发现美感的超功利特征是治疗利己性、走向利他之善的良方,所以将矛盾的两者调和到了一起。蔡元培指出:美的快感"全无利益之关系"的"超脱"特征,可消除"利己损人之欲念"④,是治"专己性"之"良药"⑤。因而,"纯粹之美育,所以陶养吾人之感情,使有高尚纯洁之习惯"。⑥王国维指出:"美之为物,使人忘一己之利害而入高尚纯洁之域,此最纯粹之快乐也。"⑦所以美之快感是超越"卑劣之感"的"高尚之感觉"⑧,是从"物质境界"过渡到"道德境界"之"津梁"⑨。美育教人在追求情感快乐时"守道德之法则","美育与德育"不可分离。⑩

美的价值不仅体现为"善",也体现为"真"。美不仅是道德的象征,也是真理的化身。

伽达默尔指出:真理的光照"是我们所有人在自然和艺术中发现的美的东西"。⑪科学以发现真理为使命,是真理的载体,所以有"科学

---

① 桑塔亚纳:《美感》,缪灵珠译,中国社会科学出版社1982年版,第25页。
② 尼采:《悲剧的诞生》,周国平译,生活·读书·新知三联书店1986年版,第352页。
③ 桑塔亚纳:《美感》,缪灵珠译,中国社会科学出版社1982年版,第106页。
④⑥ 《蔡元培美学文选》,北京大学出版社1983年版,第70页。
⑤ 同上,第68页。
⑦ 周锡山编校:《王国维集》第四册,中国社会科学出版社2008年版,第8页。
⑧⑩ 同上,第5页。
⑨ 同上,第4页。
⑪ 伽达默尔:《美的现实性》,张志扬译,生活·读书·新知三联书店1991年版,第23页。

美"的说法。"科学中存在美,所有的科学家都有这种感受。""很早科学家们就懂得科学中蕴含奇妙的美。"①波尔的原子理论,在爱因斯坦看来是"思想领域中最高的音乐神韵";爱因斯坦的广义相对论,在科学家眼里是"雅致和美丽"的②,是"一个被人远远观赏的伟大艺术品"③,"它该作为20世纪数学物理学的一个最优美的纪念碑而永垂不朽"④。爱因斯坦说:"美照亮我的道路,并且不断给我新的勇气。"⑤狄拉克坦陈:"我和薛定谔都极其欣赏数学美,这种对数学美的欣赏曾支配着我们的全部工作。这是我们的一种信条,相信描述自然界基本规律的方程都必定有显著的数学美。"⑥法国数学家、物理学家、天文学家彭加勒如此界定"科学美":"我在这里并不是说那种触动感官的美、那种属性美和外表美。虽然,我绝非轻视这种美,但这种美和科学毫无关系。我所指的是一种内在的(深奥的)美,它来自各部分的和谐秩序,并能为纯粹的理智所领会。"⑦中国科学院院士冼鼎昌也说:承认了科学美的存在,"还需要有能够感知它的东西才能谈美",这"东西"就是灵魂、理智。杨振宁曾应很多大学之邀作"美与物理学"的演讲。他认为理论物理学中存在的科学美表现为三种形态。一是自然中存在的物理现象之美。这种美有的能为一般人所看到,如天上的彩虹之美。另有些则是受过科学训练的人通过一定的科学手段、科学实验才能看到的,如元素周期表之美、原子结构之美、行星轨道之美。二是理论描述之美,指对物理学定律的精确的理论描述,如热力学第一、第二定律对自然界特定性质规律的理论揭示。三是理论构架之美,指物理公式具

---

① 杨振宁:《美和理论物理学》,吴国盛主编:《大学科学读本》,广西师范大学出版社2004年版,第273页。
②④ 物理学家布罗意语,转引自刘仲林:《科学臻美方法》,科学出版社2002年版,第24页。
③ 同上,第25页。
⑤ 刘仲林:《科学臻美方法》,科学出版社2002年版,第25页。
⑥ 同上,第40页。
⑦ 同上,第20页。

有数学结构之美。如牛顿的运动方程、爱因森坦的狭义相对论、广义相对论方程等等。研究物理的人在它们面前会感受到如同哥特式教堂般的"崇高美、灵魂美、宗教美、最终极的美"①。在全世界被新冠病毒折磨煎熬的今天,谁能早日发现病毒肌理,研制出有效良方,谁就是令人感激爱戴的最美科学家!美与真理的发现、拥有密切相连。包含真理的知识就是审美的力量、就是具有魅力的美。因此,美育与"智育"密切相关。

"价值"的外延比"善"和"真"还大,它的底线是生命存在。生命的健康不同于我们通常所说道德之善、科学之真,但却是毋庸置疑的美。《吕氏春秋》告诫人们:"耳虽欲声,目虽欲色,鼻虽欲芬香,口虽欲滋味,害于生则止。""圣人之于声色滋味也,利于性则取之,害于性则舍之,此全性之道也。"左丘明《国语》中记载:"无害(于性)焉,故曰美。"若"听乐而震,观美而眩",就失其为美。不妨碍生命本性,无害于生命健康,就是最基本的美,也是最不可或缺的美。因此,"美育"与讲究健康的"体育"、呵护生命的"生命教育"建立起不可分割的联系。

第四,美关涉对象的形象,所以美育是"形象教育"。美是"有价值的乐感对象"。对象性的美诉诸人的感官,具备可感的形象性。康德在分析美引起快感的方式时指出:"美是不依赖概念而必然愉快的对象。"②美凭借什么使人直觉到愉快呢?这就是形象性。黑格尔指出:"美是理念的感性显现。"③"感性显现"说得通俗点就是形象显现。黑格尔强调:"美只能在形象中见出。""真正美的东西……就是具有具体形象的心灵性的东西。"④"概念只有在和它的外在现象处

---

① 杨振宁:《美与物理学》,《杨振宁文集》下册,华东师范大学出版社1998年版,第850—851页。
② 《判断力批判》,宗白华译,商务印书馆1996年版,第79页。
③ 黑格尔:《美学》,朱光潜译,商务印书馆1981年版,第142页。
④ 同上,第104页。

于统一体时,理念就不仅是真的,而且是美的了。"①比如说"秋日游子思乡",这个判断只是说明一种人生的经验,并不能打动人的情感,唤起人的美感。但马致远的《天净沙·秋思》把它寄托、融化在一种富有形象性的意境营造中:"枯藤老树昏鸦,小桥流水人家,古道西风瘦马,夕阳西下,断肠人在天涯。"因而使人味之不尽,浮想联翩,感到美不胜收。

第五,美关涉艺术,所以美育是"艺术教育"。艺术是人类创造的审美的精神形态②,是以各种艺术媒介创造的有价值的快乐载体。真正的艺术总能屡试不爽地给读者观众送去有价值的快乐,让他们在消愁破闷、心花怒放的同时得到灵魂的洗礼和提升。艺术由其不同的媒介决定,产生了不同的艺术门类,时间艺术有诗歌、小说、散文、音乐,空间艺术有绘画、雕塑、书法、园林,综合艺术有戏剧、舞蹈、影视,等等。它们以形象的手段寓价值于乐感之中,发挥其春风化雨、滋润心田的审美教育功能。

"美育"虽然是"情感教育""快乐教育""价值教育""形象教育""艺术教育"五者的互补共生,最重要的两个核心选项是"快乐教育"与"价值教育"。如果将"艺术教育"当作"美育"的主要方式,就喧宾夺主,忘了重心。"艺术"究其实是艺术家创造的有"价值"的"快乐"的载体。"艺术教育"充其量是"快乐教育"与"价值教育"的特殊方式。

由此可见:"美育"是美的认识和创造教育,是高尚优雅的主体情感教育,是以形象教育、艺术教育为手段和载体,陶冶人的健康高尚情感,引导人们追求有价值的快乐,进而创造有价值的乐感对象或载体的教育。

---

① 黑格尔:《美学》,朱光潜译,商务印书馆1981年版,第142页。
② 详参祁志祥:《论文艺是审美的精神形态》,《文艺理论研究》2001年第6期。

四、"美育"的实施路径

确定了"美育"的完整义涵,"美育"工作就有了实施的路径。

美育是陶冶情感的"情感教育",所以美育实践要从情感入手。情感并不都是美的。人的求乐情感有冲破价值规范的自然倾向,中国古代的"情恶"论对此做了一再揭示。"美育"实施"情感教育"的使命,是把人处于原生、自然状态的情感往健康、高尚的方向培育引导。王国维说:"美育者……使人之情感发达,以达完美之域。"① 蔡元培指出:"激刺感情之弊","陶养吾人之感情,使有高尚纯洁之习惯","莫如舍宗教而易之以纯粹之美育"②。李石岑指出:美育为"美的情操的陶冶"。可见,美育所实施的"情感教育"是渗透着价值取向的,与"价值教育"是融为一体的。或者说,美育的"价值教育"不是孤立存在的,而是依托在"情感教育"之中的。如果说情感本身有善有恶、不一定都美,但在学校教育中如果带有情感、充满激情,就会有起伏节奏、抑扬顿挫,产生感染人、打动人的美。狄德罗说:"凡有情感的地方就有美。"③ 车尔尼雪夫斯基说:情感会使在它影响下产生的事物具有特殊的美。④ 英国近代美学家卡里特指出:美就是感情的表现,凡是这样的表现没有例外都是美的。⑤ 从肯定的方面看,"辩丽本于情性。"⑥ "情至之语,自能感人。"⑦ 从反面看,"言寡情而鲜爱。"⑧ "情不深则无以惊心动魄。"⑨ 不只学校美育中饱蘸情感会产生美,人的举手投足充满情感也

---

① 周锡山编校:《王国维集》第四册,中国社会科学出版社 2008 年版,第 8 页。
② 《蔡元培美学文选》,北京大学出版社 1983 年版,第 70 页。
③ 《文艺理论译丛》1958 年第 1 期,人民文学出版社 1962 年版,第 38 页。
④ 《生活与美学》,周扬译,人民文学出版社 1957 年版,第 72 页。
⑤ 转引自李斯托威尔:《近代美学史述评》,蒋孔阳译,上海译文出版社 1980 年版,第 7 页。
⑥ 刘勰:《文心雕龙·情采》。
⑦ 袁宏道:《袁中郎全集》卷三《叙小修诗》。
⑧ 陆机:《文赋》。
⑨ 焦竑:《淡园集》卷十五《雅娱阁集序》。

会产生富有生命力的美。情感干瘪的人是索然无味的。从心所欲不逾矩,在理性的规范内充满丰富多彩的情感,是审美活力的突出表征。

美育是"快乐教育",所以美育工作要寓教于乐、充满趣味。趣味教育的方法多种多样,形象的方法、艺术的方法是两个主要的方法。美育应是"形象教育",所以美育工作要避免抽象枯燥的说教,尽量运用生动可感的形象手段。美育应是"艺术教育",所以美育工作要注重艺术教育,善于调动一切艺术手段为美育的情感教育、价值教育服务。这一点毋庸赘言。

美育是"价值教育",价值教育不仅应渗透在情感教育中,还应与德育、智育、体育相结合,反对堕入娱乐至死的误区。价值的常见形态是善与真。善良是天下通行的最美的语言。"只有真才美,只有真可爱。"[1]美国好莱坞影星赫本说得好:美丽的眼睛,在于能发现他人身上的美德;美丽的嘴唇,在于只会说出善言;美丽的姿态,在于能与知识、真理并行。因此,要善于挖掘德育、智育中美的元素。在善与真的教育中融入合适的形象或艺术媒介,德育、智育就变成了美育。在生动可感的形象、艺术中注入善或真的内涵,美育就变成了德育、智育。生命健康是价值的底线。增进生命健康的体育不仅与美育有着密不可分的联系,而且是美育的最后守护。在美育所坚持的"价值教育"中,尤其要防止将美等同于娱乐对象的迷失。美丑混淆甚至颠倒,已成为一种突出的社会乱象。而导致这种社会现象的思想根源,在于抛弃了美的价值底线。美只是娱乐对象中有价值的那部分,绝不能为了娱乐而不择手段,放弃价值原则,把美育退化为娱乐教育。娱乐对象不等于美,纵情声色、娱乐至死不是审美而是嗜丑。强调美育是价值教育,坚持美育的价值原则,具有极大的现实意义。

---

[1] 转引自朱光潜:《西方美学史》上卷,商务印书馆1982年版,第187页。

第二节　礼乐中和：中国古代审美教育的基本观念[①]

美学作为人文学科，主要研究人与对象的肯定性的情感经验关系，而美育则是从理论与艺术层面呈现"以美育人"的经验与理论思考。美学、美育作为人学，都与人的特定的社会存在方式、生产方式与生活方式紧密相关。中华民族具有五千年的漫长发展历史，中华文明是人类四大古文明目前仅有的未间断地持续发展的文明形态。这主要是凭借其特有的文化力量，中华文化、文学艺术是中华民族生生不息的动力和立足于世界民族之林的依靠。中华美学以其形神兼备、意境深远与知行统一的特点而彪炳于世，中华美育则以其"中和之美"之原则、礼乐教化观念、中和与中庸的文化精神，以及重风骨、讲境界的特点，给后代美学、美育的发展提供了取之不尽的滋养与启发。

"中和之美"作为整个中华美学精神和中华美育特点，以之为中心线索，本文着重探讨了与此相关的礼乐教化、风骨与境界等观念，阐述了主要立足于"以美育人"的中华美育思想的基本特点，勾勒出其五千年的发生发展的历史。同时，也力图揭示促进中国五千年美育发展的诸多关键性因素，如儒道互补、阴阳相生、中外对话融通以及审美与艺术统一等的内涵与意蕴。

一、"中和之美"的美学原则

中华美学与美育之中心线索与核心观点是"中和之美"的美学原则。《礼记·中庸》篇云："喜怒哀乐之未发，谓之中；发而皆中节，谓之和。中也者，天下之大本也；和也者，天下之达道也。致中和，天地位焉，万物育焉。"这段论述揭示了"中和之美"的最主要的内涵。"中"为

[①] 作者曾繁仁，山东大学讲席教授。原载《山东大学学报》2016 年第 4 期，题目有改动。

"喜怒哀乐之未发",说明其"含蓄性";"和"为"发而皆中节",说明其"适当性"。"中和"的基本意义,即为含蓄而适当。其地位是"天下之大本"与"天下之达道",即为天地万物的普遍性的、根本性的运行规律。这也是中国古代文化之根本规律。"致中和"的最终目的是"天地位焉,万物育焉",中国文化讲求天地阴阳各在其位,从而阴阳交感、风调雨顺,万物繁茂。这是中国文化观念中"天人之和""阴阳相生"等的理论关怀。《周易》泰卦《象传》云:"泰,小往大来,吉,亨,则是天地交而万物通也,上下交而其志同也。"泰卦卦象乾下坤上,乾象天,坤象地,乾本在上而坤当在下。泰卦象征着天地自然的运动变化中乾升而坤降,乾坤各归本位,天地阴阳之气相交感,从而生长发育万物。因此,所谓"中和之美",又是一种万物诞育的生命之美。这也就是《周易》所说的"生生之谓易"(《系辞上》)、"天地之大德曰生"(《系辞下》)的意思。

《国语·郑语》提出了著名的"和实生物,同则不继"的重要观点,揭示了天地生物生长发育中多样物种的"以他平他谓之和"、由此才能"丰长而物归之"的法则。如果是单一物种的"以同裨同",其结果则只能是"尽乃弃矣",导致生命力枯竭。这种"讲以多物,务和同"的生命论哲学与美学,集中反映了中国古代农业社会的基本思维方式与哲学信念。中华民族诞育于黄河流域的中原地区,自古以农业作为民族生息繁衍的根本。春种秋收,日出而作,日落而息。风调雨顺,自然万物的繁茂成为生存繁衍的主要追求。因此,探讨天地自然节律与社会人生变化的合一性、统一性的规律成为最基本的哲学致思取向,而与之相关的"天地位焉,万物育焉"之"中和之美"成为最根本的美学原则。中国古代的"中和之美",是中国古代"天人合一"思想观念的体现。《周易·乾文言》指出,"夫大人者,与天地合其德,与日月合其明,与四时合其序,与鬼神合其吉凶。"中国文化追求人的生命活动达到与天地、日月、四时、阴阳等的统一,追求人的德行修养达到"天人合一"的"天地境界"。席勒在《美育书简》中提出,审美的游戏(美育)具有沟通

"力量的可怕王国"与"法则的神圣王国"的重要功能。他说,"在力量的可怕王国中以及在法则的神圣王国中,审美的创造冲动不知不觉地建立起第三个王国,即游戏和外观的愉快的王国。在这里它卸下了人身上一切关系的枷锁,并且使他摆脱了一切不论是身体的强制还是道德的强制。"[1]中国古代"中和之美"的这种沟通天人的功能,与西方美学沟通感性与理性的功能是迥然不同的。

中国古代的"中和之美"观念,客观上包含着"太极"思维和阴阳相生的观念。北宋周敦颐的《太极图说》指出:"无极而太极。太极动而生阴,动极而静,静而生阴,静极复动。一动一静,互为其根;分阴分阳,两仪立焉。阳变阴合,而生水、火、木、金、土。五气顺布,四时行焉。"这是一种无极无始无终,阴阳相依相生、互为其根的思维模式。它不同于西方古代、现代哲学与美学的一切主客二分甚至是一分为二的思维模式,而是体现出一种相依相融的古典形态的现象学"间性"思维与"有机性"思维,特别适合于促进审美与艺术的发展,具有重要的价值意义。

"中和之美"的观念,也是中国文化"中庸之道"的生存哲学之体现。"中庸之道",是一种中国古代的生存智慧。《礼记·中庸》篇说,"君子中庸,小人反中庸。君子之中庸也,君子而时中;小人之中庸也,小人而无忌惮也。"又说:"执其两端,用其中于民。""中"是中国古代特有的思维模式,反映中华民族最古老的思维方式的《周易》最讲究"处中",《周易》每卦六爻,其中第二爻为下卦之中位,第五爻为上卦之中位,两者都象征事物持守中道,不偏不倚,具有美善之象征。"庸"乃"庸常",即恒常不变之意。"中庸"以"中"为核心,讲求不偏不倚,强调天地万物与人各处其适当、合理的位置之上,才是最为理想的存在状态。《尚书·洪范》说道:"无偏无陂,遵王之意;……无偏无党,王道荡荡"。孔子在《论语·雍也》篇说,"中庸之为德也,其至矣乎,民鲜久

---

[1] 席勒:《美育书简》,徐恒醇译,中国文联出版公司1984年版,第145页。

矣。"《论语·先进》篇载："'师与商也孰贤？'子曰：'师也过，商也不及。'曰：'然则师愈与？'子曰：'过犹不及。'"《洪范》提出"无偏无陂""无偏无党"之原则，孔子以"过犹不及"阐释"中庸之道"。这种"中庸之道"，显然与中国古代农业生产特别注重节令与农时密切相关，一切农事活动都不能错过节令与农时，要恰到好处，否则，过犹不及，将会极大地影响农业生产与生活。"中和之美"与古希腊主要讲求具体物质"比例对称和谐"具有科学精神的"和谐之美"不同，着重于阐述人的生存与生活状态，是一种人生的美学，是古典形态人文主义的美学。在"中和之美"的观念中，包含着大量的善的因素，美与善在中国古代是难以区别的。所以，中国古代文献并不经常使用"美"字或直接探讨"美"，但却处处弥散着"美"的观念与意识。例如，《周易》乾卦卦辞"元亨利贞"四德，人们也常常将之视为"四美"。有学者认为，西方古代美学是区分型的，中国古代美学是关联型的。这种看法有其合理性。但需要注意的是，西方古典美学是科学的，而中国古代美学是人文的。这样看，更能把握两者的特性。"中和之美"的这种美善不分的人文性体现于中国古代文化，特别是礼乐教化的各个方面。例如，孔子的"《诗》三百，一言以蔽之，曰：思无邪"，《礼记·经解》篇将"诗教"定义为"温柔敦厚"，将"乐教"定义为"广博易良"等等。

总之，"中和之美"是中国古代美育历史之统领性概念，渗透于漫长的五千年以礼乐教化为基本观念的美育传统之中，也渗透于中国古代人生与艺术生活的一切方面。

二、"礼乐教化"：中国古代的审美教育观念

中国古代美育思想的基本观念是"礼乐教化"，它集中体现了中国古代审美教育的基本特点与基本内容，是"中和之美"得以实施的最重要途径，非常重要。"礼乐教化"是古代中国的政治社会制度的基本观念，也是思想文化、人文教育制度的基本观念，体现在中国传统文化的各主要部分。中国古代的礼乐教化传统，在内容上明显区别于古代希

腊将教育三分为最高智慧教育的"哲学教育"、有利于身体的"体育"与有利于心灵的"音乐教育"[①]。古代希腊的教育是一种区分型的教育，而中国古代的"礼乐教化"则是包含了"礼乐射御书数"之"六艺"和"《诗》、《书》、礼、乐""四教"等丰富内容，是一种关联型的整体性的教育。《周易》贲卦《象传》由天文、人文之美提出了"人文教化"的问题，所谓"刚柔交错，天文也；文明以止，人文也。观乎天文，以察时变；观乎人文，以化成天下"。刚柔交错，男女有别，是一种自然规律。人类活动最重要的是要有礼仪规范，即止于礼仪，这就需要进行教化，才能做到天下有序。中国文化的"人文化成"观念，就集中体现在"礼乐教化"传统之中。"礼乐教化"萌芽于原始宗教文化，直到周公"制礼作乐"才发展成熟。《尚书·大传》说，"周公摄政，一年救乱，二年克殷，三年践奄，四年建侯卫，五年营成周，六年制礼作乐。"《史记·周本纪》说，周公"兴正礼乐，度制于是改，而民和睦，颂声兴"。这样的记载，在先秦两汉文献中是广泛存在的。春秋战国期间，儒家对"礼乐教化"美育传统进行了充分的论述和发挥，发展到汉代，出现了全面系统地阐述"礼乐教化"观念的《礼记·乐记》。

《乐记》是汉初儒者搜集和整理先秦以来以儒家为主的诸子论"乐"文献，加以综合整理而编辑成的一部著作。蒋孔阳给《乐记》以与古希腊亚里士多德《诗学》同等地位，他说，"《乐记》既是《礼记》中的一篇，又是一部独立的著作。经过战国时期的百家争鸣，它把儒家的'礼乐'思想，加以丰富和系统化，成为先秦儒家'礼乐'思想总结和集大成。如果说，亚里士多德的《诗学》，是根据盛行于希腊时的史诗、悲剧和喜剧等艺术实践，对于古代希腊美学思想的总结，而'雄霸了西方的美学思想二千年'，那么，《乐记》则是根据我国先秦时包括歌、舞在内的音乐艺术的实践，对于我国先秦时期音乐美学思想的总结，从而在我国音乐美学思想发展史上产生了极为深远的影响。……二千多年来

---

① 柏拉图：《理想国》，郭斌和译，商务印书馆1986年版，第123页。

的中国封建社会,有关文学艺术的美学思想,从《毛诗序》开始,一直到晚清各家论乐的观点,基本上没有超过《乐记》所论述的范围。因此,《乐记》在我国的音乐美学思想的发展史中,不仅是第一部最有系统的著作,而且还是最有生命力、最有影响的一部著作。"①

《乐记》充分地总结并论述了我国自先秦以来的礼乐教化思想,阐述了"礼乐教化"作为中国古代最重要的政治、思想、文化、教育传统的重要特点。《说文解字》云:"禮,行礼之器也。从豆,象形",说明"禮"即上古时期的祭祀仪式。"豆",即作为乐器的"鼓"。"乐"是古代乐舞、乐曲与乐歌的统称。《乐记》指出:"凡音者,生人心也。情动于中,故形于声。声成文,谓之音。""乐者,通伦理者也。""礼乐皆德,谓之有德。德者,得也。"《乐记》认为,"声"是动于情而发,具有某种生物性,而"音"则是"声"之"成文",具有了人文性。但只有"乐"才通于伦理,包含着道德因素。所以,"礼乐教化"中的"乐"是包含道德因素的。在上古的"礼乐教化"传统之中,"乐"从属于礼,是礼仪的重要组成部分。先秦之后礼乐开始有所区分,作为艺术的"乐"逐渐独立出来。但在先秦时期,"乐"是一个包含乐舞、歌诗的统一整体。周代专门设有"大宗伯"之官职,主管祭祀、典礼与礼乐教化之事。《周礼》关于大宗伯之职责,有所谓"掌建邦之天神、人鬼、地示之礼,以佐王建保邦国",又谓"以礼乐合天地之化、百物之产,以事鬼神,以谐万民,以致百物。"《乐记》指出,先王制礼作乐之目的不是为了口腹耳目之欲,而是为了教化民众。"是故先王之制礼乐也,非以极口腹耳目之欲也,将以教民平好恶而反人道之正也。"又说。"乐也者,圣人之所乐也,而可以善民心,其感人深,其移风易俗,故先王著其教焉"。在礼乐教化系统中,"礼"与"乐"发挥着不同的社会功能,所谓"乐合同,礼别异""礼节民心,乐和民声""乐由中出,礼自外作",但"礼乐之统,管乎人心",都是从"人

---

① 蒋孔阳:《评〈礼记·乐记〉的音乐美学思想》,《蒋孔阳全集》(第 1 卷),安徽教育出版社 1999 年版,第 701—702 页。

心"实现其审美的教化功能。不仅如此,《乐记》还指出,礼乐还具有沟通天地、人神之作用。"故圣人作乐以应天,制礼以配地。礼乐明备,天地官矣。"又说:"大乐与天地同和,大礼与天地同节。"总之,"礼乐教化"之指归,在于"天地之和"。

至于"礼乐教化"的具体内容,《周礼》以"乐德"、"乐语"与"乐舞"具体表述之。《周礼》大司乐之职执掌大学,教育"国之子弟"。《周礼》云:"大司乐掌成均之法,以治建国之学政,而合国之子弟焉。凡有道者,有德者,使教焉;死则以为乐祖,祭于瞽宗。以乐德教国子中、和、祗、庸、孝、友,以乐语教国子兴、道、讽、诵、言、语,以乐舞教国子舞《云门》《大卷》《大咸》《大磬》《大夏》《大濩》《大武》。"这里的所谓"乐德",指礼乐教化中的道德内涵;"乐语",指乐章的诗歌表达与咏诵方法;"乐舞",指舞蹈的具体形态。"乐德"、"乐语"与"乐舞"基本构成了先秦时期礼乐教化之基本内容。对于"礼乐教化"的作用,《乐记》进行了深入的论述。首先,是一种娱乐作用,所谓"夫乐者,乐也,人情之所必不免也",说明音乐舞蹈的娱乐作用是"人情"之必然需求。当然,这种娱乐作用还是要受到礼乐教化的节制。诚如《乐记》所言,"先王耻其乱,故制雅颂之声以道之,使其声足乐而不流,使其文足论而不息,使其曲直、繁瘠、廉肉、节奏足以感动人心之善心而已矣,不使放心邪气得接焉。"礼乐教化的另一个重要作用是协调和谐社会,所谓"是故乐在宗庙之中,君臣上下同听之则莫不和敬;在族长乡里之中,则长幼同听之则莫不和顺;在闺门之内,父子兄弟同听之,则莫不和亲。"当然,最重要的是孔子所言,通过礼乐教化培养"文质彬彬"的君子。所谓"质胜文则野,文胜质则史,文质彬彬,然后君子"(《论语·雍也》)。"文质彬彬",恰是"礼乐教化"在传统的人格修养方面所要达到的目标。中国文化传统中的"文质彬彬"作为人格美学观念,其中值得重视的是"风骨"与"境界"。

三、"风骨"与"境界"：体现人格美学的美学概念

"风骨"是一个极具中国本土特色的美学概念，始于汉末，魏晋时期广泛流行。最初主要用来评品人物，例如，《宋书》称刘裕"风骨奇特"；《晋书》称王羲之"风骨清举"；《南史》称蔡撙为"风骨鲠正"等等。此后发展为文论、画论与书论等方面的重要美学概念。《文心雕龙》有《风骨》篇，是对"风骨"之美学内涵的系统论述。我认为，所谓"风骨"，即是由气之本源形成的文章刚健辉光之生命力，以及作为其集中表现的以骨气为主干的人格操守。生命力与人格操守是紧密联系的，前者为本源并灌注整体，后者为主要表现。中国古代哲学与美学是一种阴阳太极的思维模式，没有传统西方哲学与美学的二分对立思维。所以，将"风骨"概念中的风采与骨相、内容与形式、情感与辞藻等作二分对立的理解是不妥当的。刘勰对"风骨"的论述也是统一一致的。首先，刘勰论述了风骨的气之本源。他说，"《诗》总六艺，风冠其首。斯乃感化之本源，志气之符契也。"这就是说，《诗经》之风雅颂赋比兴"六义"以"风"为其首，"风"是以情化人之本源，是驱动情感的动力。中国古代是以"气"作为万物之发端的。老子有言："万物负阴而抱阳，冲气以为和"（《老子·四十二章》），孟子也说"吾善养吾浩然之气"（《孟子·公孙丑上》）。气分阴阳，阴阳相合，诞育万物，气为万物生命之发端。气动而成"风"，作用于人的各种情感与生活。"风"是一种生命律动的象征。甲骨文的"风"字，"从虫，从土。"[1]《说文》释"风"云："从虫，凡声。风动虫生，故虫八日而化。"[2]这说明，"风"给万物与人类带来生命活力，成为一切生命与情感活动之本源。这应该是《风骨》篇说"风"乃"感化之本源，志气之符契也"的原因。"风"在中国古代的礼乐教化体系中具有重要地位与作用。《诗大序》说："风，风也，教

---

[1] 徐中舒主编：《甲骨文字典》，四川辞书出版社1988年版，第1429页。
[2] 段玉裁：《说文解字注》，许惟贤整理，凤凰出版社2007年版，第1178页。

也。风以动之,教以化之。""先王以是经夫妇,成孝敬,厚人伦,美教化,移风俗。""上以风化下,下以风刺上。主文而谲谏。言之者无罪,闻之者足以戒,故曰风。""风"在礼乐教化体系中指诗的情感感动与道德教化作用。基于礼乐教化传统,中国的诗文理论、书画理论,甚至全部艺术理论都强调文学艺术要以情感人,陶冶人的情操,提高人的精神境界。正是根源于这种具有自然之生命力的"风",文学艺术才具有"风骨"之力量。刘勰指出:"故辞之待骨,如体之树骸;情之含风,犹形之包气。结言端直,则文骨成焉。……是以缀虑裁篇,务盈守气;刚健既实,辉光乃新。"文章"风骨"之主要表现为文辞的"骨力"。它好似人体之骨干,只有做到文辞的端正,才能确立文章的骨干,形成一种"刚健既实,辉光乃新"的气象。这"骨干",就人的修养来说,来源于道德修养、人格力量。刘勰特别强调文章"风骨"的"刚健既实,辉光乃新"的审美特征,《风骨》篇就此指出:"骨劲而气猛""文明以健,珪璋乃聘",并且批评"瘠义肥辞,繁杂失统"与"思不环周,牵课乏气"等背离"风骨"的现象。

总之,"风骨"就是由"气"为本源之生命力及骨气之道德人格操守。刘勰之后,"风骨"成为中国艺术理论的基本概念。在书论上,有卫铄《笔阵图》所言的"善笔力者多骨,不善笔力者多肉。多骨微肉者谓之筋书,多肉微骨者谓之墨猪"。在画论中,有谢赫《古画品录》所谓的"骨法用笔"。不仅如此,"风骨"的美学内涵体现着文人士大夫人格操守的审美追求。中国文化传统充分重视并着力发扬士人君子的人格、节操,孔子曾言:"志士仁人,无求生以害仁,有杀身以成仁"(《论语·卫灵公》);孟子提倡"舍生而取义"(《孟子·告子上》),认为"富贵不能淫,贫贱不能移,威武不能屈,此之谓大丈夫"(《孟子·滕文公上》)。后世朱熹评王维,云:"王维以诗名开元间,遭禄山乱,陷贼中不能死。事平,复幸不诛。其人既不足言,词虽清雅,亦萎弱少骨气。"[1]

---

[1] 魏庆之:《诗人玉屑》(下),古典文学出版社1958年版,第315页。

南宋爱国诗人文天祥的"人生自古谁无死,留取丹心照汗青",最为典型地代表了中国古代知识分子重操守的精神追求。

"境界"是中国古代美学与美育的一个非常重要的概念。"境界",又称"意境""意象",它揭示了中国传统文学艺术特有的"象外之象""言外之意""文外之旨"的审美特征和超越性审美追求。例如,中国传统的画竹,其意并不在描绘竹子本身的形态,而是其中透露出的高洁、清秀之品格。郑板桥的"咬定青山不放松,立根原在破崖中。千磨万击还坚劲,任尔东南西北风",是对画竹的这种"象外之象"、画外之意的典型揭示。"境界"原为佛学用语,即为"相",意即个人意识所达到之处,所谓"以依能见,故境界妄现,离见则无境界"(《大乘起信论》)。唐代王昌龄最早在诗学领域里运用了"意境"概念,他在《诗格》中提出"诗有三境",即"物境"、"情境"与"意境"。所谓"意境",即"张之于意而思之于心,则得其真矣","意境"乃"物境"与"情境"的统一,其要旨在境外之意与物外之心,从而得其"真"。其实,《周易》已经有了"观物取象""立象以尽意"等相关论述,这里的"象"虽是指卦象,但已经有了"象外之意"的内涵。后来王弼注《周易》,就着重阐发"得意忘象"的意旨。王昌龄之后,唐代诗学对"意境"问题有相当丰富的论述,如司空图《与极浦书》:"戴容州云:'诗家之景,如蓝田日暖,良玉生烟,可望而不可置于眉睫之前也。'象外之象,景外之景,岂容易可谈哉!"南宋严羽的《沧浪诗话》指出:"所谓不涉理路,不落言筌者,上也。诗者,吟咏情性也。盛唐诗人,唯在兴趣。羚羊挂角,无迹可求。故其妙处透彻玲珑,不可凑泊,如空中之音,相中之色,水中之月,镜中之象,言有尽而意无穷。"这个"兴趣"说,突出了诗歌"意境"的"吟咏情性"的抒情性、"不涉理路,不落言筌"的形象性和"言有尽而意无穷"的超越性的统一特征。以诗歌为代表,中国传统艺术之"意境"追求"象外之象""景外之景""韵外之致""味外之旨"(司空图《与李生论诗书》)。这是一种难以言说的"神韵"。严羽《沧浪诗话》说:"诗之极致有一:曰入神。诗而入神,至矣,尽矣,蔑以加矣。""神"就是优秀艺术的特殊意蕴与魅力,是中国传统艺术"意在笔先""兴寄于物"的艺术境界,做到"不化而应化,无为而有为"(石涛《苦瓜和尚画语录》)。"意境"说发展到清末王国维,以"境界"说集其大成,发展出"有我之境"与"无我之境"、"造境"与"写境"等重要看法。值得注意的是,王国维着重阐发了"意境"或"境界"在中国文化传统中的普遍性意义。他在《人间词话》中说:"古今之成大事业、大学问者,必经过三种之境界。'昨夜西风凋碧树,独上高楼,望尽天涯路。'此第一境也。'衣带渐宽终不悔,为伊消得人憔悴。'此第二境也。'众里寻他千百度,回头蓦见,那人正在灯火阑珊处。'此第三境也。此等语皆非大词人不能道。"王国维以词的"境界"显示传统的人生修养中"事业""学问"等所必经的逐层深化、逐级提升的"三种境界",突显了"境界"说的美育意味。此后,蔡元培提出了著名的"以美育代宗教说",更赋予了美育以与宗教信仰同等甚至更高地位的精神修养意义,是对中国传统美育的陶冶情操、提升人的精神境界之功能的现代阐释。丰子恺更明确地将"境界"说运用到艺术教育之上,在他看来,人生犹如三层楼,包含物质生活、精神生活与灵魂生活,精神生活主要以艺术为主,与灵魂生活离得最近。冯友兰根据"人生觉解"的程度对中国传统思想文化予以重新解说,提出了从"自然境界"经"功利境界""道德境界"发展到"天地境界"的"人生境界"论。[①] 最近,李泽厚借鉴蔡元培的"以美育代宗教"说和冯友兰的"人生境界"论,提出了"审美的天地境界"说,指出:"这种境界所需要的情感——信仰的支持,不是超越这个世界的上帝,而是诉诸人的内在历史性,即对此世人际的时间性珍惜。它充分表现在传统诗文中,是中国人栖居的诗意或诗意的栖居"。[②]

总之,"境界"说强调文外之意、象外之象、诗外之神,强调审美与

[①] 参见冯友兰:《新原人》,《三松堂全集》(第4卷),河南人民出版社2000年版,第463—627页。
[②] 参见刘再复:《李泽厚美学概论》,生活·读书·新知三联书店2009年版,第230页。

艺术的超越性,是中国古代美学与美育精髓之所在。"境界"也为中国传统文化关于人之精神境界的提升提供强大的理论资源。在没有一元宗教信仰的中国,艺术境界成为特有的精神超越之途。

四、儒道佛艺"融贯一体"的中华美育精神

李泽厚早年曾经提出中国文化儒道互补的重要论题,但从中国历史来看,还是应该加上佛学(释)这一重要维度。

汉代之前,中国传统文化主要在儒道互补的层面上前行。儒家强调"教化",道家则倡导"自然";儒家强调有为,道家主张无为;儒家讲求入世,道家憧憬出世;儒家重视人道,道家向往天道。但这两种思想在其运行与发展中不是绝对对立的,而是相互渗透的、互补的。儒家重要代表人物荀子就受到道家重要影响,儒家是主张性善论的,孔子说"仁者爱人",孟子认为"人性善"。但荀子却提出"性恶"论,就是受到道家的自然人性论思想影响,他的"化性起伪"的美育思想就是在此基础上建立起来的。《周易·易传》阐释原本是卜筮之书的《易经》的思想,使之成为中国古典哲学、艺术观念的重要理论渊源。但《易传》对"一阴一阳之谓道""阴阳""太极"等问题的论述,也受到了道家思想重要影响。中国文学艺术在魏晋南北朝时期取得历史性的重大发展,这在很大程度上要归功于玄学的影响,而魏晋玄学正是儒道思想融合的产物。对宋元以后整个中国思想文化、社会生活产生深远影响的宋明理学、心学,也基本是以儒学为主体吸收、消化道家的相关思想而形成的。例如,北宋周敦颐《太极图说》就是援道入儒的典型。中国古代美育思想,从先秦起就交织着儒道两家的争鸣,汉代以后基本上是在儒道既相互论争、消解,又相互影响、促进的情况下不断发展的。儒道两家在中国古代思想、文化、文艺、教育等方面互渗互补,不断滋润着中国人的心灵,不断产生出新的文化艺术因子,建构了中国文化传统的整体景观。

汉代以后佛教逐渐转入中国,成为中国古代文化发展的另一个重

大动力。中国思想文化、文学艺术在魏晋时期、宋明时期的发展,都有着佛学的不朽功绩。堪称空前绝后的文论巨著《文心雕龙》就是在佛寺写成的,唐代以后儒道与佛的文化交融而发展出的禅宗文化,深刻地影响着中国人尤其是士人阶层的文化艺术、精神生活。宋元以来的水墨山水绘画,中国美学的"意境""境界"等概念等,都渗透着佛学禅宗的美学精神。影响了南宋以至清末民国中国诗学发展的严羽的《沧浪诗话》,更是以提倡"妙悟""以禅喻诗"等著称。举世闻名的敦煌艺术尤其是儒释道融合的典型,敦煌艺术开辟出的中国传统文化艺术中石窟艺术与飞天、观音、反弹琵琶等至今仍有生命力的艺术元素。

总之,儒释道互补互渗成为中国思想、文化、文艺、教育发展的重要线索。因此,对中国美育思想史的探讨与梳理,无法回避,必须遵循这一线索。

中华美育精神的融贯一体,还包括对艺术精神的融汇。

"一阴一阳之谓道"观念,是中国传统美学与艺术的重要特点,或者说是重要的审美与艺术思维模式。《周易·系辞上》曰:"一阴一阳之谓道。继之者善也,成之者性也。"这里的"道"既是天地之道,同时是艺术之道,是中国传统艺术奥秘所在、魅力所在。一阴一阳,交互作用,相依相合,生成生命,同时也生成美之力量。这就是中国传统艺术生命力之源。《周易》的"生生之为易""天地之大德曰生""天地交而万物生"等观念,都体现了天地互动、阴阳相生的中国古代生命哲思。这种生命哲思运用到艺术之中,就是阴阳相交产生艺术的生命之力。清代笪重光在《画筌》中说:"山之厚处即深处,水之静时即动时。林间阴影,无处营心。山外清光,何从著笔。空本唯图,实景清而空景现;神无可绘,真境逼而神境生。位置相戾,有画处多属赘疣;虚实相生,无画处皆成妙境。"笪重光指出了绘画艺术的动与静、空与实、真与神的阴阳对应关系,水之静时即动时,在静水之中描绘出暗波汹涌;虚实相生,"无画处皆成妙境",通过"实景"暗喻了无画处的妙境。这种阴阳、虚实、动静、有无相生的审美观念在中国艺术的各个层面都有展现,如川剧《秋江》以老艄公的一支桨的挥动象征性地展示出渡船在波涛中的跌宕起伏,真正做到了"真境逼而神境生"。王国维有言:"'红杏枝头春意闹',着一'闹'字而境界全出"(《人间词话》)。这一"闹"字,于无声处写出有声,在视觉处写出听觉,是一种"通感","神境"即由此而生。这里的动与静、空与实、真与神的关系,就是一种阴阳相生之关系,是生存生命之力与美之神韵的呈现。

中国传统艺术强调虚与实的阴阳相生,也重视白与黑、素与绘的阴阳相生。在绘画中,大量的留白给人以发挥想象的空间,而最美的图画通常都是画在素白的底子之上。如此,也是阴阳相生的艺术规律之作用。中国古代艺术讲求情感表现、韵律结构的抑扬顿挫,使艺术品整体涌动着一呼一吸的生命力节奏,也是阴阳相生之艺术与美学规律的体现。例如,杜甫的《春望》:"国破山河在,城春草木深。感时花溅泪,恨别鸟惊心。烽火连三月,家书抵万金。白头搔更短,浑欲不胜簪。"这里,有感情的起伏节奏,以国破城陷,草木凄凄,烽火连天,家人遥隔的背景,和面对感时的花与恨别的鸟之情景,衬托了诗人情感的起伏节奏。在语言上,则以"国破"与"城春"、"感时"与"恨别"、"烽火"与"家书"等的工稳对仗,和"深""心""金""簪"等的韵律安排,形成了语言上的情感的节奏,形成一种一呼一吸之生命力之洋溢。这节奏,其实也是一种一阴一阳之道的生命律动。阴阳相生,成为中国古典艺术之境界与神韵产生的根本原因,也是其神妙之所在。中国艺术与美学中的阴阳、黑白等之关系,迥然不同于西方哲学、美学的主客二分之思维模式,它是一种阴阳互补、交混融合、无极而太极、产生生命律动的情状。

审美与艺术的统一,是中国特有文化传统。中国美学基本是融解于艺术发展与艺术理论之中,是一种审美与艺术统一的道路。宗白华曾指出,"在西方,美学是大哲学家思想体系的一部分,属于哲学史的内容。……在中国,美学思想却更是总结了艺术实践,回过来又影响艺术的发展。"[1]历史

---

① 《宗白华全集》(第3卷),安徽教育出版社1994年版,第392页。

证明,中国有着举世公认的优秀传统艺术,特别是中国的传统书法艺术更是绝无仅有。中国书法以其特有的龙飞凤舞、强劲有力的艺术风貌,深蕴着特殊的感人艺术魅力,为世人所惊叹。现代,不断有外国艺术家从王羲之和米芾等大书法家的书法中获得艺术的震撼与启发。中国传统艺术均有其特殊的艺术魅力,充分表现了中国传统文化特别是中和之美的特色与韵味。如,国画的"气韵生动",书法的"筋肉骨气",戏曲的"余音绕梁",建筑的"画栋飞檐",园林的"曲径通幽",诗歌的"意境深远",民间艺术的"拙实素朴"……更为重要的是,中国传统文化对于艺术的重视还表现在,强调传统文人的培养必须通过艺术的途径。在中国,"诗书琴画"是传统文人必备的基本素养。这是培养"文质彬彬"的士人君子的重要途径。

第三节　中国当代美育学范畴体系的建构[①]

中国美育学是面对中国当下思想文化和教育问题、打通古今中外美育思想的美育知识体系,立足当下本土问题,弘扬中华美育精神是其鲜明特点。中国当下与美育学相关的本土问题主要有两个相互关联的层面:一个是一般意义上"以人为本"的教育观念和人的全面发展的指导思想,这是育人的根本;另一个是学生人文素养的培养和个体创造力的发展,这是属于美育的特殊问题。作为交叉学科领域,中国美育学应该努力确立属于自己的概念范畴,建立以美育性质、审美发展和美育方法论三大范畴为构架的一系列概念体系。

一、美育学提出的历史背景

"美育"这个术语是席勒创造的,20世纪初被引入中国。但是,"美

[①] 作者杜卫,杭州师范大学艺术教育研究院教授。本文原载《美术研究》2021年第1期,题目已改动。

育学"这个术语在席勒以及其后的一些西方重要美育论著中却没有发现,很可能是东亚学者创造的。1903年,王国维发表了《论教育之宗旨》,文中提到了"美育学"一词:"希腊古代之以音乐为普通学之一科,及近世希痕林、歇尔列尔等之重美育学,实非偶然也。"①这很可能是汉语文献中最早出现"美育学"的说法。从上下文看,王国维说的"美育学"是继承了古希腊音乐教育传统的一科,具体是指以审美培养人格的系统学说或理论。在另一处,他用了"审美学"一词,说:"今转而观我孔子之学说,其审美学上之理论虽不可得而知,然其教人也,则始于美育,终于美育。"②这里审美学的意思是指美学或者审美哲学,与美育学的用法在学理上一致。此后,虽然有蔡元培大力倡导美育,并且发表了不少关于美育的演讲;还有李石岑、吕澂、朱光潜、丰子恺、蔡仪等学者都有一些论述美育的论著,但是我国系统的美育理论建构却很晚才出现。

纵观20世纪中国美育理论研究论著,较早出现的美育学著作是杨恩寰主编的《审美教育学》(1987年)。从源头上讲,"美育"这个术语可以被看作是"审美教育"的简称,而"审美教育学"的提法与"美育学"在实质上应该是一致的。在此书中,作者明确提出:"审美教育学是正在走向成熟、着手建立的一门新的学科。"③随着中国高等教育学科建制的逐渐形成,"学科"概念开始被应用到学术研究中,由此,"美育学"就不单单是系统"学说"或"理论"的意思了,而是突出了"学科"的意义。最先以"美育学"冠名的著作要数蒋冰海的《美育学导论》(1990年)。这部著作提出:"美育学,是美学的一个分支,同时,也是一

---

① 王国维:《论教育之宗旨》,《王国维全集》第十四卷,浙江教育出版社2009年版,第11页。
② 王国维:《孔子之美育主义》,《王国维全集》第十四卷,浙江教育出版社2009年版,第16页。
③ 杨恩寰主编:《审美教育学》,辽宁人民出版社1987年版,第1页。

门具有广阔前景的应用学科。"①在这里,蒋冰海是明确把美育学定位成"美学"一个学科分支,而且是"应用学科"。此后,被冠以"美育学"的著作陆续出现,例如,《现代美育学导论》(杜卫著,1992年)和《美育学概论》(杜卫主编的国家教委重点教材,1997年),《走向现代形态美育学的建构》(刘彦顺著,2007年)等等。另外,论述美育学研究以及知识建构、学科建设的论文也有一些,曾繁仁认为"美育"已发展成为"独立的学科",在中国,美育已经"走到社会与学科前沿",应该"建立具有中国特色的美育学科的范畴体系"。②

从王国维提出"美育学"到今天的一百多年里,"美育学"从一个名词变成了有关美学、艺术学与教育学等学科交叉而成的学科分支,具有理论和应用的双重性质。学科并不仅仅是建制,构成其内涵的是美育的知识体系,20世纪80年代开始的美育学理论建构虽然取得了一定的进展,但深入系统的美育知识体系却还在形成过程之中。随着国家和社会各界对于美育特殊作用和重要价值越来越重视,美育教学和研究的人才培养也越来越受到重视,美育学的学科建设已被提上议事日程。我国又有深厚的美育思想传统,也为建设"中国美育学"提供了良好的基础。笔者综合三十多年来美育理论研究心得,深入挖掘中国美育的思想传统,在打通古今中外美育理论的思维格局中对"中国美育学"的建构提出若干设想,请教于各位同行。

二、中国美育学所面临的问题

任何人文学科的理论,其意义和价值首先来源于具有历史具体性的真实而有意义的问题,尤其是在20世纪以来中国大量西方思想文化涌入的背景下,对于中国的人文学者来说,确立基于本土思想文化和现实社会问题的理论观点和命题显得更为重要。中国美育学不单单是对

---

① 蒋冰海:《美育学导论》(修订本),上海人民出版社1999年版,第1页。
② 曾繁仁:《走到社会与学科前沿的中国美育》,《文艺研究》2001年第2期。

中国美育传统思想和知识的总结，更重要的是面对中国当下思想文化和教育问题、打通古今中外美育思想的中国人的美育理论，立足当下本土问题，传承中国优秀美育传统是其鲜明特点。

20世纪西方美学、美育学和教育学理论引进中国，王国维、蔡元培、朱光潜等先贤是针对当时中国的人生问题和社会问题而倡导美育的。他们最关心的问题是国人内心和社会文化的改造，也就是广义的启蒙。这种启蒙的意向决定了中国现代美育理论具有强烈的现实指向性，也就是说，不管这些先贤如何强调审美、艺术和教育的独立，注重审美的超脱或无功利性，其思想内涵并不等同于西方审美现代性思想，他们归根到底是想要通过审美和艺术使国人的内心世界产生变革，由此推动中国当时的文化乃至社会发生变革。所以，他们提出的美育理论普遍重视国人思想道德的改造，希望用审美、艺术来洗刷人心，纯洁情感、提升精神，这就决定了他们的美学和美育思想在核心层面隐含着某种执着的"审美功利主义"倾向，只不过他们认定美或者审美（艺术）本身就具有这种育人的独特效用，试图使这种功能效用作用于国人心理本体和中国思想文化的重建。① 例如，王国维是为了解决人生苦痛和社会罪恶，蔡元培是为了消除一些国人"近功近利"的私念，朱光潜是为了使一些国人"脱俗"。

今天思考中国美育学的知识建构，我们同样要从当下的问题出发，首先就要探讨当前中国的思想文化现状和教育（包括美育）实践对学术界提出的与美育相关的问题。本人认为，这些问题主要有两个层面：一个是一般意义上"以人为本"的教育观念和人的全面发展的指导思想，这是育人的根本性问题；另一个是学生人文素养的培养和个体创造力的发展，这是属于美育的特殊问题。具体表现为：在美育过程中促进学生审美发展，在逻辑思维发展的同时，发展敏锐的感知力、活泼的想

---

① 关于中国现代的"审美功利主义"的论述，详见杜卫：《中国现代的"审美功利主义"传统》，《文艺研究》2003年第1期。

象力和丰富的体验力,以保持感性和理性平衡发展;通过优秀艺术品和自然景观的熏染,使学生于内心深处养成真诚的仁爱之心,助力道德发展;通过经典艺术作品的体验性学习,对人类优秀文化成果有深入认知和吸收,并在此基础上完善学生的人格;通过艺术学习,丰富和发展个性,培养个体创意能力和创新意识,促进学生创造力的发展。美育的这些具体任务可以归结为一个核心,那就是培养"丰厚感性"。这不仅是我国当前教育所紧迫需要的,也是受理智主义、科学主义深重影响和消费主义文化强烈冲击的全球教育所需要的。

虽然国家层面明确教育目的是人的全面发展,倡导素质教育多年,但是,当前我国教育领域中出于多种目的的"急功近利"倾向还较为突出。由于长期受传统教育观念的影响,育人过程中重共性轻个性的观念和做法还较为普遍,而且还由于追求考核评价的"标准化","千篇一律"的倾向有所加重。一百多年前,蔡元培主张教育要以人为本,并大力提倡发展学生的个性;他下大力气消除科举教育的影响,批判读书为了做官的陈腐观念。他说:"教育是帮助被教育的人,给他能发展自己的能力,完成他的人格,于人类文化上能尽一分子的责任;不是把被教育的人,造成一种特别器具,给抱有他种目的的人去应用的。"[1]他还说:"与其守成法,毋宁尚自然;与其求划一,毋宁展个性。"[2]这种以人为本、重视学生个性发展和在教育过程中突出学生中心地位的思想,对于我国当今的教育还具有十分准确的针对性。1919年5月,蔡元培去职离京,在天津车站接受记者采访时,谈到了他以后的计划。他说要找一个"幽僻之处,杜门谢客",温习德语、法语,并学习英语,"以一半日力译最详明之西洋美术史一部,最著名之美学若干部,此即我此后报国之道也"。接着他说道:"我以为吾国之患,固在政府之腐败与政客军

---

[1] 蔡元培:《教育独立议》,《蔡元培全集》第四卷,浙江教育出版社1997年版,第585页。
[2] 蔡元培:《新教育与旧教育之歧点》,《蔡元培全集》第三卷,浙江教育出版社1997年版,第338页。

人之捣乱,而其根本,则在于大多数之人皆汲汲于近功近利,而毫无高尚之思想,惟提倡美育足以药之。"①类似的话语也出现在20世纪30年代出版的《谈美》中,朱光潜写道:"我坚信中国社会闹得如此之糟,不完全是制度的问题,是大半由于人心太坏。我坚信情感比理智重要,要洗刷人心,并非几句道德家言所可了事,一定要从'怡情养性'做起,一定要于饱食暖衣、高官厚禄等等之外,别有较高尚、较纯洁的企求。要求人心净化,先要求人生美化。"②在当今批判"精致的利己主义"和"急功近利"浮躁心态的语境中,重温蔡元培和朱光潜的这些话,真不禁为其诊断之精准和思想之深刻而感慨万千!

在"工具主义"和"急功近利"观念的影响下,我们的教育还不能完全把学生视为一个活泼的生命个体,顺着学生的个性发展需要提供适当的教育;还不可能完全从学生的全面发展出发来组织教育活动,把孩子们在教育过程中的健康成长作为教育最重要的价值;而升学、考级、就业等等被排在了学生全面发展和健康成长之前,对于学生精神成长和心灵陶冶关心不够,这种残缺的教育也就很难为美育的正常开展提供充分机会。学校教育偏重"工具性",没有把人文价值教育摆在突出地位,而美育就是在一种价值教育,不仅能为学生道德成长提供重要基础,而且对于学生人生观、价值观的生成产生积极影响。这就需要学界加强有针对性的问题研究,为教育改革和加强美育工作提供理论上的支撑。

美育是一种偏重感性的教育,它和理性方面的教育一起组成相互协调的促进人感性和理性协调发展的教育。目前的情况是,一方面学校课程偏重理智发展和记忆力的强化,另一方面社会上"滥情"的娱乐文化对儿童青少年影响非常大。这种娱乐文化也是以艺术的面目出现的,有些非常感性化,非常"煽情",这在自媒体娱乐节目中表现得尤为

---

① 蔡元培:《在天津车站的谈话》,《蔡元培全集》第三卷,浙江教育出版社1997年版,第630页。
② 朱光潜:《谈美》,《朱光潜全集》第二卷,安徽教育出版社1987年版,第6页。

突出。针对"娱乐至死"的这种"感性",美育将如何定位?还是简单地定位成"感性教育"?面对这种"滥情"的"艺术",我们还能笼统地把艺术作为丰富人的人文素养、提升人的精神境界的途径吗?当初,美学的诞生可以说是体现了感性对理性压抑的一种反抗,这种反抗成为了审美现代性的核心意义。但进入现代化中后期或者后现代文化时期,美学必须回应这些问题,美育学也必须对美学的一些基本范畴做出重新审视。这就不仅仅是美育学自身的建设,而且是美育问题推动美学基本概念范畴的反思和更新。其实,进入20世纪以来,中国美学一些重要概念的内涵就来自美育问题研究。

目前学校美育存在一个突出的问题是,没有把审美能力的培养作为核心目标。一方面,受到工具主义和急功近利观念的影响,直接把审美观培养定为美育的目标,殊不知个体审美发展的规律是在自己不断积累审美经验的基础上才能形成审美观,而审美经验的获得和积累主要依靠审美能力。说到底,还是一种灌输式教育观念在作祟,以为审美观是可以通过老师的说教"输入"到孩子们心里的。例如,告诉学生哪些是美的,哪些是不美的,以及为什么。这种陈旧教育观念与我们这个时代严重脱节。教育的主要任务之一是培养人不断学习、成长的能力,此所谓"授人以渔",这是国际教育界的共识,也是我国20世纪末教育改革以来的一个重要认识成果。对于美育来说,培养学生审美能力就是使学生在审美领域"学会学习"的关键。只有具备一定的审美能力,学生才会对审美活动保持持久兴趣,不断在审美活动中获得审美经验,这是美育的基础。所以,美育的理论和实践都应该把培养审美能力作为美育的核心任务。审美能力是人的一种特殊能力,不同于一般的日常认知能力和科学认知能力,这就需要加强对这种特殊能力的研究,以提高美育的针对性和有效性。然而,我国对于审美能力的研究很薄弱,不仅理论界这方面研究成果不多,而且心理学界对于审美能力的实验研究更是缺乏,这也从一个方面导致了我国对于培养和发展个体审美能力的忽视。教育是为了人的发展,同理,美育也应该着眼于学生的审美发展，也就是在审美能力和审美意识等方面的成长。人的审美发展不同科学认知能力的发展，特别不是一个从具象的感知型认知到抽象的逻辑型认知的转变，而是一直保持着具象的不断丰富和深化的过程。但是，世界上对于审美发展的研究成果不多，相比逻辑型认知发展的研究成果真是几乎可以忽略不计了。这种缺失导致我们对中国儿童青少年审美发展的基本规律、阶段性特点和个性差异等缺乏必要的认知，因而缺少对美育特殊规律和方法的正确把握，容易造成美育教学的盲目性。对于审美能力和审美发展的研究需要多学科参与，特别是心理学、脑科学的参与，我国需要启动这方面的大型协同研究项目来加以推动。

中国拥有作为人格教育的悠久美育传统，在新的历史条件下要弘扬中华美育精神，充分发挥美育在净化心灵、涵育德性方面的基础性作用。同时，我们已经进入到创新的时代，需要重新审视美育在开发和发展人的创造性方面的独特功能。对此，我国长期未加以重视，近来国家层面出台的文件中已开始点出美育在发展学生创新能力和创新意识方面的作用。然而，在今天的学校艺术课堂和艺术社团里，学生创造个性的保护和激发还远远未得到重视，反而出现了学生普遍模仿一种风格（基本上是艺术教师本人或者艺术教师所倡导的）的现象，这是很不应该的。在学习艺术的起步阶段，模仿是需要的，也是难免的。但是，这种起步阶段的模仿是为了今后的创造。可是，在普遍以老师为标准、不敢表现自我内心独特感受、过于追求评价标准化的学校文化里，孩子们的个性和创造性受到压抑是可想而知的。对一首诗歌的理解只有一个标准答案，同一个版画社团里的小学生创作风格高度雷同，全国中小学生朗诵的音调、节奏甚至表情和手势都那么相像等等，这些现象表明，我们目前的美育还没有把发展学生的个性和创造性作为十分重要的任务。针对这样的问题，中国美育学应该加强对美育促进学生个性和创造性发展的研究，以跟上我们这个创新引领的时代，让美育在继承传统的同时又有所创新。

优秀的艺术不仅是一种精神食粮，同时还是人类相互交流和理解的手段,因而也是促进民族和解,维护世界和平的一种力量。在全球化的时代,在民粹主义、民族主义甚嚣尘上的今天,以艺术为手段来增进各国各民族人民的交流和理解显得十分重要。中国学界对此的研究还很不够,我们应该跟上时代的步伐,让美育为中国的和平发展以及世界和平做出自己的贡献。随着中国不断发展壮大,加强和世界各国、各民族间的交流和理解日渐显得紧迫,通过艺术等人文交流,达到相互的理解,对于中国的发展至关重要。美育在这方面的价值应该得到重视。

以上列举的美育问题可能不全面,但至少揭示出中国美育学建构所面临的自己的问题。这里所谓"自己"有两层含义,一是美育的问题,而非其他学科的问题;二是当今中国美育所面临的本土问题,而非仅仅是外国的问题。唯有从当下所面临的本土问题出发,中国美育学才能扎下深根,继而有枝繁叶茂的未来;唯有从当下所面临的本土问题出发,中国美育学才能为中国的美育事业提供理论和思想的支撑;唯有从当下所面临的本土问题出发,中国美育学才能真正成为中国人建构的关于美育的知识体系。

三、中国美育学的概念范畴架构

美育学是美学、艺术学与教育学的交叉学科。中国学界一般都承认,美育学是美学和教育学等多学科交叉形成的应用型学科,其主要支撑学科是美学和教育学。这应该大致可以成立的。但是,由于美育的具体实施过程主要是普通艺术教育,所以,美育学的支撑学科还应该包含独立设置的学科门类"艺术学"。因此,中国美育学是以美学、教育学和艺术学为主要支撑学科的交叉学科。

中国美育学具有学科交叉性,但是我们不能满足于把美学、艺术学或教育学理论中的概念范畴简单地照搬进美育学,而应根据美育活动性质和价值以及具体过程,抓住几个重要环节,在美学与教育学的融合中,概括和确立美育学自身的概念范畴。只有这样,美育理论的研究才可能贴近美育活动的"事实",美育学才可能对美育实践发挥一定的导向作用。美育学概念有两种类型：一种是美育学特有的，如感性教育、心育、丰厚感性、深度体验、审美发展、审美能力、艺术创意能力、景观美育等等；另一种是美学、艺术学或教育学中有的，但经过重新阐发和改造，具有美育学独特内涵。从育人的角度看，美学中的审美范畴及其相关的审美价值、审美功能等概念贯穿于美育活动的整个过程，应该经过改造后引入美育学。从审美的角度看，教育学中"以人为本"的观念、发展的观念和"以生为本"的观念和方法、课程理论和方法、人格范畴及其相关的能力、个体心理发展和个性差异等理论和方法概括和分析美育活动十分适合与必要，也应该引入美育学，并使之与审美范畴和美育过程的特点相融合。当然不同的美育内容和途径决定了具体的教育教学方法的差异，所以，美育学所研究的美育方法是体现了美育目标的总体教学方法原则，属于方法论的性质，而非具体一门课程的方法。这种方法论的价值在于，寻求美育教育教学的具体途径和方法论原则，为具体的美育教育教学活动提供指引，体现美育导向。正是在跨学科的融合之中，美育学的概念系统才能被建立起来。

  中国美育学应该把构建自己的核心范畴作为中心任务。作为一种知识体系，中国美育学的理论体系应该是一个范畴系统，其中有众多概念构成的概念网络结构。在这个网络结构中，逻辑起点的确立十分关键。美育的性质和特征是对整个美育活动的最抽象和最基本的规定，是美育学的起点。而后是审美发展和美育方法论这两个范畴按从抽象上升到具体的辩证思维方法联结起来，从而构成美育学的基本范畴框架。在每一范畴之下，又有一系列从属概念的具体展开，以形成纵横交错的概念网络结构。需要指出的是，作为交叉、应用型的知识体系，中国美育学不必过于强调逻辑体系的规整和学科边界的清晰。应用型学科的特点之一就是多学科参与的交叉性，因为实践问题是具体的，理论越贴近具体实践，知识的应用就越丰富多样，不可能像抽象理论那样纯粹了。因此，中国美育学的构建既需要一些属于自己的核心概念范畴，也会呈现出多学科协同交叉的应用型特点。这种开放的学科意识可以使中国美育学在面向新问题、寻求新方法等方面保持足够的活力。

美育的性质和特点是中国美育学的第一个核心范畴,具有哲学意味,可以说是中国美育学的哲学问题。关于美育的性质,目前国内一般的说法主要是两种:感性教育和情感教育。前一种说法保持了西语中"审美教育"这个词的本义,美育最基本的含义就是感性教育。席勒首创的美育是"Die ästhetische Erziehung",这里的"ästhetische"来源于鲍姆嘉通创造的新词"aesthetica"(这个词后来被译为"美学"),其词根的本义是感觉、感性,所以"埃斯特惕克"本意是感觉学或感性学。[1]由此类推,席勒首创的"审美教育"一词,本义就是感性教育。美育本来就是针对着理性对感性的压抑、人远离自然而提出来的,"感性教育"的说法强调了美育的现代性意义,突出了美育不同于其他教育的鲜明特性和价值。"情感教育"的说法主要有两个思想资源,一个是康德的哲学,审美属于情感领域;另一个来源是中国的美育传统,诗教和乐教历来重情,是一种情育。所以,情感教育的说法继承了中国美育传统,有比较浓重的本土色彩。上述两种对于美育性质的界说各有所长,而且是可以融合的:"感性"范畴本身就包含着"情感",而且比"情感"概念更具哲学意味和现代意义。

美育作为感性教育还可以展开为两个方面:人格教育和创造教育。人格教育是中国美育传统精神的集中体现,传统儒家的礼乐教化目的直指"修身",具体来说是"正心、诚意",就是培养以"仁义礼智信"为核心的人格。而创造教育是新时代的美育任务。美育本身就具有发展创造性的功能,但是以前对此不够重视。最近几十年,国际上对于艺术教育培养学生创造性越来越强调,值得引起我们的关注。我们已处在一个创新引领发展的时代,在人工智能快速发展的背景下,无论是从生产力发展的角度还是从个体生存发展的角度讲,创造性将是人类最需要也是最突出的一种属性。因此,美育的创造教育属性也就凸显了出

---

[1] See R. Williams, Keywords, Fontana Press, 1988, p. 31.

来。但是,人格教育讲求共性和规范,创造教育高扬个性和自由,这两种美育的意义如何在理论上相互融合,在实践中相互协调,这将是今天中国美育学需要深入研究的重大课题。

美育的性质这一范畴的展开是美育的功能,美育与德育、智育、体育等诸育的关系以及美育与普通艺术教育的关系等。其中,美育和德育、美育和艺术教育的关系不仅仅是重要的理论问题,也是紧迫的现实问题。从哲学上讲,美育问题的核心之一是审美与道德的关系问题,可以说,美育理论的核心部分之一就是审美和艺术的价值在教育中的延伸。所以,美育和德育有着深刻的联系。另一方面,美育的现代意义是部分地脱离文化的既有规范而使人得到内心自由,个性和创造性得到发展。这就使得美育和德育有明显差异。美育和艺术教育的关系在理论上并不难处理,艺术教育是美育的主渠道,而并非所有的艺术教育都是美育。但是,在实践中,目前问题比较突出。专业艺术教育、社会艺术培训和艺术考级偏重艺术技能,相对忽视艺术内涵,于是偏离美育方向,这需要深入研究。从具体的美育实践看,艺术课程是美育最主要的渠道,那是有学校组织、专任教师和课程、教材、课时等保障的,而景观美育和社会美育基本上是在学校美育课程之外的。就当下来讲,中国儿童青少年接受的美育效果如何,主要看中小学艺术课程的教学质量。因此,学校的艺术课程应该成为美育学研究的关注重点,也就是说,学校艺术教育是美育最重要的一种形态。

审美发展是中国美育学的第二个核心范畴,属于美育的心理学问题。美育的心理学研究赋予美育理论具体性和实践性,正如美国学者史密斯所言:"有了各类心理学的帮助,艺术课程教师在确定学生是否或何时敢于进入审美领域时会聪明得多,还能帮助艺术教师确定学生以何种方式或途径进入到审美领域以及程度多深。"[1]美育心理学研究

---

[1] RALPH A. SMITH, Psychology and Aesthetic Education, Studies in Art Education, Vol. 11, No. 3 (Spring, 1970), p. 28.

作为美育哲学和美育方法论中介,这是美育理论走向实践和应用的桥梁。

"审美发展"(aesthetic development)是从英国引进的一个概念,是指个体全面发展的一个重要维度,主要包含审美需要,审美能力和审美意识的发展。个体的成长、发展实质上的个体内部素质和能力结构的转变,如果说美育就是要促进学生的审美发展,那么也就是要促成学生审美需要,审美能力和审美意识的结构性转变,从而使儿童青少年的感性方面更敏锐,更丰厚。一个人的发展并不全是理性、逻辑的发展,应该包含对于儿童天性的保护和感觉、知觉、想象、体验等感性能力的发达。杜威曾说:"就专门应付特殊的科学和经济问题的力量的发展而言,我们可以说,儿童应该向成年人方面发展。就同情的好奇心、无偏见的敏感性和心灵的开放而言,我们可以说,成年人应该向儿童看齐。"①杜威这个判断的深刻性在于,儿童的一些天性是值得保护和发展的,而这些天性几乎全都与艺术有关,这也从一个侧面揭示了审美发展的特殊性及其价值。因此,全面认识个体审美发展的结构和规律,探索促进审美发展的内部机制和外部条件,是中国美育学研究的重要内容。

审美发展这一范畴的展开就是审美能力、审美意识等审美核心素养的发展,以及个体审美心理差异和审美发展的年龄阶段性等。在这些概念中,审美能力处于核心地位。根据马克思主义的观点,需要是生产和消费的动力,又是生产和消费活动的产物,只有在审美创造和欣赏过程中,审美需要才可能在得到满足的同时得到提升;而从事审美创造和欣赏活动都需要主体具备一定的审美能力。因此,审美能力发展在青少年审美发展结构中处于关键性地位,审美能力的发展是审美需要、审美趣味等要素发展的基本杠杆。如前所述,国内外对于审美能力

---

① 约翰·杜威:《民主主义与教育》,《我的教育信条》,彭正梅译,上海人民出版社2017年版,第79页。

的研究还比较薄弱,这是需要中国学者努力的一个方面。审美意识包括审美趣味和审美观念,这是审美发展中偏于观念、意识的方面,它并不完全是概念式的,却与社会意识甚至人生观、价值观有着密切关联。从美育角度看审美意识,不仅有美学里一般的审美意识问题,更重要的是个体审美意识的发展和个性差异问题,这是美育学的问题。审美发展范畴里还有审美发展的个体差异和阶段性问题,对于具体的美育实践来说,理解个体审美发展的个性差异和发展阶段的特点,对于课程设置、教学设计以及教学方法的选择,提高美育教学的成效都很有助益的。

美育方法论是中国美育学的第三个核心范畴,具体到美育教学的方方面面,是对美育教学方法的概括提炼。除了一般的教学论原则外,美育的方法论有其特殊性,例如中国对培养人的内在德性总是讲"熏陶""熏染""潜移默化""怡情养性",也就是强调美育过程以"润物细无声"为特点的入心、入情。这是美育方法的特殊性所在。在现代教育体系中,艺术课程体现出强烈的"活动"性质,因为美育必须是学生在审美体验过程中受到教育,所以,艺术课程的教学必须是学生主动参与审美活动的过程,光靠讲解和训练还不够,关键是引导学生进入审美体验。在此意义上讲,"活动"是美育教学的突出特点。美育教学的难点包括如何激发学生的审美兴趣、如何大胆表现自己的内心体验和想象、如何对学生的艺术创作进行评价等,这就需要对美育过程中对儿童的压抑性、限制性因素进行反思,消除目前美育课堂普遍存在的学生"无感"现象。我们的美育教室是否能够成为学生天性自由表达的场所,能否为学生的个性化表达提供条件,这直接关系到美育课程的教学目的能否达成。美育教学是最需要教学民主的,师生之间、学生之间应该真正平等相待,但是,"以生为本"这个教学理念要具体落实到每一个教室、每一节课,还需要长期的努力。关键还是在教师,中国美育学要为中国美育师资的培养和培训提供知识和观念上的有力支撑。

美育方法论还需要具体研究学校作为美育主渠道的普通艺术课程

以及学习评价。首先,普通艺术课程不同于专业艺术教育课程,这些"音乐课""美术课""舞蹈课"等等,是实施美育的主要途径,而不是培养专业艺术人才的。由于课程目标的美育定性,普通艺术教育课程的内容、方法都是不同于专业艺术教育课程的。要按照儿童青少年审美发展的阶段性特点和学生的个体差异,选取合适的教学内容、采用合适的教学方法,这就需要做大量的实验研究。还有一个学习评价问题。大家知道,艺术评价从来都是"见仁见智"的,很难有统一标准。目前的艺术课学习评价偏重于知识或技能掌握,而且重视标准化,忽略了个性化,这是需要改进的。但是,这些都不是取消或者忽视学生艺术学习评价的理由。正如美国艺术教育专家所说的:"应该承认,任何评价都是不全面的。我们不可能得到所有需要的数据去获知一个学生所学到的所有东西。但这并不意味着我们不应该努力去发现学生和我们自己做得如何。评价就是这样的一种努力。评价就是去获得某些信息,这些信息有助于我们改进我们的教学。"[1]我国在学校普通艺术教育课程学习评价方面研究十分薄弱,美育方法论应该着重研究这个领域的问题。

第四节 学校美育的三个难点与三重关系[2]

美育是伴随人的个体生命始终的"成人"教育活动,致力于在现实中向人持续传导"成其为人"的生命发展自觉。当前,美育做什么、如何可能有效并且超越"知识化"陷阱,是学校美育在观念理解上面临的三个难题。而在实施层面,学校美育需要认真处理好美育体系建构指向性与包容性的关系、美育对象主体现实具体性与历史普遍性的关系

---

[1] ELLIOT W. EISNER,The Arts and Creation of Mind,Yale University Press/New Haven & London,2002. pp. 178—179.
[2] 作者王德胜,首都师范大学艺术与美育研究院院长。原载《东北师范大学学报》2020年第1期。

以及美育精神传导与美育教学组织的关系。

在我们的一般观念中,所谓美育,其基本价值主要体现在功能层面的"育人"指向①。但是,值得我们思考的真正问题在于:美育"育人",所"育"为何?如何"育人"?可以认为,美育之所"育",并不是指向一般意义上的"知识"或人的"知识能力",而主要是人在面对具体生存现实以及人自身精神需求过程中的个体发展能力。这种能力不仅包括人的知识学习能力、专业技能掌握和运用能力,更主要的,还包括了人积极应对社会及个体发展需要的能力等诸多方面。正因此,所谓"发展能力"的核心之处,是能够充分引导人有效而持久地实现人之"做人"即"成人"的能力,亦即使人得以"成为真正的人"的内在完善的精神努力。这一点,体现在中国传统美育实践中,便决定了"以审美唤醒和强化人的本性、本心力量,并以之为基础来培养相应的人格精神和人格美,构筑供人安身立命的人生乐境"②这一关乎人的生命发展的"成己"追求,成为中国传统美育最基本的功能特征之一。依此而言,美育的价值目标一方面在于提示和促进人在现实生活中自觉持守高远的生命理想,另一方面又能够不断发展出一种把知识转化为实现抱负的能力、实现远大生命理想的能力。因此,在根本上,作为一种伴随人的个体生命始终的"成人"教育活动,美育必定要通过特定的"审美"方式,向现实努力中的人们持续传导"成其为人"的生命发展自觉,持续完善人从现实生存领域面向精神高度发展、向生命深处发展的自我能力。

以此来看美育,尤其是学校美育的现实状况,可以发现,随着近年来国家和社会对美育的重视程度不断提高,学校美育的力度逐步得到加强,各种推行美育的举措也更加具体化。尽管如此,在观念上,在具体实践中,当前学校美育仍面临着不少需要进一步厘清的问题,其中就包括有关美育理解和把握上的三个难点问题,以及美育实施层面上需

---

① 参见余开亮:《儒家伦理—政治美学与当代美育理论的建构》,《首都师范大学学报(社会科学版)》2019 年第 3 期。
② 王德胜、左剑峰:《中国传统美育的再发现》,《山东社会科学》2019 年第 4 期。

要认真面对的三重关系。

一、三个难点：做什么、如何有效、如何超越知识化陷阱

难点之一：学校美育做什么？

作为一个实践性的问题，"做什么"不仅规范着美育本身的现实存在维度，同时也直接制约了美育功能的价值实现。当然，这也是一个可以反过来提出的问题，即学校美育不做什么？这是一个看似清楚实际却并非简单的问题。事实上，在学校美育的各种现行实践中，美育之"育"往往被无限放大，似乎无所不在且可以包打天下。其如把美育的"审美育人"导向直接嫁接在道德教育的规训效果之上，不仅混淆了审美养成与道德规训之间的实践性差异，也在具体功能层面异化了审美活动的人性指向，异化了审美教育内在的精神滋养和引导作用。又或者把"美育"简化为"艺术教育"，技术性地割裂了指向"成人"目标的美育整体性，而使之碎片化为各个缺少内在目标性关联的"教育孤岛"，如以美术教育、音乐教育、舞蹈教育、文学教育、书法教育等作为学校美育"育人"的实现，甚至以各种技艺性的艺术训练置换美育本身的"成人"目标。这一现实情况的存在，其实已经混淆了美育本体（"成人"）和美育功能（"成人方法"），从而也取消甚至破坏了美育的内在整体性。应该说，"美育"是一个远大于"艺术教育"的概念。如果说，艺术教育的结果，重在将人引向具体艺术活动中的艺术分析能力与作品技能的把握，使人"知道如何做某些事情，并且知道如何合理利用所学到的技巧和知识来体验艺术作品"[①]，那么，美育却正像席勒所说的，"教养的最重要任务之一就是使人在其纯粹自然状态的生活中也受形式的支配，使他在美的王国所及的领域中成为审美的人"[②]。这也就是说，美育一方面总是包括了通过"艺术教育"的途径和手段——丰富人

---

① ［美］A. W. 列维、R. A. 史密斯：《艺术教育：批评的必要性》，王柯平译，四川人民出版社1998年版，第245页。
② ［德］席勒：《美育书简》，徐恒醇译，中国文联出版公司1984年版，第118页。

的艺术作品感受以及培养丰富艺术感受的基本艺术技能的训练，来实现"使人成其为完整意义上的人"的"成人"目标，但同时更重要的是，它又不受限于"艺术教育"，而是包括了能够满足人的生命发展需要的全部人的活动。另一方面，由于艺术教育特定地指向了人的基本艺术技能的训练和提高，因而并不能完全指称以"素养"为根本、"成人"为追求的审美教育的全部内容和全部过程。

基于此，对于学校美育来说，其在现实中所面临的第一个难点便在于：在大多数时候，美育不是"化有形于无形"地融入践行"育人"功能的学校教育整体之中，而是被"独立"设置为一种面向学生群体的特殊知识活动，成为一种以艺术知识普及、艺术方法训练为主导的知识性存在。事实上，由于开展充分的知识传授总是学校教育本身最突出也是最具体的功能，因而现实的情况往往是：一方面，学校美育急于让自身被整个学校教育的知识系统所接纳，以"德智体美劳"五育并举形态而使美育在其中获得实际的安置。如此则学校美育已然被分解为整个知识传导过程的一部分，甚而只是一种现成的知识教育系统的外部补充，而不是内在于人的发展的有机构成。而在另一方面，在我们客观上将美育当作一种学校教育的构件之际，我们又常常希望这样的美育不仅充当"知识的形容词"，而且还能够最终导向"成人"的本体归结。可以认为，这正是当前学校美育无可回避的一个现实难点，也是当下整个知识教育系统的难点问题。其要害，则在于我们是否能从认识和实践两方面有效地超越"知识化"的美育困境。

难点之二：学校美育如何有效？

美育究竟应该怎样具体实施？美育的有效性如何体现？这是当前学校美育中十分具体而突出的实践性问题。现实中，人们对于这个问题的认识和具体回应方式并不完全一致，其中较为普遍的做法是将美育与艺术教育、艺术活动直接关联在一起，甚至加以一体化对待。尤其值得注意的是，人们又常常直接把设置规定课程、组建师资队伍等当作落实学校美育的主要举措或基本方式。而实际上，这些"美育课程"又大多是各类文学艺术课程的"知识普及版",并且主要以"通识"形式来体现对于学生专业知识的补充(扩充),而在"成人"指向上却往往缺少一种内在而必要的有机性,甚至缺少与整个学校课程体系的结构性关联。

毫无疑问,课程、师资乃至于各类艺术活动设施的建设等,不仅是具体实施学校美育所需要的,也是实际需要不断强化和完善的方面。但是,真正的问题却在于:它们是不是就真的解决了"学校美育怎么做"的问题? 在此,我们不妨借用《艺术教育:批评的必要性》一书作者的话,从观念层面加以讨论:"审美体验作为多学科艺术教育的理想结果,首先是指一种真正的收获,其次意味着杰出的智能。艺术问题的心灵感应者不仅具有影响艺术理解力的丰富艺术知识,而且具有珍视艺术作品所提供的审美体验和探寻其中益处的心理倾向。对审美意义上的心灵感应者来说,艺术不仅仅是一种奇特的必需品,而且是一种重要的必需品。""艺术可以提供审美满足感,拓展精神意识的力量,激发人本主义的洞识,表现人类的自由,充盈人类的精力和培养人类的超凡力量等等,所有这些价值表明我们有充分的理由高度评价艺术。相应地,要实现艺术的伟大价值潜力,就需要我们将艺术教学置于人文学科的领域之内。"①所谓"要实现艺术的伟大价值潜力,就需要我们将艺术教学置于人文学科的领域之内",这其实已经提示我们:人的生命发展能力包括审美能力(艺术体验),绝非是一种无关其他的教育对象;艺术有其伟大的价值力量,但这种内在力量的实现不仅体现为艺术教养本身,更体现为"具有价值的人生能力"的全面提高,并且整体地归结为人的生命的真正收获。因而,"当人人都能够敏感、理智和洞察秋毫地穿越艺术世界之时,这种文化将更有可能茁壮成长、体魄强健"②,这一发展前景显然已经超越了一般艺术的范围,而将艺术(审美)教育的可

---

① [美]A. W. 列维、R. A. 史密斯:《艺术教育:批评的必要性》,王柯平译,四川人民出版社1998年版,第246—247页。
② 同上,第298页。

能性与人的生命发展的整体利益关联在一起——即便作为美育途径的各种艺术教育活动,也由此得以进入到一个更加广大的人生价值领域。

据此,在"学校美育如何可能有效"这一问题的内部,其实包含着一种需要受到高度关注的"分化与整合"关系。质言之,作为整一性的实践存在,学校美育归根结底是一种指向人的生命发展需要的"成人"教育过程。它虽然离不开教育活动的各个相关"构件"(课程、教师、设施、活动等),但倘若这些"构件"不能具体有效地建立起一种整体性联系,不能整合为一个"成其为人"的人的生命发展意识的积极传导过程,那么其相互间的组合并不能必然形成为一个美育的"整体",至少无法真正形成一个完整的"成人"意识的传导链条。从这个意义上说,积极地突破那种分化而单一的实践思维,积极地意识到"学校是一实习工场,不是博物馆;是一创造活动的中心,不是学术的学府",它"从构造上及外观上应是一个美育的单位,尽管在应用上它是潜移默化的"①,从而在制度及机制等各个方面充分扩大美育在整个人的教育中的存在空间,整体性设计包括课程、教师、设施、活动等在内的各个环节和过程,整体性营造引导"成人"的教育实践环境,是学校美育克服自身狭隘性、充分提升美育实效的现实难点所在。

难点之三:学校美育如何超越"知识化"陷阱?

以培育、发展和完善人的"成人"能力为核心,美育强调在日复一日的浸润式熏陶中持续滋养个体心灵意识的自觉。这也是美育与一般知识教育的区别之处。它意味着美育在总体上并不呈现为一套完整的"知识话语"建构,而是突显为一种体系化的"实践性"存在——其"体系化",从内在层面突出了美育在完善人的自我生命发展能力过程中的整体协同;其"实践性",则具体规定了美育过程不断向人的个体行为能力的积极渗透。相比较于专业艺术教育,后者作为一种专门知识

---

① [英]赫伯·里德:《通过艺术的教育》,吕廷和译,湖南美术出版社1993年版,第286—287页。

及其能力的系统性传达与技术性接受,显然更着重于训练人的"知识能力"、发展人的"技艺能力",而美育却着眼于能够充分养成并持续发展出人的内在的"成人"能力。因此,如果说一般知识教育肯定不能构成为"美育",那么,同样地,学校美育也不应被当作为一般知识教育过程或一般知识教育来对待。就像没有人可以将音乐教师、美术教师称为"美育教师",其道理就在于此。

进一步来看,当我们强调"美育必定要通过特定的'审美'方式,向现实努力中的人们持续传导'成其为人'的生命发展自觉,持续完善人从现实生存领域面向精神高度发展、向生命深处发展的自我能力",其实质恰是在于:通过现实中一系列富有生气的审美方式而展开的学校美育,要求以有形之"教"为手段,主动追求实现无形之人格心性的充实完善;"教"的手段不能被异化为"育人"之"教"的目的本身,而"育人"目的的完整性同样也不可能仅仅沦为知识化手段的具体应用,包括知识之"教"的各种美育手段最终必须能够落实在"人之育"的全面性之中。其实,正如林语堂所指出的,"人们的爱美心理,不是受书本的教导,而是受社会行为之熏陶,因为他们生长于这个风韵雅致的社会里"[1],在这一意义上,我们完全可以说,作为一个日行日善、日积月累的养育"成人"的人格实践过程,美育其实无有可"教"、无教而"有类"。而一般所谓"以文化人",恰是揭示了这一点:美育须讲求在无形中融入一切"成人"的过程。"这一功能实践形态所指向的,并非一般知识教育体系的建构,即不是如何确立人之为人的知识本体,而是体现为一种功能实践中的'去知识化'立场与取向:为了人生现世的精神安顿与意义满足,也为着人在现实生活中能够不断趋近于自身精神努力的方向,有意识地从人自身的创造方面('文')来强化和优化精神功能的实现——'立人'与'人立'的统一"[2]。

---

[1] 林语堂:《吾国与吾民》,中国戏剧出版社1990年版,第300页。
[2] 王德胜:《"以文化人":现代美育的精神涵养功能》,《美育学刊》2017年第3期。

以人的审美能力培养来说,面对现实中物质和技术双重压迫之下"令人堪忧"的人的审美能力缺陷或缺失,必须清醒地意识到,这种现象本身有其相对性,即"缺陷或缺失"都只是针对了理论意义上人应具备的审美能力发展目标而言的。在具体现实中,人的审美能力不仅从来都存在高低之分,同时也不存在齐同划一的"发达审美能力"。所谓人的审美能力,并不是一个孤立的概念;高或低、缺或不缺,既是历史的,也是多种现实因素交织的结果。就像我们经常看到的:在美术馆参观画展,如果有人在一边旁若无人地高声评论,即便那是一个画家,恐怕也不会让人觉得他是一个真正有"审美能力"的人,因为此时"公众意识"等人的素质标准已然介入到我们判断具体人的具体审美能力的综合性因素之中。质言之,审美能力其实又不只是一种"能力"本身的问题,而必定是因时因地的多种因素相互综合的结果。所以,对于学校美育来说,使用"审美素养"这一更具综合性的概念来理解包括审美能力在内的人的发展问题,可能更有其现实意义[1]。在事实上,由于现实生活中各种因素的复杂作用,诸如急功忘义的物质欲求、传统断裂造成的文化无根性和漂移性、艺术常识的短缺、日常审美参与的缺乏和无序,乃至于一般社会风习的影响等,都可能造成以"素养"为根本的人的审美能力的失落或衰退。而值得指出的是,在当前现实中,单单一味地满足于各种技术能力(包括艺术技艺能力)的知识性训练,忽视更具"成人"目标综合性特质的文化素质提升,其结果依旧将造成"审美"的荒芜。

回到学校美育本身来说,能否从整体上确立"使人成其为人"这一

---

[1] 在主张教育的目的是"促进内界与外界得到了协调的人的个性发展,以及使这样教育出的个性同他所属的社会集团的有机统一相互协调"(白琪洙语)的英国艺术教育家赫伯·里德看来,美育的范围包括"(一)保护一切形式的知觉与感觉的自然强度。(二)知觉与感觉的各种形式彼此间的协调以及与环境的关系。(三)以能传达的形式来表现感觉。(四)以能传达的形式来表现心理经验的样式,否则这种经验将部分或全部地未被觉察。(五)以规定的形式来表现思想"。赫伯·里德:《通过艺术的教育》,吕廷和译,湖南美术出版社1993年版,第14—15页。

本体维度,实际是同能否在实践层面超越"知识化"的美育陷阱关联在一起的。如果说,"人的爱美,正如求食一般,这是天赋的本能,并不是由学习而来"①,那么,现实情况却往往是:诸"育"相分的学校教育,虽然满足了知识分化的现代学科建构特点和需要,却也同时在"成人"实践层面瓦解了人的发展及实现发展需要的完整性,进而也造成了学校美育在整个教育体系中的尴尬和艰难;在知识教育体系内部强调美育的独立性,却一定地带来了现实中美育的空洞化;美育被悬置而为其他学科知识教育的补充,却湮没了自身内在的"成人"功能。

二、学校美育的三重关系

强调美育,突出美育,尤其是学校美育在人的个体生命发展中的重要性,并不意味着我们可以将美育功能绝对化。如何能够在实践层面准确把握学校美育中的三重关系,是我们当前需要重点思考的问题。

关系之一:美育体系建构的指向性与包容性的关系。

作为一种以人的现实存在和现实活动为出发点,以陶养人性、健全人格、传导"成人"意识为归结的实践性过程,丰富绚烂的现实人生是美育的实践场域。人生何其广大,人生之意义追求浩渺无尽,由此则指向"成为真正的人"这一标志着人的持续完善发展目标的美育,在现实中就不可能只是作为某种或某类活动方式的归集——它不能不是一个有着多样丰富性和包容性的"成人"过程。强调学校美育体系建构的指向性,就必须充分意识到这种建构指向的内在统一性与多元美育实践及其结构性展开之间的现实关系,通过综合美育过程中的各种促进人格养成、提升个体发展能力的积极因素,在建构指向中具体实现各种人的发展因素间的相互联系与包容。在这个意义上,我们也可以说,学校美育体系的建构不应成为一种排他性的存在,而应是一种指向明确、包蕴丰富的人的全面教育过程;不是为了培养人的个别的现实能力而

---

① 徐庆誉:《美的哲学》,世界学会1928年版,第18页。

放弃对人的全面持久能力发展的关注,而是经由一种开放性的姿态来接纳满足人的发展的各个现实方面,以此实现"每个人都是特别的一种艺术家,在他创新的活动、游戏或工作中,……他不只是表现自己,他是表现自身展开的形式"①。由此,学校美育体系建构才可能最终通过其指向性与包容性的内在联结而呈现出整体上的价值特性。

以学校美育的制度建设来说。必须看到,制度化建设既是现实中美育得以在整个人才培养活动中持续稳定、有效实施的基本保障,也是具体组织和落实学校美育各方面实施机制的必要条件。因此,制度建设理应成为学校美育的实践前提,而制度缺失或制度乏力则恰恰局限了当前学校美育体系的有效建构。然而,与此同时,我们又应充分认识到,学校美育制度本身在突出统一的育人目标、内在地体现"成人"指向的同时,有必要围绕"成人"意识的引导培育、"成人"能力的提升发展、"成人"途径的丰富完善,整体综合学校教育系统中的各项审美因素,从日常环境、学校文化、学生关系和师生关系、社团组织与活动,以及人才培养规划与教学设计等多个领域、多个方面,在多元化、多样性、层次关联的过程中综合落实美育实践的现实展开。可以认为,统一的育人指向是多元美育实践的聚焦点,不同形态、不同形式、不同层次、不同组织方式的具体实施则构成了一个不断向中心聚焦的整体性美育过程,而学校美育制度正在其中起着规划协调的建设性作用。

关系之二:美育对象主体的现实具体性与历史普遍性的关系。

美育的对象主体是人,是现实生活中具有自我发展意识与实践自觉的人。而所谓对象主体的现实具体性与历史普遍性的关系,根本上就在于通过肯定人的具体存在及其发展处境,积极地肯定美育本身基于直接现实与普遍历史关系之上的实践统一。这一点,归结为一,其实也进一步提示了现实过程中美育如何可能有效的问题——观念上的普

---

① [英]赫伯·里德:《通过艺术的教育》,吕廷和译,湖南美术出版社1993年版,第296页。

遍价值如何可能同实际发生着的人的生存现实保持必要的内在张力。

具体到学校美育来说，作为对象主体的学生总是有其特定现实的存在境遇。这种主体存在境遇包括两个方面：其一是学生个体身心发展的直接现实。也就是说，对象主体当下内在的情感心理及其自我生命意识的发生与发展需要，构成为学校美育实践最突出的主体存在因素。其二是学生主体在自身发展过程中所面对的社会文化的实际境况，以及由这种实际境况所带来、所制约的主体意识与实践的改变，具体构成了学校美育的主体现实。如果说，对象主体存在境遇的特定现实，是实现学校美育"成人"价值效度的客观前提，那么它同时也是推进和充实学校美育的具体实践动力。对于学校美育来说，必须有意识地具体把握并处理好学生这一对象主体的实际境遇与美育指向的普遍取向之间的现实关系——这一关系在更深刻的层面上是一种以实践形态所呈现的价值关系，它体现了美育对象主体自身价值意识构建和发展的具体性，及其与普遍意义上美育"成人"价值指向的内在规定性之间的情境性联结与改变。也因此，对于这一关系的把握与处理，不仅在方法论层面决定了学校美育的实践原则，也在功能论层面直接决定了学校美育的价值效度。事实上，单纯强调美育指向的普遍价值和历史规定，而缺少或缺失对学生身心现实及其存在处境的具体考察和重视，以历史普遍的观念力量取代或遮蔽对象主体现实境遇的具体性，不仅无助于实现学校美育的功能作用，更可能危及美育指向的价值存在——毫无疑问，只有见之于具体性之中的普遍性才可能真正体现其现实的召唤与引领作用，而美育作为一项实践性过程的总体特征，显然更突出了这一特点。

依此，当前学校美育中值得思考的一个突出方面就在于：如何现实而具体地提升以情感的丰富和陶养升华为展开、人的"成人"能力持续完善为核心的美育效度？可以认为，人的情感发展有其鲜明具体的社会时代特性，而一切有关人的情感价值的普遍性观念及其理想性设计方案，一方面抽象于历史普遍的人的"类"情感生命活动轨迹，另一方面则又总是不断回归于具体人的具体生存处境并由此生发出现实的力量。这种"回归"人的生存"现场"、具有当下实践特质的情感价值,才可能真正引导美育实践有效形成自身的现实效力。而抽离现实具体性的情感价值设计,只会将现实的美育实践导向无的放矢的空洞抽象之境,减损甚至扭曲美育的功能效果。对于学校美育来说,在现实中生动地感受对象主体的情感发生,具体体会和理解其发展需要,而不是"去历史化"地将美育的普遍性指向抽象为某种人的现实精神的"照镜"活动,应该成为实现和提升学校美育实践效度的基本原则。

关系之三:美育精神传导与美育教学组织的关系。

席勒曾经明确告诉过我们:"我们有责任通过更高的教养来恢复被教养破坏了的我们的自然(本性)的这种完整性"①。这里,"更高的教养"与"教养"的彻底分野,显然意味着一种对于主体人性发展的"完整性"的不同建构需要。如果说,一般教养追求以知识化形态来体现人性实现的社会方向,那么,遵循"我们的自然(本性)的完整性"的"更高的教养"则力图肩负起守护人性发展的真正意义的精神责任,追求在一种"更高的"和超越一般知识化形态的精神神圣性中,主动寻获并重新确立人的完整性发展的前行坐标。显然,作为"更高的教养"的美育,正肩负了这样的神圣义务和精神责任,而这种义务与责任又主要通过精神传导的作用而获得实现。

具体而言,美育重在通过影响人的心性情感、作用人的精神体验的一系列实践方式,包括艺术审美活动的参与、日常审美方式的创造等,不断积累起潜隐不显却又持续发生作用的精神修复与养护效能,以此积极地体现"成人"目标的终极性意义。事实上,这种"成人"目标的达成,在人的实际生活现实中总是一个精神层面的不断"化成"过程。通过"与美好的对象保持一致,献身于有价值的对象,这是具有献身精神的自我;或者意欲包摄这种对象,这是具有包摄欲望的自我。这样的自

---

① [德]席勒:《美育书简》,徐恒醇译,中国文联出版公司1984年版,第56页。

我在对象中逐渐形成审美经验的结晶"①，其中最为内在的方面，便在于人能够在现实之中积极地养成一种不断从超脱功利的努力中寻获人生发展方向、从不完善的生活现实中自觉发现人生意义充实前景的审美精神。这种审美精神本质上是一种"人生的诗意"，一种由现实出发而又不局限于现实本身、在现实之中而又能够仰望现实之上的内在情感。由这种审美精神所导向的，是一个"绝美"的理想之境，却非一种直接可观的现实——它是一种人在现实的不满足、不完整、不适应中所努力保持的生命发展理想。

学校美育是一个流淌的、活动的、不断指向"成人"的实践过程。由于"除非人类身体上和感官上的方式已习惯于美的法则，人类便不能有精神上的自由"②，因而对于学校美育来说，内在精神的引导是第一位的，其具体实践过程就是要从现实的矛盾冲突、生命分裂的生活现实里，努力引导学生不断在意识层面、精神自觉中回返真正人的生命完整性，在生命发展的"此岸"不断探问精神的诗境。这就像《没有权威与惩罚的教育？》一书作者所揭示的："我们能够要求教育做到一件事，就是不要将孩子、年轻人、成人永久地封闭在我们的文化里"，因为真正的教育"应该引导我们从不同的封闭的、暧昧晦涩的文化出发，导向某种我们可以称为'本性'的东西"，"它也是存在于我们身上的最美好和最高尚的东西，从这个意义上讲，这种探寻还可以满足我们对美和崇高的追求。"③所以，如果学校美育的课程、教材以及教学手段和方式的运用不能首先把握住这一精神传导的基本要求及其内涵，便也就无法真正体现"成人"目标的持续性"化成"所追求实现的方向，从而也失去

---

① ［日］今道有信编：《美学的将来》，樊锦鑫等译，广西教育出版社1997年版，第218页。
② ［英］赫伯·里德：《通过艺术的教育》，吕廷和译，湖南美术出版社1993年版，第272页。
③ ［法］阿尔贝·雅卡尔、皮埃尔·玛南、阿兰·雷诺：《没有权威与惩罚的教育？》，张伦译，中国人民大学出版社2005年版，第22—23页。

了美育之所以为美育而非一般知识教育或专业艺术教育的意义。

就此而言,学校美育教学组织的具体功能,既要体现一般教学活动的普遍性,满足学校教育必要的组织规律,但更重要的,是能够在教学组织结构关系方面有意识地突出课程设置本身的精神引导意图,将美育课程的教学目的与唤起、激发学生"成人"意识的自觉协调统一;在教学方法论层面突出关注具体教学行为在传导美育精神方面的特殊性,将美育的实践性品格引入课程教学的组织体系内部;在教学内容的设计方面突出关注美育精神传导的有效性,"投人之所好"而使精神引领的意图能够具体适应和满足学生的意识发展特点。

《黄山松》,班苓作

第四章　中国上古美学鸟瞰

主编插白：美学的研究异彩纷呈，说到底不外乎纵横交错的史论研究。关于上古中国美学史的研究，笔者的《中国美学通史》《中国美学全史》依据的上限是三千年前周代有文字可稽的文献。文字是思想的直接表征。对周代文献的文字训诂和文化解读，是认识和阐释上古美学思想的可以征信的方法。不过也有另一种方法，主张超越文字记录，上溯此前的岩画玉陶青铜雕塑等器物，诠释其中物化的审美意识。尽管对器物中物化的审美意识的解读存在着或见仁或见智的不确定性和强烈的主观性，但不失为解读上古审美意识的一种参考。中国比较文学学会会长、上海交通大学神话学研究院首席专家叶舒宪教授最近领衔出版了"玉成中国：中华创世神话考古专辑"成果，提出"玄玉时代"概念，以大量实物揭示了在距今约五千五百年仰韶文化后期至距今约四千年龙山文化晚期青铜器时代开端这段时期，在中原曾经存在过一个玉礼器时代，其玉料是墨绿色、玄黑色的蛇纹石玉。早在一万年前，此类玉石就被神圣化。到了"玄玉时代"，以黑色的玄玉和以黑绿两色相杂的蛇纹石为美，成为突出的"史前古老审美风尚"[1]。这种风尚一直延续到夏代，因此《礼记·檀弓》有"夏后氏尚黑"的记载。随着距今约四千年玄玉礼器逐渐被从昆仑山大批东输而来的白玉

---

[1] 叶舒宪：《玄玉时代》，上海人民出版社2020年版，第238页。

（又称"和田玉""昆山之玉"）取代，审美风尚转向以纯白为美，即《礼记·檀弓》说的"殷人尚白"。叶舒宪把这种审美转向称为"玄素之变"，一直延续到清末。《红楼梦》形容贾府"白玉为堂"，即是明证①。叶舒宪教授从万年之前中国的玉石神话信仰鸟瞰上古审美风尚，大大拓展了上古美学史研究的上限。殷商的甲骨文字至今有三分之二不能解，已破译的文字大多与占卜神灵的吉凶有关，其中是否含有审美意识，一直未见论及。美学史家、武汉大学的陈望衡教授近些年致力于"文明前的文明"及其审美意识研究，成果卓著②。他的近作《试论甲骨文的美学价值》探讨了殷商甲骨文中的重要美学概念，填补了这方面研究的一个空白，值得重视。"周因于殷礼，殷因于夏礼"。夏礼是中国古代礼教文明的源头。但由于夏代尚无文字，夏礼缺少当时的文字记载，只存在于后世的传说中，所以关于夏代文明的研究一直是一个薄弱环节。上海音乐学院的中青年学者杨赛研究员最近几年致力于上古五帝三王礼乐文明的研究，发表了系列研究成果，成绩斐然，引起学界关注。本章选择他探讨夏朝礼乐文明的文章一篇，以见大概。

第一节　万年中国说与美学史重构③

根据考古新发现的先于甲骨文的通神符号系统"玉礼器"及其前身骨角牙贝等，笔者提示从万年中国的深邃视野重建中国思想史和艺术史、美学史研究的起点，学会从上五千年看下五千年的全新知识范型

---

① 详参祁志祥：《从〈玄玉时代〉看中华创世神话研究工程的重大意义》，《中华读书报》2022年1月13日。
② 详见陈望衡：《文明前的"文明"——中华史前审美意识研究》（上、下册），人民出版社2018年版。
③ 作者叶舒宪，上海交通大学文科资深教授，中国社会科学院研究员。

和研究策略，将无文字时代的文化传统和有文字记录的文化传统，重新整合为前后连续不断的动态"文化文本"，通过石器时代先民们的信仰和审美活动遗留物，聚焦与文明古国核心价值密切相关的审美现象，努力回归美学史研究的本土话语及"中国性"特质。

一、聚焦文化总体与核心价值

西学东渐以来的教育以学科本位为主，其所造成的最大弊端是知识面狭隘和眼光短浅，研究者限于所受高等教育的分科培养模型的狭隘性，容易被根深蒂固的学科本位主义观念束缚，缺乏对文化传统的打通式的体认和源流总体的洞见，习惯于盲人摸象的一孔之见，难以看到深层次的文化基因要素方面，因此分不清文化传承过程中祖孙之间的辈分深浅，常常错把流变当成源头（如有关中国传统文化主干是儒家还是道家的争辩，多年来此起彼伏，却不可能有结果），这样就谈不上对一个五千年文明古国做出查源知流的整体性认知。

学科本位主义教育的第二大弊端是，对文明古国传统价值观形成过程关注不足，由此导致在多种文化元素的关照方面主次不分，表现在著述方式上，就只能采用多项并列和依照年表流水账的罗列式写法，无法聚焦到文化核心价值和信仰主线上，也就不能做到纲举目张。大家对此类的写"史"套路早已司空见惯，并且见惯不怪。纠正这个弊端和学术认识偏差的创新思路在于：对现有的以文献为主的知识结构进行全面超越，建构深度认知的方法，从而实现文化再自觉。有了这样的自我超越之后，研究者可以形成新的问题意识：如何有效锁定一个文明的核心价值观，并且以此为主线而展开相关的思想观念、艺术观念和审美现象的系统梳理？做到这一点的前提是，先让研究者摆脱那种千人一面的、仿效西方模式的中国思想史或哲学史、文学史、美学史的撰写套路，把锁定五千年文明的核心价值观及其由来之根，作为首要的认知目标。

易言之，研究者必须从纷纭复杂的诸多文化元素中成功筛选出某种足以贯穿上五千年和下五千年的信仰观念要素,并据此而确认其文化基因的祖源意义和塑造文明核心价值观的基础功能。这样的要求也许会显得突兀和苛刻,但这确实是我们的知识观与时俱进的必要保证。研究者更直白而简洁的自我问询有两个:我的中国文化观和具体研究范围是否达到了五千年的深度? 是否和文明核心价值吻合对应? 这两个标尺不是随意虚设的,这是文学人类学派新近确认的文化基因筛选的必备前提。

文明核心价值的代表性呈现方式即所谓"三观"(宇宙观、生命观和价值观),可从三者之间的主次结构关系入手,定位审美价值观在三观体系中的坐标位置。

二、三观结构:宇宙观决定生命观和价值观

人类的精神活动具有十分的复杂性,但是从总体上看也有其必然规律,那就是信仰决定三观,包括价值观中的审美观。于是,以研究审美现象的历史发展为己任的美学史的总体构思,可以从重新梳理文明古国的三观结构关系入手,以便避免重蹈那种缺乏主线或主轴的泛泛罗列式研究窠臼。

从人类三观的产生情况看,宇宙观、生命观和价值观三者形成一个稳定的三角形结构。但是三者关系不是并列的或无足轻重的。而是宇宙观处于三角形的底边位置,对生命观和价值观的形成均具有基础性和决定性作用。审美是属于人类价值判断活动的一种,但却不是最根本性的价值判断。有关信仰观念的价值判断,才是最具根本性的价值判断,其他的判断需要以此为出发点或基础。

对文明发生期的初民认知而言,一个被判断的对象,首先需要确定的是神圣与世俗,这才是对精神信仰的基础性价值判断,并由此而决定该对象的伦理价值:善还是恶,好还是坏;社会经济价值:贵重与低贱;社会审美价值:美或不美(丑),以及美的等级(大美,至美还是一般性的好看)或程度(是白璧无瑕,还是小家碧玉),等等。一般说来的价值

谱系建构规律性线索是：凡是被先民认为属于神圣性的对象，其伦理价值、社会经济价值和审美价值也自然会高于普通的世俗性事物。我们完全有理由按照这个价值观四层次（宗教信仰、伦理、经济、审美）间的因果关联，去梳理出每个古老文明的核心价值所在，从而锁定以国别为单位的思想史或艺术史、美学史研究程序。

新兴的交叉学科——人类学美学或审美人类学的意义，在于帮助我们有效把握一个文明的特殊性价值观。对于中国文明，就是先明确什么才是"中国性"（chineseness），即此有彼无的独到元素。由于特定文化（无论是一个部落，还是一个文明国家）的价值观不同，所以在不同文化社会之间的审美判断会有不可比性的一面，即在某一种文化中认为是美的东西，在另外的文化中可能不认为是美的，甚至会是美的反面，即丑的。

华夏文明的价值观问题，过去一百年的思想史研究和哲学史视角中都并没有得到应有的重视。由于缺乏足以贯穿上下五千年的深度视野，一般认为（这方面主要受到西方汉学家的误导）中国没有自己的国教信仰（无教堂、无圣经，也无牧师），而中国各地流行的佛教，和在韩国、日本及东南亚各国的流传情况一样，属于外来传播的宗教，并无本土信仰之根。道教虽属于本土信仰的产物，但是却是在东汉以后才逐渐形成制度化和规模化，并不属于伴随文明国家起源期的信仰之根脉和祖型，只能视为是更早的信仰主干的衍生物或分支。

当儒家经典中出现"有美玉如斯"（《论语》），道家经典中出现"圣人披褐怀玉"（《道德经》）的说法时，不难看出二者共同的以玉为美的审美风尚。和四大文明古国中有三国的意识形态围绕黄金崇拜建构核心价值的现象形成鲜明对照，华夏早期意识形态先拜玉而不拜金的特色，恰恰是我们寻找多年的"中国性"特质所在。思想史、艺术史和美学史如果根本不聚焦到此方面，就难免陷入舍本逐末的研究偏向。以玉为美的审美风尚，源于以玉为圣、以玉为神、以玉为精、以玉为永生不死象征的国教信仰传承。儒道两家创始人所云"圣人"，是与世俗之人相对而言的(道家的圣人与俗人之间还有至人、仙人等；儒家的圣人与小人之间，还有君子)。圣人之圣性，无疑就来自远古信仰的传承。这种传承一直以"礼"的社会凝聚形式，延续到孔子老子所处的东周时代，而"礼"的传统也就是以玉帛二物为最高价值的信仰传统。

《论语》中留下孔圣人的一句感叹："礼云礼云，玉帛云呼哉？"其实已经将他心目中无比重要的古礼的底牌，和盘托出了。按照孔圣人的话语提示，探求远古时代礼的神圣化表现，就突出彰显在玉帛这两种神话化的具体物质生产和使用中。当观射父面对楚昭王询问国家祭祀礼仪的基本要领时，用"一纯二精"的数字化概括，完满地打消了楚王的所有疑惑(《国语·楚语》)。一纯，指对祭祀者对崇拜对象——神祇或祖先之灵的纯净虔诚心态(即必须一心一意，不能三心二意)；二精：玉和帛就是观射父认定的"二精"，除此之外没有其他。既然春秋时期鲁国的孔子和楚国的观射父都不约而同地强调祭礼离不开玉帛的必然现象，就足以说明史前万年大传统传承下来的玉帛崇拜和信仰，虽没有以教堂和《圣经》的法定宗教方式去传播，也没有专门传教的牧师群体，却依然不绝如缕地在华夏各地诸侯国中通行和流传着。由此去看上古史中的完璧归赵、鸿门宴和秦始皇传国玉玺之类叙事，凡有神圣玉器出场的地方，都是最能牵动国家统治者神经的地方。因为玉礼器代表着天意和神意，代表着一个政权的合法性，承载着社稷江山的兴亡命运。究竟是审美决定信仰，还是信仰决定审美的问题，在传国玉玺这里可以找到自我启发式的解答。熟悉《三国演义》的三元鼎立的结构叙事内容，就能够回答如下问题，刘备与汉家皇帝刘邦同族同姓，为什么不能名正言顺地继承国主的王位呢？因为他并没有掌握传国玉玺。姓刘的皇亲国戚优势，在象征天命和君权神授的玉玺面前，也就不能成为优势了。西方人依靠与上帝"立约"的约言来完成的神圣合法性证明，有所谓《旧约》和《新约》作为"圣经"，中国人只需要代表神圣性的玉礼器就可以完成神人之间的所有约定。如从玉的"瑞"这个汉字，《说文解字》解释说：以玉为信也。玉玺，毫无疑问是所有祥瑞事物中最具有权威性的一种。巫以玉事神,即以玉为信物和神物。玉礼器的传统整整延续一万年,这就是中国版的无建筑的教堂和无字的圣经。难怪记载文化大传统信息量最大的古书《山海经》里,前前后后有一百四十处出产玉石的记录,而且在五藏山经的每个山系叙事结尾处都要强调以玉礼器(圭璧为主)祭祀的至关重要性。

三、万年玉石神话信仰:文明核心价值

借助于百年来中国考古大发现,当今知识界终于意识到,从上五千年到下五千年一直传承不衰,而且一直传承至今的文化现象,非玉文化莫属。甲骨文字所能讲述的中国文明范围,大体上超不出约三千三百年的时间限度,也超不出中原中心的地域空间限度;而出土的玉礼器所能讲述的时间限度,是甲骨文汉字的三倍,达到一万年之久。其空间范围则从黑龙江的乌苏里江畔,直到濒临南海的珠江流域、右江流域和越南北部。拙著《玉石里的中国》(上海文艺出版社 2019 年版)据此提出"万年中国说"和"全景中国说"的论点,旨在将研究视野从汉语文献史学的小范围牢房中解放出来。玉文化在中国境内的发端以东北地区一万年前至九千年前的吉林白城双塔遗址和黑龙江小南山遗址为代表;其更古老的文化渊源则在贝加尔湖至西伯利亚地区的两万至三万年前之遗址。

正因为源远流长,积累深厚,玉文化和玉之道,才终于成为距今约四千年前诞生的华夏文明(以夏王朝为首)之最高价值的体现,没有之一。这种以玉为至高无上的价值,又是如何体现出来的呢?古书有关夏王朝诞生的记载中,留下非常具体的指标性叙事细节,那就是《左传》所云:"禹会诸侯于涂山,执玉帛者万国。"从夏朝开创者大禹以各地宝玉大聚会为建国标记性事件,到商朝最后的统治者纣王以宝玉缠身自焚升天为亡国标记性事件(《史记·殷本纪》),再看周王朝政权交接时刻的标记性事件——陈宝(《尚书·顾命》),有机会让后人明明白白地看到,什么东西才是西周王室所珍藏为国宝重器的东西。这次西

周最高统治者的陈宝事件中,所展示的东西,几乎全部是各种各样的玉石①。

越玉五重,陈宝,赤刀、大训、弘璧、琬、琰,在西序;大玉、夷玉、天球、河图,在东序。②

为什么会这样呢?在西周之前,商代青铜器已经发展为国家重器,但是若与玉器相比,还显然是略逊一筹的。所以直到管仲的时代,还要明确表示三种珍贵价值物的高低谱系情况:以珠玉为上币,黄金为中币,刀布(铜钱)为下币。

从文化基因的祖谱看,玉石是真正原生性的国宝,金属则是在玉以后派生性的国宝。玉石崇拜在先,大大领先于其他有价值的材料,所以玉就能够被历史筛选为华夏核心价值的唯一代表。接替或替代玉石的后起宝物种类,大致有如下三类:琉璃或玻璃器,冶金器(模拟玉璧玉璜的铜璧铜璜,模拟玉璋的金璋),瓷器(瓷作为玉的替代品,其制瓷烧窑的工艺理想就是:温润如玉)。其他的如陶璧、石璧、木璧之类,因为所用材质太普通和常见,所以也就难登大雅,在此不再赘述。

(海)贝曾经在世界各地用为早期文明的通用货币,先民用贝的数量多寡为判断价值高下的符号。贝的数量越多,代表的价值越贵重。反之亦然。华夏文明上古的贝,以朋为单位,一朋等于五贝。看看西周时代的青铜器铭文里所反映的国宝奢侈品的价值排序情况,我们会深受启发:

瑾璋(黑色玉璋):八十朋

大球(圆球形的玉石原料):五十朋

青铜簋:十四朋③

以上三件西周青铜器铭文中反映的三件国宝的价值,排序分明:一

---

① 参看叶舒宪:《玉石神话信仰与华夏精神》,复旦大学出版社2019年版,第475页。
② 孔颖达:《尚书正义》,阮元《十三经注疏》,中华书局1980年版,第239页。
③ 李向民:《中国美术经济史》,人民出版社2013年版,第63—65页。

件用黑色玉即瑾(《山海经》又称"瑾瑜")制成的玉璋,价值八十朋,即四百个贝币。一块球形的玉料,价值五十朋,即二百五十贝币。一件采用锡铅加铜合金制成的铜簋,价值十四朋,即六十贝币。这也就是说,一件玉璋的价值是一件青铜簋的约六倍;一块玉料的价值是一件青铜簋的价值约四倍。古人要形容某种宝物的珍稀性质,常用"千金难买"来形容。这也同样表示玉的尊贵性大大高于黄金的尊贵性。更通俗流行的金玉器市场说法则是:黄金有价玉无价。今天的你去到中国各大都市的古玩城问价玉器或玉石原料,卖家常常挂在嘴边的,还是这句话。

那么在形形色色的各种玉石之间,是否也有价值高下的区别呢?答案是肯定的。在商周以后的年代里,和田白玉价值最高,超出所有其他颜色的玉料。但是据笔者的长期调查取证和研究,在夏代或相当于夏代的距今四千年前,白玉并没有批量地出现在中原文明国家,玄玉即黑色系的玉料才是更流行的。所以古书的记载中一再出现玄玉、瑾、瑾瑜、山玄玉、玄圭、玄璧、玄璜之类的名目。通过对照距今约五千三百年的仰韶文化大墓出土的玉钺群组情况,笔者将距今约五千五百年至距今约四千年的中原文明起源期用玉情况命名为"玄玉时代"。

如果从那个持续将近一千五百年的时代着眼,从经济价值看,玄玉的价值连城问题,也就是毋庸置疑的。如果要问:什么东西在五千年中国传统文化中被公认为最有价值呢?那就是先玄玉,后白玉。笔者将这个玉料色泽大变革的情况称为玉石信仰宗教的"新教革命"。

在玄玉出现和使用之前,或还有天然的呈现为玄色的对象,如玄贝或玄龟之类海洋生物的壳或甲。这些圣物的价值认定,极有可能也是来自史前文化大传统的。那时还没有普遍性的人工加工的圣物如雕琢玉器或冶金铸器,从大自然的万般馈赠物中筛选和采用极少数的几种,是人类早期价值判断发生(包括审美判断的发生)的必然途径。

即便是通常被我们当代人看作是审美现象和审美对象的东西,也往往会由于以今度古的认知错位,无法洞察或窥测到该物质或该器物在其所由产生的历史原初语境中究竟是发挥何种功用的。例如个人喜好佩戴项链的现象,当代人自然会依据他所熟知的珠宝店或奢侈品商店的观物经验,把形形色色的项链当作一种发挥审美作用的人体装饰品。如果项链所用的材质较为珍稀贵重,那也会联想到社会奢侈品消费现象等。但是,你能确信你去珠宝店购买并佩戴珍珠项链、翡翠项链或白金项链,就和一万八千年前北京山顶洞人佩戴项链的行为一样,是出于同样的审美动机吗?

文学人类学派倡导的第三重证据,即活态传承至今的文化遗产(多为民间传承的形态),能够提供一个让史前人类佩戴项链行为的动机,得到重新"激活"的再语境化的契机。关小云、王宏刚编著的中国少数民族非物质文化遗产研究系列之《鄂伦春族萨满文化遗存调查》,就提供出一个很好的项链文化功能的原初语境参照系:对于鄂伦春族萨满师而言,项链是作为跳神仪式性法器而存在的,不是为一般审美需求而佩戴的。

"恩克",鄂伦春语,项链。据说是萨满请神、跳神必备的法器,是用玛瑙、玉石或骨质制作而成的。①

玛瑙玉石之类材质具有天然的色彩特征和半透明特征,不同于一般的石头。这种自身就蕴含着审美特质的玉石材料,其制成项链的具体应用情境却是宗教信仰支配的仪式性通神行为。联系到我国第一部字典——许慎《说文解字》所说"巫以玉事神"的原理,玉石项链的初始性文化功能究竟是审美的还是宗教的问题,大有深究的必要。正因为玉石被先民视为承载神力或正能量的载体,以沟通人神为职业的巫师萨满们才会对玉礼器玉法器之类情有独钟。鄂伦春人没有文字,世世代代以狩猎维生,其狩猎方式及其萨满跳神活动,直接承继着农耕文化产生以前的史前文化传统之珍贵遗产。笔者要问的是:是鄂伦春萨

---

① 关小云、王宏刚编:《鄂伦春族萨满文化遗存调查》,民族出版社2010年版,第92页。

满神服体系中必备的项链,还是当代都市人在珠宝店购买的项链,更接近一万八千年前山顶洞人项链的真实语境呢?我们当然不能武断地说史前的山顶洞人或当今鄂伦春人的佩饰项链习俗中没有审美因素存在,但是信仰支配审美的主次关系和因果关系是不容忽视的。要真正体会初民文化的审美现象,光有美学的或艺术学的眼光是不够的,史前宗教的体验性知识也是不可或缺的。这就是我们特别强调人类学民族学方面的素材所特有的文化语境还原意义,今日更流行的通俗说法便是"激活文物"。

四、万年中国视角与美学大传统

美学是伴随改革开放而来的新学科,由于与哲学、艺术学、文艺学等多个学科密切相关的缘故,从事美学的教学和研究人员在我国数量庞大,仅从出版物方面看就足以给人目不暇接和汗牛充栋之感。

在这几十年里出版的数以千计的美学和美学史教科书及研究专著中,九成以上的著述不到十年或二十年就会基本报废,能够在学术史上留下一席之地的著作当属凤毛麟角。过一百年之后还会有人读的书,更是万里挑一的概率吧。

在如此严酷的淘汰率之下,有没有什么"秘诀"可以让研究者尽量避免让自己的著述成果"速死"的命运呢?天无绝人之路。有,那就是加倍努力去学习新知识,做学术探索潮流的先驱者和引领者,不做跟风的和随大流的研究和著述。借用陈寅恪先生的说法,衡量自己的学术是否能够"预流",便是避免跟风和回避千人一面式著述的一种前提或一条捷径。当然,预流与否,并不是每个从业者都会认真考虑的。有些人仅以此为一个饭碗,养家糊口而已。预流不预流,亦无伤大雅。

顺着陈寅恪先生的预流说思路,同时也正面回应当年的安阳殷墟发掘领导者傅斯年有关"上穷碧落下黄泉,动手动脚找东西"的学术号召,中国比较文学学会文学人类学研究会的同仁们,在1994年提出人文研究方法创新的"第三重证据"说,即将人类学民族学的田野调研资料,纳入为国学文史研究的旁证材料,或作为一种具有激活效应的文化语境还原的参照系;2005年又再度提出"第四重证据"说,即将考古遗址和文物、图像等,纳入研究范式中。这都是引导研究者不断刷新自己原有的单一学科培养出的知识结构,瞄准国际人文社会科学探索的前沿性交叉学科发展趋势,而做出的方法论升级换代之努力。

新方法论实践积累二十多年下来,终于在2010年全面开启中国版的文化理论体系建构的尝试。按照传媒符号的性质为标准,将文化传统一分为二,无文字的文化传统数以万年计,是大传统,文字书写的传统仅有三千多年,是为小传统。由考古文物和图像所组成的第四重证据的证据链条,足以找出先于甲骨文和金文的汉字书写传统的神圣符号物。将文化大小传统贯穿为一个连续性的整体,视为一种不断生成中的、能够自我更新其编码方式的动态文本,将文字前的编码方式称为"一级编码",将甲骨文视为文化的二级编码,将早期汉字书写文本(先秦文献)视为三级编码,将汉代以后的所有书写著述,统统归类为N级编码[①]。

2019年,伴随着对文化大传统新知识的系统学习和累积情况,笔者再度提出"万年中国说",作为今后要努力进取的探索方向。2021年,文学人类学研究会与陕西师范大学人文社会科学高等研究院合作,创办了推广中国文化理论体系的学术专刊《文化文本》(第一辑,商务印书馆2021年版)。同年底,又在上海市社会科学会堂举办了"创世神话与中华文明探源"论坛,努力将万年大视野的新知识观、新国学观与文化文本理论,向更大的学界范围和学界之外的大众媒体范围传播推广。这里仅就文学人类学派的新方法与新理论体系建构,对美学与艺术研究,特别是中国美学史和文学史(神话)的研究,再提示若干思考意见,供大家批评参考。

[①] 叶舒宪、柳倩月、章米力编:《文化符号学——大小传统新视野》,陕西师范大学出版社2013年版。

既然美学起源于鲍姆嘉通的感觉学,既然审美活动与艺术的起源必然关联史前信仰与宗教崇拜活动,那么为什么不能充分借鉴21世纪的新知识观念,尝试重建中国美学研究和美学史考察的实证起点呢?

求解上述问题,需要首先弄清楚:我们的石器时代祖先们,会对什么样的物质材料产生崇拜和审美的感觉呢?目前来说,这是一个基本可以用新出土的文物加以实证的问题。本文的思路,也顺着旧石器时代先民们早期的符号化行为遗迹而依次展开,再进入一万年前我国玉文化的起源期,审视这个华夏特有的玉器时代的发展传承和地域传播情况,其直到距今约四千年之际中原文明之青铜时代的发生,从而获得一个大致有三四万年历史长度的研究框架。

美学大传统视阈的打开,对于美学研究和美学史研究都具有知识升级换代的作用。以往限于文献史学的短浅眼光而无法看到的深层次问题首次得以彰显,随之而来的必然是问题意识的更新和伪命题、无意义争论的消停,这样可以避免大量的学术资源耗费,将有限资源集中调配到前所未有的新兴学术焦点方向。如延续六千年之久的玉器时代所孕育的前文明国家阶段的先民审美意识究竟是怎样的?从大传统的玉器时代过渡到小传统的青铜时代后,审美意识与美的经验标准如何继往开来或发生创造性转化的?以切磋琢磨为主的工艺传统必然不同于冶炼铸塑的工艺传统,二者的驱动性神话观念又有如何的承接转化和差异?时代审美风尚的发展变化是否必然伴随着崇拜圣物本身的变化?此类问题都需要借助有关中华上五千年的全新知识作为探索的出发点和基础,因为大约始于四千年前的青铜时代毕竟已经接近甲骨文汉字的小传统时期。

以前的学界基本上并没有建构出关于华夏上五千年的系统知识,这意味着一场重新学习新知识的运动正在到来。当此历史节点,文化自觉到底是用来喊的口号,还是人文学者自我更新知识的实际行动呢?文学人类学研究会与陕西师范大学合作主办的理论专刊《文化文本》第二辑主题确定为"大传统与大历史"(中信出版集团2022年版);第三辑主题为"三星堆专号",这是在以实际的学术行动回应是如何做到文化自觉或再自觉的问题。

五、原"象":蓦然回首,那"象"却在三万年前

中国美学史的主要对象为何?以叶朗为代表的一种专家意见,是要从"象"或"意象"入手,开启探究审美活动的对象,即开启美学史研究和写作的再出发起点与叙述主轴。若将"象"这个聚焦点落实到殷商时期的甲骨文汉字,则可以展开一部三千年的中国美学史。1986年和2021年,四川广汉三星堆遗址的祭祀坑两度出土大批象牙,这表明商代人社会生活中所遭遇的大象,至少是我们现在的 N 多倍吧。人进象退,是万年以来中国大地上此消彼长的生态大变迁的缩影。至于河南省的简称"豫"字为何写作人牵大象的图形,这问题曾经困扰过无数的读书人。现在,千古之谜的答案已经出现。那就是早在三四万年以前的中原腹地,我们的旧石器时代祖先就曾经以陆地上最大动物大象为狩猎对象,并以大象为神物和圣物,组织宗教性祭祀活动。这是迄今所知华夏文明有关"象"和"意象"观念的最早原型场景。

笔者提示从构成文化文本传承的根源入手开始美学史研究,找到文化大传统的非文字符号、前文字的符号,这样,研究者的眼界之深度可以比甲骨文的时代还要多出十倍。一万年的玉文化传承已经是甲骨文字的三倍深度,比玉石更早的神圣载体基本都是有机物,以动物的骨角牙贝(珠)为主。这些才是旧石器时代较为普遍的神圣化载体和审美载体。

2020年出版的考古报告《新郑赵庄:旧石器时代遗址发掘报告》,便提供出一个前所未见的动人景观:新郑地区的先民们在当年的宗教礼仪活动后,留下一颗巨大的象的头骨。

该象头骨被史前中原先民供奉在三万五千年前的特制石块"祭坛"上,而这些紫红色的石块则是从别处运输过来的。这是一种什么样的景观呢?"石英砂岩制品体积大,重量大,石块、石核、石片、断块

等各类产品无规律分布,但多数却堆垒起来,似乎与人类日常生活关系不大。……人类应该是将块状石制品和未加工的石块一起搬回遗址后,将其堆垒起来。联系到象头位于石英砂岩堆的上方,因此我们推测石英砂岩搬运至遗址的作用可能是为了堆垒起来搁置象头。"[1]

五千年,这曾经是国学传统过去梦寐以求却无法达到的远程理想,而今,我们不仅大致弄清了五千年前的中国文化有什么没有什么,还一跃进入到三万五千年前的中原史前社会行为的现场。要知道,三万五千年前,是五千年的七倍之多,也是过去的中国美学史研究以距今约一万八千年的北京山顶洞人的贝壳和珠子项链为起点的将近一倍多。所以新郑赵庄遗址的这个供奉巨大象头和象牙的人工累积石块而制作祭坛的场景,有理由成为新时代重启美学史大传统思维的标志性起点。

与20世纪中国美学领军人物李泽厚从龙凤艺术造型开始讲述的华夏传统的"美的历程"相比,如今摆在大家面前的这种旧石器时代考古发掘场景,在年代上至少要长远五倍到十倍之多。这是所有的前代学者和研究者们以前想都不敢想的一种时间深度。而如今呢,却已经确确实实呈现在人们面前。按照陈寅恪先生的著名判断:一个时代有一个时代的学术。创新的原动力就在于发现新材料和提出新问题。回顾改革开放以来我国美学热的潮起潮落历程,眼下还会有比这更让专家学者们兴奋不已的"新材料"吗?

既然21世纪的元宇宙时代知识大爆炸已经到来,七万年长度的赫拉利《人类简史》和一百三十亿年的《大历史》(大卫·克里斯蒂安著)之类书籍,已经如同雨后春笋,让读书界感到目不暇接,而我们中国美学史的构思起点,难道还要照旧因袭20世纪的惯例,从商周青铜器饕餮图像或仰韶文化彩陶的人面鱼纹造型去开始讲述吗?

如今正值笔者主持的上海市特别委托项目"玉成中国"丛书陆续

---

[1] 北京大学考古文博学院、郑州市文物考古研究院编著:《新郑赵庄:旧石器时代遗址发掘报告》,科学出版社2020年版,第113页。

面世之际,可以根据考古新出土材料,初步梳理出物质文化符号的历史嬗变和更替情况,将中国美学史探索的初始阶段,大大延伸到史前文化传承的数万年深度之中,并且努力地重新加以辨析:是何种崇拜物在何种时代充当着先民审美聚焦的核心对象作用。

第一时期,是崇拜有机物的时代:骨角牙贝(珠)等生物遗留物,成为体现神圣生命力信仰的载体。这个时期大致等同于旧石器时代。

第二时期,是开启崇拜无机物的时代:先是不能在高温下融化和冶炼的美丽石头(玉石,包括绿松石、玛瑙和水晶等),后是能够在高温下融化和冶炼、铸塑的金属矿石。这个时期大致等同于新石器时代。玉石崇拜物的年代大体上相当于新石器时代早期,而金属崇拜物的年代则始于新石器时代的末期。就是这第三个时期,以青铜时代为冶金物质标志,最终实现对绵延数百万年的石器时代的终结。三个时期的圣物更替过程,会给美学史研究带来一系列的深度探索新课题。

玉石,作为第一种无机物崇拜,是由对象物本身具有的美学特征所引起的。是美学的(直接诉诸感官的)特质,让玉石之类在千千万万种石头中脱颖而出,成为承继或接替有机物崇拜传统的新样态。审美的要素会在原始思维中引发出宗教崇拜的要素,让美丽而散发光泽的玉石或玉器成为真正意义上的显圣物。从显美物到显圣物的过程,也值得探究。这显然不是在图书馆资料室或实验室中所能完成的。需要仿真的情景模拟,努力还原出当初的初民信仰者的实际心态和联想能量。借助于当下方兴未艾的元宇宙虚拟仿真的精神体验技术,能够在某种程度上兑现可操作性方面的瓶颈突破。

冶金工业的对象是所有金属矿石,作为第二种无机物崇拜,在全面继承玉石崇拜时期审美风尚的基础上,一定会有所推陈出新,别开生面。这个转化过程以二里头遗址四期出土的最早的一件青铜鼎为标志,距今约三千六百年。旧石器时代的圣物骨角牙贝,如何在新石器时代初始阶段接引出玉石崇拜,玉石崇拜发展六千年之后,又是如何再度接引出冶金时代的。这些连锁性的问题，均可以逐一地从比较神话学视角加以诠释，说明物质符号嬗变和更替背后的信仰观念的所以然。

过去的中国思想史或哲学史、美学史写作，基本上是按照西方思想史的研究范式而展开，没有特别顾及思想史研究方面本土特质的把握和提炼等问题。儒家所推崇备至的人格理想，为什么要用"君子温润如玉"一句习语来表达？这话语中难道只有道德情操方面的赞誉，而没有审美理想的意蕴吗？如果我们可以确认儒家思想者以玉之美比喻人格之美，是将抽象品格转化为人人都可以感知到美感活动的对象物表述，那么玉器对象物的人工美化结果为何以"温润"为其突出特征呢？这才是中国美学一百年来大体上忽略掉的基本问题，即审美感知的本土文化特色问题。温润这样的华夏文明独有的审美评价标准，其实包含的不光是视觉感受，也同时兼有触觉感受。没有对玉石和玉器的把玩鉴赏经验，没有触碰过来自新疆昆仑山下的和田玉籽料的那种特殊感觉，是无论如何也不能理解"温润"价值的产生缘由。就此而言，中国美学，对于大部分习惯图书馆作业和纸上谈兵的学者而言，似乎还需要补上一个重新举行的入门仪式。因为西学东渐以来的人文教育，基本上和中国人自己传承万年的审美实践活动断裂和脱离了。

文化人类学的认知原则"从本土视角看"，在当今的教育中根本就没有什么传授和实践，当今由国家领导人号召"非物质文化遗产进课堂"运动，显然是针对西学东渐以来我国教育偏向的一种纠偏策略。可惜的是，非遗，是在20世纪之后才逐渐流行的概念，凡是在21世纪前接受初等、中等和高等教育的国人，都缺乏这方面的训练，难免和自己的文化传统相脱离，甚至走向背道而驰的方向。只有回归本土现实和本土经验，美学才得以作为探讨华夏先祖们传承下来的感觉经验的一门学科吧。

第二节　殷商甲骨文的美学价值[①]

中国文化区别于西方文化一大特点是书法的存在及其特殊重要的地位。世界各民族均有文字，它是人类交流思想的工具，也是最主要的文化载体。在这点上，全人类是共同的，中国文字并不例外，所不同的是，中国文字除了承担以上重要使命外，它自身还成为一种重要的艺术，号称为书法。并相应地创造了内涵丰富的书法美学。世界上有极少数的文字也成为了艺术，但它们的文字艺术，其文化内涵之丰富、之重要鲜有能与中国的书法相比。于是，追溯中国文字的产生包括书法美学的产生就成为中国文化研究的重要使命。中国的文字溯其源可达史前，但目前能辨识的文字是产生于商朝的甲骨文，因此，人们将甲骨文确立于中国最早的文字。甲骨文是中国最早的书法，也是中国书法美学的源头，甚至是中国许多美学概念的源头。但目今鲜少有关这方面的研究，笔者试图做一些初步的探索，以就教于方家。

一、史前的类文字符号

探索甲骨文美学，必须探索它的前身——史前的类文字符号。

从史前人类所创造的陶器、石器、玉器的水平来看，当时的人们应该有文字了，因为这些器具的制作涉及诸多人的合作，因而，不仅思想交流是不可少的，而且有必要将思想交流的结果用文字表示出来。所以，文字的存在是应然的，也是必然的，只是目前的考古尚未能支撑这一点。

"最早的龟甲刻画符号是在河南舞阳贾湖遗址发现的，距今约七千五百年至六千五百年前。刻画着符号的龟腹甲和龟骨残片出土于裴

---

① 作者陈望衡，武汉大学哲学学院教授。本文原载《河北学刊》2021 年第 6 期，题目已改动。

李岗文化的墓葬中,上面的符号其中一个很像甲骨文的'目'字,一个很像甲骨文的'户'字,它们的构形方法据称也与甲骨文十分相似。它们与汉字之间是否存在渊源关系?由于可供比对的资料太少,这一发现到底具有怎样的意义,还有待进一步的研究。"①

刻画在陶片上的类似文字的符号,最早在河姆渡文化遗址发现(图1),这些符号距今约七千年至五千年。

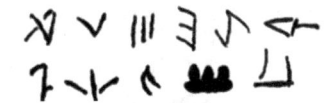

图1:河姆渡文化遗址陶片上的文字符号

仰韶文化晚于河姆渡文化两千年左右,在属于这一文化的半坡遗址发现更多这样的文字符号(图2)。这些符号刻在陶钵外口沿的黑宽带纹或黑色倒三角纹上,每钵一个符号,极少两个符号刻在一起,一共发现一百一十三个符号。半坡类型的其他遗址长安、临潼、铜川、宝鸡、邻阳等也都发现类似的符号。

图2:仰韶文化半坡类型西安半坡遗址发现的陶文

与半坡陶文类似的符号在秦安大地湾遗址、马窑文化的马厂类型遗址半山类型遗址、大溪文化遗址也都发现过。这些符号比较抽象,更

---

① 李学勤主编:《中国古代文明的起源》,上海科学技术文献出版社2007年版,第247页。

多的像数字符号,因此,学者们对它们是不是文字持谨慎的态度。

　　20世纪50年代大汶口所发现的一些类似文字的符号引起了人们最大的兴趣。基本上为学者确定为文字符号的共六个。其中四个是在莒县陵阳河遗址发现的,一个是在诸城县前寨遗址中的出土的陶器残片上发现的;还有一个出土于大汶口遗址的七十五号墓,是用红色的颜料写在灰陶背壶上的。六个字中有两个字是由三个象形的符号组合而成,三个符号是:太阳、月亮(也有人说是火)、山(图3)。

图3:陵阳河遗址出土的文字符号

　　1992年1月考古工作者在龙山文化丁公遗址做第四次发掘时在一片灰陶片上发现有十一个字,分为五行。自右至左竖书,各字多连笔,类行书。关于丁公陶文的看法只有极少数学者持怀疑的态度,绝大多数学者认为已经是汉字,具体又分两种观点:一种观点认为,它与古汉字属于同一系统。另一种观点认为丁公陶文与古汉字不属于同一系统,裘锡圭认为,丁公陶文是"已被淘汰的古文字",王恩田认为是"东夷文化系统文字"①。

　　大体上来说,文字的产生经历了四个阶段:一、实物阶段,以人的表情、语音、动作,还有物件来表达思想与情感。二、图画阶段,以图画来表达思想情感。史前的诸多绘画均有表意的作用。三、符号阶段,创造一些符号来表达思想与情感。四、文字阶段。将符号规范化、规律化,则成为文字。大汶口文化陵阳河遗址发现的日月山符号属于第二阶段,而丁公陶文介于第三阶段与第四阶段之间。让人非常遗憾的是,史

---

　　① 《专家笔谈丁公遗址出土的陶文》,《考古》1993年第4期。

前文字符号虽然发现了不少,但基本上都不可辨识,因此,我们尚无法断定它是文字,因此,只能说它是类文字符号。

尽管如此,它完全可以看作甲骨文的源头。第一,它们的字形很像,均是方块形。第二,其笔画主要为方笔与圆笔。第三,可以看出它们的造字的基础是象形,而象形众所周知是汉字基本的造字法。第四,某些符号具有会意、指事的意味。会意、指事是汉字造字次于象形的两种重要造字法,至于汉字造字的第四种方式——形声,基于目前对于史前文字不能确定其意义与发声,不便做出推断。

二、甲骨文:中国最早的文字

商代发现的甲骨文则与之不同,它基本上可以辨识,因此,它被确定为中国最早的文字。

甲骨文有诸多名字:龟、龟甲、甲文、龟甲文、龟板文、契、契文、殷契、甲骨刻辞、甲骨刻文、贞卜文、贞卜文字、卜辞、甲骨卜辞、殷虚卜辞、殷虚书契、殷虚文字、殷虚遗文、商简等。现在比较流行的名称为"甲骨文"。甲骨文字的发现是比较晚的,第一部甲骨文集《铁云藏龟》的编辑者刘鹗说是"龟板亥岁出土"即1899年,而另有一些学者持1898年。甲骨文的发现是偶然的,具体说法有多种,比较权威的说法且见著文字的是王襄的《题易穭殷契拓册》:"村农收落花生果,偶于土中检之,不知其贵也。范贾(指古董商范维卿)售古器物来余斋,座上讼言所见,乡人孟定生世叔闻之,意为古简;促其诣车访求,时则清光绪戊戌(1898年,与刘鹗说异)冬十月也。翌年秋,携来求售,名之曰龟板。人世知有殷契自此始。"[①]

甲骨文刻在龟板、牛的肩胛骨上,它本是卜辞,是占卜事由及结果的记录。在中国,第一位搜购并研究甲骨文的学者是王懿荣。王当时的身份是国子监祭酒。他所藏甲骨千余片。王去世后,所藏甲骨一部

---

① 王襄:《题易穭殷契拓册》,《河北博物院半月刊》第85期。

分由其子转售给了刘鹗,一部分赠送给天津新亚学院。与王懿荣同时搜购甲骨的还有王襄、孟定生、端方等。王懿荣之后,甲骨搜集与整理贡献最大的人物,一是小说《老残游记》的作者刘鹗。他搜藏的甲骨片五千余片,编为《铁云藏龟》一书。另是罗振玉,罗搜集的甲骨三万余片,编印成《殷虚书契》(后易名《殷虚书契前编》),以及《殷虚书契菁华》《殷虚书契后编》《殷虚书契续编》《殷虚古器物图录》等书。1949年以后,编辑出版的甲骨文材料书,主要有胡厚宣先生主编的《战后宁沪新获甲骨集》《战后南北所见甲骨录》《战后京津新获甲骨集》《甲骨续存》等,后来,他又与郭沫若合作,由郭为主编他为总编辑编辑了《甲骨文合集》(1—13册)。目前已搜罗的甲骨总数达十六万片,采集的甲骨文字四千多个,其中超过一半能够辨识。关于甲骨文考释的单字字典主要有:罗振玉的《殷虚书契考释》、商承祚的《殷虚文字类编》、王襄的《簠室殷室类纂》、朱芳圃的《甲骨学文字编》、孙海波的《甲骨文编》、李孝定的《甲骨文字集释》等。

甲骨文为商代政治经济文化社会诸多方面的研究提供了第一手资料,非常宝贵。

甲骨文为中国的主流文字——汉字基本的构字原则和语法原则奠定了基础,文字的运用,从根本上决定了中国人的思维法则,从而为中国美学的基本性质和本质物点奠定了基础。

(一)"六书"。中国文字造字法,总结为"六书",即象形、指事、形声、假借、转注。六书中,主要为前三项:象形、指事、会意。"六书"在甲骨文就有了。

1.象形。《说文解字·叙》云:"象形者,画成其物,随体诘诎,日、月是也。"六书中,象形最为重要,它是基础。象形,说文云象形,重在像,它以描绘对象形象的方式,表达意思。甲骨文的"日"字,就是一个圆圈,中间加一个点。"月"字,就是一个半月形。甲骨文中象形字很多,如"雨"字,写作下雨的图画。

2.指事。《说文解字·叙》云:"指事者,察而可识,上、下是也。"指事,是在象形的基础上,加上一种符号式的提示,表达意思。甲骨文中,上字,一横上或一个凹形上加一点,这上点就是指示在其上。下字,即上字的颠倒。

3. 会意。《说文解字·叙》云:"会意者,以类合谊,以见指㧑,武、信是也。"会意,由二字构成,将二字的意义合在一起,产生一个意思,甲骨文中的武字,二字组合,一字为戈,一字为行。余永梁先生说:"从行从戈,从戈操戈,行于道上。趆趆武也。"①甲骨文中的"明"字有两个,一个由"日""月"组成,意思是日月相照;另一个由"窗"与"月"组成,有月照窗上的意思。

4. 形声。《说文解字·叙》云:"形声者,以事为名,取譬相成,江、河是也。"形声,一半仍然是象形,一半是读音,这样做是为了区别同一义类中的不同字,如江、河就是这样的字。"殷墟文字中,形声字甚多,如从女之妃、妊、妹、娥、妽、姘、媟、妣妣……,从马之骊、騽、玛……,从水之洹、洋、洓、淮、汜、潢、涛等……"②

5. 假借。《说文解字·叙》云:"假借者,本无其字,依声托事,令、长是也。"字不够用,就一字多义,这一字之所以能多义,有两种情况,一种是本义拓展的假借,一种是纯属音同的假借。"令"字借为"长"字,属于前者。甲骨文中,"西",本义是鸟在巢上,字体不改,借作表示方位的"西",这假借属于前者。甲骨文中"凤"也借为"风",这就属于后一种假借了。

6. 转注。《说文解字·叙》云:"转注者,同意相受,考老是也。"转注,指义相同或相类的字可以互相代替,如"考"与"老"。甲骨文中,这类字较少。

六种造字法,基础是象形。象形是客观反映,对象是什么,就是什

---

[1] 见《殷墟文字续考》,刊清华研究院《国学论丛》1928年,1卷4号,转引自吴浩坤等:《中国甲骨学史》,上海文化出版社1985年版,第119页。
[2] 《中国现代学术经典·董作宾卷·甲骨文断代研究例》,河北教育出版社1996年版,第123页。

么;指事和会意都是客观反映基础上加上主观提示;形象同样是在象形基础上发展。董作宾说:"由象形变为形声的过程在殷文中最显明的当为鸡凤二字。"就"鸡"来说,"卜辞中诸鸡字皆象鸡形,高冠修尾,一见可别于他禽。或从奚声,然其他半仍是鸡形,非鸟字也。"董作宾先生拎出殷契中的五个鸡字,说其中两个为象形字,那是商王武丁时的字,有三个为形声字,那是帝乙、帝辛时期的字了①。

三、甲骨文对中华文化的影响

汉字在甲骨文后有发展,但造字法基本上沿用甲骨文。中国文字从甲骨文产生算起,有三千多年的历史了。这种以象形为基础的文字体系,对中华文化的影响是巨大的,仅就对美学的影响来说,主要有:

1. 中国书法艺术的源头

书法是中国特有的一种艺术,它的特点是:以文字为基础,而不脱离文字原有的功能(因而它不是绘画);它是毛笔的艺术;它有一定的章法;它显示出一定的风格。这四条甲骨文都具备:1. 它的功能是记事达意,审美是次要的。2. 首先用毛笔蘸上朱砂或墨料先涂写在甲骨上,后刻。3. 有一定的章法,董作宾先生说:"为了卜兆有左右向的关系,而占卜的文字,也分了左行和右行。"他曾在《大龟四版》中说明过龟板刻辞的公例,龟板刻辞有个公例:"沿中缝而刻辞者向外,在右右行;在左左行;沿首尾甲两边刻辞者向内,在右左行;在左右行。龟板文例大致如此。在骨板上也只有左行右行两类。"②4. 初步形成一定的风格。董作宾先生将商代甲骨文分为五期:武丁期;祖庚、祖甲期;廪辛、康丁期;武乙、文丁期;帝乙、帝辛期。董作宾于五期中各取一例,说明甲骨文已经有了自己风格特点。第一期雄伟。第一期是一代雄主武丁的时期,韦、亘两位史官所刻的文字充分反映了这个时代的特点。不过,二

---

① 《中国现代学术经典·董作宾卷·甲骨文断代研究例》,河北教育出版社 1996 年版,第 123 页。
② 同上,第 132 页。

人也还有分别,韦更多地为雄健,而亘更多为精劲。第二期谨饬,第二期为祖庚、祖甲时期,他们算得上守成的君主,反映在甲骨文的风格上则是谨饬守法。第三期颓靡,这一时期商王为廪辛、康丁,政治已见衰败,文风凋敝。这个时期的书法已不似前此守规律,而极幼稚、柔弱、纤细、错乱、讹误的文字屡见不鲜。第四期劲峭,这一时期的书体中有一种他期中没有的特征,纤细的笔画中有一种刚劲的意味。董作宾先生说,这一特殊现象是文丁时的文字复古运动的显现①。

2. 最早承担中国美学概念的符号载体

中国美学中的重要概念"象""比""兴""兴象""意象""意境"均与中国特有的以象形为基础的文字体系有着血缘关系。中国的文字系统就其本质来说就是一种富有美学色彩的文字。"象""比""兴""兴象""意象""意境"这些概念的精神及形态首先是在文字中存在然后才影响到艺术中去的。甲骨文作为最早的文字,可以说,它是最早承担中国美学的概念的符号载体。

3. 参与最早铸造中国文学艺术的美学品格。

中国艺术是汉字为载体的或为直接载体和间接载体的。直接载体的是文学,其中最重要的是韵文文学诗词曲等,间接载体的是其他艺术包括造型艺术、音响艺术、综合艺术。所谓间接载体,就是说,虽然不以汉字为表达手段,但骨子深处是汉字的精神。可以说,正是汉字铸造了中国艺术的美学品格。这其中,韵文文学特别突出。中国诗歌的美学意味,根本离不开汉字,试图将中国诗歌翻译成任何一种其他文字都不会是成功。甲骨文作为最早的文字,可以说,它是参与最早铸造中国文学艺术的美学品格。

4. 参与最早铸造中国美学思维的本体形态

思维可以大致分为两种:形象思维与逻辑思维,前者以形象为思维

---

① 以上关于商代甲骨文书体风格的论述采自董作宾,见《中国现代学术经典·董作宾卷·甲骨文断代研究例》,河北教育出版社1996年版,第133—134页。

单位,以形象的直观呈示和形象的组合表达思维;后者以概念为思维单位,以概念的直接呈示和概念的组合表达思维。中华民族两种思维方式都具有,但形象思维明显地处于本体的地位。也就是说,中国人虽然不乏逻辑思维,但逻辑思维是建立在形象思维基础之上,其原因就是中国人从小学的是以象形为基础的文字系统,并且用的也是这种文字。形象思维其本质是美学思维,可以说中国人的思维本体是美学的。甲骨文作为最早的文字,可以说,它参与最早铸造中国美学思维的本体形态。

四、甲骨文中重要的中国美学概念

甲骨文的文本中产生了中国美学一些重要的概念,主要有"游""美"等。甲骨文中关于"田游"的卜辞很多,所谓"田游",就是田猎和游观。仅《殷契征文》《殷虚书契考释》两书中的记载来看,关于商王帝辛游观的卜辞达一百三十九次,记载田猎的卜辞达一百七十一次。帝辛曾"游"之地凡五十一,"田"之地三十六,内有亦"田"亦"游"之地八。中国古代对于田猎、游观批评的多,主要原因,田游是统治者的专利,而统治者田游,其意义基本上都是负面的。《尚书周书无逸》是周公对成王的告诫,主题是防止逸乐。开篇即明言:"呜呼,君子所,其无逸。"[①]在文中,周公说"呜呼,继自今嗣王,则无淫于观,无逸,于游,于田,以万民惟正之供。"[②]《老子》也痛斥耽于逸乐的生活:"五色令人目盲;五味令人口爽;驰骋田猎,令人心发狂;难得之货,令人行妨。"[③]其实,田游也有积极一面,这积极的一面就是审美。

甲骨文记载了中国古代工艺发展的水平,是为美学的物化形态。

甲骨文除了记载乐、舞等艺术品种外,还记载了不少工艺。工艺作为工与艺的统一,它具有审美的成分,某种意义上,也可以看作是美学

---

① 江灏等:《今古文尚书全译》,贵州人民出版社1990年版,第337页。
② 同上,第342页。
③ 陈鼓应:《老子注译及评介》,中华书局1984年版,第446页。

的物化形态之一。郭沫若先生将甲骨文中的工艺分为四类——

食器：鼎、尊、簋、卣、盘、甗、壶、爵。

土木：宫、室、宅、家、牢、囷、舟、车。

纺织：丝、帛、衣、裘、巾、幕、㡏、疏。

武器：弓、矢、弹、箙、钺、戈、函、箙。

郭沫若先生说："就这些文字上面已很可看出当时手工技术的盛况。特别是食器一项，那已经超过了粗制的土器和石器时代，而进展到青铜器的时代了。商代所遗留下来的彝器便是这种青铜制的食器，《殷文存》中所收集的彝器的铭文在七百种以上，这个数目，当代不可尽信，因为其中有些是周器的滥入，也有是器盖不分，一器析而为两器的，但大体足以征见当时的青铜器已很发达。"①

虽然我们现在不能得见商代器物的具体形象，但可以想象商朝工艺发展的程度，工艺的发展，具有多方面的意义，其中一个方面是美学的，它反映审美的细化，精化。事实是，正是商朝工艺的繁荣才为周朝的工艺繁荣奠定了基础，更重要的是为进入《周礼》《考工记》积累了大量的感性材料，因而《考工记》能够提炼出反映那个时代的工艺美学思想。

甲骨文全面地记载了商朝社会生产生活的方方面面，生动地反映当时社会的审美风尚，这些风尚中有一些成为中华民族社会生活的传统习俗，成为中国古代社会审美重要特色。

(一)生产状况：商朝，中国的牧畜业、农业均很发达。卜辞有着大量这方面的记载，牧畜业中，最为引人兴趣的是"服象"。商朝时，中原地带天气湿热，森林茂密，有大象出没。甲骨文中就有商人"获象"的记载："今夕其雨，获象。"②除此以外，有一个"爲"字，古金文及石鼓文

---

① 《中国现代学术经典·郭沫若卷·中国古代社会研究》，河北教育出版社1996年版，第183页。

② 转载《中国现代学术经典·郭沫若卷·中国古代社会研究》，河北教育出版社1996年版，第172页。

都写成人坐在大象上的形象,罗振玉先生认为这个字"意古者役象以助劳,其事或尚在服牛乘马之前"。① 可以想象,服象、畜象、役象的景象何等美妙,动人。

这种生活本身的美悄然地进入人们的精神生活领域,而当人们要表达一种美丽的视觉场面时,"象"这一概念油然升上心头,于是,原本用于动物象之名的"象"成为了表示美丽场面的"象"。"象"字在中国文化、中国美学中,地位非同一般。《周易》创论之先是创象,所谓"立象以尽意",而审美也始于"观象"。与审美不同的是,研《易》是立象而得意;而审美则是"观象"以畅神。前者重意,后者重情;前者于象为立,得意则忘象;后者于象为观,畅神而不离象。

商代,北方的游牧民族与中原的华夏族交往频繁,游牧民族中羌族在文献中出现较多。"羌"字在甲骨文中写作羊人,从羊从人,这表示羊在他们的生活中的重要地位,据董作宾的研究,"羌"字原来只是羊人两种符号组合,"后来便加上了绳索,以示羁縻之意了"写成𦍋。②

(二)社会结构。社会结构涉及两个层面,一个是家庭层面,主要是夫妻关系。从甲骨文,"妻"字写作𡞩,此字,各家认作敏,叶玉森独释为妻,他在《说契》中说:"契文(妻)作𡞩,从女首戴发,从又或二又,盖手总女发,即妻之初谊。总发者,使成髻施笄也。"③

董作宾先生认为"其说甚是"。他认为,武丁时代称妻者有妻妣,武丁有妻三位。我们已知为妣辛、妣戊、妣癸三位。

河南安阳发掘的一座殷代大墓,即为武丁妻子妇好的墓。妇好是一位女将军,她就是妣辛。墓中出土了大量珍贵的青铜器和玉器,足见

---

① 转引自《中国现代学术经典·郭沫若卷·中国古代社会研究》,河北教育出版社1996年版,第176页。
② 《中国现代学术经典·董作宾卷·甲骨文断代研究例》,河北教育出版社1996年版,第120页。
③ 转引自《中国现代学术经典·董作宾卷·甲骨文断代研究例》,河北教育出版社1996年版,第78页。

她生前社会地位之高。

社会结构的另一层面则是国家权利层面。郭沫若先生从甲骨文中发现殷商以母权为中心的国家权力结构。主要根据有二：一、殷之先妣皆特祭。在甲骨文的卜辞中，祭先妣的次数远比祭先公的多。这是王国维的发现，郭沫若予以肯定，并用来推论殷商的社会权力结构的特点。二、帝王称"毓"。"毓"即"后"字，甲骨文的"毓"字像产子之形，由此推断，它为母亲。郭沫若说："毓字在古当即读后，父权逐渐成立，则此字逐渐废弃，故假借为先后之后。……卜辞为今王称为王，仅于先王称为'毓'，则女酋长之事似已退下了中国政治舞台。而相距则当不甚远。"①

这一发现非常重要。母权制社会对于中国历史的影响非常深远。《周易》的阴阳哲学，将"阴"列在"阳"的前面；中国的国家政治中，多次出现母后临朝的现象；中国的家庭中老祖母的特殊重要的地位；还有中国美学中深沉的"崇阳恋阴"情结……凡此种种，均与母权制社会影响相关。

随着青铜器走上历史舞台，甲骨文的部分功能为钟鼎文所取代，钟鼎文又名金文、铭文。它是鋈刻在青铜器上的文字，功能主要是记载相关的历史事实，也有卜辞，但主要不是卜辞。钟鼎文的字形基本上承袭甲骨文，特别是象形这一特点，因此，它也可以称为图画文字。但钟鼎文较之甲骨文在三个方面有很大的进步：一、注重笔画韵味，钟鼎文多用圆笔，曲折腾挪，又讲究撇捺，富有韵律感；二、注重风格神采，每幅钟鼎文基本均有自己的风格，《后母戊方鼎铭文》仅"后母戊"三字，笔势雄浑，丰腴而不失豪壮；《大禾人面方鼎铭文》，只"人禾"二字，刚健挺拔。《商尊铭文》字数也不多，如一片竹林，清秀可爱，生意盎然。三是文字增多，其记事功能、审美功能均较甲骨文有很大提高。虽然书法之

---

① 《中国现代学术经典·郭沫若卷·中国古代社会研究》，河北教育出版社1996年版，第199—200页。

源在甲骨文,但那只是涓涓细流,真正成为一条河,那还是钟鼎文。钟鼎文始于商,成大器于西周。

商代青铜器上的铭文不是太多,早期多为一两个字,多则也只几个字。铭文多为器所有者的族徽。中期,记事铭文出现,字数多至二三十个字。铭文的真正繁荣是在西周,字数多,记事内容重要,且注重用笔和章法,见出书法的意味。西周晚期的《毛公鼎铭文》字数多达四百九十九字,为最长的铭文。《虢季子白盘铭文》《散氏盘铭文》《颂壶铭文》都是书法史上的经典。关于周朝青铜器及其铭文的价值,笔者将在周朝文献的研究中加以阐述。

甲骨文是可以作美学研究的。唯一的遗憾是目前我们已经确定的四千多甲骨文尚有一小半不能辨识。相信,它终会为学者所破解。甲骨文美学的春天终将到来。

第三节　夏朝的礼乐文明[①]

夏对完善中华礼乐制度做出了重要贡献。禹即位之初,致力于完善了舜的礼乐制度,禘、郊、祖、宗四种祭祀历代先王的制度,实现了道统与血统的统一。禹在舜朝即主持了《韶》乐的制作,即位后,命皋陶制作《大夏》,以弘扬先王功德,巩固执政地位。禹统治稳固后,命皋陶增修《大夏》,扩充至九个乐章,也称《九夏》,宣扬禹治水的功绩实施礼乐教化,启也参与了此项工作,并因此最终继位。夏制作了《夏颂》,多佚,仅存《赓歌》。夏启当政前期弘扬禹乐,后期为追求享乐制作《万》舞,导致政权衰败。太康失去统治权,其昆弟作《五子之歌》,追思夏禹的训诫。夏乐在商并未断绝,并被周乐所吸收。周封夏族宗孙于杞。杞灭后,夏族南迁,成为南方少数民族。元结、皮日休曾补作夏歌诗,但大部分都不符合夏代音乐的实际情况。夏

[①] 作者杨赛,上海音乐学院研究员。本文原载《南京艺术学院学报》2021年第3期。

乐尽管文献资料很少,考古发掘不多,遗佚很严重,但对中华礼乐文明的影响却不容忽视。

夏民族是中国古代一个强大的民族,①以龙蛇为图腾,②对中华文明产生了重大影响,具有重要的研究价值。夏研究最大的问题,是文献不足,很难得出确切的结论。杨向奎说:"夏代历史,文献无征,本属渺茫。故考其地望所在,尤属系风捕影之事。本人前草《夏民族考》,因论证不足,未蒙诸师友之赞许,已不愿发表;第有数地,前人对之尚无定说者,今再提出,并贡献一己之意见以备参考焉。"③杨先生学术功力深厚,创见良多,尚且如此自谦。我辈要考查夏代的音乐,则更加困难。

夏民族源远流长,史界有发祥于四川岷江流域之说,④有发祥于大河以西——泾渭之间及其南部一带之说,⑤有起源于东方之说,⑥皆持之有据,言之成理,可成一说。夏族音乐早期的具体情况,已经很难考察清楚了。尧晚年,鲧在继位争夺战中落败,被舜借之手消灭。⑦ 在新一轮统治权的竞争中,鲧之子禹战胜益与皋陶,受舜之命摄政二十年。舜过世后,禹又执政十年。禹创建夏朝。禹的儿子启继位,结束了所谓的上古禅让制度,此后王位由其嫡系宗族及子嗣继承。禅位制本是不得已而为之,实质是黄帝礼乐传承不稳定,黄帝道统受到异族严重挑衅,黄帝血统内部摩擦不断,导致权力继承出现不规则性波动。夏王朝约存在于公元前21世纪到前16世纪,约有四百七十多年历史。从夏代开始即进入文明时代,⑧有不少考古实证,考古发掘出夏代青铜器

---

① ⑤ 程憬:《夏民族考》,《大陆杂志》1932年第1卷第5期,第1—9页。
② ④ 罗香林:《夏民族源流考》,《民族文化》1941年第8—9期,第31—46页。
③ 杨向奎:《夏代地理小记》,《禹贡》1935年第3卷第12期,第14—18页。
⑥ 杨向奎:《夏民族起源于东方考》,《禹贡》1935年第3卷 第12期,第14—18页。
⑦ 何天行:《夏代诸帝考》,《学林》1941年第5期,第114—152页。
⑧ 严文明:《中国文明的起源》,《国学研究》第44卷,中华书局2020年版,第1—22页。

包括礼器、兵器、牌饰和乐器铜铃,①距今约四千年,石峁遗址所在的中国北方河套地区制造了世界上最早的自体"绳振簧",至夏商时期(不晚于约公元前1500年)向周边放射状传播扩散,影响至夏家店下层文化人群。

夏朝音乐尚有一些神话和传说,主要有禹作《大夏》《赓歌》,启作《九招》《万》,太康作《五子之歌》。《文心雕龙·明诗》:"及大禹成功,九序惟歌;太康败德,五子咸怨:顺美匡恶,其来久矣。"②刘勰虽有提及,夏乐所存史料太少,乐歌保存甚少,乐谱荡然无存,乐器寥寥无几,实在难考其详,只能略作申说。

一、夏完善礼乐传承制度

禹本系鲧之子,颛顼之孙,黄帝之玄孙。③ 舜之时,想通过听音乐来考视诸侯的政事,对禹说:"予欲闻六律、五声、八音,来始滑,以出入五言,女听之。"司马贞认为,"来始滑"系"采政忽"之误,应取刘伯庄之解作"听诸侯能为政及怠忽者"。④ 禹主持制作《九招》,弘扬舜的治理理论和政绩。《史记·五帝本纪·舜》:"于是禹乃兴《九招》之乐,致异物,凤凰来翔。天下明德皆自虞帝始。"⑤《九招》可以看作是黄帝《云门》、颛顼《承云》和尧《大章》的增修版。⑥ 禹的声音成为钟律的基准。《史记·夏本纪》:"声为律。"司马贞《索隐》:"言禹声音应钟律。"⑦

禹即位后,封先王后裔疆土,以保护和传承先王礼乐。禹践位之初,即分封尧子丹硃和舜子商均,以传承尧和舜的礼乐。《史记·五帝本纪·舜》:"舜乃豫荐禹于天。十七年而崩。三年丧毕,禹亦乃让舜

---

① 马承源:《中国青铜艺术总论》,中国青铜器全集编辑委员会编:《中国青铜器全集》,第1册,第23页,文物出版社1996年版,第1页。
② 〔梁〕刘勰:《文心雕龙》,四部丛刊景明嘉靖刊本,第2卷,第1页。
③ 〔汉〕司马迁:《史记》,中华书局1959年版,第49页。
④⑦ 同上,第51页。
⑤ 同上,第43页。
⑥ 杨赛:《舜的礼乐文明》,《交响·西安音乐学院学报》2020年第2期。

子,如舜让尧子。诸侯归之,然后禹践天子位。尧子丹硃,舜子商均,皆有疆土,以奉先祀。服其服,礼乐如之。"①这一措施笼络尧和舜两大宗族的势力,巩固了禹的执政地位。这一制度在周武王伐纣胜利后,得到进一步完善,周分封了黄帝、尧、舜、夏、商的后代,对传承黄帝礼乐体系、巩固周的统治发挥了重大作用。

禹还延续了舜的做法,实施用禘、郊、祖和宗祭祀历代先王的制度。《礼记·祭法》:"有虞氏禘黄帝而郊喾祖颛顼而宗尧,夏后氏禘黄帝而祖颛顼,郊鲧而宗禹;商人禘舜而祖契,郊冥而宗汤;周人禘喾而郊稷,祖文王而宗武王。"②禘和郊是道统,是文化传承;祖和宗则是血统,是基因延续。商和周沿用了这一套制度,实现了道统与血统的统一,政权更加稳固。夏既保存异族的礼乐,又完善本族的礼乐,为传承黄帝以来的中华礼乐文明完善了制度体系,取得了显著成效。

禹开启了以乐听政的传统。《淮南子·氾论训》:"(夏禹说)教寡人以道者击鼓,教寡人以义者击钟,教寡人以事者振铎,语寡人以忧者击磬,语寡人参狱讼者挥鼗。"③《通典·乐》注:"禹命登扶氏为承夏之乐,有钟、鼓、磬、铎、鼗。钟,所以记有德;椎鼓,所以谋有道;击磬,所以待有忧;摇鼗,所以察有讼。理天下以五声,为铭于簨虡。"④

二、禹初制《大夏》弘扬先王功德

禹即位后,即制《大夏》。《周礼·春官宗伯·大司乐》郑玄注:"《大夏》,禹乐也。"⑤《汉书·礼乐志》:"禹作《夏》。"⑥《史记·吴太

---

① 〔汉〕司马迁:《史记》,中华书局1959年版,第1453页。
② 〔清〕阮元刻:《十三经注疏》,清嘉庆二十年(1815)南昌府学刊本,第796页。
③ 何宁:《淮南子集释》,中华书局1998年版,第941页。
④ 〔唐〕杜佑撰、王文锦等点校:《通典》,中华书局1988年版,第3589页。
⑤ 〔清〕阮元刻:《十三经注疏》,清嘉庆二十年(1815)南昌府学刊本,第677页。
⑥ 〔汉〕班固:《汉书》,中华书局1962年版,第1038页。

伯世家》贾逵注曰:"夏禹之乐,《大夏》也。"①

《大夏》释名为大,《礼记·乐记》:"夏,大也。"②后世对"大"的解释有两种:一为光大,二为盛大。《大夏》并非作成于一时。禹即位后,即举荐皋陶为政。司马贞《史记正义》引《帝王纪》说:"皋陶生于曲阜。曲阜偃地,故帝因之而以赐姓曰偃。尧禅舜,命之作士。舜禅禹,禹即帝位,以咎(皋)陶最贤,荐之于天,将有禅之意。未及禅,会皋陶卒。"③禹在皋陶的协理下,取得一定的政绩。《荀子·成相》说道:"舜授禹,以天下,尚得推贤,不失序。外不避仇,内不阿亲,贤者予。"④

于是,禹制作《大夏》,以祭祀历代先王,弘扬先王政绩,巩固黄帝宗脉的血统与道统,乐名可解作光大先王之德。《乐协图征》"禹乐曰《大夏》",宋均注:"其德能大诸夏也。"⑤禹继承尧、舜的德治,当时被合称为三圣。《春秋繁露·楚庄王》:"禹之时,民乐其三圣相继,故《夏》,夏者,大也。"⑥《礼记·乐记》郑玄注:"(《大夏》)言禹能大尧、舜之德。"⑦《汉书·礼乐志》:"《夏》,大,承二帝也"。颜师古注:"《夏》,大也。二帝谓尧、舜也。"⑧《白虎通》:"禹曰《大夏》者,言禹能顺二圣之道而行之,故曰《大夏》也。"⑨《乐纬》注:"禹承二帝之后,道重太平,故曰《大夏》。"⑩《春秋元命苞》曰:"禹之时,民大乐其骈三圣相继,故乐

---

① 〔汉〕司马迁:《史记》,中华书局1959年版,第1453页。
② 〔清〕阮元刻:《十三经注疏》,清嘉庆二十年(1815)南昌府学刊本,第677页。
③ 〔汉〕司马迁:《史记》,中华书局1959年版,第83页。
④ 〔清〕王先谦撰,沈啸寰、王星贤点校:《荀子集解》,中华书局1988年版,第462—463页。
⑤⑩ 〔唐〕徐坚:《初学记》,清文渊阁四库全书本,第15卷。
⑥ 〔汉〕董仲舒:《春秋繁露》,清文渊阁四库全书本,第1卷,第6页。
⑦ 〔清〕阮元刻:《十三经注疏》,清嘉庆二十年(1815)南昌府学刊本,第678页。
⑧ 〔汉〕班固:《汉书》,中华书局1962年版,第1038页。
⑨ 〔汉〕班固著、〔清〕陈立疏证:《白虎通疏证》,中华书局1994年版,第102页。

名《大夏》,夏者,大也。"①《春秋繁露》:"禹之时,民乐其三圣相继,故《夏》,夏者大也。"②《通典·乐》注:"《夏》,大也。言禹能大尧、舜之德。"③禹既然要延续尧、舜二帝的德政,仿效《大章》《大韶》制作《大夏》本是自然之事。《释诂》云:"夏,大也。故大国曰夏。华夏谓中国也。"④《毛诗·小雅·鱼藻之什》疏:"夏者,夏大也,以其中国有礼义之华,可嘉大也。"⑤

三、禹命皋陶和启增修《大夏》宣扬政绩实施礼乐教化

禹的治理取得了较好的成绩。伊尹说:"呜呼!古有夏先后,方懋厥德,罔有天灾,山川鬼神,亦莫不宁,暨鸟兽鱼鳖咸若。"(《尚书·商书·伊训》)禹又命皋陶和启增修《大夏》,彰显禹巨大功绩和民望,又名《九夏》《夏龠》《九招》,乐名可解作盛大。《吕氏春秋·古乐篇》:"禹立,勤劳天下,日夜不懈,通大川,决壅塞,凿龙门,降通漻水以导河,疏三江五湖,注之东海,以利黔首。于是命皋陶作为《夏龠》九成,以昭其功。"⑥杨荫浏说:"《大夏》或《夏龠》就是歌颂禹成功的一个乐舞。这个乐舞分为九段,用一种叫龠的原始管乐器作为主要伴奏乐器。"⑦陈祥道说:"禹有中国之大功,故乐谓之《夏》。"⑧陈旸《乐书》:"禹成治水之大功,而以皋陶作《夏》。"⑨禹命皋陶增修,有九个乐章,规模宏大,比《六茎》还多三个乐章,堪比舜的《九韶》。《周礼·春官宗

---

① 〔唐〕欧阳询撰、汪绍楹校:《艺文类聚》,上海古籍出版社1985年版,第1页。
② 〔汉〕董仲舒:《春秋繁露》,清文渊阁四库全书本,第1卷,第6页。
③ 〔唐〕杜佑撰、王文锦等点校:《通典》,中华书局1988年版,第3589页。
④ 〔清〕阮元刻:《十三经注疏》,清嘉庆二十年(1815)南昌府学刊本,第162页。
⑤ 同上,第526页。
⑥ 〔战国〕吕不韦著、陈献猷校释:《吕氏春秋》,上海古籍出版社2002年版,第286页。
⑦ 杨荫浏:《中国古代音乐史稿》,人民音乐出版社1981年版,第7页。
⑧ 〔元〕卫湜:《礼记集说》,清文渊阁四库全书本,第91卷。
⑨ 〔宋〕陈旸:《乐书》,清文渊阁四库全书本,第15卷。

伯·大司乐》郑玄注:"《大夏》,禹乐也,禹治水傅土,言其德能大中国也。"①

禹命老臣益接替皋陶摄政,十年后,禹崩,享年一百岁。本应由益即位,但益之辅佐禹时间过短,资历不深,天下诸侯并不臣服。《史记·夏本纪》:"故诸侯皆去益而朝启,曰'吾君帝禹之子也'。于是启遂即天子之位,是为夏后帝启。"②禹在位的最后十多年,皋陶老弱,益威望不足,启当参与了增修《大夏》的工作。夏禹之子启,又称开,即位十年(约前1768年)后,作《九招》。《九招》又名《九韶》《九歌》《九辩》《九代》等,是《夏》乐的增修版。有九个乐章。《今本竹书纪年》曰:"夏后开舞《九招》也。"《山海经·海外西经》:"夏后启于此舞《九代》。"《帝王世纪》:"启升后十年,舞《九韶》。"③《山海经·大荒西经》:"开上嫔于天,得《九辩》与《九歌》以下。"夏启《九招》为大型娱人音乐,与帝喾作《九招》专主祭祀性质不同。《楚辞·离骚》:"启《九辩》与《九歌》兮,夏康娱以自纵。"启因此积累了较高威望,并最终即位。

首先,《大夏》突出了禹在舜朝摄政期间治水的功绩。禹一改先人鲧的做法,移除河道边堆积的埋土,疏通水道,治理水患,兴修水利,得到民众的支持和信任,民意基础不断扩大。《诗经·商颂·长发》:"洪水茫茫,禹敷下土方。"《荀子·成相》:"禹有功,抑下鸿,辟除民害逐共工。北决九河,通十二渚,疏三江。禹溥土,平天下,躬亲为民行劳苦。"④贾谊说:"故鬐河而道之九牧,凿江而道之九路,澄五湖而定东海。民劳矣而弗苦者,功成而利于民也。禹尝昼不暇食,夜不暇寝矣,

---

① 〔清〕阮元刻:《十三经注疏》,清嘉庆二十年(1815)南昌府学刊本,第337—338页。
② 〔汉〕司马迁:《史记》,中华书局1959年版,第83页。
③ 〔宋〕李昉:《太平御览》,清文渊阁四库全书本,第82卷。
④ 〔清〕王先谦撰,沈啸寰、王星贤点校:《荀子集解》,中华书局1988年版,第462—463页。

方是时也,忧务故也。故禹与士民同务,故不自言其信而信谕矣。故治天下,以信为之也。"①其次,《大夏》宣扬禹休养生息,鼓励农耕,推行利民政策,人口不断增多。《禹禁》:"春三月,山林不登斧,以成草木之长。夏三月,川泽不入纲罟,以成鱼鳖之长。且以并农力,执成男女之功。"禹说:"民无食也。则我弗能使也。功成而不利于民,我弗能劝也。"《夏箴》:"中不容利,民乃外次。"又:"小人无兼年之食,遇天饥,妻子非其有也。大夫无兼年之食,遇天饥,臣妾与马非其有也。戒之哉。弗思弗行,至无日矣。"《开望》:"土广无守,可袭伐。土狭无食,可围竭。二祸之来,不称之灾。天有四殃,水旱饥荒。其至无时,非务积聚,何以备之!"再次,《大夏》宣扬禹征服三苗,维护了黄帝道统。《禹誓》:"济济有众,咸听朕言。非惟小子,敢行称乱。蠢兹有苗,用天之罚。若予既率尔群,对诸君,以征有苗。"孔子高度赞扬了夏禹的德政:"高阳之孙,鲧之子也,曰夏后,敏给克齐,其德不爽,其仁可亲,其吾可信,声为律,身为度,亹亹穆穆,为纪为纲。其功为百神之主,其惠为民父母。左准绳,右规矩,履四时,据四海。任皋繇伯益以赞其治,兴六师以征不序,四极之民,莫敢不服。"②

《九夏》以打击乐器钟和鼓为主,配合重大礼仪场合迎神、享神、送神程式演奏。《周礼》:"钟师掌金奏。金奏击金以为奏乐之节。金谓钟及镈、凡乐事以钟鼓奏《九夏》:《王夏》《肆夏》《昭夏》《纳夏》《章夏》《齐夏》《族夏》《祴夏》《骜夏》。"注:"以钟鼓者先击钟,次击鼓,以奏《九夏》。夏,大也,乐之大歌有九,故书。杜子春云:内当为纳,祴读为陔,鼓之陔。王出入奏《王夏》,尸出入奏《肆夏》,牲出入奏《昭夏》,四方宾来奏《纳夏》,臣有功奏《章夏》,夫人祭奏《齐夏》,族人侍奏《族

---

① 〔汉〕贾谊《新书·修政语》,见贾谊著、阎振益、钟夏校注:《新书校注》,中华书局2000年版,第361页。
② 〔魏〕王肃:《孔子家语》,〔明〕毛晋校,汲古阁校,清刊本,第5卷。

夏》,客醉而出奏《陔夏》,公出入奏《骜夏》。"①迎神曲有《王夏》《肆夏》《昭夏》;享神曲有《纳夏》《章夏》《齐夏》《族夏》;送神曲有《祴夏》《骜夏》。

陈旸说:"《大夏》,禹乐也,谓之九德之歌,得非《九夏》之乐乎?……禹作《九夏》之乐,本九功之德以为歌,而《夏书》曰:'劝之以九歌,俾勿坏',曷尝不先患虑之而戒之哉?且天下之民,以王为之君,《九夏》之乐,以《王夏》为之君,故王出入奏《王夏》。尸非神也,象神而已,然尸之于神,在庙则均全于君,是与之相敌而无不及矣,故尸出入奏《肆夏》。牲所以食神,实以召之也,神藏于幽微,而有以召之,则洋洋乎如在其上,如在其左右,不亦昭乎?故牲出入奏《昭夏》。外之为出,内之为纳,四方之宾,或以朝而来王,或以祭而来享,非可却而外之也。容而纳之,系属之宾客悦远人之道也,故四方宾来奏《纳夏》。东南为文,西南为章,则章者文之成、明之著者也。人臣有功不锡乐以章之,则其卒至于黮暗不明,非崇德报功之道也,故臣有功奏《章夏》。古者将祭,君致齐于外,夫人致齐于内,心不苟虑,必依于道,手足不苟动,必依于礼,夫然致精明之德,可以交神明矣,故夫人祭奏《齐夏》。族人侍王,内朝以齿,明父子也;外朝以官,体异姓也。合之以道,不过是矣,故族人侍奏《族夏》。既醉而出,并受其福;醉而不出,是谓伐德。非特于礼为然,乐亦如之。是以先王之于乐,未尝不以祴示戒焉,故客醉而出奏《祴夏》。大射,公与王同德,爵位莫重焉。然位不期骄而骄至,禄不期侈而侈生,则自放骄愆之患,难乎免于身矣。是以先王之于乐,未尝不以骜示戒焉,故公出入奏《骜夏》。盖礼胜易离,乐胜易流,《九夏》之乐,必终于祴骜者以反为文故也。若然,尚何坏之有乎?《诗》言钟鼓既戒,与此同意。《九夏》之乐,有其名而亡其辞,盖若《豳雅》《豳

---

① 〔汉〕郑玄注、〔唐〕陆德明音义:《周礼》,四部丛刊景明翻宋岳氏本,第6卷,第28页。

颂》矣。虞、夏之世,非特有文舞,亦有武舞矣,舞干羽于两阶是也。"①

四、《夏颂》与《赓歌》

《大夏》制作了不少歌诗。《文心雕龙·原道》:"夏后氏兴,业峻鸿绩,九序惟歌,勋德弥缛。"②《文心雕龙·时序》:"至大禹敷土,九序咏功"。③可惜,《大夏》歌诗周已不存。原因其实很好解释,因为商和周不可能在祭祀仪式中演唱歌颂夏民族先王的歌诗,所以只保留了器乐部分。

夏制作了《夏颂》。郑玄《诗谱序》:"有夏承之篇章泯弃,靡有孑遗。"孔颖达正义:"夏承虞后,必有诗矣。但篇章绝灭,无有孑然而得遗余,此夏之篇章不知何时灭也。有《商颂》而无《夏颂》,盖周室之初也记录不得。"④孔颖达说必有夏诗,是非常有道理的。《夏颂》在西周时应该有词有谱,到东周礼崩乐坏,夏歌诗大多遗失了,这造成《史记·夏本纪》自禹和启以后,出现大片空白。只有一些表现夏民族风俗的歌诗还保存下来,收录到《诗经》国风里。陈钟凡认为,《豳风·七月》即是夏代的歌诗。⑤

禹命皋陶制作《赓歌》为禹君臣合唱的歌诗。《史记·夏本纪》记载了歌诗创作和修订的过程:"帝用此作歌曰:'陟天之命,维时维几。'乃歌曰:'股肱喜哉,元首起哉,百工熙哉!'皋陶拜手稽首扬言曰:'念哉,率为兴事,慎乃宪,敬哉!'乃更为歌曰:'元首明哉,股肱良哉,庶事康哉!'又歌曰:'元首丛脞哉,股肱惰哉,万事堕哉!'帝拜曰:'然,往钦哉!'于是天下皆宗禹之明度数声乐,为山川神主。"⑥禹创作歌诗的本

---

① 〔宋〕陈旸:《乐书》,清文渊阁四库全书本,第15卷。
② 〔梁〕刘勰:《文心雕龙》,四部丛刊景明嘉靖刊本,第1卷,第2页。
③ 同上,第1页。
④ 〔汉〕郑玄注、〔唐〕孔颖达疏:《毛诗正义》,清文渊阁四库全书本,《诗谱序》,第3页。
⑤ 陈钟凡:《豳风七月为夏代文学证》,《文哲学报》1922年第2期,第1—3页。
⑥ 〔汉〕司马迁:《史记》,中华书局1959年版,第81—82页。

意,在表达君臣接受天命,兢兢业业治理国家。歌诗反映了禹即位之初,继续实施舜时的管理体制,大臣们分工行权,乐于奉献,各行各业欣欣向荣,但居然把股肱之臣列于元首之前,对禹并不是很崇敬,仅为百工服务,也有失偏颇。皋陶并不满意,主张修订为两段歌词。第一段从正面训诫,如果元首圣明充分授权,大臣能干,政事就很顺利。第二段从反面警诫,如果元首插手过多管得过细,大臣懒政怠政,政事就出现混乱。两段歌诗各三句,为三言实词加虚言构成,应为徒歌。

  中华民族自古即以华夏相称,华夏文化一直居于中国文化正统地位。夏对完善中华礼乐传承体系做出了重要贡献。禹在舜朝即主持制作《韶》乐,积累了威望。即位之初,禹延续了舜禘、郊、祖、宗四种祭祀制度,努力实现道统与血统的统一,有利于统治权的稳定交接。禹命皋陶制作《大夏》,以弘扬历代先王的功德,团结各大宗族势力,巩固执政地位,实现了政局的稳定。禹取得较好的政绩后,命皋陶增修《大夏》,扩充至九个乐章,也称《九夏》,着重宣扬禹治水的功绩,并实施礼乐教化,树立个人权威。摄政的皋陶老病体弱,益威望不足,启参与了增修《大夏》的工作,并因此取得继位资质。《夏颂》很早就佚失了,仅存《赓歌》一首。禹令皋陶主持创作《赓歌》,两易其稿,表现禹明充分授权,大臣能干,政事顺利。两段歌诗各三句,为三言实词加虚言构成,应为徒歌。夏启当政初期弘扬禹乐,后期为追求享乐制作《万》舞,导致政权衰败。太康失去统治权后,其昆弟作《五子之歌》,回顾夏禹的训诫,追悔莫及。夏乐在商并未断绝。周乐大量吸收了夏乐。周封夏族宗孙于杞。杞灭后,夏族南迁,成为南方少数民族。元结、皮日休所补作夏歌诗,大部分都不符合夏代音乐的实际情况。朱载堉所补《夏训》一段,可作补夏乐参考。夏乐现存文献资料很少,考古发掘不多,仅有禹、启、少康、桀时的音乐传说,史料很不充分,难以考证其详,只能勉强申说,以窥夏代礼乐文明的样貌。目前我们所知尽管粗略,但夏乐对中华礼乐文明的深远影响却不容置疑,不可忽视。

第五章　中国当代美学观照

主编插白：中国当代美学怎么看？厦门大学的杨春时教授既是中国当代美学的参与者和一派学说的代表人物，也是中国当代美学的研究者。以这样一种双重身份审视新中国成立后的当代美学论争，聚焦运用的方法论及得出的本体论，杨春时先生将中国当代美学论争概括为三次。第一次论争发生在20世纪50—60年代，论争的焦点是美的主客观属性问题，出现了蔡仪的美在客观派，吕荧、高尔泰的美在主观派，朱光潜的美在主客观合一派，李泽厚的美在客观社会属性派。第二次美学论争发生于20世纪80年代，论争的焦点是美的本质问题，主要在李泽厚与蔡仪之间展开，高尔泰、朱光潜等也加入了讨论。这是第一次论争的延续和深化。第三次论争发生于1990年至2000年代，论争的双方是后实践美学与实践美学，后实践美学是一个包含着多种学说的总体概括，其中包括杨春时自己的"主体间性超越论美学"、张玉能的"新实践美学"、朱立元的"实践存在论美学"等。西方当代美学范式出现了什么样的新变？厦门大学的代迅教授以丹托的艺术理论为切入点，由点及面地阐释了这个问题。一是西方古典艺术的终结与艺术模仿论美学传统的坍塌，二是普通物品的艺术化与艺术本质的重构，三是艺术边界的扩展与理论阐释对于艺术的决定作用。艺术的存在依赖于理论。物品的外在形式并不重要，是美是丑也无关宏旨，能否援引艺术理论加以阐释才是最为关键的因素。这决定了某一物品是否有资格获得认证进入艺术界,成为一件艺术作品。文学本来被定义为社会生活的反映,而社会生活是由一个个的事件构成的。在当代文论中,集体名词"社会生活"被个别概念的"事件"取代,"事件文论"成为一种新潮文论。华东师范大学的刘阳教授以研究当代事件文论著称。他的《当代事件文论的主线发生与复调构成》从意识层面、历史层面、语言层面三方面分析介绍了当代西方"事件文论"的产生及其复调构成,为我们了解"事件文论"的主要内容提供了可以参考的依据。在艺术借助新媒体的传播中,受众与新媒体之间存在的知识鸿沟愈来愈大,这直接影响着受众的审美接受。如何弥合受众的知识与新媒体艺术的断裂鸿沟?起源于1970年代的美国"知识沟"理论作为重要的艺术传播理论,对这个问题做了有意义的探讨。复旦大学致力于艺术传播学研究的汤筠冰教授介绍了这一当代学说,并通过"知识沟"理论来审视我国当代艺术传播与接受中存在的数字鸿沟,就如何弥合这一鸿沟、提升受众的艺术素养提出了对策性思考。

第一节　当代美学论争中的方法论、本体论问题[①]

从20世纪五六十年代至今,中国发生了三次美学论争。从方法论和本体论角度考察当代美学论争,可以透过各方的观点而发现更深层次的问题,从而有助于当代美学建设。

一、第一次美学论争:20世纪50—60年代

第一次美学论争发生于20世纪50年代中期到60年代初期,它以批判朱光潜的"资产阶级美学思想"开头,最后转入苏联美学体系内的"美的主客观性"问题的讨论。这次论争聚焦于美的主客观属性问题,

---

[①] 作者杨春时,厦门大学人文学院教授。本文原载《广东社会科学》2021年第5期。

是一个认识论的问题,而在这个认识论问题的后面则隐藏着物质本体论和社会存在本体论的分歧。在苏联哲学体系中,主体与客体是分立的,对象是客观的、不依人的意志为转移;意识是对客观对象的反映。这样,就产生了美是主观的感觉还是客观的属性的问题。蔡仪依据辩证唯物论,坚持美是客观的自然属性,美感是对美的反映。吕荧、高尔泰认为美即美感,是主观的。朱光潜认为美是主观认识与客观对象的属性的统一。这三种观点都是在认识论的框架内讨论美的主客观属性。在这三种观点之外,还有李泽厚的"美是客观的社会属性"说。李泽厚的美学观虽然从历史唯物论出发,但最后还是进入认识论领域,得出了一个主客二分的结论,即美是客观性与社会性的统一,是客观的社会属性。他说:"美学科学的哲学基本问题是认识论问题。美感是这一问题的中心环节。从美感开始,也就是从分析人类的美的认识的辩证法开始,就是从哲学认识论开始,也就是从分析解决客观与主观、存在与意识的关系问题——这一哲学基本问题开始。"[1]这次论争并没有在本体论问题上展开,而是在认识论问题上展开,本体论问题被遮蔽,也就是没有聚焦于美的本质问题,而是聚焦于美的主客观性问题。这就表明,争论的各方并没有形成本体论的自觉,只是依据苏联哲学的本体论各自做出认识论的结论。苏联哲学是有本体论的,认识论是建筑于其上的。苏联哲学的本体论是二元化的,即辩证唯物论和历史唯物论的二元体系,关于二者的关系的规定存在着矛盾。辩证唯物论案建立在物质本体论之上,主张物质第一性、意识第二性,物质产生意识、决定意识,意识反映物质。在这个基础上,形成了反映论的认识论,即认为认识是对客观事物的反映。历史唯物论实际上建立在社会存在本体论之上,它主张社会存在决定社会意识,社会意识是社会存在的反映。历史唯物论被规定为辩证唯物论在社会历史领域的应用,这是一个不合逻辑的规定,因为辩证唯物论与历史唯物论所"唯"之"物"并不是一

---

[1] 李泽厚:《美学论集》,上海文艺出版社1980年版,第2页。

回事,前者是物质实体,后者是物质生产活动,因此是概念的混淆。这里存在着两个本体,一个是辩证唯物论的物质本体,它是自然性的物质实体;一个是历史唯物论的社会存在本体,它是人的以物质生产为基础的社会活动,这两个本体并非一物,存在着本质的差别,因此后者不是前者的"应用",前者不能包含着后者。苏联哲学把两个"唯物"概念混为一谈,发生了逻辑的谬误,也产生了体系内部的矛盾,即物质本体论和社会存在本体论的矛盾。在第一次美学论争中,各派不敢也不能质疑苏联哲学,也没有分辨出两个本体的矛盾,只是不自觉地各有所依:蔡仪一派依据物质本体论和辩证唯物论,李泽厚一派依据社会存在本体论和历史唯物论,分别规定了美的客观性,即前者认为美具有自然客观性,后者认为美具有社会客观性。朱光潜仅仅依据认识论,提出了美是主客观的统一,但缺乏本体论的依据,所以李泽厚批判他只是一种直观的结论。只有吕荧、高尔泰脱离了苏联哲学,得出了美是主观的感觉的结论,但没有提出自己的哲学本体论,而具有"唯心论"的倾向。论争各派隐含的物质本体论和社存在本体论的矛盾没有直接显现,只是在认识论领域得到体现,也没有就本体论问题充分展开讨论。由于缺乏本体论的自觉,他们把本体论的分歧隐蔽了,仅仅在认识论问题开展争论,由此产生了许多概念上和逻辑上的混乱(如李泽厚把社会性等同于客观性,朱光潜以认识论的主客观统一取代了本体论的主客观性问题等),故不能得出合理的结论。

这次美学论争虽然集中在美的主客观性问题上,但也暴露了方法论方面的问题。自古希腊以来,西方传统哲学形成了逻辑演绎和经验归纳两种方法论,欧陆的理性主义哲学就是依据演绎方法而形成的,而英美经验主义哲学就是依据归纳方法而形成的。逻辑演绎就是从一个绝对公理出发,推导出万事万物的性质,但这个绝对公理则是独断的,没有根据的,从而陷入了独断论。归纳方法是从经验出发,对具体事物的现象进行概括,归纳出普遍的性质。但归纳方法也有局限,主要是经验毕竟有限,对它的概括也不具有普遍性,不能得出普遍的真理。后来,黑格尔和马克思提出了"逻辑与历史相统一"的方法,就是从一个抽象的逻辑规定出发,进入历史过程,使其在历史中现实化,并且得到发展,最后得到充分实现,完成了逻辑与历史的一致。这在黑格尔就是理念(绝对精神)在历史中的对象化和自我实现,在马克思就是人的自由本质经由阶级社会的异化到共产主义社会的实现。第一次美学论争由于没有明确地提出美的本质是什么,因此各方也没有鲜明地显示出自己的美学方法论。但是,我们可以依据他们的论述,做出方法论方面的推断。他们提出美的主观性或者客观性或者主客观统一性,依据何在呢?蔡仪先生和李泽厚先生有一个共同点,就是依据苏联哲学,虽然各自的理解和选择不同,分别依据辩证唯物论和历史唯物论,但他们都认为从现成的理论中可以找到美的客观性的依据。这种方法论就是以苏联哲学为公理,包括物质本体论和社会存在本体论,推导出美的主客观性,这就是演绎的方法。此时李泽厚还没有自觉地依据"逻辑与历史相统一的方法",他对美的规定还没有在社会历史中展开,仅仅是以简单的逻辑推演,做出美是社会属性,是客观的结论。很明显,苏联哲学有其缺陷,而依据它推导出的结论陷入了独断论。而主张美是主观的吕荧、高尔泰,则是从经验出发,属于归纳方法。经验归纳方法虽然可以验证某些论点,但经验毕竟有限,尤其对于人文科学来说,每个人的体验各不相同,故不具有普遍性。它们提出美是主观的感觉,抹杀了客观方面,就体现了经验归纳方法的片面性。朱光潜先生提出的"美是主客观的统一"说,一方面依据苏联哲学的认识论(主客观统一),另一方面也依据审美经验(美在主观也在客观),而二者都具有局限性。总之,第一次美学论争所依据的方法论,是传统的哲学方法论,具有局限性,不能成为合理的美学方法论。

二、第二次美学论争:20世纪80年代

第二次美学论争发生于20世纪80年代,主要是李泽厚与蔡仪所代表的美学思想之间的论争,其他人如高尔泰、朱光潜等也加入了讨

论。这次论争是第一次论争的延续和深化，它从美的主客观性问题深入到美的本质问题，也提出了美学方法论问题。我们先考察这次论争的本体论问题。这次美学论争突破了苏联哲学的框架，引进了青年马克思的《1844年经济学—哲学手稿》中的哲学、美学思想和德国古典美学的主体性思想，但由于《手稿》只是一个提纲，并没有建立起一个完整的哲学体系，而且受到费尔巴哈的人本主义思想的影响，所以并没有明确提出本体论问题。但《手稿》隐含着一个实践哲学，它从人的感性活动即实践出发来论述人的本质和历史规律，但没有以实践为逻辑起点来展开论证，因此有以历史规律代替本体论的倾向。一些实践美学家提出了实践本体论，认为实践是本体论的范畴，从而展开了美学论证。这就造成第二次美学论争主要在美的本质问题的观点上交锋，但也一定程度上从本体论角度论证了美的本质的根据。在这个时期，李泽厚的"社会客观派"美学发展为实践美学，用实践观点、"自然的人化"来解释美的社会客观性。而蔡仪仍然坚持自然客观性美学，用反映论来解释美感，同时提出了"美是典型"的观点。同时，高尔泰把主观论美学发展为"主体自由论"美学，提出了"美是自由的象征"的思想。朱光潜仍然坚持"美是主客观的统一"论，但开始用实践论来解释主客观统一的历史根据。可以看出，这次美学论争延续了第一次美学论争，也发展了第一次美学论争。首先，这次论争突破了认识论的框架，进入到本体论的领域。它不再聚焦于美的主客观性问题，而是讨论美的本质问题，而美的本质问题不是一个认识论问题，是一个本体论的问题。蔡仪仍然坚持物质本体论，认为美是客观的自然属性，但突出了"美是典型"的观点。而李泽厚代表的实践美学依据实践本体论，提出了"美是人化自然的产物""美是人的本质的对象化"的思想。他认为实践活动构成了工具本体，这是起决定作用的。同时，李泽厚也认为，通过实践的积淀，又形成了心理本体，这是次生性的。这样，就构成了两个本体，这是哲学本体论所不允许的，也为后实践美学所批判以及新实践美学所诟病。李泽厚对此做了说明，指出工具本体和心理本体，并不是哲学意义上的本体,也就不是哲学意义上的本体论;但他又强调,这个本体是起决定性作用的。在这里,可以看出李泽厚对于美学的本体论问题不甚了然,混淆了哲学本体论和社会历史科学两个不同的维度。这也就是他所说的"人类学本体论"。李泽厚始终是从社会历史的维度研究美学问题的,而缺乏形上哲学的维度。他后来在《人类学历史本体论》一书中对实践美学做了如下概述:"所谓实践美学,从哲学上说,乃人类学历史本体论(亦称主体性实践哲学)的美学部分,它以外在—内在的自然的人化说为根本理论基础,认为美的根源、本质或前提在于外在自然(人的自然环境)与人的生存关系的历史性的改变;美感的根源在于内在自然(人的躯体、感官、情欲和整个心理)的人化,即社会性向生理性(自然性)的渗透、交融、合一,此即积淀说。"①可以看出,他主要还是依据社会历史的考察,而不是哲学的论证,从实践创造人和世界的历史中得出美的本质。朱光潜也认为美是实践的产物,只不过李泽厚强调实践创造了主体的自由意志,而他强调实践创造了主客观的统一,虽然还是属于认识论的命题,但也依据实践本体论。高尔泰提出"美是自由的象征",实际上是建立了自我本体论。总之,这次论争讨论了美的本质问题,触及了美学本体论,但没有充分地在本体论问题上展开。这说明,第二次美学论争涉及本体论问题,但还没有形成本体论的充分自觉,本体论的美学建构还有待于深入。

这次美学论争也涉及了方法论问题。第二次美学论争不同于第一次美学论争,在于讨论的问题突破了美的主客观性问题,而提出了美的本质问题。那么,这个美的本质是如何发现的呢,这就触及美学方法论问题。必须指出,论争各方仍然没有达成方法论的自觉,还是不自觉地运用和显示了各自的方法论。蔡仪先生仍然延续了自己的自然客观性观点,只是突出了"美是典型"的思想,也就是认为美是物种的典型属性。就这一观点而言,是依据审美经验的,属于经验归纳的方法,并没

---

① 李泽厚:《人类学历史本体论》,天津社会科学院出版社2008年版,第297页。

有揭示美的本质的根据，因为"美是典型"这个结论并不能从本体论范畴"物质"中推演出来，而只是从其经验中得出来。经验归纳方法论的局限，前面已经说过，而这个典型说也体现了其弊端。李泽厚先生则提出了"美是人化自然的产物"，后来也承认了"美是人的本质的对象化"的命题。李泽厚先生以及他所代表的实践派美学，已经接受了马克思《手稿》的思想，企图运用"逻辑与历史相统一"的方法来发现和论证美的本质，但是，他们的方法论运用存在着问题。一方面，作为方法论，逻辑的起点需要具有明证性，即应该是不证自明的公理，否则就是独断论。而实践美学事实上提出了两个逻辑起点，一个是人的自由本质，认为经由实践，人的自由本质在历史发展中得以复归，美是其对象化；另一个起点是实践活动，它创造了人的本质（文化心理结构），也创造了美。这两个逻辑起点不仅互相矛盾，而且也都不是不证自明的，人的自由本质需要证明，作为逻辑前提有独断论之嫌。说美是人的本质的对象化，但人的本质的规定并没有现成的答案，而且在哲学史上有不同的规定，如理性、自由、虚无、无本质等。另一方面，实践是人的现实活动，属于社会历史范畴，不能成为哲学的逻辑起点。从实践概念中也不能推演出"美是人的本质的对象化"命题，因为实践概念并不包括人的本质。实践美学实际上进行了循环论证，即先预设了人的自由本质，进而推演出实践是自由的活动，创造了人的本质对象化——美；同时又预设了实践是自由的活动，进而推演出实践活动创造（或积淀）了人的自由本质，人的本质的对象化即美。李泽厚还采用了历史经验的归纳方法和实证方法。他提出了"积淀说"，认为实践活动积淀到人的心理结构上，产生了美感。他甚至认为，将来可以运用科学方法，用数学公式来揭示审美的秘密；而且可以通过对人脑的研究，发现实践的积淀——思想观念。这就完全沦入了实证论，把美学等同于经验科学。这种社会历史的论证属于经验归纳方法，它通过社会发生学的考察，进行经验的归纳，得出了美的本质。前面已经说明，经验归纳的方法不具有普遍性，也难于得出事物的本质，而且美学属于哲学，审美具有超越性，因此不能通过经验归纳来把握美的本质。

三、第三次美学论争:20世纪90年代

发生于1990年至2000年的第三次美学论争是后实践美学与实践美学的论争,这次论争开始聚焦于本体论问题。后实践美学直接质疑实践美学的核心理念——实践本体论,认为实践不是美学的逻辑起点,不是一个本体论概念,而只是一个社会历史领域的概念,它不能决定审美的本质。杨春时指出:"实践是人的存在的社会物质基础,它使人区别于动物,就这点而言,实践是人存在的相当本质的方面。但作为一种哲学的最高抽象,它又是不够的,因为人的存在即生存的最高本质不就是社会物质实践,而是对于现实的超越,而超越即自由,它使人根本上区别于动物……实践基本上还是一个历史科学的概念,还未上升为哲学范畴,因此,才造成了实践哲学的实证倾向。"①后实践美学提出了自己的本体论,如杨春时在初期提出了生存本体论,认为生存具有超越性,从而指向审美;后来又进一步发展为存在论,并且在这个基础上建立了"主体间性超越论美学"。他认为,存在是我与世界的共在,是生存的根据,具有同一性和本真性,而生存是存在的异化形式;生存主客分离并具有现实性,同时也保留着不充分的同一性(主体间性)和本真性(超越性),因此生存是指向存在的;而审美作为自由的生存方式是主体间性和超越性的充分实现,是向存在的回归。他说:"美学通过自由的生存方式——审美发现并且确定了存在,并且从而充分地展示了存在的本质和诸规定。因此,美学既是本源的存在论,也为确定的存在论奠基。"②后实践美学的其他代表人物也提出了自己的本体论,如潘知常提出了生命美学,以指向自由的生命活动作为审美的根据;张弘依据海德格尔的存在主义哲学,建构了存在论美学,认为审美是向存在的

---

① 杨春时:《走向本体论的深层研究》,《求是学刊》1993年第4期。
② 杨春时:《作为第一哲学的美学——存在、现象与审美》,人民出版社2015年版,第369页。

回归。同时,他们也依据各自的本体论,进行了逻辑的推演和论证,建立了系统的美学理论。这种本体论的美学建构与实践美学依据历史发生学的美学建构完全不同,它为美学奠定了逻辑的根基。

在后实践美学的批判之下,实践美学中的一些人也逐渐意识到本体论的缺失,并且进行了本体论的建构,产生了"新实践美学"。最初,实践美学中的一些人如张玉能等意识到实践作为物质生产活动,不能充分地解释作为精神活动的审美,于是就力图扩展实践概念的外延,把精神生产甚至话语活动也列入到实践活动之中,认为如此就可以把实践作为逻辑的起点与历史的起点的统一,来推演出审美活动的性质。这种实践观就与李泽厚的以物质生产来界定实践的观点不同,从而形成了新实践美学。但是,这种实践概念也与马克思的实践观相悖,因为马克思主义的基本观点就是社会存在决定社会意识,而实践属于社会存在领域,是物质性的、基本的社会活动,从而区别于包括审美意识在内的社会意识活动。如果把实践的外延扩展到意识领域,也就没有了社会存在与社会意识的分别,历史唯物论就与历史唯心论混同了。因此,以扩展了的实践概念作为美学基础的努力并没有成功。实践美学家也试图建立实践本体论,把实践定为逻辑起点,如张玉能提出:"作为人文科学的美学,从实践转向的角度来看,其逻辑起点是人类社会实践,而人的存在只是美学的出发点。"[1]但他们在具体论述中还是以实践作为历史起点进行论证,而没有也不可能把实践作为逻辑起点推导出审美。这是因为,实践不是本体,不包含着审美,也不能从实践中推导出审美。于是,实践美学包括新实践美学只是运用决定论来规定实践和审美的关系,即论述实践作为基础决定了审美,而这种决定论是不合理的,实践不能决定美的性质。在这种情势下,朱立元代表的"实践存在论"美学诞生,标志着新实践美学开始了本体论的建构。

朱立元意识到实践美学需要本体论的建构,而本体论就是存在论,

---

[1] 张玉能:《实践转向与美学的逻辑》提要,《吉首大学学报》2013年第1期。

他说:"首先,实践存在论美学仍然以实践论作为哲学基础,但将其根基从认识论转移到存在论上。"①因此,他就在不放弃实践论的前提下引进了存在论,其途径就是打通实践概念和存在概念。朱立元认为,存在就是社会存在,而实践是社会存在的基础,或者说社会存在就是实践活动,因此,审美活动发源于实践活动,也就是由社会存在决定的。朱立元认为:"在马克思看来,人不是作为一种现成的东西摆放在世界上,世界也不是作为一个现成的场所让人随意摆放的,相反,人是从事实际活动的实践着的人,人在世界中存在,就意味着人在世界中实践;实践是人的基本存在方式;实践与存在都是对人生在世的本体论(存在论)陈述。"②他认为,可以打通西方哲学的存在论与马克思主义的实践论,从而使实践美学具有了现代性。在这里,"实践存在论"美学突破了实践美学的历史发生学框架,建立了实践—存在本体论。"实践存在论"的诞生,宣布了实践美学的本体论转向,这是实践美学的重要发展和建树。

但是,"实践存在论"仍然没有最终解决本体论问题,或者说产生了新的问题。"实践存在论"的问题在于:第一,实践是存在的基础还是等同于存在本身? 实践是本体论范畴吗? 第二,建立在社会实践基础上的社会存在论与西方哲学的超越性的存在论是否具有同一性? 可否沟通? 应该说,实践是一个社会历史科学的概念,不是本体论的概念,因此不能以实践规定存在。社会存在论与西方哲学的存在论是根本上不同的,前者是社会历史理论,后者是形而上学的本体论。社会存在概念也不是本体论概念,它相对于社会意识,是物质性的社会生存活动,因此不是最抽象、最普遍的存在范畴,而存在概念则是最抽象、最普遍的本体论范畴,规定着一切现实生存活动,包括物质性的和精神性的活动;而且社会存在是现实的活动,存在是形而上学的逻辑的设定,因

---

① 朱立元:《我为何走向实践存在论美学》,《文艺争鸣》2008年第11期。
② 朱立元:《走向实践存在论美学》,苏州大学出版社2008年版,第9页。

此二者不能等同。

"实践存在论"的本体论建树,还必须对美的本质进行逻辑的论证,也就是从实践—存在作为逻辑起点,推演出审美的性质,而不能像实践美学那样,仅仅从历史发生学的角度来确定美的本质。这方面,"实践存在论"有所改进,但仍然没有脱离历史发生学的框架,逻辑的论证也不成功。我们考察一下朱立元是如何从实践—存在推演出审美的。他一方面提出"美是生成的而不是现成的",至于如何生成的,他只是说:"人类早期与自然的关系主要是求生存、繁衍种族的实用功利关系,人类的活动也主要都是一种与艰苦的生活环境做斗争、求生存的活动;只是随着人类社会经济和文化、文明的发展,自然才慢慢与人建立起审美关系,成为人的'审美客体'的。人类的审美活动就是这样从无到有,从简单到丰富,不断生成的。"①这个论述并没有说明审美的性质,只是说是历史生成的,把审美作为一个自然的历史过程,而忽略了审美超越现实的关键环节,而这种超越性源自本体论,恰恰是审美发生的依据。他还说:"审美活动是一种基本的人生实践","进行审美活动是人生实践的基本内容,当人生超越了基本功利需要之后,就会产生进行审美活动需要,就会进行形形色色的审美活动。"在这里,他扩展了实践的内涵,把审美也作为实践的内容,从而就无须论证审美与实践、生存的关系,而自然地把审美包括在实践之中了。但把作为精神活动的审美等同于"基本的人生实践",不仅违背了马克思主义实践论的原意,混淆了社会存在和社会意识,抹杀了审美超越现实生存、超越实践的品格。在这个方面,"新实践美学"的主要代表之一的张玉能也是一个思路,就是把精神活动甚至话语活动都归于实践活动,从而论证了审美与实践的同一性。

与新实践美学的本体论建设相比,李泽厚的实践美学走了不同的道路,他更为彻底地取消了哲学本体论,事实上脱离了哲学领域,把美

---

① 朱立元:《走向实践存在论美学》,《湖南师范大学学报》2004年第4期。

学问题变成了历史文化领域的问题。在1990年代以后,李泽厚虽然不否定实践本体,但把实践即工具本体虚置,转而强调心理本体即"情本体"。这个情本体本来源于"积淀"说,是工具本体的积淀,后来却脱离了工具本体,具有了独立性。实际上,"情本体"直接来自对中国文化的属性的总结。李泽厚认为,审美建基于情本体之上,是情感活动中体现着的真与善的统一。实际上,李泽厚并没有建立一个哲学本体论,他立足的实践论或历史唯物论也不是通常意义上的本体论,而是一种社会历史理论;他后期的情本体论也是立足于民族文化学,而不是哲学本体论,也就是从中国文化传统出发,构建美学体系。他称自己的哲学为"人类学本体论",实际上人类学属于经验科学,不能构成本体论。他甚至说:"我提出的人的本体是'情感本体',情感作为人的归宿,但这个'本体'又恰恰是没有本体……以前一切本体……都是构造一个东西来统治着你,即所谓权力——知识结构。但假如以'情感'为本体的话,由于情感是分散的,不可能以一种情感来统治一切"。① 对哲学本体论的排除,使得李泽厚的美学体系具有了非哲学的社会学、文化学色彩。他的经验论倾向的美学与其本体论美学发生了冲突,也就是基于实践论的"积淀说"与基于经验论的情本体发生了冲突,前者强调集体理性,后者强调个体感性,他甚至提出了后者可以反抗前者:"因为人毕竟总是个体的。历史积淀的人性结构(文化心理结构、心理本性)对于个体不应该是种强加和干预,何况'活着'的偶然性(从生下来的被扔入人生旅途的遭遇和选择)和对它的感受将使个体对此本体的承受、反抗、参与,具有大不同于建构工具本体的不确定性、多样性和挑战性。生命意义、人生意识和生活动力既来自积淀的人性,也来自对它的冲击和折腾,这就是常在而永恒的苦痛和欢乐本身。"②这个论述明确地显示了它所依据的两个本体论之间的冲突。由于哲学本体论的缺

---

① 李泽厚:《与王德胜的对话》,《世纪新梦》,安徽文艺出版社1998年版,第288页。
② 李泽厚:《第四题纲》,《学术月刊》1994年第10期。

位,造成了其美学体系缺失了形而上的品格,沦为一种社会学、文化学的附庸,也缺乏了理论的普遍性。无论是作为实践活动的所谓工具本体还是作为心理活动的所谓情本体,都不是美学的本体论根据,不能成为审美的逻辑起点和本源。李泽厚后期的美学事实上已经丧失了独立性,淹没在中国文化研究之中了。本体论是第一哲学,是哲学的逻辑起点,也必然是美学的逻辑起点。审美必然有其本体论的基础,如果缺失了本体论,审美的本质就失去了根基,也不能得到证明。美学本体论就包含着对美的本质的证明,也就是从本体的规定出发,推演出美的本质,因为本体论范畴必然包括审美。后实践美学与实践美学的本体论之争,实际上启示着这样一个问题,即审美是现实活动还是超越性的活动?美学是属于经验科学还是哲学学科?回答应该是:审美不是现实活动,而是超越现实的自由的生存方式;美学不是经验科学,而是形而上的思考,是对存在意义的发现和论证,因此美学属于哲学学科,而非经验科学。任何把审美定位于现实活动,把美学定位于经验科学(如社会学、文化学等),都不可能真正揭示审美的本质。像实践美学那样以物质生产活动、社会存在或文化传统作为美学的出发点,必然遮蔽审美的超越性和自由本质。美学研究必须从本体论出发,也就是马克思所说的"从逻辑进入到历史""从抽象上升到具体",从本体论范畴推演出审美的性质,进而证明美的本质。

  第三次美学论争聚焦于美的本质问题,也就凸显了美学方法论问题。美学方法论就是如何发现美的本质的问题,为了克服演绎方法和归纳方法以及逻辑—历史的方法的局限性,现代哲学方法论走向了现象学。现象学在胡塞尔那里还是"严格的科学",只是寻求事物的本质的方法,但在海德格尔那里变成了哲学方法论,成为发现存在的途径。存在作为本体论的范畴,不在场,不能进行经验的把握,因此就要运用现象学还原,回到纯粹意识,再通过本质直观,使得存在显现。把现象学方法运用于美学,就产生了现象学美学。现象学美学把现实意识还原成为审美意识,把审美体验当作现象学直观,使得美的本质呈现出来,这就是美的本质的发现。这就是说,不是在审美体验之外去认识美的本质,因为美不存在于经验世界,不是经验对象;而是在审美体验中发现美的本质,美只是呈现于审美经验之中。自觉地运用现象学方法的是后实践美学,特别是杨春时的"主体间性超越论美学"。杨春时达到了方法论的自觉,把现象学运用于美的本质的发现。他指出:"发现审美的本质或审美的意义,这就是要采用现象学的方法。现象学的方法在审美领域的应用,即把审美体验作为现象学还原的途径,进而把握审美(美)的意义。"①杨春时不仅提出了运用现象学方法以发现美的本质,还提出了建立审美现象学以发现存在的意义。他指出,现象学还原不是回到先验意识,而是升华到审美意识,这才是所谓"纯粹意识";在审美体验中,本源的世界呈现出来,这就是美。通过对审美体验的反思,就获得了美的本质,而这就是自由,美是自由的生存方式和体验方式。同时,审美体验也是对存在的呈现,是对生存意义的领会,存在的意义就是自由,因此现象学美学也就是审美现象学。

实践美学没有自觉地提出美学方法论问题,也就是没有把对美的本质的发现和证明区分开来。新实践美学关于美的本质的发现带有经验论的倾向。它们实际上还是诉诸历史经验,通过历史的考察来论述实践创造了美,美的本质就是人的本质的对象化,这从根本上说还是一种归纳方法。李泽厚的"情本体"美学就是沿袭了他的"人类学本体论"的方法论,从历史文化中提炼出美的本质。他认为,中国文化继承了氏族社会的血缘亲情关系,把文化体系建构在伦理亲情的基础上,因此是重情的文化。李泽厚对传统儒学以及"现代新儒家"的"理本体"和"性本体"加以批判后,提出了与其相对的"情本体",作为美学的根基。在《哲学探寻录》中他指出:"从程朱到阳明到现代新儒家,讲的实际都是'理本体'、'性本体'。这种'本体'仍然是使人屈从于以权力

---

① 杨春时:《作为第一哲学的美学——存在、现象与审美》,人民出版社 2015 年版,第 138 页。

控制为实质的知识——道德体系或结构之下。我以为,不是'性'('理'),而是'情';不是'性'('理')本体,而是'情本体';不是道德的形而上学而是审美形而上学,才是今日改弦更张的方向。"①他认为中国文化重情,而情感区别于理性,也区别于欲望,是人性中的优良品性,因此成为美的本质,美就是情感本体的呈现。这种美学方法论是从中国历史文化中概括出来人的本质,进而归结为美的本质,还是属于经验归纳的方法论。这种方法论一方面不具有普遍性,如不符合西方文化以及其他民族文化的性质,同时也抹杀了审美超越一般文化的品质,把审美等同于现实的感情。

第二节　西方当代美学新范式:丹托的理论诉求②

阿瑟·丹托(Arthur Danto)是当今美国享有盛名的艺术评论家、美学家和哲学家。在他的众多著述中,美学三部曲《普通物品的转化》(1981)、《艺术终结之后》(1997)和《美的滥用》(2004)产生了广泛的学术影响。作为西方学术前沿的探索者,丹托主要是为西方现当代艺术辩护,并试图建立一种不同于传统美学的新范式。研究丹托美学思想,对于理解西方现当代艺术及其中国影响,推动中国当代美学理论转型,均具有重要意义。

一、古典艺术的终结与古典美学的坍塌

从美学的学科内涵而言,美学就是艺术哲学。西方古典美学的基本特点,是建立在思维与存在同一性的基础之上,持实体论观念。西方学者在此基础上形成了以模仿说为代表的传统美学理论,遵循艺术认识论原则,关注美与数之间的联系,强调对事物进行精细和准确的描

---

① 李泽厚:《哲学探寻录》,《世纪新梦》,安徽文艺出版社 1998 年版,第 27 页。
② 作者代迅,厦门大学中文系教授。本文原载《文艺争鸣》2019 年第 8 期。

摹,具有很强的科学性,形成了西方艺术的写实主义传统。19 世纪以来,西方艺术发生了急剧变革,出现了形态各异的现代艺术(modernist art),广泛波及 20 世纪的文学、美术、音乐、建筑等各个艺术领域。现代艺术之后被称为后现代艺术(post-modernist art),丹托认为"后现代艺术"含义不够确切,主张以"当代艺术"(contemporary art)取而代之。当代艺术尚处于动态发展之中,其特征和称谓都饱受争议。根据丹托的描述,现代艺术指 1880 年代至 1960 年代之间的艺术,当代艺术则是指 1960 年代直至当今挑战传统艺术形态及其体制的艺术,如波普艺术(pop art)、混合媒体(mixed media)和装置艺术(installation art)等,由于两者之间难以截然划分,丹托也把当代艺术看作是当下正在创作的现代艺术。

西方现当代艺术流派形态各异,但是总体来说,通过一系列的艺术事件和艺术运动,重新诘问艺术的本质,解构了艺术的传统观念,传递了这样一些重要信息:1.艺术模仿说不再为艺术家所遵循;2.艺术可以是丑的;3.艺术作品和普通物品之间变得难以区分。简言之,试图突破传统的艺术与生活的边界,背离以美为核心的艺术史传统,试图挣脱传统体制而获得解放,具有很强的反叛性特征。西方现当代艺术发展结果,是许多艺术作品不能按照传统观念加以阐释,不能按照既有美学理论体系进行分类。

在这种情况下,如何理解不同于传统的新的艺术样式,建立与西方现当代艺术相适应的新的理论范式,成为西方美学研究中亟待解决的迫切问题。时代的发展呼唤新的美学理论诞生。尽管丹托作为美国哥伦比亚大学哲学教授兼艺术评论家,他的美学思想和鲜活的艺术创作实践紧密联系在一起,他的美学理论立足于西方当代艺术,但是洞察西方艺术发生重大变革并试图做出美学理论上的最初概括,却并非始于丹托。黑格尔对于 19 世纪萌芽并在 20 世纪以来急剧变革的西方艺术创作,有着深刻的理解和把握,并天才地猜测到了后来艺术创作的发展轨迹。

黑格尔是西方美学发展的重要转折。这个转折表现在两个方面：一方面是国内学界已形成的定论，即黑格尔是西方古典美学的集大成者；另一个是国内学界较为忽略的方面，黑格尔是西方现当代美学的重要先驱。黑格尔对浪漫型艺术的论述预示了西方现当代艺术发展的某些重要特征，对西方古典艺术观念的否定与批判，则显示出西方古典美学的终结和现当代美学的开端。

黑格尔关于浪漫型艺术的论述中包含了这样一些重要内容：1. 艺术的发展不再是模仿外在世界，而是转向凝视人的内心世界；2. 艺术作品的外在形式已经变得不那么重要，而是具有了某种随意性，艺术技巧的重要程度已经显著降低；3. 艺术作品的感觉方式已经发生了重大改变，审美变成了审丑，美学变成了丑学。艺术形式不再悦人，难以唤起或无法唤起美感。黑格尔因此提出了"艺术终结论"实为西方古典艺术终结论的著名观点。

黑格尔驰骋的领域不限于"艺术终结论"。黑格尔美学锋芒所向，直指西方古典美学奉为金科玉律的模仿说。模仿说建立在以写实为主要技术特征的西方古典艺术基础之上，自古希腊以来被视为西方古典美学的不可动摇的主流理论，按照车尔尼雪夫斯基的说法是"雄霸了两千余年"。[①]模仿说经过柏拉图、达·芬奇和莎士比亚等人的阐释和定型化，模仿说被凝聚成一个简洁直观的比喻即"艺术是现实的一面镜子"。西方古典艺术实践与西方古典美学均支持这个理论。丹托则站在传统美学的对立面，旗帜鲜明地反对模仿说。

黑格尔早就看出模仿说的问题所在，他指出："按照模仿说的观点，就是按照自然原有的样子加以复制……人们一眼就可以看出，这种复制纯属多此一举，因为绘画、戏剧等艺术作品所复制的动物、自然景

[①] 车尔尼雪夫斯基：《美学论文选》，缪灵珠译，人民文学出版社1957年版，第129页。

观和人类活动,原本就存在于我们的花园、住宅等远近熟知的地方"。①黑格尔认为,仅靠模仿,艺术不能与自然竞争,如果艺术试图这样做,就好像小虫爬着去追大象。他的结论是,"不能把逼肖自然作为艺术的标准"。②在批评模仿论方面,丹托与黑格尔基本一致。黑格尔所处的时代现代主义艺术尚未充分孕育,提出可以替代模仿说的理论观点还需20世纪以来的西方现当代艺术的发展来支撑,黑格尔因此没有在批评模仿论的基础上正面提出自己的理论观点取而代之。由于黑格尔之后西方现当代艺术史的较为充分的展开,丹托可以做到这一点。

西方古典美学主张文学艺术应该"愉快和有用"(poetry should be "pleasing" and "useful"),③寓教于乐说在西方古典美学史上影响深远。黑格尔主张"要从根本上来批判这个艺术以道德为目的的说法",④明确宣布这是一个错误的观念,不能成立。黑格尔明确指出,艺术"自有独立意义的目的……至于其他目的,例如教训、净化、改善、谋利、名位追求之类,对于艺术作品之为艺术作品,是毫不相干的,是不能决定艺术作品概念的"。⑤朱光潜在《美学》中译本中对这段话加了注释。朱光潜写道:"黑格尔在批判艺术的目的在道德教训说的基础上,从辩证的观点提出了他的基本论点:艺术自有内在的目的……这就是'为艺术而艺术'论。"⑥

如果说艺术美说、模仿说和教训说是西方古典美学的三驾马车,那么,黑格尔已经否定了模仿说和教训说,开启了从审美走向审丑的进

---

① 此处的译文参阅 G. W. F. Hegel, Aesthetics: Lectures on Fine Art, Trans. by T. M. Knox, Vol. I, Oxford: Oxford University Press, 1975, pp. 41—42。
② 黑格尔:《美学》第1卷,朱光潜译,商务印书馆1996年版,第57页。
③ Vincent B Leitch, et al. eds., The Norton Anthology of Theory and Criticism, 2nd edition, New York $ London: W. W. Norton & Company, p. 121.
④ 黑格尔:《美学》第1卷,朱光潜译,商务印书馆1996年版,第65页。
⑤⑥ 同上,第69页。

203

程。黑格尔尽管把优美的古典型艺术奉为艺术的典范,但是在实际论述中,他看到了古典型的艺术衰败和终结,黑格尔哀叹,"希腊艺术的辉煌时代以及中世纪晚期的黄金时代都已一去不复返了",[1]他的美学观念不得不向着未来的西方艺术开放。这意味着古典美学开始坍塌。黑格尔之后西方艺术从现代艺术到当代艺术的发展,催生了新的美学理论范式的诞生。丹托美学思想,既是对黑格尔的继承和发展,也是当代艺术在美学理论上与时俱进的表达。

丹托承认,当代艺术作为我们同时代人所创作的艺术,尚未经过时间的检验,因此对其进行理论概括是极其困难的。但是这种挑战性恰恰激发了丹托的理论热情,他对当代艺术极为关注,他颇为得意的三部曲之二《艺术终结之后》的副标题就名为"当代艺术与历史界限"。丹托学术兴趣聚焦点是20世纪中期以来的当代艺术,他在艺术评论方面用力甚勤并产生了广泛影响。丹托紧密联系20世纪的新兴艺术现象,试图把它们提出的理论问题纳入自己的学术视野并加以解答。

二、普通物品的变容与艺术本质的重构

丹托并未像我们望文生义的理解那样,认为艺术已经终结。他明确指出:"后来的艺术史可以肯定,黑格尔的预言是不正确的——只要想一想此后有多少艺术作品诞生,有多少不同种类的艺术显示出艺术差异的剧增"。[2]按照丹托的看法,如果说,现代艺术和当代艺术之间难以截然划分的话,那么,古典艺术和现代艺术之间的界限是显而易见的,两者在艺术史上划出一条清晰的边界,可谓泾渭分明,按照格林伯格的说法,是前现代主义艺术和现代主义艺术之间的差别,或者说是从前现代主义转向后现代主义,其主要标志是从绘画的模仿性特征转向非模仿性特征。丹托写道:"视觉艺术的伟大传统范式即模仿说已在

---

[1] 黑格尔:《美学》第1卷,朱光潜译,商务印书馆1996年版,第14页。
[2] Author C. Danto, *After the End of Art: Contemporary Art and the Pale of History*, Princeton: Princeton University Press, 1997, p. 29.

多个世纪里完美地服务于艺术的理论目的。在模仿说的框架内展开的批评实践完全不能满足现代主义艺术的需要。现代主义艺术不得不寻找一种新的理论范式以替代既有的理论范式。这种新的理论范式应能足以服务于未来的艺术,如同模仿说曾经完美服务于过去的艺术一样。"[1]这里讲得很明确,西方现当代艺术打破了西方艺术史以模仿说为代表的既有范式,必须建立一种与之相适应的新的理论范式。西方现当代艺术创作实践需要在美学领域获得相应的表达,建立属于自己的理论话语权。丹托对此有着明确的理论自觉,但是推动他建立现当代艺术理论新范式的一个重要契机,是观看了1964年美国艺术家沃霍尔(Andy Warhol)在纽约展出的作品《布里洛盒子》(Brillo Boxes)。布里洛是当时一种肥皂的名字,沃霍尔对这种肥皂包装盒未作任何加工,就作为艺术作品直接挪用在纽约一家画廊展出。《布里洛盒子》的相关争议,引起了丹托关于艺术本质的思考。丹托提出了一个著名的观点,认为在艺术创作中存在着这样一种现象,即"普通物品的变容",这里丹托提出了一个重要概念就是"变容"(transfiguration),这个词的意思是"改变人或事物的外观,使之看上去更好看"。丹托将自己颇为得意的三部曲之一命名为《普通物品的变容——一种艺术哲学》,说明丹托对这个概念非常看重。

丹托援引了艺术史上的先例,美籍法裔艺术家杜尚(Marcel Duchamp),认为杜尚首次把日常生活中的寻常物品,如梳子、酒瓶架、自行车轮子、小便器等,奇迹般地转化为艺术作品。丹托还指出,毕加索就是以把普通物品加以变容而著称,他把小孩的玩具变成了黑猩猩的头,把旧柳条筐变成山羊的胸,把自行车部件做成公牛的头等。由此不难看出,沃霍尔展出的布里洛盒子绝非一时心血来潮的疯狂之举,而是自杜尚、毕加索以来现当代西方艺术未完成的剧烈变革的延续,包含了新

---

[1] Author C. Danto, *After the End of Art: Contemporary Art and the Pale of History*, Princeton: Princeton University Press, 1997, p. 31.

时代艺术所提出的重要美学问题。

丹托这里所援引的这些艺术作品,不是传统模仿说的产物,而是相反。反抗和抛弃模仿说,正是现当代西方艺术观念的核心。从柏拉图经达·芬奇到莎士比亚,西方传统的艺术本质论就是模仿说,这种理论被凝聚成一个简洁直观的比喻即"艺术是现实的一面镜子"。列宁曾经把列夫·托尔斯泰的小说比作俄国革命的一面镜子。因苏联美学对当代中国的强大影响,列宁的这个著名比喻在中国广为人知。丹托沿袭了黑格尔的思路,对模仿说不以为然,认为模仿说在理论逻辑上存在着不可克服的重大缺陷,因为把现实中已有的东西原样加以复制,这在逻辑上是说不通的,丹托问道:"把已有的现实原样加以复制,谁需要呢?有什么用呢?"①

不仅如此,丹托沿着模仿说的理论内核进一步推进,因为按照西方传统的模仿说,艺术作品模仿的仅仅是人或事物的外观(英译为 appearance),而非人或事物本身,丹托问道,"谁会选择事物的外观而放弃事物本身,谁会满足于一幅画而放弃活生生的人?"②丹托的结论是,"作为一种艺术理论,模仿说等于是把艺术作品降低为它的内容"。③这在理论上不能成立,因为在这样的美学理论中,艺术作品的审美形式消失了,而艺术审美形式在艺术创作中具有头等重要的地位,所以这等于是取消了艺术创作本身。

这实际上是艺术本质论的重新洗牌,彻底颠覆了艺术与现实那种描摹与实物之间的关系。那么,艺术和现实之间究竟是一种什么样的关系呢?丹托釜底抽薪式地提出了他自己的理论主张,认为艺术和现

---

① Author C. Danto, *The Transfiguration of the Commonplace*, Cambridge, Massachusetts: Harvard University Press, 1981, p. 8.
② 同上, p. 12。
③ 同上, p. 151。

实之间可能存在相似关系,但是彼此是相互独立的,并不存在模仿与被模仿的关系。两件东西看起来酷似,但实质上各不相同。如果说,传统的模仿说更多考虑的是艺术和现实之间的相似性与共同点,那么,丹托则更多考虑的是艺术与现实之间的差异性与不同点。丹托认为,从哲学上看,把现实作为一个整体来看待,将其置于一定距离之外,与外观、幻觉、艺术等进行对比之后才能产生现实概念,他明确指出,"艺术作品是作为真实物品的对立而存在的"。[1]丹托在这里选用的词汇"对立"(contrast),意为"在两个以上的人和事之间通过对比以显示差异",这展示了丹托的基本思路。

丹托明确指出,我们并不关注艺术作品怎样符合现实的问题,我们关注的是艺术与现实之间的差别。丹托打了个比方,他说"艺术世界与现实世界的关系,犹如上帝之城与世俗之城的关系"。[2]《上帝之城》是奥古斯丁的重要著作,在该著中奥古斯丁以上帝之城和世俗之城表达了善与恶、天堂与世俗、永恒与短暂之间的对立,丹托此处用上帝之城和世俗之城来比喻艺术与现实之间深刻的差别与对立关系。回顾国内多年流行的美学理论,总是强调艺术要如何真实而深刻地反映现实,更多的是考虑艺术与现实之间的相似性与共同性,对两者之间的差异和不同认识不足,把艺术作品等同于它的内容,结果是忽略艺术技巧,甚至把艺术等同于某种政治思想,这对中国当代艺术创作起到了某种消极和负面的作用。

丹托所论更符合艺术创作的实际情况。艺术作品并非对现实生活亦步亦趋、盲目尾随的反映,相反,艺术展示的是一个与现实生活完全相反的世界。和艺术首先或者直接相连的,更多的不是现实生活,而是和作家内在的情感、欲望、梦幻与憧憬密切相关。艺术因有想象的翅膀,所以绝不会对现实生活做原封不动的外貌式模仿或镜

---

[1] Author C. Danto, *The Transfiguration of the Commonplace*, Cambridge, Massachusetts: Harvard University Press, 1981, p. 82.

[2] Arthur Danto, "The Artworld", *Journal of Philosophy*, Vol. 61, No. 19, 1964, p. 582.

子式反映,甚至也不是什么把现实生活分析、概括、加工、提炼的所谓典型化,而是在现实世界的苦难与匮乏中所缺乏的、人们所向往的"好梦"。简言之,艺术所描写的不是现实生活已有的东西,而是现实生活中所没有而人们希望拥有的东西,这才是艺术的真正价值所在。在强调与艺术与现实深刻的差别与对立这一点上,钱钟书与丹托不无相通和相近之处。丹托的上述观点,对于反思我国当代美学理论范式不无启迪意义。

三、艺术边界的扩展与艺术属性本于理论阐释

丹托熟悉并赞同黑格尔批评模仿说的观点,但并非简单重复。丹托针对的艺术现象和提出的美学观点,不是建立在古典艺术的基础之上,而是对于20世纪以来西方现代特别是1960年代以来西方当代艺术发展的理论总结,因此他在黑格尔的基础上有重大推进。丹托于1964年发表的论文《艺术界》中开始阐发自己新的理论范式,以取代已经不能适应西方现当代艺术发展的模仿说。

丹托用更为具体可感的艺术作品(artwork)和普通物品(real object)的概念,取代了艺术与现实这两个比较抽象、难以把握的概念,把艺术和现实的区别简化为艺术家所创造的艺术作品与现实生活中的普通物品的区别。如果说,艺术和艺术作品这两个概念的内涵还难以看出大的区别的话,那么,现实概念具有的丰富和多方面内涵是普通物品无法比拟的,艺术作品和普通物品之间的关系根本不是模仿与被模仿的关系所能容纳的。这两个重要概念意味着丹托已经彻底抛开了传统的模仿说,或者说,丹托的新理论范式不可能建立在模仿说的基础之上。

接下来的问题是,如何区别艺术作品与普通物品呢?按照艺术传统这不是问题,两者的区别历来是一目了然的,西洋画有画框,中国书画作品有装裱,雕塑陈列在博物馆内,戏剧在舞台上演出,电影在电影院播放。丹托提出一个有趣的观点,"实际上对于区分艺术品和普通

物品而言,物质材料的差别不是必需的"。①对于丹托所要建立的新的理论范式来说,艺术和非艺术的区别,不是取决于画框或博物馆,不是依赖于舞台或电影院,不是用肉眼可以直接观察到并加以比较的那些有形的物质特征,相反,两者的区别直接用眼睛是看不见的。这就颠覆了美学史上传统的关于艺术本质及其分类的观点,为形形色色的现当代艺术在美学领域的进场大开方便之门。

当代艺术实践推动产生与之相适应的艺术理论范式。丹托强调西方现当代艺术与古典艺术的显著不同之处在于,理论阐释具有决定性作用。他认为布里洛盒子孕育了一种新的美学理论,"这种理论把布里洛盒子带入艺术世界,并使其免于坠入普通物品……没有这种理论,一件物品不可能被看作是艺术,不可能被视为艺术世界的一个组成部分"。②怎样才能把普通物品转化为艺术作品,或者说,怎么才能区分两者的边界呢?丹托提出了观看方式(ways of seeing)这个概念,这就是说,普通物品的变容有赖于观看方式的改变。他认为,艺术长期的历史发展形成了这样一个重要特点,就是"传统上艺术家和观众之间一直有存在着一种默契"。③

这种默契(complicity)是丹托论述普通物品变容的重要理论基础。丹托认为在审美欣赏中存在着两种审美反应,根据它们所面对的是艺术作品还是尚未从现实中分离出来的普通物品而做出不同的回应。由于历史上长期形成的艺术家和观众之间这种默契的存在,当人们面对艺术作品的时候,就会有一种特殊的审美反应,人们对于艺术和非艺术的态度是不同的。"当我们知道我们在我们面前是一件艺术作品时,我们会采取一种尊重和敬畏的态度……知道这是一件艺术作品,意味

---

① Author C. Danto, *The Transfiguration of the Commonplace*, Cambridge, Massachusetts: Harvard University Press, 1981, "Preface", p. vi.
② Arthur Danto, "The Artworld", *Journal of Philosophy*, Vol. 61, No. 19, 1964, p. 581.
③ Author C. Danto, *The Transfiguration of the Commonplace*, Cambridge, Massachusetts: Harvard University Press, 1981, p. 108.

着该物具有值得我们专注的某些特性,而这些特性是未经变容的普通物品所缺乏的,我们的审美反应会因此不同"。①

丹托进一步提出,只有具备两个方面的条件即艺术理论的氛围和艺术史的知识,才能确定艺术界,使现实中的普通物品转化成为艺术作品。丹托把艺术作品视为未完成的对象。他认为我们所理解的艺术作品其实一开始不过是一件人工制品而已,仅仅是审美欣赏的候选对象,其艺术作品的合法身份,有待于"艺术界"(the artworld)来认定。"艺术界"这个概念其实不难把握,是指从艺术制度获得授权的一群人,他们就是世界上的所有艺术作品的受托人。②这一群人手中握有艺术理论,"最终将普通物品和艺术作品相区别的是艺术理论,是这种艺术理论将普通物品带到艺术界里面,并确定了它为艺术品"。③

和传统的美学理论不同,丹托赋予理论解释以举足轻重的地位。过去的美学理论认为,理论是依附于作品的,后者才是第一位的。现在丹托把这个理论倒过来了,一件人工制品究竟是不是艺术作品,要由理论来决定,这意味着理论获得了比作品更为重要的地位。这种理论的实质在于,"今天某物成为艺术作品的关键,不在于该物具有怎样的特征,而在于该物周围是否具有一种理论氛围,在于该物是否在艺术界有自己的位置。两个完全一样的东西,一个是艺术品,另一个不是艺术品,原因在于一个东西有理论氛围的环绕,而另一个东西则没有这些条件。这里的理论氛围或者艺术界,是我们通过感官无法识别的理论或者观念。……任何事物,包括日常生活中的物品,都可以通过赋予观念而转变为艺术作品"。④

---

① Author C. Danto, *The Transfiguration of the Commonplace*, Cambridge, Massachusetts: Harvard University Press, 1981, p. 99.
② See Author C. Danto, *The Transfiguration of the Commonplace*, Cambridge, Massachusetts: Harvard University Press, 1981, p. 91.
③ 刘悦笛:《从"艺术界理论"到"艺术终结"观念:阿瑟·丹托前期分析美学概观》,《天津社会科学》2009年第6期,第119页。
④ 彭锋:《日常生活的审美变容》,《文艺争鸣》2010年第5期,第46页。

我们可以这样来简约地理解,艺术史知识形成了从艺术制度获得授权的这样一群人,那么艺术理论氛围则构成了艺术家和观赏者之间的默契。这件作品的外在物质形式特征如何并不重要,是美是丑也无关宏旨,艺术理论的注入才是最重要的,能否援引艺术理论加以阐释才是最为关键的因素,这决定了某一物品是否有资格获得认证进入艺术界,成为一件艺术作品。丹托认为艺术的存在依赖于理论。丹托强调,在识别某物是否是一件艺术作品的时候理论具有重要意义,他直截了当地说:"没有解释,就没有艺术作品。"[1]丹托的这些理论观点是现代意义论哲学而非古典实体论哲学的产物,与西方古典美学相比,对于西方现当代艺术有更大的灵活性和更好的适应性。

模仿说始于古希腊人对于彼时彼地艺术创作实践的理论总结,后来经过了西方古典艺术实践的发展和理论完善,主要适用于西方写实主义风格的古典艺术,既不能适用于20世纪以来西方现当代艺术的发展,也不完全适用于非西方艺术。中国长期占据主导地位的美学观念是物感说,认为"气之动物,物之感人,故摇荡性情,形诸舞咏"(钟嵘《诗品·序》),其核心是"诗言志"(《尚书·尧典》)和"诗缘情"(陆机《文赋》),这个以人的内在世界为中心理论,就是不同于模仿说的另一美学理论系统。20世纪以来的西方现当代艺术及其美学理论,本质上是对西方传统美学的相背而行。它们在反叛模仿说的同时,从再现为重心走向以表现为中心,可以认为它们正在从某些方向和侧面向中国古典艺术及其美学理论靠近。

以京剧为代表的中国古典戏曲,是国内外公认的最具民族性的中国艺术样式之一。中国古典戏曲特有的虚拟性观念使它公开承认舞台时空的假定性,对舞台时间和空间的处理采取较为超脱的态度。传统的中国戏曲舞台上没有写实性的舞台布景,通常只有一张桌子、几把椅

---

[1] Author C. Danto, *The Transfiguration of the Commonplace*, Cambridge, Massachusetts: Harvard University Press, 1981, p. 135.

子,采取唱、念、做、打的假定性方式实现舞台时空的灵活转换。如果说西方话剧的强烈写实风格用模仿说很容易解释,那么中国古典戏曲的强烈假定性特征则很难用模仿说来解释。西方现代戏剧大师布莱希特曾在莫斯科观看了梅兰芳、王少亭表演的京剧《打渔杀家》和《贵妃醉酒》并留下了深刻印象,撰写了《中国戏曲表演中的陌生化效果》(Alienation Effects of Chinese Acting)等重要论文。

布莱希特认为,"中国艺术家从来不这样表演:好像他知道除了围绕着他的三堵墙外,还存在着第四堵墙,演员的表演显示出他自己正在被别人观看"。[①]中国戏曲表演大量使用象征与虚拟手法,用桨来表示船,用鞭来代替马,跋山涉水,吃饭饮酒,均由演员虚拟创造,摆脱了欧洲演员舞台表演的幻觉,调动观众的想象力,比使用大块布景道具的西方戏剧自由灵活得多。正是其中的强烈艺术假定性吸引了布莱希特,并推动他创立了"非亚里士多德戏剧理论",这是中国传统美学与西方现代主义前卫艺术交融而开放出的绚丽花朵。

丹托艺术界理论中的"默契"说比较符合中国古典戏曲的假定性,正是观众和艺术家关于戏曲舞台表演所达成的高度默契,使得演员在舞台上扬鞭抬腿,观众就是知道这是策马而去,演员在舞台上转上几圈,观众就知道这是跨过了千山万水,舞台上灯火通明,照耀得如同白昼,但是观众知道这是《三岔口》中伸手不见五指的黑夜。这种默契所包含的观看方式的变化,使这些在现实生活中原本普通平常的东西,被观众确定地认知为艺术。丹托反对模仿论,旨在强调艺术作品与普通物品的区别,艺术与现实的区别,实际上强化了艺术形式的重要性,中国古典戏曲的高度假定性作为艺术形式的抽象与变形,恰恰凸显了艺术形式的重要性,在中国传统水墨写意画中同样存在着类似的情况。

用丹托的艺术界理论来解释中国古典艺术,是否牵强附会并违背

---

① John Willett edited and translated, *Brecht on Theatre: The Development of an Aesthetic*, New York: Hill and Wang, 1964, pp. 91—92.

了丹托的原意呢? 以戏曲为代表的中国古典艺术彰显了艺术变形的重要性。中国古典戏曲的程式化具有强烈的写意性,本质上是大胆和聪颖的艺术变形。较之西方的模仿说,中国古典戏曲和水墨写意画的美学原则,可能和西方现当代艺术有更多的相通相近之处。如前所述,丹托阐述了舞台表演与实际生活的差别,更重要的是,丹托表示,他的理论可以应用于所有艺术领域,包括绘画、建筑、音乐和舞蹈等,他明确地讲,"如果我写的东西不能用于解释全部艺术领域,这就意味着我的理论不能成立"(第42页)。[1] 不难看出,丹托是坚信自己的美学思想具有跨越时间和空间的普适性的。基于西方现当代艺术基础之上的丹托美学思想,较之西方古典美学可能更适合解释包括中国在内的非西方艺术,为西方近期美学前沿理论和中国古典美学之间的相通和普适性研究延伸了新的可能性路径,也从一个侧面展示了中国古典美学的普适性及其当下活力。

第三节　当代事件文论的主线发生与复调构成[2]

我们生活在一个事件辈出的新时代,"事件"(Event)很自然地逐渐成为当代国际人文学的主题。事件思想的基本含义是"动变与转化",但它不是简单重复人类思想方式在进入20世纪后逐渐从静态向动态演进这一前提,而是在此基础上,强调动变与转化的差异性与异质性,重视独异性(singularity)力量的介入与冲击。在这里,之所以不用"事件诗学"一词而用"事件文论"一词,是有鉴于一部事件思想史所彰显出的客观事实:"事件"本质上是反诗学的。从本文以下的论述中读者将看到,无论是狭义意义上的结构主义诗学,还是广义的海德格尔意义上的诗学,都因其系统的安稳性和对生存可能性的默许(享受死

---

[1] Author C. Danto, *The Transfiguration of the Commonplace*, Cambridge, Massachusetts: Harvard University Press, 1981, "Preface", p. viii.
[2] 作者刘阳,华东师范大学中文系教授。本文原载《学术研究》2021年第8期。

亡),而引发了事件思想从不可能性角度所做出的批判。在这一核心力量的驱动下,事件文论围绕主线的发生,迎来了复调的构成。

一、背景与主线:语言论/反语言论/非语言论的三元交织

自尼采与海德格尔发端的当代事件文论,通过变异性力量形成某种冲破现状、超越因果的重构与创造,自然与思想进入现代后的"非理性转向"相关,语言即这种转向的成果,它被有力地证明为是非理性的,即任意性(arbitrariness)的符号系统,这构成了事件文论主线的一方面:语言论主题。如下文所示,福柯对事件化的描述,便直接是从话语角度取径的。

但语言论主题的发展不是单维而缺乏张力的。在其学理起点上,语言学家们不仅从语言符号系统本身的任意性描述事件,以之为事件论的一种内涵;而且将对语言论主题的悖反视为事件更重要的性质。在新出版的《普通语言学手稿》中,索绪尔区分了事件和系统,划开了"语言种种事件和语言种种系统"的界限,认为"系统意味着稳定性,静态的概念。反过来,其固有范畴所获得的事件总和并不构成一个系统;至多看到一定的共同的偏离,但并不作为一简单的价值在其间引发事件",即表明语言可以被从程度递进的两个方面理解为事件:"所以,同性质的事件在此情况下能够产生一个相对的有限变化,至于第二种情况,则产生一个绝对的无限变化,既然它建立了存在的,是不是第一次,这与事件的性质没有一点关系。所以,若承认它是值得的,全部的差异因此不在于改变的事件,而在于它所改变的状态种类。事件总是特殊的。"[1]前一方面指尽管开始打破系统的稳定性,却只处于"一定的共同的偏离"程度,同性质大于异质性,充其量只迈出了反语言论的第一步。后一方面则不然,它对语言系统稳定性的非同质性偏离,产生出了

---

[1] [瑞士]费尔迪南·德·索绪尔:《普通语言学手稿》,于秀英译,商务印书馆2020年版,第261页。

完全新鲜而特殊的、第一次(即此前未有过)出现的"绝对的无限变化",并引起了整个状态的改变。从这段以前不太被提及甚至完全被忽视了的重要一手材料中,可以清楚看出索绪尔自己对事件与语言的关系的辩证认识,它符合事件思想发展的历史事实。

这又进一步牵引出了非语言论主题。同样如下文将展示,当代技术哲学家用技术事件与幽灵性取代语言论差别原则,走出语言的延后性,在以人工智能为代表的后人文主义(后人类)范式下,演绎"不在语言转向或者其他解构的形式下发挥功能"的运演程序,①而刺激着语言论学理在新时代语境中的调整与更新。

语言论/反语言论/非语言论三元交织而成的这条主线,使事件文论谱系成为复调的存在("复调"就是一个与语言有关的概念)。即在意识、历史与语言三个层面上,融渗精神分析、现象学、存在论、解释学、过程哲学、技术哲学、符号学与话语政治及其生命形式、后结构主义、解构主义与分析哲学等当代思想,并不断形成相互论争关系,而在客观上带出了一部以事件为核心、从内在丰富张力中获得清晰图形的前沿文论史。以下依次勾勒其复调织体。

二、意识层面上的事件文论及其复调构成

首先是事件文论的精神分析面向。代表人物是拉康、利奥塔与朗西埃。

拉康在一个关键处揭示了事件的要义。对他而言,婴儿在镜子里看到自己,"这种经历被认为是事件"②,但事件不等于症候。因为拉康不止一次使用"第一个事件"与"第二个事件"的表述,认为我们得到的事件必然成了原初事件在追溯性姿态中的显现,"第一个事件会重回

---

① [意]罗西·布拉伊多蒂:《后人类》,宋根成译,河南大学出版社2016年版,第276页。
② Bartlett A. J·,Clemens J·,Roffe J. *Lacan Deleuze Badiou*. Edinburgh: Edinburgh University Press,2014,p. 121.

到它的创伤的价值上去,这个价值如果不是被人特意地重振其意义,会逐渐地真正地隐去。相反,第二个事件的回忆即使在禁令之下还仍然强烈——就如同压抑下的遗忘是记忆的最活跃的形式之一一样——"①,所以我们在症候分析中看到的已是"第二个事件",它以"重振""第一个事件"的创伤价值的名义,在压抑机制中重新唤起("回忆")后者,使压抑对后者的遗忘(实际是"禁令")在反过来的建构行为中成为合法的。整条理路发自对症候的语言论定位与反思。

利奥塔从精神分析角度阐述剧场设置,解开了事件文论的一个源头。在《话语,图形》中他已表示"事件只能被置于由欲望所开放的空洞空间"②。出版于 1974 年的《力比多经济》一书,引入弗洛伊德的性欲能量理论,尤其是"死亡驱动"(death-drive)概念,③认为任何概念都带有否定性,即否定自我的不证自明性,而承认自己是欲望能量塑造出的结果。比如语言,其在表达上受到了各种方式的影响,根本方式则是死亡驱动力,那肇因于一种原初的性欲。它之所以无法被直接等同于某种外部的权力,是因为我们在讲话之际,便已处于话语系统中,这是一种处身于其中者无法挣脱、只能在无意识中受其管制的系统。这种爱与死亡驱力构成的欲望能量是积极的、值得肯定的。正如本宁顿所概括:"如果剧场实际上是利比多能量的产物,那么,它对能量的明显反对也是能量本身的一部分,这是其转变之一。"④利奥塔反驳了传统常见的那种在隔离中看戏的戏剧思想,认为我们在剧场中看到的日常生活中每种行为与事物,潜在地都有欲望的发作式增长,需要把它们命名为强烈的独异性,即事件。语言在将其所谈论的对象作为概念交付

---

① [法]雅克·拉康:《拉康选集》,褚孝泉译,华东师范大学出版社 2019 年版,第 250—251 页。
② [法]让-弗朗索瓦·利奥塔:《话语,图形》,谢晶译,上海人民出版社 2012 年版,第 17 页。
③ Bennington G. *Lyotard*: *Writing the Event*. New York: Manchester University Press, 1988, p. 17.
④ Ibid, p. 25.

给读者之际,注定始终同时不停地背叛着它们。本宁顿把利奥塔描述的这种张力称为"漂移"①。按利奥塔,马克思关于力量、劳动力以及整个体系的基础的关系的研究与论述,与对欲望的过程的思考存在深刻的一致性:在写《资本论》的过程中,原本计划为一段的内容,变成了整个章节,原本计划是一个章节的内容,变成了全部章节和一个整体,似乎出现了一种很有意思的永久性失控情形。利奥塔设想,这是由于写着这些内容时的作者,受到了"一个奇怪的双性恋组合"的驱力推动(这仅仅是利奥塔从其自身理路得出的学术观点,不代表我们的看法)。②

　　同样结合精神分析理论来阐说事件的是朗西埃。他关于事件的看法,是和对历史书写的研究紧密联系在一起的,主要集中于1992年出版的《历史之名:论知识的诗学》一书中。他认为事件不是再现,而是一种在"不曾"与"再次"之间的结合,由此现在时"是不停地对采取它立场的东西隐藏自己",社会作为事件的背景与基础,因之必须透过字词与非字词、事件与非事件的裂隙来得到理解,即"永远必须透过其表象的欺骗来撷取"。在这样论析时,朗西埃也扎根于和利奥塔一样的精神(心理)分析地基,以死亡驱动力量来描述事件的原动力(甚至直接使用了"死亡冲动"这个词),尽管每每点到为止而不像利奥塔那样浓墨重彩地详尽展开(这或许与朗西埃认为类似的观念在今天已深入人心有关)。比如他指出,生命的力量说到底,是诞生、生长与死亡的力量,历史需要得到历史学家的重构,并在此过程中将书写的死亡记号转换成鲜活真理。他"假设了一个无意识的理念与精神分析的医疗行为",并"发明某种心理分析",无意识与死亡,被朗西埃视为等同的,③足见精神分析维度在事件文论中的基准作用。他沿此主张在历史学中

---

① Ibid, p. 27.
② Ibid, p. 32.
③ 本处及以上三处引文依次见:[法]雅克·朗西埃:《历史之名:论知识的诗学》,魏德骥、杨淳娴译,华东师范大学出版社2017年版,第68—69、125、136、127页。

217

重写原始场景,迂回地写出作为空档而悬置的、场所中的无场所来,唤起对另一种死亡(代替事件的科学诠释)的抗拒与超越。

其次是事件文论的现象学面向。代表人物是马里翁。

马里翁认为事件乃是自身给出者。与一般人有关事件总是现象发生质变的产物的结论相反,他通过现象学分析表明,事件作为饱溢现象(saturated phenomena)并非现象的一种特例情形,相反,任何现象本质上都具有事件性,是自身给出的事件,只是后来这种事件性逐渐弱化,使现象沦为了对象。相应地,自我不是主体性意义上将现象对象化的作者,而被还原成了现象的授予者。那么,现象的事件性本质是如何逐渐被削弱,以至于慢慢变成对象的呢?他分析指出康德有关现象总体源自各部分之和的说法,将现象限制、封闭在某种虽然被预见却没有被真正看见的对象中,后者的特征是总已到期。在此,对象是"事件的阴影"①。那统治着任何现象的事件性,则是"超出了既定原因系统的结果与已经成形了的事实"②,它对现象的给出,遂使现象完成了"本源的被给出性"③。在比《增多:饱溢现象研究》早四年出版的重要著作《既给出:论一种给出现象学》中,他用较多篇幅论述了事件与因果性的关系,认为"主动性原则上属于现象而非凝视(gaze)",其原因就在于前者比起后者,"在作为事件的确定性上""缺乏明确的原因"④。他用"事件的负熵(negentropy)"一词形象地描述这种性质,⑤由此把原因解释为从事件上理解的效果。

---

① Marion J-L. *In Excess: Studies of Saturated Phenomena*. New York: Fordham University Press, 2002, p. 36.
② Ibid, p. 37.
③ Ibid, p. 38.
④ Marion J-L. *Being Given: Toward a Phenomenology of Givenness*. California: Stanford University Press, 2002, pp. 159—160.
⑤ Ibid, p. 165.

三、历史层面上的事件文论及其复调构成

首先是事件文论的存在论面向。代表人物是尼采、海德格尔、巴赫金、列维纳斯与布朗肖。

前两者的事件文论已如前述。巴赫金有关事件的谈论，主要集中在《论行为哲学》这篇长文中。他对事件与存在、生命的关联，做了一种富于浓郁人文色彩的阐释，认为理论文化尽管在当今获得愈来愈重要的确认与张扬，就本质而言却是不完整的，因为理论事实上只是事件的某一个方面，不能反过来拿理论去框定事件。如果有比理论始终更为根本的前提——存在，存在首先就是一个事件，巴赫金由此反复申述"存在的无际的事件性""存在即事件"这一核心思想。① 推论性的理论思维则"唯有作为一个整体，才是真正实际存在的，才能参与这一唯一的存在即事件，唯有这样的行为才充分而不惜地存在着、生成着、完善着，它是事件即存在的真正活生生的参与者，因为行为就处于这种实现着的存在之中，处于这一存在的唯一的整体之中"②。这与20世纪以后让理论回归生活世界、在生活世界中保持自身本真性与活力的倡议，是相呼应的。巴赫金在此很自然地触及了语言与事件的关系，认为事件的实现须充分"调动语言的全部内含：它的内容含义（词语表概念）、直观形象（词语表形象）、情感意志（词语表情调）三者的统一"③。这就抓住了事件的基本要素——反现成性及规范性、主体条件的参与、语言性质以及伦理维度。

同样从存在论展开运思，列维纳斯在其《总体与无限：论外在性》，特别是出版于1979年的《时间与他者》等重要著作中，与海德格尔划清某些关键的思想界限，而逐渐展开自己关于事件的看法。他认为海

---

① ［俄］米哈伊尔·巴赫金：《论行为哲学》，贾泽林译，见钱中文主编：《巴赫金全集》第一卷，河北教育出版社1998年版，第3页。
② 同上，第3—4页。
③ 同上，第33页。

德格尔对此在与他者的关系的理解是人类学意义上的,其所反复倡言的"共同存在"("共在"),是一种肩并肩、环绕某个共同项(真理)的关系,它并没有使此在与他者的更为重要的关系——面对面的关系在原初上得到澄清。与之异趣,列维纳斯试图从存在论而非人类学的立场描画主体与他者的关系,最终证明时间并非主体的既定之物,而是主体与他者的关系。要避免他者消失,得避免让它成为被另一方吞噬的主体或客体,它因而不呈现为知识(那意味着被主体所吞噬),也不应呈现为绽出(那意味着被客体所吞噬),而呈现为事件,即与他者产生关系。这需要一种关联性境遇,列维纳斯将之概括为"在超越中保持自我"(the ego in transcendence)①,以之为事件的聚焦点。

  布朗肖的事件文论是在与海德格尔的对话中逐渐展开的。海德格尔着意于语言在人的栖居中的纯粹诗意,与之相反,布朗肖则踵武马拉美与卡夫卡等现代作家,将文学经验变作令人眩晕的无家可归(homelessness)状态。② 晚近研究者借助列维纳斯的分析,指出海德格尔心中的艺术超越了一切审美意义而让存在的真理光芒首先绽出,布朗肖却将艺术的召唤视为独特而不与真理相混同的,因为文学作品能将不可能的事件带往世界的黎明。③ 事实上,布朗肖本人明确表示与海德格尔的语言思想保持距离。他赞同福柯对海德格尔的保留性态度。福柯发现,布朗肖与海德格尔的根本区别在于,不像后者那般视语言为存在的真理,而将之看作对虚空的等待。后者相信有一种内收的、往里面凝聚以获得饱和意义的意义,这在布朗肖看来残存着形而上学遗风,他反过来看问题,认为语言是一种向外侵蚀并最终达至沉默与虚空的运动。

---

 ① Levinas E. *Time and the Other*. Pittsburgh: Duquesne University Press, 1987, p. 77.
 ② [法]莫里斯·布朗肖:《文学空间》,顾嘉琛译,商务印书馆2003年版,第10页。
 ③ Rowner I. *The Event: Literature and Theory*. Lincoln: University of Nebraska Press, 2015, p. 30.

这带出了他的"外界"思想。① 因此,较之于海德格尔仍赋予 Ereignis 充实的意义内涵,布朗肖所说的"外界"却指一种语言令主体不再存在而自为地出现的"不在场"状态,②是一种基于空虚与匮乏的吸引力所在之处。它与叙述的写作创造有关,在写作中形成已发生之物与将要发生之物之间的裂隙,却抵达深渊、黑暗与虚空。他据此首次从正面将文学的一些要素引入了对事件的解说中,构建了较为纯正的事件文论。

其次是事件文论的解释学面向。代表人物是保罗·利科。

利科的事件文论集中于三卷本著作《时间与叙事》。他主张"对一个事件的概念进行彻底的修正,即把它的'内'面(我们可以称之为思想)与其'外'面(即影响身体的物理事件)分离"③,认为一种过去的痕迹,唯有具备从内部重新思考它、把它思考为事件的短暂行为,才能成为再创造和得到理解,这并非一种纯粹与简单的自然知识所能奏效。利科相信,这可以廓清先验想象(即心灵自身产生唯心主义论断)与"再创造"的本质区别:后者乃是就事件自身的内面向说的。这再度演示了我们的解释行为如何与事件的内面向协调,为文论的有效性维度提供了一个关键理据。

再次是事件文论的过程哲学面向。代表人物是马苏米。

马苏米出版于 2011 年的《相似与事件:行动主义哲学与当下艺术》,吸收怀特海的过程哲学思想,详细地探讨了构成事件的主客观因素及其关系,为事件的时间性提供了关键证明。他指出,在同一虚拟空隙中的连续性原子由于缺乏规模或位置,严格而言在空间上无法区分,最终得到的图像,是在虚拟叠加(virtual superposition)状态下不断区分连续性原子所形成的。事件统一了这两种看似异质的要素,而获得了

---

① [法]米歇尔·福柯,莫里斯·布朗肖:《福柯/布朗肖》,肖莎等译,河南大学出版社 2014 年版,第 53 页。
② 同上,第 52 页。
③ Ricoeur P. *Time and Narrative*: *Vol*. 3. Chicago: The University of Chicago Press, 1985, p. 144.

连续的身体性特征。这也便为审美(经验调节自己并形成超越自身的倾向,形成模糊的情感感知)与政治(保持对过度的意识,而同时展开将生命力强度转换为可重新计算、编码或形式化的内容的过程)在事件中的有机融贯,提供了理据。

第四是事件文论的技术哲学面向。代表人物是2020年刚去世的斯蒂格勒。

斯蒂格勒的五卷本著作《技术与时间》,征引利科的有关论点,指出对过去历史的建构之所以能成为事件,不在于叙述的延后性如何去尽可能与其现场相协调,而在于媒体技术的介入直接充当了保证事件与对事件的叙述("输入")同一的理由与动力。他从罗兰·巴特在《明室》等著作中对摄影的研究出发,分析指出某张照片之所以成为事件,诚然是由于在过去与现在之间建立起了一种联系,但这种联系是通过整体重现被摄物而实现的。在利科所致力于探讨的事件与关于事件的倒叙的延迟性距离这一焦点问题上,斯蒂格勒看到了当代技术的作用,独特地下一转语曰"某类事件之所以可能,正因为存在着某些媒体"[1],并认为这不再纠缠于历史科学的真伪,而开启了一种体验时间的新方式。因为在今天,模拟与数字传媒在传播速度上的巨大进展,使它们对事件不再有转播与直播的醒目区别,相反,在上述媒体技术的介入后"事后的概念被消除了"[2],看似刚过去的、作为初级记忆对象的事件,是当下实时直播所直接制造出来的,而非回溯的结果。

四、语言层面上的事件文论及其复调构成

首先是事件文论的符号学、话语政治及其生命形式面向。代表人物是福柯、阿特里奇与阿甘本。

---

[1] [法]贝尔纳·斯蒂格勒:《技术与时间2:迷失方向》,赵和平、印螺译,译林出版社2010年版,第137页。

[2] 同上,第138页。

福柯对"事件"概念的运用最早见于《知识考古学》,但只略微提及。1970年10月9日,他在日本庆应义塾大学做了《回到历史》的演讲,提出了"我们今天所说的历史的两个基本概念不再是时代与过去,而是变化与事件"的观点,①将事件与变化放在同一序列中并提,其用意不难窥察。到了1978年的一次圆桌对话中,他明确提出了事件思想,形成了正面详尽的论述,即《方法问题》。在那里,福柯认为事件不"把分析对象归诸整齐、必然,无法避免于(最终)外在于历史的机械论或者说现成结构",而是归诸"构成性的多重过程"②,准确地揭示了事件化观念与方法的建构主义实质。

阿特里奇对事件的论述,主要集中在他先后出版于2004年与2015年的两部代表性著作《文学的独异性》与《文学作品》中。前者首先将事件思想与语言自觉联系起来考察,探讨了"作为事件的语言":"'意义'被理解为动词 to mean 的分词,而不是名词——作为一个事件的体验。当然,这种创造性的可能性是无限的,因为每一条规则、每一个规范、每一个习惯、每一个涉及语言使用的期望都可以被拉伸、扭曲、引用、挫败或夸大,并可以彼此进行多种多样的组合。"可以看出,他所说的作为事件的语言,指偏离规范与惯性后的语言,相当于什克洛夫斯基提出的"陌生化"著名原则,从"拉伸、扭曲"等具体表述中不难看到两者的接近。

尽管如此,上述思路在阿甘本看来忽略了语言的生命形式,即在预设了语言可说性之际,用规则的现成性遮蔽了作为原初赤裸生命状态

---

① [法]米歇尔·福柯:《刑事理论与刑事制度》,陈雪杰译,上海人民出版社2019年版,第407页。
② Burchell G, Gordon C, Miller P. *The Foucault Effect: Studies in Governmental Rationality*. Chicago: The University of Chicago Press, 1991, pp. 76—78. 完整中译文见《中外文论》2019年第2期。

的"语言事件"①,或更确切地说"纯粹语言事件"②,而在语言的各种装置性操作中,趋向于本雅明所说的经验的贫乏。这才有了他对"誓言"这种在他看来能被视作原初语言事件的现象的考古学研究。阿甘本本人虽没有写过直接阐说事件的论著,这一理路仍显得重要,因为它从生命形式的角度,反转出了语言论学理的未竟之处,足以引发欲穷千里目的当代文论的深思细辨。

其次是事件文论的后结构面向。代表人物是德勒兹、巴迪欧与齐泽克。

德勒兹在《意义的逻辑》中引入"事件"的概念,描述各种力之间相互作用固有的瞬时产生。③ 他对事件的论述,主要集中于《意义的逻辑》(1969)、《感觉的逻辑》(1981)以及《什么是哲学》(1991)等著作中。④ 这些著作将事件视为不断变化的非实体性存在,其根本属性是"生成",不表示本质,即"事物的事件不是发生在深度,而发生在表面"⑤。德勒兹用"独异性"来阐释事件的内涵,认为纯粹事件存乎非历史领域,并具体区分了(大写的)哲学与(大写的)历史,指出前者"告诉我们实际发生的事情和事情发生的原因",后者则"是要表达发生的事情中的纯粹事件",这纯粹事件被德勒兹明确定义为"每个事件具有的逃避其自身之现实化的那部分"⑥,即"生成自身",由此应区分历史时间与事件时间,这种区别即历史与生成之别。

---

① [意]吉奥乔·阿甘本:《语言与死亡:否定之地》,张羽佳译,南京大学出版社2019年版,第145页。
② [意]吉奥乔·阿甘本:《潜能》,王立秋、严和来等译,漓江出版社2014年版,第25页。
③ Parr A. *The Deleuze Dictionary*. Edinburgh: Edinburgh University Press, 2005, p. 87.
④ 应注意《意义的逻辑》与《感觉的逻辑》是德勒兹两部不同的著作,以免混淆。
⑤ 陈永国、尹晶:《哲学的客体:德勒兹读本》,北京大学出版社2010年版,第219页。
⑥ [美]保罗·帕顿:《德勒兹概念:哲学、殖民与政治》,尹晶译,河南大学出版社2018年版,第172页。

巴迪欧将事件看作存在本质的断裂，与这断裂时刻相伴的是真理的显现，即让那"无所不在，亘古如斯，难以瞥见"的真理从隐蔽状态中显露出来。①事件被巴迪欧赋予绝对的超越性，人类在事件面前显然不具有主导地位。在他看来，事件位在情势中展示出事件，事件却无法从构成自身的具体内容中来确证这种展示，它只是"介入"本身。在谈论电影时，巴迪欧也涉及了事件问题，认为介入相当于德勒兹所说的阅读环节，才有助于驱动性地直击作为事件的电影。这再度证明"影像正是因为在影像以外之物的基础上被构建，才有机会真正成为美丽又有力的影像"②，推进了德勒兹的驱动影像事件论。

目前仍活跃于国际学术舞台的齐泽克，在事件研究上的鲜明特色在于，将对事件的哲学论述与现实生活中爆发的各种实际事件紧密联系起来分析。如在问世于2008年的《为损失的原因辩护》一书中便专辟一节论述"米歇尔·福柯与伊朗事件"③，并大量引用巴迪欧的事件论，与德勒兹、巴迪欧相比，显示出更为入世的公共知识分子学术风范。其事件文论结合电影等文艺样式，主要包括以下几方面：对事件的探讨本身也应采取非静止的、属于事件本身要义的方式；强调事件的奇迹性、意外性乃至神性；对"去事件化"（dis-eventalization）表示警惕；重审唯物主义，反对"捍卫'非物质'（immaterial）秩序的自主性"④，而主张发展出"一种新的唯物主义辩证思想形式，即非理想主义的唯心主义者"⑤，以廓清自己与德勒兹、巴迪欧在事件问题上的理解异趣，代表了

---

① Badiou A. *Being and Event*. New York：Continuum International Publishing Group Ltd，2006，xii.
② [法]阿兰·巴迪欧：《追寻消失的真实》，宋德超译，广西人民出版社2020年版，第33页。
③ Žizek S. *In Defense of Lost Causes*. London：Verso，2008，pp. 107—117.
④ Ruda F. *For Badiou：Idealism Without Idealism*. Evanston：Northwestern University Press，2015，xvi—xvii.
⑤ Ibid，p. 59.

事件文论在欧陆的最新发展。

再次是事件文论的解构面向。代表人物是德里达与让-吕克·南希。

对德里达来说,一个事件要成为可能,必须从不可能中产生,即必须超越先决条件、在打破可能中成为一个事件。在《一种关于事件言说的不可能的可能性》与《〈友爱的政治学〉及其他》等著作中,德里达不再把"不可能"视为"可能"的对立面,而从某种意义上将之等同为后者,强调其非规则地穿透后者的性质。晚近学者拉夫欧援引了德里达有关"绝对的不可见性存在于没有可见性结构的概念中"的论断,①区分了"无形"在德里达这里的两种不同含义:既指被隐藏起来的可见之物,它并不真正无形,而保留着有形的秩序;又指绝对的"非可见性",指绝对不可见的、无条件的秘密,不是明显的在场或针对在场的否定性对应物,而根本上就不属于在场的逻辑。事件,只能发生在后一种绝对不恰当背景下。这种分析与前面列维纳斯有关作为他者的可能性打破田园牧歌式和谐局面、与主体形成异在关系的强调,具有相通性,列维纳斯不正是德里达在阐述事件文论时多次提到的名字吗?

德里达参加了南希的博士论文答辩,两人具有一定的师生关系,保持了长期的友谊,并留下若干学术对话。南希发表于 2000 年的《事件的惊奇》一文,集中代表了他的事件思想。在他看来,"思想向着盈余开放的事件溢出了(overflow)起源"②,这呼唤着对"将要发生"的可能性的充分筹划,即不再追问"是什么",而改问"正在并还在发生着什么",那正是事件的题中之义。

除了以上九种面向外,事件文论谱系还在程度相对较轻的分析哲

---

① Raffoul F. *Thinking the Event*. Bloomington: Indiana University Press, 2020, p. 290.
② Nancy J-L. *Being Singular Plural*. California: Stanford University Press, 2000, p. 156.

学面向上,①以及最新的进展方面,②开放性地展开着自己的复调。这有助于对事件思想感兴趣者,客观了解各家各派对事件的不同阐说,从中窥见当代文论的一种新质。

第四节 当代艺术"知识沟"的断裂与弥合③

近年来,中国艺术品市场迎来了大发展时期,当代艺术已成为中国各大美术馆的宠儿。从对参观当代艺术展览的观展人群分析,观者普遍具有较高文化程度、较高社会经济地位、年龄结构年轻化等特征。2008年起,我国所属博物馆、美术馆就开始向社会免费开放。这一制度的实施是为了普及艺术教育,让每个社会公众都享有均衡的艺术教育资源,以望提高公众的整体艺术素养。可政策实施多年以来,我国大众艺术素养并未走向各阶层的均衡。相反,艺术素养呈现出日益分化的局面,热闹的艺术圈和普罗大众间的距离越来越远。相比半世纪前,我国民众的艺术素养的差距有不断加大的趋势。艺术资源的极大丰富和艺术教育水平的不断提高为何没有缩小我国民众的艺术素养差距?我们可以从"知识沟"理论来解释和理解。

一、当代传播学"知识沟"理论及其研究进展

起源于美国的"知识沟"理论是重要的传播学理论,主要考量媒介给受众带来的知识背景性的差异。美国传播学学者蒂奇纳、多诺霍和奥里恩在1970年代率先提出了"知识沟"假设。他们认为,由于社会

---

① 可参阅拙文《事件思想的分析维度——以蒯因与戴维森之争为考察起点》,《福建论坛》2020年第7期。
② 可参阅拙文《事件思想的七种新走向:演进逻辑与文学效应》,《社会科学》2021年第2期。
③ 作者汤筠冰,复旦大学新闻学院教授。原载《贵州大学学报(艺术版)》2017年第4期,题目已改动。

经济地位高者通常能比社会经济地位低者更快地获得信息,因此,大众媒介传送的信息越多,这两者之间的知识鸿沟也就越有扩大的趋势。这也就预示着媒介社会越发展,受众之间的这条知识鸿沟愈加宽广,甚至影响到社会阶层之间的大分化。他们还进一步指出产生这个知识沟的原因有:社会经济状况好的人和社会经济状况差的人在传播技能上是有区别的;在现存的信息数量或知识背景上存在差异;社会经济状况好的人有更多的相关社会联系;选择性接触、接受和记忆的机制也可能在发挥作用;大众媒介系统自身的本性就是为较高社会阶层的人而用的。[1]

"知识沟"理论产生的背景源于《芝麻街》(又名《塞萨米大街》)的传播现象而生成的理论。由于当时美国社会要求实现教育机会平等的社会呼声不断高涨,美国政府也试图回应要求教育机会平等的呼声,出台了一项"补充教育计划"。试图通过大众传播等手段来改善贫困儿童接受学前教育存在的差距。

1969年美国公共电视台开始播出政府学前启蒙节目《芝麻街》,目的是为那些家庭贫困儿童提供学前启蒙教育的机会,缩小贫富儿童学前教育的差距,以缓解儿童由家庭经济状况差距而造成的受教育机会不平等。但事与愿违,在对该系列片播放后的实际效果的研究中发现,均衡教育的目的并未达到。《芝麻街》播出后虽然对贫、富儿童都产生了良好的教育效果,但富裕家庭儿童对节目的收视率要远高于贫困家庭儿童,而其教育效果也要好于贫困家庭儿童。实际效果反而是扩大了贫富儿童之间在学习能力和成绩方面的差距。这部以缓解受教育条件不平等为目的的电视系列片,播出后的传播效果显示:在现代社会,大众传播将同样的知识或信息传送到各家各户,看似受众接触和使用大众传媒的机会是平等的,然而它所带来的社会结果并不均等。对此,

---

[1] P. J. Tichenor, P. A. Donohue, C. N. Olien (1970). Mass mediaflow and differential growth in knowledge. Public OpinionQuarterly 34: 159—170.

以美国传播学者蒂奇纳为主的"明尼苏达小组"在一系列实证研究的基础上,在1970年提出了"知识沟"理论,这一理论假设已成为传播学的经典学术理论。"知识沟"理论在诞生后的四十多年中,学者们一直在完善该理论系统。学者夏普指出,个人动机是寻求信息的一个重要因素,而且当寻求信息的动机非常强烈的时候,知识沟会缩小而非扩大。[1] 盖那瓦和格林伯格发现,导致知识沟最主要的因素还不仅是社会经济状况和教育,而是受众兴趣。[2] 在新媒体时代,越来越多的学者致力于新媒体技术的普遍运用对于知识沟的影响,传播科技革命是否会带来知识沟的扩大。帕克和邓恩指出,如果这类信息不能为全社会普遍享用的话,那么原来就是信息富裕户可能会获益良多,信息贫困户则会雪上加霜。而知识沟的扩大将可能导致社会紧张因素的增加。[3]汤姆·威尔提出了信息寻求行为等级图。在他看来,一个人在等级中的位置决定着他的信息寻求行为,而且只有在一个层次的信息需求得到满足之后,人们才会致力于获取更高层次的信息。当指向人们的某些信息在某些个人自己的需求等级位置看来无关紧要时,知识沟就出现了。[4]

从"知识沟"理论发展四十余年的研究成果中可以看出,这一理论研究主要聚焦于传播受众的行为研究,重点探讨媒介对于扩大受众的知识沟问题,以及如何填补知识沟。而最新的多项研究就证实,兴趣和动机也是扩大和弥合知识沟的有效手段。

---

[1] [美]沃纳·赛佛林,小詹姆斯·坦卡德:《传播理论:起源、方法与应用》,郭镇之等译,华夏出版社2000年版,第281页。

[2] Genova, B. K. L. and Bradley S. Greenberg (1979). Interests in News and the Knowledge Gap, Public Opinion Quarterly 43: 79—91.

[3] Parker, E. B & Dunn, D. A. (1972). "Information Technology: Its social potential." Science, 176, 1392—1398.

[4] Tom Weir. The continuing question of motivation inthe knowledge gap hypothesis. Association for education injournalism and mass communication, Annual meeting paper.

二、当代艺术的"知识沟"现象及成因

进化论、科技发展、启蒙主义、理性主义等社会文化科技的变迁,特别是摄影技术的发明,让古典艺术"写实"的功能相形见绌,于是,艺术家们开始追求艺术新的发展方向。19世纪末期开始,包括了野兽主义、立体主义、未来主义、表现主义、俄国的至上主义与构成主义、荷兰的风格派、达达主义、超现实主义等众多先锋性艺术潮流和风格在欧洲开始兴起。艺术家开始实验各种观看的方式、材料、观念。艺术不再以追求"像"的写实艺术为目标,艺术作品开始变得越来越抽象。艺术观念开始进入艺术体系,"形式美"和"观念性"成为现代艺术的主要评价标准和追求目标。艺术不仅只提供审美主体本身,还成为体现人类思想和情感的重要载体。

艺术的"知识沟"现象主要表现在观众对以当代艺术为代表的现当代艺术的巨大知识鸿沟的认知现象上。按时间序列划分艺术,可以分为古典艺术和现当代艺术。在西方,古典艺术的评价标准就是"以艺术作品最大程度地还原客观事物",也就是说"像"是评价古典艺术的主要标准。从这点来说,大众对于古典艺术的审美和评价不需要太多的艺术知识积累。再加之19世纪末期之前大众媒介的不盛行,使得艺术的"知识沟"几乎不存在,或者很弱小。但是,当19世纪末艺术向现代主义转型以降,艺术的评价标准发生了翻天覆地的变化。以杜尚命名为《泉》的男用小便池的当代艺术开始登堂入室,观念艺术开始大行其道。这时,在现当代艺术,特别是当代艺术与大众审美之间形成了一个巨大的认知"知识沟"现象。19世纪30年代,以《纽约太阳报》和《先驱报》的创刊为标志,电报机、广播、电视等电子媒介陆续出现,大众传媒时代真正来临了。媒介的兴盛使得艺术可以以复制品的形式予以广泛传播,在造成了本雅明所述的艺术品"灵韵"消失的同时,媒介中的艺术品的广泛传播,反倒造成了艺术受众"知识沟"现象越来越放大的趋势。大众媒介传送的现代艺术的信息越多,社会经济地位不同

阶级之间的知识鸿沟也就越有扩大的趋势。19世纪的现代艺术流派的受众群体开始了迅速的分野。

随着当下中国现代艺术进程的加快，各类艺术展览层出不穷，中国艺术家的国际知名度逐步上升，中国当代艺术作品拍卖屡创新高。当艺术品市场一片繁荣，艺术产业异军突起之时，却有着相当多的普通大众大呼看不懂当代艺术作品，不懂怎么样去解读美术展馆中的现当代艺术。表现在当代艺术中"知识沟"的现象尤其明显。社会经济地位高者比经济地位低者能够更多更广地获得艺术信息，因此媒介中的艺术信息传送得越多，两者之间的"知识沟"有越来越扩大的趋势。具体表现在：

首先，经济基础的差异。社会经济地位较高的受众群体可以有更多的机会获取艺术信息。2016年蓬皮杜现代艺术大师展票价一百五十元，王菲2016年"幻乐一场"演唱会票价从一千八百元到七千八百元不等。相对比2016年湖南最低工资标准，长沙最低月薪刚刚提高到一千三百九十元。① 对于低收入人群，观看票价昂贵的艺术展览和演出属于高消费行为，很难消费得起。

其次，大众媒介的性质。大众媒介传播只涉及艺术信息的传播，能够提供的专业性艺术知识很少，或只提供专业艺术媒介的链接。可以说，大众媒介对填平艺术知识沟几乎无作用。专业艺术媒介主要是传播专业艺术信息的专业期刊与新媒体网站。其受众多为专业人士或社会经济地位较高阶层。随着艺术传播形式的扩大化、多样化（包括艺术专业媒介、艺术展览、新媒体艺术等），艺术专业人士与大众之间的艺术知识沟将呈扩大而非缩小之势。

再次，艺术素养的差异。对艺术史与艺术观念了解越多，对于理解现代艺术越有帮助。我国从21世纪以来，学校和家庭才开始重视艺术

---

① 《全国各地月最低工资标准公布：看看湖南排第几》，人民网2016年12月14日，中新网，http://m.people.cn/n4/2016/1214/c1469-8085932.html。

素质教育,"90后"的受众群体艺术素养大幅度提高。草间弥生2014年上海当代艺术馆"我的一个梦"展览创下了三十三万人次的参观量,超过了被视为艺术盛事的、在同一个城市举办的"上海双年展"参观人数。这是在中国举办的当代艺术展览创下的奇迹。经过探访,年轻人是这次观展的主力军,甚至有公立学校组织学生集体观展。①

最后,信息的接受度。对艺术信息越关注的受众对艺术媒介的关注度就越高,这直接影响到艺术信息的选择性接触、理解和态度。目前,艺术信息在社会公共平台、社会化媒介、专业媒介中传播较多,新媒介和专业媒介信息接触度高的受众对当代艺术的接受度将有利于其对当代艺术的态度。

总的看来,社会经济地位高的阶层,经济富裕地区的受众都处于有益的位置,这是造成如今当代艺术知识沟不断扩大的根本原因。

三、如何弥合当代艺术的"知识沟"

当代艺术是人类文明发展的必然产物,而由于历史原因,我国民众在艺术素养教育等方面的缺失造成了如今艺术欣赏主体之间的巨大"知识沟"现状。如何弥合这一差距,使得以当代艺术为代表的现当代艺术成为人人能欣赏的客观对象,就需要注意以下策略。

第一,提高全民艺术素养。艺术素养的普及非一日之功,是一个需要逐步培育的过程。首先,大、中、小学的艺术教育尤为重要。目前,我国经济发达地区已把艺术素养教育列为升学考试中的测试科目,从教育体制上强制性地实施艺术素养提升计划。但我们发现经济欠发达地区的中小学艺术教育仍处于落后水平,这需要我国政府继续实施艺术素养的综合培养计划。此外,艺术的社会化教育功效显著,这体现在两方面:一是无论是国家兴建还是社会化投资艺术教育和产业都是双赢

---

① 《草间弥生展33万观众创纪录 年轻人成艺术消费主力军》,东方财富网2014年4月19日,上海证券报,https://finance.eastmoney.com/a2/20140419377899573.html。

之道；二是提倡大众媒介和新媒介，积极整合艺术社会化资源，为社会化资源和公众之间架一条更加便利的桥梁，让公众可以方便地接受或查询到艺术信息和资讯。这些措施都可积极推进我国全民艺术素养的提升。

第二，艺术新媒介的普及。在媒介手段上，专业艺术媒介走向大众化，与社会化媒介合作，将艺术信息以更便捷的形式"均质"地推送到公众中去；在传播内容上，艺术信息做到通俗易懂，以普通公众更易接受的"讲艺术故事"的形式传播、分析作品；在传播形式上，加强媒介与受众的互动环节，多运用点播、虚拟漫游等艺术形式，加强艺术传播效果，使艺术新媒介成为大众喜闻乐见的形式，进而促使普通大众主动接触，便于其理解作品，进而转变对艺术的审美态度。

第三，艺术资助向经济欠发达地区倾斜。随着我国艺术资助体系的不断完善，艺术发展得到了很大程度的提高，但仍普遍存在着经济欠发达地区远远落后于经济发达地区的现状。综观我国艺术博物馆的分布，经济发达地区要远高于经济落后地区。为了保证公众艺术信息的公平享有权，政府及公益组织有必要将艺术资助的占有份额向经济欠发达地区倾斜，帮助这些地区建立健全艺术设施。中国当代艺术产业发展十分迅猛，艺术产品成为文化创新的重要组成部分，艺术在社会文化的传播过程中发挥着越来越重要的作用。但现当代艺术馆的受众群体普遍存在着分层现状，现当代艺术的"知识沟"差距要远远高于文化领域的平均水平。即使采取上述这些措施，我国当代艺术的"知识沟"也不可能完全填平，但可以有助于缩小观众之间的知识沟差距。"不积跬步，无以至千里"。唯有致力于艺术素养教育，普及艺术新媒介，完善艺术资助体系，才能缩小现当代艺术的"知识沟"现象，才能谈得上普及现当代艺术。

《呼吸道》,代大权作

第六章 "后学"的美学征候

主编插白：长江后浪推前浪，芳林陈叶催新叶。江山代有才人出，各领风骚数百年。"后学"就是当代西方文化百家争鸣、自由竞放、不断超越所形成的琳琅满目的思想景观。"后……"是西文前缀"Post-"的意译。这个前缀可以和任何词根联系起来，从而构成西方后现代文化的各种"后学"分支："后文明""后文学""后理论"等等。在西方当代文化中，"后学"属于离我们今天最近的文化形态，不仅时间上具有当下性，而且性质上具有前沿性。本书编委会主任、欧洲科学院外籍院士、上海交通大学人文学院院长王宁教授以研究后现代文化蜚声海内外。他的《后现代文化的审美特征及"抖音"现象分析》从后现代主义的文化特征论及审美特征，揭示当下"抖音"现象的出现乃是后现代碎片化"微时代"特征催生的结果，而文学艺术的经典在大众"抖音"时代会产生不断的充满主体个性的动态化重构。这是一篇以后现代文化理论对当下流行的网红现象以及传统的文学经典在其中被重新建构的新问题的敏锐把握和剖析，读来饶有兴味。中国作家协会文学理论批评委员会主任、北京大学中文系教授陈晓明以研究"后学"著称。他的《后文明时代的写作或后文学的诞生》一文论及"后文明"与视听时代的感性解放、网络文学追求的"爽"与流行的"YY"、科幻文学建构的宇宙论与虚拟世界，最后重申让人类享有"爱的自由和美丽"依然是"后时代"的"后文学"具有的基本特征和神圣使命。"没有文学的文学理论"是"后时代"的一种重要文学理论现象。"没有文学的文学理论"是否具有"文学理论"的合法性？如何理解"没有文学的文学理论"产生和存在的合理性？四川大学的长江学者金惠敏教授长期致力于这一研究,2021 年刚在四川大学出版社出版《没有文学的文学理论》专著。在本章所收的论文中,他为文学理论越界到文学以外的缘由和奥妙做了辩护,最后重申:他并不反对"审美的文学",只是反对"审美本质主义"。

第一节 后现代文化的审美特征[①]

若从今天的视角来看,后现代主义显然已经成为一个历史现象,但它的碎片式的残迹却已经深深地渗透进当代人的文化观念和知识生活中的各个方面。这无疑也为我们对之进行总结奠定了基础。

一、后现代主义的文化特征与审美特征

我曾经自 20 世纪 90 年代以来在国内外期刊上发表了数十篇中英文论文,[②]从各个方面阐述了作为一种社会文化思潮和文学理论与实践的

---

① 作者王宁,上海交通大学文科资深教授,长江学者,欧洲科学院外籍院士。本文原载《艺术广角》2022 年第 2 期。
② 这里仅列举我的一些主要的中文论文:《现实主义、现代主义和后现代主义》,《文艺研究》1989 年第 4 期;《现代主义、后现代主义与中国现当代文学》,《中国社会科学》1989 年第 5 期;《后现代主义与中国文学》,《当代电影》1990 年第 6 期;《后现代主义如是说》,《中外文学》1990 年第 3 期;《后现代主义的终结》,《天津文学》1991 年第 12 期;《接受与变体:中国当代先锋小说中的后现代性》,《中国社会科学》1992 年第 1 期;《后现代主义:从北美走向世界》,《花城》1993 年第 1 期;《如何看待和考察后现代主义》,《文艺研究》1993 年第 1 期;《重建后现代概念:中国的例子》,《钟山》1993 年第 1 期;《通俗文学中的后现代性》,《通俗文学评论》1993 年第 2 期;《作为国际性文学运动的后现代主义》,《上海文学》1993 年第 2 期;《传统、现代和后现代刍议》,《书法研究》1993 年第 5 期;《中国当代文学中的后现代主义变体》,《天津社会科学》1994 年第 1 期;《后现代主义理论与思潮》,《光明日报》1994 年 4 月 27 日号;《后现代性、消费者文化、王朔现象》,《通俗文学评论》1994 年第 1 期;《后新时期与后现代》,《文学自由谈》1994 年第 3 期;《中国当代诗歌中的后现代性》,《诗探索》1994 年第 3 期;《后现代主义是一种独特的西方模式吗?》,《楚天艺术》1994 年第 2 期;《传统与先锋,现代与后现代》,《文艺争鸣》1995 年第 1 期;《"非边缘化"和"重建中心"——后现代主义之后的西方理论与思潮》,《国外文学》1995 年第 3 期;《后现代主义与中国当代消费文化》,《北京文学》1997 年第 3 期;《后现代性和中国当代大众文化的挑战》,《中国文化研究》1997 年第 3 期。

后现代主义的特征。在此我基于自己过去的研究,对后现代主义包括审美特征在内的整个文化特征做出如下简略的描述和概括：

(1)后现代主义首先是高度发达的资本主义国家或西方后工业社会的一种文化现象,但它也可能以变体的形式出现在一些发展中国家内的经济发展不平衡地区,因为在这些地区既有着西方的影响,同时也有着具有先锋超前意识的第三世界知识分子的创造性接受和转化。

(2)后现代主义在某些方面也表现为一种世界观和生活观,在信奉后现代主义的人们看来,世界早已不再是一个整体,而是呈现出了多元价值取向,并显示出断片和非中心的特色,因而生活在后现代社会的人们的思维方式就不可能是统一的,其价值观念也无法与现代时期的整体性同日而语。

(3)在文学艺术领域,后现代主义曾经是现代主义思潮和文学衰落后西方文学艺术的主流,但是它在很多方面与现代主义既有着某种相对的连续性,同时又有着绝对的断裂性,这主要体现在两个极致：先锋派的激进实验及智力反叛和通俗文学和文化的挑战。

(4)此外,后现代主义又是一种叙事风格或话语,其特征是对"宏大的叙事"或"元叙事"的怀疑或对某种无选择或类似无选择技法的崇尚,后现代文本呈现出某种"精神分裂式"(schizophrenic)的结构特征,意义正是在这样的断片式叙述中被消解了。

(5)作为一种阐释代码和阅读策略的后现代性并不受时间和空间条件的限制,它不仅可用来阐释分析西方文学文本,而且也可以用于第三世界的非西方文学文本的阐释。

(6)作为与当今的后工业和消费社会的启蒙尝试相对立的一种哲学观念,后现代主义实际上同时扮演了有着表现的合法性危机之特征的后启蒙之角色。

(7)后现代主义同时也是东方或第三世界国家的批评家用以反对文化殖民主义和语言霸权主义、实现经济上现代化的一种文化策略,它在某些方面与有着鲜明的对抗性的后殖民文化批评和策略相契合。

(8)作为结构主义衰落后的一种批评风尚,后现代主义表现为具有德里达(Derridian)和福柯(Foucauldian)的后结构主义文学批评色彩的批评话语,它在当前的文化批评和文化研究中也占有重要的地位。这就是我对以往的研究超越后得出的新的多元的定义。

二、后现代的碎片式"微时代"特征催生"抖音"现象

毫无疑问,后现代主义作为一种社会文化和文学艺术大潮衰落之后,当代西方文化和文学艺术界再也未出现过任何占据主导地位的辐射面甚广的文化艺术和哲学思潮。因此我们可以说,我们已经进入了一个缺乏整体性的碎片式的"微时代",这些后现代特征在当今的中国也可以很容易觅见。互联网和智能手机在中国的普及使得当代青年足不出户就可以把一切衣食住行"搞定",甚至从事学术研究也不用整天泡在图书馆里翻阅那些卷帙浩繁的纸质书刊,坐在家里的电脑旁就可以进入各种语言的数据库,查阅到最新发表在国内外期刊上的论文。"抖音"这一在中国十分流行的传播现象也伴随着这一"微时代"的来临凸显在当代人面前,甚至在当下谈论抖音现象也成了一种时髦,连我这个从不使用微信的传统的人文学者也不免受到一些波及:我的智能手机上经常受到抖音的骚扰,于是我也就出于好奇在手机上下载了这一软件。同样也是出于好奇,随后便在网上查询究竟什么是抖音。我得到的解答是,抖音显然是当代后现代信息时代的一款音乐创意短视频社交软件,是一个专为年轻人设置的时间长度为十五秒的音乐短视频社区。

按照抖音的特征,用户可以通过这款软件选择歌曲,拍摄十五秒的音乐短视频,从而形成自己的作品。后来我又阅读了武汉大学肖珺教授团队发布的最新研究报告,进而得知抖音也可以用于其他传统文化形式的传播和普及,我终于对抖音的功用、审美特征和文化传播功能有了一些粗浅的了解。这确实是当今这个全球化时代高科技的一个产物,它的出现改变了以往人们对高雅文化与大众传播媒介的不正确的

看法,认为网络上的东西都是垃圾,网络文化是经典文化的杀手。当然这一现象的出现也促使我沉下心来对我们这个时代的特征进行思考。我想就我们的时代特征以及传统文化传播的新路径做一阐释。

诚如法国后现代主义理论家利奥塔早在1979年所描述的,我们这个时代是一个充满后现代因素的时代,以往的宏大叙事已经解体,代之以各种不登大雅之堂的通俗文化和大众文化产品的盛行,以及稗史的盛行。[1] 所谓稗史就是 petites histoires,也即小历史或微历史,little history。这些稗史或微历史碎片的出现无疑消解了宏大叙事的正统性。此外,我们还进一步推而广之,得出这样的结论,我们这个时代实际上是一个微时代,我们所得到的各种信息汗牛充栋,但却是碎片式的不完整的微信息,它们来去匆匆,转瞬即逝,因而在人们眼里,这些信息很难说会有何有价值的东西留存下来。但是看了肖珺和单波的研究报告后,我却得出一个新的看法,也即,在当今这个后现代高科技时代,传统文化也可以通过高科技手段被激活从而被赋予"持续的生命"或"来世生命"。

我们过去常说,现代主义文学艺术面对的是精英阶层,因而它的特征是曲高和寡,其实,更为古老的传统文化艺术更是如此。诚如中国京剧演员王佩瑜曾哀叹的,她在演出时发现,台下的京剧观众比台上的演员还要少,传统文化产品距离当代青年可谓渐行渐远,处于垂死的状态,这种文化审美衰败的现象也许是无可挽回的。但是抖音的出现则使人们对传统文化的被激活进而复苏乃至得到重新建构又有了一线希望。我们可以很容易地在智能手机上看到通过抖音展现的某一部艺术作品的精华部分,它一下子便吸引了观赏者的眼球,使他们对之感兴趣进而去观赏原作品。

尽管抖音的出现时间并不长,但是我却从网上看到这样的一些报

---

[1] Cf. Jean-François Lyotard, *The Postmodern Condition: A Report on Knowledge*, translated by Geoff Bennington and Brian Massumi, Minneapolis: University of Minnesota Press, 1984.

道,2018年6月,首批二十五家央企集体入驻抖音,包括中国核电、航天科工、航空工业等,昔日人们印象中高冷的央企,正在借助新的传播形式寻求改变。此前,七大博物馆、北京市公安局反恐怖、特警总队和共青团中央等机构也开始入驻抖音等短视频平台。除了娱乐、搞笑、秀"颜值"、秀舞技,不少传播社会主义核心价值观的内容也开始在短视频平台上流行起来。因此抖音的作用是可以无限扩大的,它作为一种新的传播媒介,可以在较短的时间内给人以浓缩的信息,正确地使用抖音来传播具有正能量的信息是完全可行的。既然这么多家企业对抖音抱有如此厚望和期待,至少说明它的存在具有一定的合法性。同样,若用于文化产品的传播,抖音也照样可以发挥巨大的作用。想到这里,我不禁想促使我们的同行文化学者和美学研究者对抖音的审美特征以及对传统文化的传播方式进行思考,并就抖音这种后现代时代新的文化传播工具的功能以及合法性进行阐释。

三、文学经典在大众"抖音"时代的动态化重构

在后现代主义大潮中,一方面是先锋派的激进的技法实验,从而将现代主义的先锋意识推向极致。另一方面,则是大众文化和通俗文学向高雅文化和精英文学的挑战。不少在现代主义时代备受欢迎的文学经典被束之高阁,或者因为曲高和寡而不受读者大众青睐。这也正是一些恪守现代主义美学原则的学者对后现代主义持批判甚至排斥态度的一个原因。毋庸置疑,后现代主义作家和艺术家常常对经典进行戏仿,实际上这种尝试早在现代主义盛期就已出现,只是后现代主义作家和艺术家将其推向了新的极致。但在将一些经典的戏仿推向极致时在一定程度上也为经典的普及提供了机会。热爱文学艺术的读者在观看了电影《恋爱中的莎士比亚》(*Shakespeare in Love*)后一定会设法阅读莎士比亚的剧本或观看他的剧作的舞台演出。另一方面,这种戏仿经典现象的出现也使理论界开始热议经典问题。确实,在最近三十多年的国际文学理论界和比较文学界,讨论文学经典的形成和历史演变问题

已成为一个广为人们谈论的热门话题。在中国的语境下讨论经典形成的问题必然涉及中国现代文学是否算得上"经典"的问题。因此讨论经典问题应该是一个学术前沿理论课题。那么究竟什么样的作品才算是经典呢？

在我看来，所谓经典必定是指那些已经载入文学史的优秀作品，因此它首先便涉及文学史的写作问题。仅在20世纪的国际文学理论界和比较文学界，关于文学史的写作问题就已经经历了两次重大的理论挑战，其结果是文学史的写作在定义、功能和内涵上都发生了变化。首先是接受美学的挑战。在接受美学那里，文学史曾作为指向文学理论的一种"挑战"之面目出现，这尤其体现在汉斯·罗伯特·尧斯的论文《文学史对文学理论的挑战》中。该文从读者接受的角度出发，提请人们注意读者对文学作品的接受因素，认为只有考虑到读者的接受因素在构成一部文学史的过程中发挥的重要作用，这部文学史才是可信的和完备的。毫无疑问，接受美学理论家从不同的角度向传统的、忽视读者作用的文学史写作提出了强有力的挑战。他们的发难为我们从一个新的角度建构一种新文学史奠定了基础。文学的接受和传播是这样，中国传统文化的传播也同样如此。传统文化如果不在当代被激活进而得到当代人的接受和欣赏就势必成为僵死之物，因而抖音等新媒体在激活传统文化方面发挥的作用便成为其明显的优势。它之所以受到广大青年的青睐恰恰证明它与他们的审美观和对信息的需求相符合。

同样，就文学研究而言，文学经典也并非一成不变，它可以在不同的时代通过不同的方法得到重新建构。也就是说，在今天的语境下从当代人的视角重新阅读以往的经典作品，实际上是把经典放在一个"动态的"位置上，或者使既定的经典"问题化"。在西方的语境下，对文学经典的形成和历史演变做出理论贡献的还有新历史主义批评，他们的发难也对以往人们所认为的历史的客观可信性提出了质疑。按照新历史主义的观点，我们今天从书本上读到的历史并非历史事件的客观的堆砌，而更是经过撰史者们对历史档案的重新选取并加以叙述的

"文本化"的历史。因而新历史主义同时在文学理论界和史学界产生影响就不足为奇了。十年前,我在美国麻省理工学院出席国际叙事学大会时,惊异地发现,大会组委会竟然将当年的终身成就奖授给了新历史主义的重要理论家海登·怀特(Hayden White,1928—2018),以表彰他在历史的叙事和文学的叙事领域以及在这二者沟通协调方面做出的贡献。可见新历史主义甚至对一向注重文学形式的叙事学也产生了巨大的影响,并得到广大叙事学研究者的认可。

上面这些事实给我们的启示在于:包括抖音在内的后现代新媒体也有其自身的审美价值,它能满足人们在当今这个微时代或者说"碎片化"的时代对审美的需求,同时,它也要求我们正确地看待传统文化:传统文化究竟是一种远离当下的不可改变的历史现象还是可以为当代人重新阐释的动态的传统?显然应该是后者。

在此我仍然以文学经典的重新建构为例加以阐发。既然文学经典的确立在很大程度上取决于人为的因素,因此我们也就不难肯定,经典首先是不确定的,它应该始终处于一种动态的状态。不同时代、不同语境下的不同的读者通过对经典的阅读和重读,实际上起到了重构经典的作用。历史上曾经红极一时的作品今天究竟有多少人在阅读?即使是获得诺贝尔文学奖的作家,其作品在当今又有多少人在阅读?可以说,除了少数优秀的作家的作品还为今天的读者阅读,大部分获奖作家及其作品曾几何时已经仅仅具有文学史的价值,所拥有的读者实在是寥寥无几。

这种情况在西方世界早就被一些文学研究者所担心,但是在中国,由于喜马拉雅音频平台的建立,使得众多世界文学名著又走出了高雅的象牙塔,来到人民大众中,实现了对人民大众的一种"后启蒙"。可以说,正是这种传播媒介使得一度变得"边缘化"或僵死的文学经典在中国的语境下得到了复活和普及。因此,我们今天对文学经典作品的重读,不应该仅仅是对之顶礼膜拜,而更应该用一种批判的眼光对之重新审视,同时以我们自己的阅读经验和独特眼光对经典的意义进行重构,这样的阅读就是有意义的。

由于抖音属于通俗文化和艺术的范畴,因此它受到文化研究学者的关注就不足为奇了。在不少文学研究者看来,文化研究对文学研究形成了严峻的挑战和冲击,致使不少恪守传统观念的学者,出于对文学研究命运的担忧,对文化研究抱有一种天然的敌意,他们认为文化研究的崛起和文化批评的崛起,为文学研究和文学批评敲响了丧钟。因为文学批评往往注重形式,注重它的审美,但也不乏认为这二者可以沟通和互补的学者。我本人就认为,文化研究与文学研究不应该呈一种对立的状态,而应该呈一种对话的状态。当然,精英文学研究者更注重文学艺术的美学价值。已故美国文学史家艾默瑞·埃利奥特在一次演讲中曾指出一个现象:在当今时代,美学这个词已逐步被人们遗忘了。照他看来,"审美"已经逐渐被人们遗忘,它越来越难以在当代批评话语中见到,因此应该呼吁"审美"重新返回到我们的文化生活和文化批评中。[1] 他的呼吁倒是给我们敲响了警钟,使我们考虑到,如果一味强调大而无当的文化批评而忽视具有审美特征的精英文化研究,有可能会走向另一个极端。我想就这二者的关系稍作一些理论阐发。

文化研究是否天然就与文学研究有着对立的关系?能否在这二者之间进行沟通和对话?二者究竟有没有共同点?在我看来,文化研究与文学研究不应当全然对立。如果着眼于一个更加广阔的世界文化背景,我们就不难看出,在当前的西方文学理论界,早已就有相当一批著述甚丰的精英文学研究者,开始自觉地把文学研究的领域扩大,并引进文化研究的一些有意义的课题。他们认为,研究文学不可忽视文化的因素,如果过分强调文学的形式因素,也即过分强调它的艺术形式的话,也会忽视对文化现象的展示。所以他们便提出一种新的文化批评发展方向,也就是把文学的文本放在广阔的语境之下,也即把文本

---

[1] 参见埃利奥特(E. Eliotte)在清华大学的演讲《多元文化时代的美学》,中译文见《清华大学学报》2002年增1,第69—74页。

(text)放在广阔的语境(context)之下来考察和研究,通过理论的阐释最终达到某种文学的超越,这就是文学的文化批评。它不仅能够活跃当代的批评氛围,同时也能起到经典重构的作用。应该指出,正是在经典的形成和重构的讨论中,文学研究和文化研究有了可以进行对话的共同基点。既然比较文学发展到今天已经进入了跨文化的阐释和研究,那么从跨文化阐释的角度来质疑既定的"经典"并重构新的"经典"就应当是比较文学学者的一个新的任务。

对文学作品的文化和美学阐释方向是使我们走出文学研究和文化研究之二元对立的必然之路,对于我们中国的文学研究和文化研究也有着一定的启发。诚然,就文学经典的形成和重构而言,任何经典文化和经典文学在一开始都是非经典的,比如《红楼梦》虽然在今天被公认为中国文学的经典,但是它在当时并不是经典。如果它当时是经典的话,我们为什么今天在红学界还经常讨论曹雪芹的身世?为什么红学研究者常常就曹雪芹的故居争论不休?甚至还有人对《红楼梦》的作者曹雪芹本身的身世都怀疑,更何况是一部蕴涵丰富的文学作品了。在英国文学界也曾出现类似的情况,比如关于莎士比亚著作权的问题,西方学者讨论了好多年。甚至有人提出,莎士比亚的那些划时代不朽巨著,根本就不是一个叫莎士比亚的人写的,至于是不是培根写的,或者本·琼森写的也无法定论。因为在这些学者看来,培根知识渊博,文笔犀利,那些著作很可能出自他的手笔。本·琼森也是一个博学多才的人,其中的一些作品也可能出自他的手笔。他们认为莎士比亚出身贫寒,当时只是一个剧场里跑龙套的无名之辈,后来当了剧场的股东,怎么可能写出这些内涵丰富的伟大艺术珍品呢?但是现在大家都认为这样的争论已经无甚意义了。诸如《哈姆雷特》这样的作品,是不是莎士比亚写的已经无关紧要,因为它已经成为一个社会的产品,也就是成为我们广大读者和欣赏者鉴赏的经典文学作品,它对我们产生了启蒙和启迪作用,对我们的生活认知和审美情趣都产生了直接的影响,所以,有些一开始属于流行的通俗文化产品,随着时间的推移和自身的调整,有可能会发展成为精英文化产品,甚至网络文学也是如此。文学研究和文化研究并非要形成这种对立,而是应该进行整合,这种整合有可能会促使文学研究的范围越来越宽广,也可能把日益萎缩的文学研究领域逐步扩大,使它能够再度出现新的生机。在这方面,我认为理论的阐释有着广阔的前景,但是这种阐释不应当只是单向地从西方到东方,而应是双向的。即使我们使用的理论来自西方,但通过对东方文学作品的阐释,这种理论本身已经发生了变形,成了一种不东不西的"混杂品"。我认为这正是比较文学和比较美学研究的一个必然结果。所谓"纯真的"理论或文学作品是不可能出现在当今这个全球化时代的。文学的经典在发生裂变,它已容纳了一些边缘话语力量和一度不登大雅之堂的东西。通过一段时间的考验和历史的筛选,其中的一些糟粕必然被淘汰,而其中的优秀者则将成为新的经典。这就是历史的辩证法,同时也是经典形成和重构的辩证法。

可见,抖音在当今时代的出现在一定程度上使得传统文化得到了新生并产生了当代的意义。这应该是抖音的独特优点。但是,我们不免会有这样的担心,如果一些对传统文化不甚理解的人对之进行曲解甚至恶搞怎么办?也许这正是我们今后要进行深入研究的一个方面。我认为,作为文化学者和美学研究者,我们应该介入各种新的文化传播媒介,以我们的知识来对大众进行启蒙和引导。尤其是像抖音这样的普及面甚广但播放时间又很短的传播媒介,更是要在有限的时间内传递传统文化形式的精髓。此外,我们还要在其他媒体上予以积极的引导和配合,使之不断完善和满足我们的审美需求。由此可见,抖音的出现不但不会破坏媒体的传播作用,反而能起到对传统媒体传播的必要补充作用。

第二节 "后文明"时代的写作或"后文学"的诞生[①]

中国文学三千年的历史,它与我们的文明成长相伴随,从"子曰:'《诗》三百,一言以蔽之,曰:思无邪'"(《论语·为政》),到屈原"路漫漫其修远兮,吾将上下而求索"的诗国精神;从陆机的"心懔懔以怀霜,志眇眇而临云。咏世德之骏烈,诵先人之清芬。……精骛八极,心游万仞",到曹丕"文章乃经国之大业,不朽之盛事";从李太白"我辈岂是蓬蒿人,仰天大笑出门去",到杜子美"万里悲秋常做客,百年多病独登台";从韩愈"文起八代之衰",到辛弃疾"想当年,金戈铁马,气吞万里如虎"……此后,诗词中国,让位于小说中国,四大名著各有玄机,各有承传。新文学之变,文学与民族国家的命运更加紧密相连。中国文学的三千年历史,就是中华文明史,它书写的是文明的历史。中国文明之文章,是用性命去书写,司马迁有言:"盖西伯拘而演《周易》;仲尼厄而作《春秋》;屈原放逐,乃赋《离骚》;左丘失明,厥有《国语》;孙子膑脚,《兵法》修列;不韦迁蜀,世传《吕览》;韩非囚秦,《说难》《孤愤》;《诗》三百篇,大抵圣贤发愤之所为作也。"(《报任安书》)中国文人传统就是以社稷为重,他关注的是时势政治,百姓生灵,他以自身的性命相托,当然也就不会对自己的内心投以多少注意。他们不是神之子,他们是文明或国家之子。

百年新文学在现代性的进程中,作家诗人与现实的关系更加紧密,时势迫使他们投身于战斗。1938年,刚满二十二岁的田间说道:"假使我们不去打仗,/敌人用刺刀/杀死了我们,/还要用手指着我们骨头说:/'看,/这是奴隶!'"20世纪上半叶的中国作家诗人们,为启蒙与救亡的重任所召唤,他们没有辜负文明的重托,在我们的文明面临危难之际,他们以笔为旗,投身于中华民族的拯救大业。20世纪下半叶的中

[①] 作者陈晓明,北京大学中文系教授。本文原载《文艺争鸣》2021年第9期。

国作家,只要历史条件给予一点空间,他们不忘历史,忠实于我们千年的文学传统,书写20世纪中华民族历经的劫难,让人民牢记我们走过的艰辛,我们曾经承受的耻辱。固然他们没有那么深沉的思绪,在幽暗中与神灵对话;他们也没有那么多的细密的情愫,在明朗中抒写爱恋。他们痛苦沉重、笨拙生硬,甚至粗陋庞杂,土气倔强,他们在自己故乡的大地上写作,诉说这大地遭遇的一切故事。确实,中国文学一直在讲述中国文明的故事,不管宏大或琐碎,全面或枝节,历史断代或现实碎片,它们都指向文明的大故事,都是文明大叙事中的片段或局部特写,它们都可结合成中国文明的大故事。

然而,今天我们却不得不说,这样一种关于文明的文学,或者说一种大文明的叙事,或许面临终结的命运。百年中国文学至今,千年之变局在今天发生,百年的现代进程不过是一个过渡阶段,百年中国文学也不过是被称之为现代文学的过渡时期。而90年代以来的中国文学以乡土叙事为标志所抵达的高峰,不过是千年变局之回光返照。在中国文学史的叙事格局中,我们要考虑到两个基本事实:其一是50年代作家必将告退。中国文学能在90年代以后讲述大文明的故事,并且在文学上达到其高峰,得益于50年代中国作家走向成熟。他们一方面经历过80年代世界优秀文学的洗礼;另一方面,他们有非常深厚的乡土经验,生长于乡村中国,且反身向传统文化民间戏曲等汲取养料。这成就了他们的道地而又具有世界性的乡土中国文学叙事。固然,他们或许还可以再创作二十年,略年轻些的60年代作家写作乡土中国叙事,也可以持续三十年。但这样一种乡土叙事与乡村文明或者说农业文明最后的终结必然是结合在一起的,此后,文学只会给予零星的记忆,他们构不成文明书写的整体。

年轻一代的中国作家,比如70后、80后之后的作家,不再有可能对乡土中国的生活浸淫得那么深挚,若不是生于斯长于斯,他们不可能写出道地的乡土中国的故事,也不可能写出乡土中国文明最后的光景。当然,他们书写城乡撕裂,返乡的碎片,城市的栖息,自我的困扰……无疑是对新世纪中国文学的开掘,其意义和价值都毋庸置疑。但它们只能归属于到来的"后文明"书写。其二,新文明的到来是否会顺利?若果如亨廷顿所言,人类社会将会进入一个"文明冲突"的时期,世界历史或许要历经汤因比所谓的后现代混乱时期。按汤因比的看法,世界历史在1875年就进入后现代混乱时期,在某种意义上,汤因比是对的,两次世界大战就足以证明他的观点。在新文明的到来无法预期,以及也无法知晓新文明的形态与内涵,我们暂且命名它为"后文明"时期。很显然,"后文明"时代终结了文字作为文明记载和书写的主导形式的历史,我们今天已经开始感觉到了它的冲击,不久的将来,这种冲击无疑会更加激烈。

一、"后文明"与视听时代的感性解放

所谓"后文明"简而言之,它就是一种不再以人类为主体和主导的文明,它被更强大的——虽然也来自人类的创造——超乎人类掌控力的科技超能力量所支配,它以完全自由的不可知不可控的方式演进,其目标和目的也超乎人类的伦理价值界限。因而,所谓的"后文明"乃是由科技力量推动的人类活动的越界和超能所形成的新文明共同体。

我们所关注的文学艺术的存在方式和意义无疑也要发生深刻改变。或许需要我们这样去设想:与农业文明以及工业文明(例如印刷产业)相适应的文字书写占据文化主导权的时代也面临终结。与电子工业生产力为基础形成的视听文明将占据未来文明的主导传播形式。正如笔者曾试图处理的主题:在视听文明即将来临之际,文学的传播方式也发生相应的变化,因此之故,文学的表现手段和方法以及文学观念也发生相应变化[1]。当然,文字必然还存在,但文字承载的信息不再是主导性的提供人们感觉这个世界的主要形式,虚构文学不再具有强大的建构文明精神根基的作用。

---

[1] 参见陈晓明:《视听文明时代的到来》,《文艺研究》2015年第6期。

影视在今天的强大吸引力已经充分显现出来。显然,影视已然成为资本、电子工业与技术、艺术为一体的文艺样式,它所制造的视听效果已经占据了人们艺术化地感知世界的主导形式。视听文明是电子工业、大资本、高科技与视听艺术结合而形成的文明形态。其标志或许可以 2000 年为时间标识。1999 年,沃卓斯基兄弟执导、基努·里维斯主演的《黑客帝国》(The Matrix)上演(2003 年分别推出了第二、三部)。[①]另一个显著的标志可以《阿凡达》为例。在《黑客帝国》上映十年后,由詹姆斯·卡梅隆执导的《阿凡达》(Avatar)上映,作为一部科幻影片,他在思考地球的未来命运,这已经不是传统的人类文明史的意义上思考问题,而是站在宇宙论的立场,去反观人类与地球的困境。2010 年克里斯托弗·诺兰执导的《盗梦空间》(Inception)上映,这部被定义为"发生在意识结构内的当代动作科幻片"进入人的意识深处,在人的梦境里呈现出世界的巨大图像,盗梦者柯布带领一个特工团队,进入到他人梦境中,从他人的潜意识中盗取机密,并且重塑他人梦境。它抹去了主观意识与客体世界存在的界限,虚拟世界与现实相互嵌套在一起。尽管诺兰的构思或许受到书写文明的作品的影响,例如,《哈扎尔辞典》关于"捕梦者"的说法,但影像技术却把"捕梦者"的行动呈现于人们的面前。

如果我们再看看苹果公司的成功,就可以领会到电子科技工业与视听的结合将意味着什么。2011 年 Ipad2 代上市,苹果以超前的视听高科技理念、精湛的工艺生产,将视听完美合二为一。到 2021 年 3 月 2 日,苹果市值高达 21005 亿美元,其最高市值曾达到 24000 多亿美元。而在 2021 年 3 月 2 日埃克森美孚的市值只有 2373 亿美元。

电子设备制造的视听效果与书写文明凭借个人才能创造的文字信息截然不同,不只是其诉诸感性直观的效果强烈得多,而是它呈现空间和现场,它让感受主体仿佛直接介入到同一时空中。可以说,它把书写

[①] 参见陈晓明:《视听文明时代的到来》。

文明的文字创立的想象形象、体验情感、领悟思想和理性,改变为感性地直观此在世界。也就是说,视听文明引发了感性解放,而且这一趋势只会越来越强大。

事实上,自从1750年鲍姆嘉通出版《美学》一书,提出"美学"(aesthetic)这一理论,深刻地影响了同时代及后世的哲学家和美学家。但是,在漫长的浪漫主义哲学占据主导地位的时期,"美学"这一学说一方面受制于启蒙观念;另一方面总是在理性的体系内加以讨论。尼采的出现打破了美学的理性限制,尼采呼唤酒神狄奥尼苏斯精神,狂饮不醉的酒神在旷野里游荡,尼采说:"在酒神颂歌中,人的一切象征能力被激发到最高程度;一些从未体验过的情绪迫不及待地发泄出来——'幻'的幛幔被撕破了,种族灵魂与性灵本身合而为一。"[1]尼采夸大了酒神放纵的能量,其目的是召唤一个非理性的感性放纵的时代到来。也因为此,尼采招致了种种批评。然而,尼采却预见到未来,人类的感性解放变得一发不可收拾。马克思在《1844年经济学—哲学手稿》里说:"工业的历史和工业的已经产生的对象性的存在,是一本打开了的关于人的本质力量的书,是感性地摆在我们面前的人的心理学。"[2]马克思预见到工业文明带来的人们感知世界的变化。人们的感性被工业革命一步步召唤出来,直至照相术发明和电影出现,工业和人类的感性达成了同步生产。电子工业(或第三次产业革命)引发的不只是生产力的解放和生产方式的改变,同样重要的也许更重要的在于,引发了人类感知这个世界的方式发生变化,直至互联网和移动通信技术普及以及人工智能的出现我们才看到全部后果。

二、网络文学的"爽"与"YY"

我们这里需要了解到人类文明发生深刻改变这一前提,由此可以

---

[1] 尼采:《悲剧的诞生》,缪灵珠译,北京出版社2017年版,第10页。
[2] 参见《马克思恩格斯全集》第42卷,人民出版社2006年版,第127页。

探讨当下的文学或将来的文学正在发生和可能发生的变化。毋庸赘言,进入新世纪最近十年,由于互联网的高速发展,中国文学产生迅猛发展。2012年,莫言获得诺贝尔文学奖,这或许是百年中国新文学所达到的一个最为耀眼的成就。但也由此宣告百年中国文学的经典化宣告终结,百年中国文学也走到它最后的阶段。随后的文学,将呈现为多元化或多样化的格局。过去的雅俗之分的界限被彻底打破,过去由优秀作家评论家引导文学行进的形势也被完全改变。互联网把商业、自发的写作、阅读与欲望想象、个性和普遍心理学混淆在一起,形成网络文学生产的巨大场域。它可能是文学的末日狂欢,但也有可能是文学面向未来的盛大节日。文学写作、生产、传播与电子游戏一样产业化、娱乐化、类型化了。与其说网络文学作为视听文明的前导,不如说是在视听文明时代文学挤上这趟高速列车的补充方式。

显然,网络文学的盛况在全球范围内,仅中国一个特例,而且二十年来伴随中国互联网由涓涓细流汇聚成大河奔流。如果要简略了解中国网络文学盛况,只要稍微描述一下腾讯旗下的阅文集团的情况就可以了。网络文学属于电子工业化的网络时代,它诉诸人们的感官世界,它不再讲述文明的故事,它身后是一片虚空,它建构一个虚拟的世界。过去的文学无论如何虚构,它还是"来源于生活,高于生活";而网络文学与现实不构成及物关系,它并不反映现实,而是虚拟现实。

这并不只是文学表现方式的改变或阅读感受发生改变,文学与阅读的关系发生改变,更根本的在于,它由此引起受众群体感受世界的方式在发生改变。网络文学与传统文学的社会作用已经发生深刻改变,它不再以"认识生活、改造世界"为己任,其主要作用在于消遣、娱悦和刺激。这种阅读的心理定式已然形成,读者已经习惯虚构乃至于虚拟的生活。虚构还以现实为经验依据,虚拟则是游戏式的,前提是完全假定的,经验逻辑已经完全让位于心理期待以及接受的可能性。事实上,有一部分网络文学深受游戏的影响,在某种意义上,网络文学在文化上的同源性与游戏相近,而与传统文学相距更远。

网络文学对"新新生代"的主体(后人类?)塑造起到强大作用①，主体既是自决的个体，又是被同一性关联的类型化的分子。过去我们用二元对立关系来解释的个体与群体、集体的关系，可能在他们身上都会失效。他们不管是作为社会化的人格存在者，或者是作为审美的主体，倒是以主体的形式创建起了一种新型的矛盾辩证法——多样的、多变的、多元性相混合的新型主体。我们今天固然会批评甚至忧虑这代人的认知世界能力，他们被电子视听产品培养起来感受世界的感性方式，也未尝不是特别富有想象力。其感觉经验的精细化和多样化是启蒙一代人所无可比拟的。想象力、感受力以及感应力，未必不是创建未来世界的能力。

传统文学以"语言"为文学作品的最高生存条件，海德格尔说："语言是人类此在的最高事件。"②但网络文学显然并不把语言看得像诗那么重要，动辄上百万字，网络作家每天写一二万字，不可能有工夫打磨语言，其语言也难以构成"此在的最高事件"。据周志雄的研究："网络语言是在网络环境中产生的，带有简洁、时尚、调侃的意味，多用谐音、曲解、组合、借用等修辞方式，或用符号、数字、英文字母代替汉字表达。"③

大多数网络文学的研究者渴望给予网络文学以积极的意义，是否是构成未来文学的新的基础尚不能断言，但确实应该看到其鲜活的感染力。邵燕君认为，如果用一个字概括中国网络文学的核心属性，那就是"爽"。也正因此，网络文学也经常被称为"爽文"。邵燕君解释说："'爽'是中国网络文学的自创概念，特指读者在阅读专门针对其喜好

---

① 这里使用"新新生代"是为了与已经用得熟络的通常用于表示80后的"新生代"相区别。也有用"新人类""新新人类""新世代"等概念来描述网络原住民。
② 海德格尔在多处讲过类似的话，或可参见海德格尔：《荷尔德林诗的阐释》，孙周兴译，商务印书馆2018年版，第43页。这里的原话是："所谓语言是人类此在的最高事件这个命题就获得了解释和论证"。
③ 参见周志雄：《网络叙事与文化建构》，《文学评论》2014年第4期。

和欲望而写作的类型文时获得的充分的满足感和畅快感。需要补充的是,'爽'的情感模式本身包含'虐',如男频文中常有的'虐主'情节(让主角遭受痛苦境遇),目的是起到'先抑后扬'的爽感效果。"显然,网络文学创建的情感体验与传统文学已经截然不同。邵燕君的研究表明,在中国网络文学研究界,最早对网络文学的"爽"做出明确肯定的是韩国学者崔宰溶。崔宰溶认为,"爽"追求的是即时、单纯的快感。"爽文"之所以不是深刻、典雅的文学,不是因为水平达不到,而是由于网络文学的享受者主动排斥那种深刻、典雅的风格。①

同样地,邵燕君也从积极的方面评价网络文学的"YY"叙事话语或者叙事经验。"YY"可以和"爽"通用,它是"意淫"的网络委婉用语,也因为改用"YY"而获得合法性,用符号遮蔽了其内涵本质。这是网络写作颠覆传统文学伦理的伎俩。YY的主导方面在于与性有关的幻想,邵燕君认为,也可以泛指一切超越现实、与欲望有关的幻想,类似于弗洛伊德所说的"白日梦"(day-dream)。实际上,弗洛伊德的"白日梦"总有本我与超我构成的转换结构,以此比喻文学,则总是有现实经验在起作用,或者反作用于现实社会。但网络文学的"YY"与现实的关联性以及反作用的可能性已经降到非常稀薄,它已经接近虚拟的异托邦,只是长期浸淫于YY的幻想世界,可以把他乡认作是故乡。对于当今的网络文学来说,"爽"和"YY"构成其本性,因而它又有无穷的可能性。

三、科幻文学建构的宇宙论与虚拟世界

很显然,与网络文学的兴盛相关,科幻文学在当今中国也迎来了一

---

① 有关邵燕君关于"爽"的论述,可参见邵燕君:《以媒介变革为契机的"爱欲生产力"的解放——对中国网络文学发展动因的再认识》,载《文艺研究》2020年第10期。关于崔宰溶对"爽文"的阐述,亦可参见以上邵文。或参见崔宰溶:《中国网络文学研究的困境与突破——网络文学的土著理论与网络性》,北京大学2011年博士论文。

253

个崭新的阶段。中国科幻文学发端于晚清时期,它首先是欧美科幻小说译介所产生的回声。1949年以后,科幻小说主要译介自苏联文学。正是基于俄文的命名方式(НАУЧНАЯФАНТАСТИКА,英文是Science Fantasy),"科学小说"变成了"科幻小说",这一类型定名沿用至今。在"十七年"和"文革"期间,科幻文学属于小众文学,经常被划归在儿童文学范畴。直至八九十年代,中国科幻文学的主要特征是"少儿科普",文学形式主要是进行科普教育的手段。新时期涌现出来的科幻作家代表人物有叶永烈、郑文光、童恩正、刘兴诗等。在中国科幻文学的成长中,关于科幻文学的作用始终存在论争,是强调其"社会现实性"还是"科普论"经常相持不下。当代科幻文学的兴盛,当然是借助科幻电影和网络文学,大多数科幻文学都在网络上发表,影响力才可能越来越广泛。2015年8月,刘慈欣以《三体》获第七十三届雨果奖最佳长篇故事奖,这是亚洲人首次获得雨果奖。2016年8月,郝景芳以中篇小说《北京折叠》获得第七十四届雨果奖。由此表明,中国科幻真正走向了世界,并得到国际科幻文学界的重视。90年代以后出现的中国科幻作家一般被称为"新生代",而中国"新生代"科幻作家又出现了"四大天王",他们分别是王晋康、刘慈欣、韩松、何夕。

王晋康的科幻立意比如他发表于1997年的《七重外壳》,小说讲述了七重嵌套的虚拟现实情境,彼时诺兰的影片《盗梦空间》尚未面世。可以看到王晋康对虚拟世界的电子外壳的探索。小说有着某种"强设定"与"高概念"的叙事特征,也正因此,王晋康在2011年提出了"核心科幻"的概念,试图切近难度较大的"硬科幻"。

相比之下,韩松的科幻创作更具人文与文学气息,他的作品并非硬科幻,而是一种包含了卡夫卡式的寓言式的小说,从中可以看出80年代中国文学思考的那些未竟的前沿主题贯穿于其中,故而他的小说充满现代主义与后现代趣味。韩松的代表作《医院》三部曲,把医药帝国的离奇和残暴做了各种荒诞的处理,小说由此描绘"药战争"中的未来病人互斗的生存史。韩松的作品总有英雄主义式的人物站立起来,正义最终战胜邪恶。韩松的重要性已经具有改写文学史的意义。王德威近年倾尽全力,由他主编《新编中国现代文学史》,这部文学史著作把中国现代推到1635年晚明文人杨廷筠、耶稣会教士艾儒略(Giulio Aleni)等所表达的"新的"文学观念,时间下限则以当代作家韩松的科幻小说描写2066年"火星照耀美国"为标志。[①]把韩松作为重写中国现代文学史的时间下限的代表作家,这也足以表明韩松的意义所在。

刘慈欣的影响力后来居上,如今在中国科幻文学领域已经是独领风骚。他影响最大的作品当推长篇小说《三体》。《三体》由《三体》(2006)、《三体Ⅱ·黑暗森林》(2008)、《死神永生》(2010)构成。刘慈欣的小说探讨地球文明的危机,它在宇宙论的观念下来审视人类未来文明将要遭遇的挑战。小说以超常的想象力表现了外星文明对地球文明的入侵,表现了宇宙空间生存的剧烈危险。小说没有回避面向宇宙对于地球文明的激烈挑战,又包含着某种对地球文明的浪漫怀乡情绪。《三体》从中国的已然历史出发,转向科幻的外空间和网络世界,书写了具有当下性向未来性延伸的人类命运共同体的故事。

作为科幻小说,《三体》还有双重性,一方面是新的科幻思维,另一方面还带有人类史的印记。刘慈欣的科幻小说还保留有历史观的意义,他带着人类的记忆进入太空,章北海从地球到太空,是通过冬眠来完成时空转换,人类的某些历史记忆还会从他身上唤醒。因而,《三体》始终没有放弃怀乡(地球)的浪漫主义。当然,诺兰的电影里也有他的人文基础,但叙事的关节点是立在某个科学理论上。刘慈欣的作品里也依然保留有人性的善恶,人类史的正义同时也保留下来,并且起到思想底蕴的作用。这或许正是他可贵的地方,也是中国科幻文学必要的行进步伐。刘慈欣《三体》的意义在于相当全面提出了从宇宙观来看人类命运。传统文学着眼于不断突破对人性和伦理道德以及历史

[①] 王德威:《新编中国现代文学史·导言》。引文来自王德威先生为同仁朋友提供的供交流用的翻译手稿。

观念的认识局限,而科幻文学则站在宇宙论的基础上思考人类未来的命运,《三体》以它强大的文学能量打开了一个新的认知维度。

属于70后的何夕的作品善于设置悬疑,例如,他的代表作品《六道众生》(2012)取名自佛陀把欲世界分成六道,它们在业力的果报下永无止境地流转轮回,此所谓六道众生。他的小说中总有贴近人情柔软的情绪缠绕其中,总是善、亲情和友爱相随。他标举"有情科幻",这或许是中国特色。更年轻一代在网络上活跃的科幻写家,无疑会开启中国科幻文学的另一片更奇幻诡异的世界,这是值得期待的。

80后的郝景芳几乎是一鸣惊人,2016年8月23日,郝景芳以中篇小说《北京折叠》摘得第七十四届雨果奖,几乎一夜之间蜚声文坛。郝景芳本科毕业于清华大学物理系,理科女的背景也使她增色不少。《北京折叠》对未来的北京城市空间进行了阶级维度的划分与想象,设定了三个互相折叠的世界,隐喻上流、中产和底层三个阶级。在未来空间里重构了阶级叙事,底层的悲苦不幸给科幻文学打上一层人民性的色彩,表现了当今中国社会的诸多现实矛盾和对阶层固化趋势的深切焦虑。科技打开的未来世界,未必是一个至福的仙境,科技与资本的福音在80后的郝景芳这里受到质疑,年轻一代作家何尝没有批判性呢?

中国科幻还处于起步阶段,未来前景不可限量。随着科技日新月异,AI最终会改变人类的生活,科技会成为人类的最基本也是最根本的生存方式,科幻文学或许会成为未来文学最重要的一脉。但其中回旋的人类逐步消逝的情感以及徘徊着的传统文学的幽灵,可能又成为未来文学弥足珍贵的魂灵。

在90年代中国文学获得回归传统的契机,也由此走向大文明叙事,它几乎是不顾一切踏上归家之路,陈忠实、莫言、贾平凹、阎连科、张炜、阿来、刘震云等作家,它们在归家的写作中,书写了农业文明最后的时光,这是我们的文学、我们的文明找到了二者合二而一的形式。中国文学成就了它的精神家园,给予农业文明最后安放魂灵的处所。这些文学作品才会显现出如此的博大精深,如此震慑人心,如此天人合一,如此绝无仅有。它回归了本己,完成了本己,也终结了本己。它的历史已然终结,网络文学和科幻文学的兴盛,预示着中国文学,其实也是世界文学终将进入另一个世代。这个世代的文学与电子科技文明结合在一起,目前来看它拥有如此多的公众,它如同神一般降临(起点中文网不就有封神榜吗?)然而,这里的神与小鬼又何异呢?它不具有永恒性和神秘性,你方唱罢我登台,谁都有可能意外地成为"神"。它是世俗的肉身的寻欢之神,不是有一位网络作家的网名就叫"李寻欢"吗?它倒是道出了真相。然而,它们又真的是一些团体,各式各样的团体,以所谓"男频""女频"或"耽美""盗墓"的假象进行商业化的运作;或者以最为超前的科幻挑战想象的极限,它们"穿越"或者"精骛八极""心游万仞";然而,就人类生活史而言,就文明史而言,它们何尝不是以文学为志业?何尝不是在圣坛前结盟?它们何尝不是一些各自有着隐秘内心的团体?

很多年前(1937年),乔治·巴塔耶和几个朋友结成一个神秘的准宗教性团体——"无头者的共通体"。它号称不问政治,而且是反基督教,带有很强的尼采思想的烙印。晚年隐匿于世的法兰西大师莫里斯·布朗肖(Marrice Blanchot)写有一本小册子《不可言明的共通体》解释了巴塔耶的这个"共通体"[①]。"无头者"团体不过是巴塔耶众多的离奇想法中的一种而已,不过,为布朗肖所关注并加以阐释却显得非同寻常。在巴塔耶和布朗肖那里,此举无疑都是顺着文学的绝对性与信仰的难题推到极限,以此来撞击文学的未来之门。然而,他们何尝想到网络时代来临,中国的网络文学以及科幻文学构成了一个无限开放的共同体。确实,我们看到大众狂欢的一面,但是,我们又不能忽略在这个无限开放的场域中每个单一的个体,其单一性与共同体的共通性的联系也仿佛是重建一种密语,通俗狂欢、YY或爽,或者宇宙神秘论,

---

[①] 莫里斯·布朗肖:《不可言明的共通体》,夏可君、尉光吉译,重庆大学出版社2016年版,第23—24页。

可能都还不足以阐释它的未来性,它的新世代的特质。倒是莫里斯对巴塔耶的"无头者的共通体"的解释,启示录般地道出了网络文学和科幻文学共同体狂欢外表下掩藏的秘密本性。这只有把巴塔耶的"内在体验"和"无头者的共通体"结合在一起互相诠释才能把握其要点。

布朗肖说,它是一个质疑的运动,出自主体,毁坏了主体,但把一种同他者的关系作为了更深的本源,那同他者的关系就是共通体本身,"而这共通体之为共通体,就是让一个把自己外露给它的人向他异性的无限性敞开,同时又决断出其严厉的限度。共通体,平等者的共通体,让它的成员经受了一种未知的不平等性的考验,如此以至于它不让一个人臣服于另一个人,而是让他们在这责任的(至尊性的?)全新关系里,可以被不可通达之物所通达。即便共通体排除了那在共通体之昏厥中肯定每个人之丧失的直接性(immédiateté),它仍提出或强加了对不可认知之物的认知(Erfahrung:经验):这'自身之外'(hors-de-soi)或'外部'(le dehors)就是不断地作为一种独一关系而存在的深渊和迷狂。"① 尽管巴塔耶的"无头者的共通体"是孤独的、秘密的、神秘的非组织的以文字象征联系在一起的非实有的"团体",但巴塔耶和布朗肖对单一个体和共同体的关系的阐释却是极具有启示性的,特别是对文学未来的设想。中国当今的网络文学或科幻文学与其南辕北辙,但它们却有着意外的"共通性"。在如此孤独、隐藏于网络的秘密角落的写手和阅读者,如此孤寂的单一个体与喧哗的商业主义联盟,它们是如何建立起一种关系——这不是一种新型的文学关系吗?不是一种新型"无头者"的文学共同体吗?它们都以匿名的、隐匿的、非实体的虚构主体的存在者,建立起一种无限的他者的想象共同体。如同在某种秘密的圣坛前写作、阅读、宣誓而后宣泄、欢娱、爽 YY。后者当然是巴塔耶和布朗肖当年想不到的。巴塔耶当年设想,绝对的、孤寂的文学应该有一种共同体,但它们又是"无头者",唯其如此,它们才能保持纯

---

① 参见《不可言明的共通体》,第29—30页。

粹性和个体性,它们属于到来的未来的文学,因而也是以神秘的形式回应着到来。它们宁可保持独一关系而存在于"深渊"。但正如海德格尔提问的那样:"倘若没有澄明,深渊又会是什么呢?"[①]这种独一关系,其实质也是期待一种到来的澄明。

显然,不管是巴塔耶、布朗肖还是海德格尔,都不能设想也不愿接受到来的文学盛景是科技文明设计的网络文学和科幻文学。海德格尔终其一生都警惕科技对人类的宰制,布朗肖和巴塔耶虽然未在这一问题上做明确表态,想来也是十分警惕,否则布朗肖不会在盛年就突然隐居起来。海德格尔和巴塔耶期盼的文学依然是承继德国浪漫派关于文学的绝对与神性。对于海德格尔来说,未来到来的澄明当然是神恩普照大地的澄明;对于巴塔耶来说,未来文学是绝对信仰与人的肉身灵魂相统一的文学。它们绝对想不到未来的文学在中国文学这里可以与到来的科技文明结合得如此奇妙,它把大地上的狂欢与生产经营结合在一起,把革命年代的"人民性""工农兵""喜闻乐见""民族气派"与如今的"孤独个体""欲望想象""爽 YY"混为一体。它们是庞大的联盟、利益共同体、书写的大神、神秘的操纵者、利润的分享者……这就是后文明时代的后文学盛景,有一种新的到来的文明普照的圣坛。因为视听文明的隆隆脚步声已经逼近,它会踏灭这个圣坛吗?还是和它一起膜拜共存,共同去开创新文明的未来?这是我们今天难以回答的问题。

四、文学让人类享有"爱的自由和美丽"

百年中国文学在其发展历程中,虽然有传统现代之争,但还是在书写文明的体系内文体和语言表达方式的改变。但到今天科技力量占据社会的主导地位,文学发生的变化就变得不可估量,不可计算。百年的中国文学是走进现代的文学,是要召唤中国走进现代的文学,召唤中国

---

① 参见海德格尔:《荷尔德林诗的阐释》,第 18 页。

变革、革命、强盛的文学。它带着使命诞生,肩扛闸门前行,认定目标战斗。因而,它不可能像欧美的文学在社会的自然行程中生发并变化发展;它也不可能像欧美的文学依靠个人的情志取得成就。百年中国的文学是在历史艰难行程中栉风沐雨,砥砺行进,每前行一步,都要在历史中划下深深的印痕。文学家们也总是伤痕累累,扪心自食。不理解中国进入现代的艰难,就不能理解中国文学;不理解中国文学历经磨难,就不能理解中国文学家们的心灵。

在现代早期,闻一多写下短诗《发现》,他怀着那么高的期望,那么强烈的痛楚说道:"我来了,我喊一声,迸着血泪,/'这不是我的中华,不对,不对!'"诗人赤子之心,热爱祖国,怎么能忍受满目疮痍:"那不是你,那不是我的心爱!/我追问青天,逼迫八面的风,/我问,拳头擂着大地的赤胸,/总问不出消息;我哭着叫你,/呕出一颗心来,你在我心里!"百年中国文学有半个多世纪历经血雨腥风,对于中国现代的文学家来说,为了民族解放的事业,为了中国的现代进步,他们又何尝不是用生命和鲜血在写作呢?某种意义上,百年中国文学是写现代中国这部大书,他们在大地上写,是用心、用生命和血泪在写。

但是,今天的文学却在"爽"中陶醉,沉浸于"YY"中。我们固然会感慨世事变化惊人,这让生命书写的仁人志士情何以堪!让"为往圣继绝学"的学子如何困窘不安!但是,我们与其怀恋往昔的悲壮,何不也热眼看看现实。当今喷涌而出的文学,何尝没有一种新鲜,一种生动,何尝不是出游的少年?它未尝不是为即将到来的时代提供了感知的、想象的和情感的基础。当然,未来的文明的扎实创建和健康发展,有赖于传统的经典文学提供积极而肯定的价值,维系传统与未来的联系。但潮流不可抗拒,人类文明在最近五十年发生的革命把人类带进了一个由高科技宰制的社会,互联网时代改变了人们的交往方式,尤其是视听技术迅猛发展,视听重构了人类习惯的书写文化。互联网和人工智能的加入,导致人类生存的空间进一步被虚拟化了,也存在更多的不确定性。文学受惠于高科技文明,例如,网络也传播了传统文学,同时使网络文学拥有更大量的参与者。当然,当今的文学受到前所未有的挑战,但这一切并不意味着文学就此走向穷途末路,相反,文学在相当长一段时间内,借助高科技和互联网,获得新的主题思想,新的感觉经验,新的表现方式。因为文学与传统的深刻联系,它会对科技文明不断提出新的思考,例如,新的人类交往方式,新的人类伦理,新的人类文明共同体等等重大问题,这一切在很大程度上有赖于传统文学做出虽然是保守性的和警示性的思考,但却是严肃认真的探索。传统文学与新兴的网络文学会构成张力关系,在很长时间内可以相辅相成,并行不悖。

半个多世纪前,二十四岁的穆旦在《诗八章》里写道:"静静地,我们拥抱在,/用言语所能照明的世界里,/而那未成形的黑暗是可怕的,/那可能和不可能的使我们沉迷。/那窒息着我们的,/是甜蜜的未生即死的言语,/它的幽灵笼罩,使我们游离,/游进混乱的爱的自由和美丽。"这是穆旦在1942年写下的诗句,他仿佛是一个先知,如此年轻时,既看透了那过往的一切,又洞悉了未来。后来,金宇澄在他的《繁花》里引用了这些诗句;此情可待,金宇澄对他经历的那个时代及其以后的时代也有同感。而他经历的过往时代正是穆旦彼时"未成形"的未来。《繁花》以它的明媚鲜妍的言辞和方生未死的敏感,给历史提供了一份证词。它又一次证明了文学是语言的艺术,是对历史的表达,是对生命痛楚的诉说,是关于未来的寓言。然而,文学永远怀抱希望,给一种文明,给予人类命运共同体,一起享有"爱的自由和美丽"。

第三节　后现代的文学理论:"没有文学的文学理论"[1]

"没有文学的文学理论"这一命题提出于2004年[2],经过接近二十

---

[1] 作者金惠敏,四川大学文学与新闻学院教授,长江学者。本文原载《文艺争鸣》2021年第3期,题目有改动。
[2] 金惠敏:《没有文学的文学理论》,《文艺理论与批评》2004年第3期。

年的讨论、争论和批评,应该看到,它已经成为新世纪文论不可忽略的代表性言说之一,而且至今仍在被不断地赋予新的语境意义,前景未可限量。现在称其"声名狼藉"(褒义)或者"声名显赫"(贬义),都是不无正确的描述。但与其他备受争议或追捧的命题不同,"没有文学的文学理论"的情况略显特殊,它被批判得多,而反批判或辩解则很少,几乎看不到命题的提出者和论证者有什么正式的回应。为着不致使这一可能意味深长的命题继续被误解和歪曲,即为着正本清源的考虑,且奢望予之以其理论潜在空间的再拓展,笔者不揣简陋,不惮于冒天下之大不韪,爰做此文,期待方家同行有以教我,共同进步。

一、文学作为理论的越界

一直以来,我们习惯将文艺理论定位在文学研究、文学批评上,以至于专业内有不少学者认为,文艺理论必须为文学研究、文学创作服务,而反过来,文学研究、文学创作也为理论研究提供审美经验和知识的助力,形成一个可持续、可发展的文学生态环圈。这一点似乎天经地义,除却少数情感有余、理性不足的文学鉴赏者和爱好者声称其可以不带理论地图而照做文学逍遥游之外,那些摹写生活且期待对生活还能有所识见的作家诗人,还有那些不满足于现象描述而渴望找出其背后规律的文学研究者和批评家,都是真诚地认为理论对他们的工作是有所助益的。关于文学理论、文学批评和文学创作或作品三者之间的关系,美国学者乔纳森·卡勒指认了一个中西皆然的学科事实:"英美批评家常常认定文学理论是仆人的仆人:其目的在于辅佐批评家,而批评家的使命则是通过阐释其经典,来为文学服务。"于是乎,要"检验批评写作"的好坏就是检验"它是否成功地提升了我们对文学作品的欣赏水平",而"检验理论研讨"的优劣则是要考查"它是否成功地提供了一些工具,以有助于批评家推出更好的阐释"。卡勒尤其强调说:"这种观点十分流行。"其意是,偏离它便是大逆不道,人神共愤。卡勒举例称,即使像韦恩·布思这样功勋卓著的文学理论研究大家也不得不为自己的所作所为即理论著述"道歉"(apologize)一二。布思有些悲壮地辩称,其之所以投身于理论,且愈陷愈深、不可自拔,实在别无他图,而只是为着一个崇高的目标,即"面向当今的文学和文学批评"。这低限度地说就是,其高头讲章之作实际上是通过向批评和文学提供服务而获得其存在的理由和价值的,如若不然,布思反问,有谁能够牺牲自己、像他这样去撰著那种可能最终被证明是大而无当的"玄之又玄的批评"(meta-meta-criticism)呢?!① 的确,在历来崇尚实用主义的盎格鲁-撒克逊文化语境,这是一个根深蒂固的信念:理论的价值在于它能够被使用,即便不能立竿见影地使用,也必须是有朝一日可用。此处布思并无矫情。中国学界蒋寅先生也曾提出过"对文学理论的技术要求",在他的想象中,所谓"文学理论"在很大程度上应该是"一种工具性的知识,为文学研究提供阐释文学的学理依据、批评技术及相应的专业话语"。② 蒋寅先生在此所意谓的也就是前文卡勒所要求于文学理论的"仆人的仆人"的身份或职位,即是说,理论的职分是为批评服务,不过批评也算不得主人,只有文学或文学作品才是主人,才能被作为文学批评或研究的终极目的。

这一流行观点,宽松说来,诚不为有多大之舛谬,文艺理论确实应该是人类全部文学经验和审美经验的总结,应该为指导、理解和研究文学审美活动提供帮助。若顺着卡勒前面的比喻讲便是:文艺理论要甘做、做好审美王国里的"公仆"。

但是,这样的观点存在两大不足:其一,称文学作品是主人,那是仅仅就文学内部而言的;而如果有人接着追问,文学作品又是为谁服务的?文学作品的主人又是何人何物,那我们真的倒不如一开始就宣布,整个文学包括创作、批评和理论都是为人民服务、为社会服务的,因此在最终的意义上说,唯有读者才是主人,唯有人民才是主人。其二,这

---

① 乔纳森·卡勒:《论解构》,陆扬译,中国社会科学出版社2011年版,"序"第1—2页。引文根据英文原书略有改动。
② 蒋寅:《对文学理论的技术要求》,《中华读书报》2010年10月13日第13版。

种观点更根本的缺陷还是，它误以为文艺理论之为人民服务、为社会服务必须经过文学创作或作品这个中介，也就是说，将文艺理论拘禁在文学的（文本）世界之内，而实际上，文学作品作为审美经验的高浓度体现，是可以理论化为一般命题并从而直接作用于社会文化现象，即以美学精神为指导进行社会文化批评。文艺理论研究的对象也可以不是文学作品，而是具有审美特性的人类的种种活动及其成果。将文艺理论从文学研究、文学批评中解放出来，我们深信，将极大地促进文艺理论社会功能的发挥和实现。

作为文艺理论专业工作者，我们是乐观文学作品及其作为理论对其他学科乃至对哲学的贡献，也期待它们能够为建设一个更加美好的社会以及提升人们生活品质发挥积极作用。我们不希望死守学科边界、死守孤绝的"文学性"和审美特性，将自己封闭在象牙塔内，与世隔绝、离群索居，还自以为雅致、唯美。我们自信，"没有文学的文学理论"这一"非文学性"的呼吁将为文学和文学研究开辟出更大的"理论"疆域和社会空间。

二、唯美主义和对于唯美主义的认识误区

反对"没有文学的文学理论"的人多半是信仰文学"自主性"的唯美主义者，而唯美主义一般有两种：一是消极遁世，刻意与现实保持不受污染的距离，一是积极有为，以艺术为理想而针砭时弊、纠风正俗；但即使前者，也可能于客观上发挥着艺术之"干预"现实的功能：有那么一种东西，虽寂静无言，但只要它在着，执拗地在着，就等于向世界"宣示"了一种不同的存在，即宣示了一种与主流世界（价值）不同的视角和评价。这是说，存在即关系，关系即发声。艺术无法逃离世界，因为即使逃离也是一种返回，一种指向其所逃离的世界的立场和态度。"超凡脱俗"的艺术总是意味着对于凡俗世界的否定和批评。因此，根本就不存在"唯"什么"美"的主义，即使再绝对的唯美主义，深入揭露，最终也是介入性的，以"唯美"的方式介入"不唯美"的社会。因此，貌

似在研究美学、标榜"美"的人其实并不真正了解什么是"唯美主义",他们也可能只是迂阔世事、迂腐罢了!

"没有文学的文学理论"不是不要文学,不是绝对地排斥唯美主义,不是不要文学去满足人们的审美需求,而是主张除此而外文学还应以文学性的和审美的方式介入生活的喜怒哀乐以及社会的变革和革命,可以是重建审美感知系统,培养对任何社会不公的敏感性,也可以是直接的生活、社会和政治的干预。后一类的文学有可能会流于宣传文学,但也有可能是具有独立识见和批判精神的文学,二者的区别唯在于"宣传"是复制一种既存的意识形态,而"识见文学"则是开辟一套不同于既往成见或流行意见的认识地平线。我们坚信,越出文学疆域的文学理论一方面可以发挥其社会批评的功能,另一方面则是演变为"社会美学",以社会文化现象为其研究对象的美学,它并未疏离于美学,而只是疏离了所谓的"纯美学",然却获得了空前广大的作业空间。

"纯美学"或曰"纯艺术"信念之更深层的错误不在"美学",不在"艺术",这个无论怎么热爱、痴迷、癫狂都不过分,我们不是美学和艺术的取消主义者,不是柏拉图,为了"理想国"而驱逐艺术家,其错误乃在于天真地相信一个"纯"字。事实上,美和艺术从来都不是康德意义上的"自在之物",文学因为其作为语言的艺术与公共世界相通,因而就更其不是。"美""艺术""文学"毕竟是"有"的,好像就明摆在那里,拿起来便可诵可观,但此"有"乃是走出、现身于我们之间或我们的意识、感受,而作为非独立的、有内核的存在物。如果说美就是某物,亘古如斯,不增不减,那么比如说我们有了《诗经》中的爱情诗,为什么后世还有不断的新的爱情诗出现呢?如果今天的爱情诗与过去的爱情诗都是一个东西,一个"美",那谁还会不惮繁难去书写新的爱情诗呢?我们不能说今人的感情就一定比古人的丰富细腻多变,历经数千年,爱情诗之所以络绎不绝层出不穷,不是情感本身多有新意,而是不断发生的情感从起源上总是或"应物斯感"(刘勰)或"缘事而发"(班固),这事物不仅是自然物候,也是人际遭遇,钟嵘把两者同时纳进其视野:"若乃春风春鸟,秋月秋蝉,夏云暑雨,冬月祁寒,斯四候之感诸诗者也。嘉会寄诗以亲,离群托诗以怨。至于楚臣去境、汉妾辞宫,或骨横朔野,或魂逐飞蓬,或负戈外戍、杀气雄边,塞客衣单、孀闺泪尽,或士有解佩出朝、一去忘返,女有扬蛾入宠、再盼倾国,凡斯种种,感荡心灵,非陈诗何以展其义,非长歌何以骋其情?"①而从其表达方式观之,情感亦非空无所凭依、所寄托,赤裸而出,相反,它总是借着外物而将内在的情感牵引出来。王国维论诗曾分"有我之境"与"无我之境",其意"无我之境"当然全是物象之错落敷陈了,但"有我之境"也同样是借物而出、而达、而显,如其所举之例,"泪眼问花花不语,乱红飞过秋千去",以及"可堪孤馆闭春寒,杜鹃声里斜阳暮"。试设想一下,假使这当中没有泪眼、花儿、乱红、孤馆、杜鹃、斜阳等物象,诗人哪里能够让我们体会到他的感伤和凄楚呢?!情感的表达是需要媒介的,但这些媒介不是单纯的工具,而是包含信息的媒介,或者如麦克卢汉简洁之所谓,"媒介即信息"。现在如果说情感借以表达的介质可以称之为"介媒"的话,那么触发、引动情感的"物""事"则可以称为"触媒"。麦克卢汉"媒介即信息"这样的命题既适用于"介媒",也同样有效于"触媒",因为触媒不是触而退,而是触而进,即不是仅仅将对象触碰出来而自身却岿然不动,而是在这触碰中自身也顺势进入对象,化作对象的一部分,这即是说,触媒经常也是介媒。

胡塞尔有"意向客体"一说,他的意思是所有意识都不是空洞无物的,而是指向某物的,或者说,所有的意识都是有某物在其中的。审美意识如果也是一种意识,那么它也同样是对某物的意识,是有物在其中的。这里以诗歌情感为例的说明使我们看到,情感的发生是有"事"有"物"的触动,而后这些事物又进入情感的表达甚至作为情感本身之载体,因而可以断言,与在意识活动中的"意向客体"相类似,在情感活动中也是存在"情感客体"(emotional objects)的。意向活动与情感活动

---

① 王叔岷:《钟嵘诗品笺证稿》,中华书局2007年版,第76—77页。标点有更动。

不同,前者总是或多或少地倾向于对主体和客体的二元假定,而后者则更多地意味着主客体之间的共在关系,借用海德格尔的术语,前者是"向视"(Hinsicht),后者是"环视"(Umsicht)。在"环视"中,虽然仍有"视"在,但此"视"已经被环境化、关系化了,不再是主体之"视"。胡塞尔的"意向"诚然有笛卡尔"我思"的意味,但这一概念被发展出来,却不是为了返回、从而为了确证笛卡尔的"我思",恰恰相反,胡塞尔意图证明的是,意识活动是现象学地或存在论地而非主体论地或认识论地既包括了主体也含有客体的,也就是说,传统形而上学中的主客体二元对立被重新描述为同一世界内部的两个(端)点,而且这样的"意向性"之存在样态是非反思性的、秘而不宣的,因而唯有通过本质直观的而非课题性的反思才能把握。"意向性"之温暖人心的地方在于揭示我们人类所生活的世界,不是物理的世界,也不是纯意识的世界,而是外物进入了我们的意识而同时意识也统合了外物的世界。胡塞尔的"意向性"概念是直通其后期的"生活世界"概念的。主观包含着客观,这样的道理一点儿也不晦涩,回到胡塞尔的导师布伦塔诺,原来那就是我们的日常经验:"每一心理现象自身都包含作为对象的某物,尽管其方式不尽相同。在表象中总有某物被表象,在判断中总有某物被肯定或否定,在爱中总有某物被爱,在恨中总有某物被恨,在欲求中总有某物被欲求,如此等等。"[1]总之,"这种意向的内存在是心理现象所专有的特性。没有任何物理现象能表现出类似的性质。所以,我们完全能够为心理现象做出如下界定:它们是在自身中意向地包含一个对象的现象。"[2]显然,如果将"意向"和"情感"统统作为一种心理现象,那便没有必要继续在二者之间区分什么"向视""环视"了,因为无论是哪种方式之"视"均有其"所视",除非"视而不见",那是未完成之"视"。视则必见,不过现象学之"见"并非刻意之"见"而"见"已在其中矣。

---

[1] 弗兰兹·布伦塔诺:《从经验立场出发的心理学》,郝亿春译,商务印书馆2017年版,第105—106页。

[2] 同上,第106页。

如果说胡塞尔的"意向客体"多少倾向于表示一个从意识指向客体的过程,那么受其影响的法国哲学家莫里斯·梅洛—庞蒂则反向于胡塞尔而指出了一个从物到意识的过程:"每一个物都向我们的身体和生活诉说着什么,每一个物都穿着人的品格(顺从、温柔、恶意、抗拒),并且,物反过来也活在我们之中,作为我们所爱或所恨的生活行为的标记。人驻于物,物也驻于人——借用心理分析师的说法就是:物都是情结(complexte)。塞尚亦持此观点,他曾说绘画力图传达的正是物的'光环'('halo')。"①这里将梅洛—庞蒂与胡塞尔两相对照,我们并非着意于在二者之间辨出学术上的正确与错误,如果循此思路,可以指出,胡塞尔的描述是科学的、逻辑的,而梅洛—庞蒂的则是经验的、现象的,在经验中我们首先看见了物的符号价值、情感价值或者说意义价值,"感时花溅泪,恨别鸟惊心",如杜甫的诗所表现的。我们无法辨别是意识主动统摄了外物,还是外物主动进入了意识的领地,但无论对于胡塞尔抑或梅洛—庞蒂来说,其结果都是一样的,即意识与外物交融而成的"世界",其中有物,也有意识。艺术品和其他任何审美客体也许更其如此,它们不独是物,也不独是空洞的意识和情感,而是"物世界"和"物情感"。刘勰有言"登山则情满于山,观海则意溢于海",其此之谓欤?!

诗人、艺术家或前谓"诗化哲学家"习惯于以情统物、以意统物,那是他们的职业本性,因而对于"意向客体"和"情感客体"等他们也自然地愿意理解为一个与外物无涉而独立自足的世界。梅洛—庞蒂就跟随艺术家强调:"绘画就不是对世界的模仿,而是一个自为的世界。"②因而"即使画家在画真实的物件时,他的目的也从来都不是取召回此物件本身,而是在画布上制作出一场自足的景象。"③诗也一样,它使用语词,以语言为载体,但它"不

---

① 莫里斯·梅洛—庞蒂:《知觉的世界:论哲学、文学和艺术》,王士盛、周子悦译,江苏人民出版社 2019 年版,第 34—35 页。
② 同上,第 79 页。
③ 同上。

直接涉及世界本身,也不直接涉及世俗真理,不直接涉及理性"①,这是一个知觉的世界而非科学的世界,即"不仅仅是自然物的总体,也将是绘画、音乐、书籍,即德国人所谓的'文化的世界'"②。梅洛—庞蒂所最反对的就是以文学或文字符号来"充当自然事物的符号"③。但是,千万不要误会,以为胡塞尔的现象学和梅洛—庞蒂的知觉美学都是在复活19世纪的唯美主义或"为艺术而艺术"论。非也,当外物进入知觉的世界,在黑格尔是进入概念或艺术而形成一个生气灌注的客体时,这一过程充满了主体之内在情意与客体之外部世界的反复较量、争斗,其矛盾、不协调在作品中暂时是达到了某种妥协,然而它随时都可能再次被批评家和读者放大和释放出来。这就是说,文学和艺术从感知、创作过程一直到其最终成品,都是情意与物事以及内容与形式的博弈。这就是为什么像黑格尔这样的绝对观念论者尽管认为艺术"自成一种协调的完整的世界"④、称颂"艺术有它内在的目的"⑤,然却不能就此便认为他真的是在主张"为艺术而艺术"的原因。同理,德里达尽管守持"文本之外无一物"这种黑格尔主义的信条,但这并不妨碍他在文本之内发现裂缝和差异,发现"意不称物,文不逮意"(陆机)的情况,他仍然不时地从文本之内向外溢出政治的激情,其后期书写则表现尤甚。整体来看,20世纪法国知识分子从来没有因为其对文本的投入而躲开了他们的政治担当。他们一直与文本在战斗,也一直用文本在战斗。

如今似乎没有多少人再关心美的本质问题了,但即使仍然愿意争论美是客观的或是主观的包括社会实践的,也不妨碍我们没有异议地将"美"分作美的产品和审美活动,尽管可能肤浅了一些,本质论者要

---

① 莫里斯·梅洛—庞蒂:《知觉的世界:论哲学、文学和艺术》,王士盛、周子悦译,江苏人民出版社2019年版,第85页。
② 同上,第87页。
③ 同上,第84页。
④ 黑格尔:《美学》第一卷,朱光潜译,商务印书馆2009年版,第335页。
⑤ 同上,第69页。

追问是什么使得美之为美、审美意识之为审美的意识。美的产品和审美意识是美学研究的起点和对象。在这两者之中，不必援引我们熟悉的马克思主义的艺术社会观、政治观，单是提到中国古人的应物论和缘事论、现象学的"意向客体"论以及"知觉的世界"论，就已经使我们深信所有的"美"的产品、审美意识的产品（如自然美）和此意识活动本身都内化有外物外事，因而就根本没有单一的、纯粹的美和审美意识。艺术、文学从其来源上、产品形态上都内含着外物外事、社会人生。不是我们事后在要求一个"没有文学的文学理论"，而是我们从一开始就面对着一个文学和非文学、文学之内和文学之外的对象，而作为一个创造主体或审美主体，我们本身也是一个美与非美、审美意识与非审美意识的交织、混杂的结构。要求文学发挥其社会批判功能，乃是因为文学本身就包括了社会；不是我们生硬地甚或暴力地要求"没有文学"，而是文学本身就天然地包含不是文学的"事"、"物"和"客体"。

文学活动乃至一切审美活动，如果只是将其局限于文本之内，局限于文本间性，而且是那种其外无物的文本，便不会存在文学和审美，它们总是因为其"意向关联物"而发生和持续。我们过去常说距离产生美，不错，没有距离就没有美，但在此尚需进一步展开说，此"距离"实则是文学与非文学、审美与非审美之间的相互作用或往复运动。距离不是静止的空间，而是主客体之间角力的因而随时可能改变的空间。我们有体验，美的文学是有感动人心的效果，但感人之处多是触动了其对生活社会的体味和思考，勾起其平日深藏不露的酸甜苦辣的人生记忆或创伤记忆，激发其向更阔大的、有时是神性的境界开放和迸发，等等。从作者方面说，是"功夫在诗外"，但从读者来说，也常常是"功效在诗外"。艺术的效果发生的过程，首先是"引人入胜"，但结果一般是"引人出胜"，指向粗鄙的、丑陋的、不完美的现实，从而唤起变革生活的觉悟、冲动和行动。

纯文学、纯诗、纯美是一种幻觉，同样，称文学艺术的价值在于真善美也不是说三种价值各行其是，它们绝非各有领地、划界而治，而是相互介入、相互作用或协同作用。美可以进入真,如亚里士多德在其《诗学》中就揭示过,认知或求真也可以产生愉悦①;美也可以进入善,伦理题材、爱国题材的文艺作品就是"美""德"交融的展览馆。至于有无不经媒介、不媒介任何外物于其内的纯美,换言之,有无表达却不表达任何意义的纯美,我们的回答是,或许有之,但一定是稀有、稀薄到可以忽略不计。我们难道能说,我表达了,但我什么也没有表达吗?问题很难回答,因为这种情况太不常见、太悖常理。表达必有所表达。虽然有这样超凡脱俗、一尘不染的说法,什么"大美无言"(庄子)②,什么"大音希声""大象无形"(老子),等等,但实际上当你欣赏到"大美"、听到"大音"、看见"大形"时,它们就已经是"传达"给你或者说你的五官感觉了:传达必然是有路径的。有"心领神会"而不经五官感知的情况,但倘使没有暗示的蛛丝马迹,则何由、何有"领会"之?!"心""神"可以理解为更高一级的感官,因为它们毕竟是知,是给予知识。我们不相信本质主义的美论,所有的美都是人与外物相互作用的产物。美是关系的和动态的,更准确地说,在美与非美形成关系之前,不存在先验之美。因而美乃是后天的、人为的。美是人对自然外物的感应、回应和创造,在这一意义上,美是生态的,如果生态一词并不排除人为的话。有点儿悖论的是,人一方面可能是生态的破坏者,但另一方面若是没有人和人为,生态便无从谈起;同样悖论的是,美试图抽身于现实,但没有现实和现实坚硬的存在,美亦无从谈起。美就诞生于消灭现实与现实的拼死抵抗之中,这是协商的空间,是争斗的空间,是"指物"的空间,是位在"能指"之内而总是遥想"所指"的空间,等等,这个空间可能囊括了所有的艺术奥秘。

三、审美民族主义与间在解释学

"没有文学的文学理论"提出于一个日益全球化的中国语境,其相

---

① 参见亚里士多德:《诗学》,陈中梅译注,商务印书馆2018年版,第45页。
② 庄子的原话是"天地有大美而不言"(《庄子·知北游》),此处为简化的说法。

呼应的是一个"没有中国的中国理论"。中国早已不是单子式(莱布尼兹)的中国,不是绝物的"独在";中国已经内化了先前作为外部的世界,杂合了各种异质性的文化要素。中国作为大国之戏剧性和史诗性的崛起,是"改革开放"的结果,是"海纳百川,有容乃大"的结果,是文明对话和文化互释的结果。从中西两方面说,其存在的星丛性,即是说,共在但绝不同一,或者说,既独立自在却也相互连接,这种特性决定了二者之间的相遇和交往既非格格不入亦非丝丝入扣,理解与误解共在,阐释与遮蔽齐飞,从来不会有恰切的阅读,所有的阅读对作者文本来说不是太多就是太少,这才是所谓"赫尔墨斯学"存在的恒道与常态。没错,阅读作为一种认识是存在性的。

  意大利"符号"学家乌姆贝托·艾柯不理解这一点,虽然他也写过《开放的作品》(1962年)这样肯定读者在诠释文学文本中的积极作用的作品,但他抱怨读者只是将注意力集中在"作品所具有的开放性这一方面",而忽视了"开放性阅读必须从作品文本出发(其目的是对作品进行诠释),因此他会受到文本的制约。"[①]他重申他所研究的是"文本的权利与诠释者权利之间的辩证关系"[②],而不幸的是,他发现,在最近数十年的文学研究进展中,"诠释者的权利被强调得有点过了火"[③]。尤其让他不能容忍的是,有批评理论竟然主张"对文本唯一可信的解读是'误读'(misreading)"[④]。艾柯坚持要为诠释设限,他相信"一定存在着某种对诠释进行限定的标准"[⑤],因而"为诠释设立某种界限是有可能的"[⑥],否则的话,就会出现无事无非而自以为是从而不再交流的情况:"人人都对也就意味着人人都错,因为你完全有理由忽视别人

[①] 艾柯等:《诠释与过度诠释》,王宇根译,生活·读书·新知三联书店1997年版,第27页。
[②] 同上,第27—28页。
[③][④] 同上,第28页。
[⑤] 同上,第48页。
[⑥] 同上,第176页。

的观点而固执于自己的观点。"①艾柯对当代文本诠释理论中的相对主义、主观主义及其后果的批判和担忧都是有其道理的,开放的作品绝非意味着无边的开放,甚至可以率意发挥,文本的解读绝对有正误之分;但是,他没有体会到,当代赫尔墨斯学的一个重大变化是从施莱尔马赫为代表的认识论模式向海德格尔所开辟的本体论或存在论的转折。认识论模式以"作者意图"或更复杂一些的"文本意图"为标准,合之则为好的阐释,不合则是坏的阐释。而本体论的或存在论的模式则是把阐释看作阐释者置身于世因而其阐释也是置身于世的活动。认识即存在,作为认识的阐释也是存在,赫尔墨斯学因此不是关于而是属于"此在"的阐释,是"此在"自身的开显过程,就此而言,赫尔墨斯学实际上就是现象学。对于海德格尔的诠释革命,伽达默尔有一精准的概括:"海德格尔对人类此在(Dasein)的时间性分析已经令人信服地表明:理解不属于主体的行为方式,而是此在本身的存在方式。"②这里的"主体"是主观的意思,是胡塞尔意义上的"主体",即意识之主体。而如果阐释不再是主体/主观对于客体/文本的纯粹认识,而是主体间性的行为,准确说,是"此在"之间的行为,那么对阐释的评价标准就将发生根本性的变化:不是不再存在阐释的正误问题,而是不能继续依照此阐释之是否符合于目标文本即正误、即认识论来判断一个阐释的好坏了。阐释是作为"此在"而非作为"主观"之间发生于真实情景中的相遇,是"个体间性"的反应,是"此在"间性(此处我们有意避开了"主体间性"一语)的交往行为。

在这一意义上,伽达默尔一定会说,没有什么正确的或错误的阐释,而只有不同的和特别的阐释。对此,可谓参透了伽达默尔解释学之存在论性质的美国学者理查德·E.帕尔默有着更易为读者所接受的

---

① 艾柯等:《诠释与过度诠释》,王宇根译,生活·读书·新知三联书店1997年版,第184页。
② 伽达默尔:《第二版序言》,载其《诠释学 II:真理与方法》(第530—544页),洪汉鼎译,商务印书馆2007年版,第533页。

演绎:"诠释学是理解的本体论和现象学。理解不是以传统的方式被设想为人类主体性的一种行为,而是被设想为此在存在于世界的基本方式。理解的关键不是操作和控制,而是参与和开放,不是知识而是经验,不是方法论而是辩证法。对伽达默尔来说,诠释学的目的不是为'客观有效的'理解提供规则,而是尽可能全面地思考理解本身。与他的批评者贝蒂与赫施相比,伽达默尔关注的不是更正确地理解(并由此关注为有效诠释提供规范),而是更深刻、更真实地去理解。"[1]帕尔默此处所讲的就是赫尔墨斯学从主—客体二元对立范式向着主—主体间在模式的转折及其所带来的解释标准的改变。要之,新解释学的真意不是反映,而是反应。

  体味了此真意,我们将不再会抱怨他人不理解自己,也不再会痛悔自己有过曾经不理解他人的时候。人类是一种现象学的、星丛性的存在,我们在显露自己,显露给他人,但同时也在扣留、守持自己,我们在寻求被理解,也在拒绝来自他人的理解,我们欢迎被阐释,我们也在抵制阐释,我们是赫尔曼斯所谓的"对话自我"[2],是巴赫金所谓的"开放的统一体"[3],我们处在显与隐之间,时隐时现。

  为了构建"人类命运共同体",我们不是要放弃民族立场、民族本位,而是要以我们民族的"独在"协商于他者的"独在",相向展开自身,接受彼此的凝视和阐释。具体于文学领域,举例说,我们的《诗经》和《红楼梦》是民族的、独特的,但也是世界的,这就是说,不否认其有难以传达的微妙之处,但也不是决然不可传达的。民族性的文学既有不透明的、无以言表的内核,但也有可言传、可意会的共享。过分迷恋自

---

[1] 理查德·E.帕尔默:《诠释学》,潘德荣译,商务印书馆 2012 年版,第 280—281 页。黑体引加。
[2] 赫伯特·赫尔曼斯:《对话自我理论:反对西方与非西方二元之争》,赵冰译,《读书》2018 年第 12 期。
[3] 巴赫金:《答〈新世界〉编辑部问》,载《巴赫金全集》(七卷本)第四卷,河北教育出版社 2009 年版,第 409 页。

身文学、文化的不可阐释性,反对阐释,反对"理论"的阐释,反对将文学的独在性敞开而非保持闭合状态的文学理论,若推源起来,这内里存在着唯我主义的嫌疑,而"唯我"早已被无数哲学家和心理学家论证是不存在的,他们坚持,凡说到"我"便已言及了他者。作为常识的是,所谓"自我意识"不是其中只有自我的意识,而是对自我和他人的同时意识。自我是区别性的,区别于他人,而区别的前提是联系,进一步说,区别是建立一种特殊的联系。英国的脱欧不是绝对意义的两相分离,而是重建一种新的联系。真正的脱离是相忘于江湖,连"脱离"都不知为何物。宣称自我是独一无二的、不可阐释的,其真心也并非说不可阐释,而是一种对阐释权的争夺:唯有我才是我自己的权威阐释者。同样,宣称文学的审美独在,拒绝阐释,是一种唯我主义,一种审美的唯我主义;在全球化语境,是一种狭隘的审美民族主义:止步于"各美其美"的自觉,而未获得"美人之美"的他觉,更未达及"美美与共"的统觉。"天下大同"具有审美的特性,犹如青年马克思所畅想的那种共产主义:"对私有财产的扬弃,是人的一切感觉和特性的彻底解放。"[1]而如果说"天下大同"或共产主义是一个美好但又遥远的目标,值得为之奋斗,那么我们何不从力所能及的、在意识上的"审美共通感"的建构开始呢?!何不从我们自己的专业领域文学理论开始,即开始于破除长久以来我们以为理所当然的错误观念呢?!被意识到了的"世界文学"在欧洲19世纪初叶已经启动,两百年过去了,中国的民族文学早已成为世界文学的一部分,尽管我们的文学仍然保有民族的特性和特色,只要有国家的存在,这一点应该永远不会有实质性的改变,但它事实上也同时跨出了国界,为世界人民所欣赏和接受;我们对外国文学的翻译和接受就更不待言了,其渗透和融入程度,以至于能够说,翻译文学也成为中国文学的一个部分,同理,翻译理论也是我们当下理论的一个基本库存。在中西文学交流过程中,当然不乏误解、错解甚或歪曲,但我们毕

---

[1] 马克思:《1844年经济学—哲学手稿》,人民出版社2018年版,第82页。

竟是创造一种"世界文学",此世界文学不是民族文学的均质化,而是文学星丛,你在、我在、大家共在;他们彼此打量、触摸、探寻,各取所需,丰富自己,而同时也丰富了整个世界。

四、承认"审美的文学",反对"审美本质主义"

行文至此,多数读者如果仍然以为笔者在倡导和卫护一种"没有文学的文学理论"或者说"没有美学的美学理论",滑向"文学"或"美的文学"的取消主义泥沼,那就真的是"行文不过如此"而已了。只是为着这部分读者而非所有读者,我们有必要以一种结语的形式重申如下:

我们并不一般地反对"文学性",并不反对"审美"和"审美的文学",而是反对文学本质主义、审美本质主义,我们认为根本就不存在本质主义所想象的那种"本质",即作为自在之物的本质、超验的本质。从文学性和审美的形成和结构看,它们原本上就是合成的,文学包含了非文学,审美包含了非审美,是文学与非文学、审美与非审美之间的矛盾和紧张生产了我们误以为是纯粹文学性和纯粹美的幻觉,可以继续使用"文学性"和"审美"等习惯用语,但必须明白这只是习惯性赋义,而真相则为它们都是功能性的、效果性的。不错,"距离产生美",然此距离应该理解为审美与非审美之间矛盾、张力甚或冲突、争斗的动态空间,而美则是在此空间中被动态地生产出来的感受性效果。此其一也。

其二,这种形式的"唯美"主义,在全球化时代的文化语境,则演变为"审美民族主义",即坚持民族文学和美学的"唯我"性、"独在"性,神秘而他者,不可阐释性,且不可交流性,反对"世界文学",不承认"审美共同感"和"审美共同体"的可能性。不过,且慢,不要误会,笔者在宣扬"无国界解释学"或"绝对理性",宣扬"文化帝国主义"。绝不,笔者深信民族、文化、文学、审美一方面具有不可磨灭的独特性、唯一性,但另一方面由于任何存在无论多么自在、独异,都是现象学的、赫尔墨斯学的,即都是显现的,都在麦克卢汉所谓的"延伸"的过程中,如果说用传统的"对话"来描述这一特性可能有所不及的话,因为我们是太容易就将"对话"理解为胡塞尔那个净除了物质性、身体性和文化性的"主体间性"的。我们推荐的理论和方法是"间在解释学",即各民族、各文化共同体、各位独特的作家和艺术家立足其自身而发出"对话"的邀请,在此相遇的"对话"空间里,所有的参与者都是既坚持了自我又展示了自我,既意识到了自在的他者又学习了显现的他者,从而一个间性的文化共同体和审美共同体便有望形成。顺便指出,费孝通先生的"各美其美、美人之美、美美与共、天下大同"不能只是理解为一个先后相继的序列,而是在其最终阶段"天下大同"中也仍然没有排除"各美其美"的民族的或文化的差异美学。换言之,"美美与共"是对"各美其美"的"扬弃"而非全然的"抛弃"。

《轻风细雨遮仙嶂,平淡高洁聚小满》,武千嶂作

《山迹云象 NO.89》,谌宏微作

第七章　影视美学的历史与现状

主编插白：上海是中国电影的发祥地。截至2021年,一年一度的上海国际电影节已经举办了二十五届。毛时安先生是中国当代著名的文艺评论家。几十年来,他挥动一支如椽大笔,以恢宏的气魄、敏锐的感受、美丽的文字,评小说、评戏剧、评绘画、评书法、评篆刻、评电影、评电视,笔之所到,皆成佳作。写在第十八届上海国际电影节开幕之际的《为了中国电影未来的光荣与梦想》,就是其中的一篇代表作。他为电影的艺术魅力叫好,也为电影艺术的神圣担当呼唤。中国电影扎根中国故事,借鉴好莱坞技术成果,在近二十年来取得了突飞猛进,但相对于十四亿人对美好生活的期盼,中国电影任重道远,必须向着纵深挺进。中国艺术研究院电影研究所前所长丁亚平是出版过多种中国电影史专著的电影史家。他的《中国电影的英雄形象塑造和历史观念的建构》从中国现代电影的民族主义理念与英雄形象的书写出发,巡视新中国电影中反映的新英雄人物和改革开放新时期的多种典型的电影文本,揭示了中国电影英雄与人民同构的美学传统,并在新形势下对英雄塑造与人民的关系奉献了新的思考。上海师范大学传媒学院的青年学者陶赋雯这些年以影视评论和研究崭露头角。围绕中国电影对中国当代欲望书写的文学作品的改编及其得失,她提出"新感性的重构"加以理论概括和分析评点,给人颇多启发。

第一节　为了中国电影未来的光荣与梦想①

一、作为艺术，电影值得万岁

在世界电影诞生一百二十周年，中国电影诞生一百一十周年之际，第十八届上海国际电影节在上海大剧院隆重开幕。2015年6月13日晚，开幕式与这座和中国电影休戚与共的东方不夜城一样流光溢彩。在几位影人深情讲述各自的电影梦想与初心后，出人意料而激动人心的是，来自世界最大电影拍摄基地横店的二十一名穿着各个朝代不同职业服装、不同年龄的群众演员，登上华贵的舞台。他们用并不那么专业的声音，喊出了所有电影人和亿万影迷的共同心声：电影万岁！

作为全球最年轻的A类电影节，作为世界和亚洲发展中大国的电影节，作为和电影最结缘的城市的电影节，上海国际电影节有着自己的担当和思考。因为年轻，它最具一往无前的创新意识，是全球最先把一百二十岁的第七艺术和新媒体全面合作的电影节，举办互联网嘉年华、邀约互联网与电影巨头巅峰对话、与阿里巴巴战略携手、实施互联网电影公司的上海布局，从而使电影节始终保持着锐意进取的青春活力和朝气，也使传统产业重新焕发新产业的曙光。因为在中国、在亚洲，上海电影节，着意于长远建构一个既包括好莱坞电影又不局限于且区别于好莱坞文化的多元电影文化体系，努力为中国电影人和亚洲电影人，特别是刚刚创建电影梦幻王国的新人搭建一个实现梦想、技术提升、产业扩展、资金融通的巨大平台，充满国家战略地方执行的宏大气魄。因为在上海，电影节充分体现了上海文化特有的细腻、细致、绵密，选片分类既有主题的凸显，又有多元的体现，丰富多样优质的展映影片，极大

---

① 本文作者毛时安，中国文艺评论家协会副主席，上海市政府参事。本文原载《人民日报》2015年6月22日。

地满足了影人和观众期待。

本届电影节正值世界电影诞生一百二十周年,中国电影诞生一百一十周年。在这个特殊的时空框架里,电影节还精心选择安排了一批中外电影史上经典的老电影《公民凯恩》《乱世佳人》《桂河大桥》《美国往事》《卡萨布兰卡》,戈达尔作品,以及石挥和赵丹主演的《我这一辈子》《十字街头》《武训传》。经典的再度回访所勾勒出的一百二十年的光影轮廓,激起的不仅是和电影初恋的美丽回忆,更给我们提供了一个回顾电影历史,思考电影未来发展和走向的机会。

回望漫漫前路,一代代影人筚路蓝缕,开拓、奋进的身影,他们塑造的那些经典形象,带给我们享受艺术的美妙时刻,以及走出影院后久久难忘的感动和思考,令我们感慨万千。确实,作为艺术,电影值得万岁,应该万岁。

但在1995年世界电影一百周年之际,苏珊·桑塔格曾不无悲哀地说,电影在过去十年中开始了颜面尽失、不可逆转的颓势。"电影曾被誉为20世纪的艺术,而今天面临20世纪将尽之际,电影似乎也成了一种没落的艺术。"桑塔格是个痴迷电影的热情影迷。对于她的结论我们可以讨论,但对于她的忧虑我们无法回避。

二、电影艺术的神圣担当与思考

一切起始于一百二十年前,火车吐着白烟呼啸着驶进拉西约塔车站的那个短短的瞬间。卢米埃尔兄弟在一块白布上动态地再现了真实的生活。在其后电影发展中我们可以看到银幕后面技术科技、产业市场、艺术人文三大要素强有力的支撑,正是这种支撑有力地推动了电影列车的前进。从无声到有声,从黑白到彩色,从单声道到立体声,从胶卷到数字,科学技术为电影提供了巨大的发展能量,强化了电影观赏的冲击力感染力。最新的有说服力的例证就是为影迷们津津乐道的《泰坦尼克号》《指环王》激起的飓风般的激赏热潮。而现代电影日益巨大的投资也需要产业和市场的不断开拓,为电影创作输送源源不断的能量。

但我们不能不看到的是,这些年来过度市场化、过度技术化正在侵蚀电影的健康发展,它的负面影响正在不断地显现出来,特别是对于电影艺术人文理想的巨大冲击。我曾和喜欢时尚的年轻观众一起在电影院观看过《变形金刚》。看完征询年轻朋友的意见,大家的看法竟惊人的相似——"没意思"。电影成了人与机器、机器与机器的巨大格斗场,除了爆炸、暴力、打斗、杀戮、火光、声浪、燃烧的机器人电线残骸这些特技的呈现,其他什么也没有留下。且不说思想、情感,即使故事情节也简单勉强。为了迁就市场浅层次的需求,诚如桑塔格说的那样,纯粹的娱乐片(即商业片)将保持其惊人的弱智。粗鄙、无聊、弱智化的逗笑,毫无想象力的胡编乱造,成为市场的卖点、笑点。

十年前,在回顾中国电影一百周年之际,我曾指出,中国电影的主流是现实主义、人道主义、爱国主义。依靠了这条主线,中国电影就真正生机勃勃,充满力量。离开了这条主线,中国电影就萎靡不振,观者寥寥。1926年到1930年中国影坛也曾出现过古装、武侠的拍摄热潮。时过境迁,还有谁想起过这些电影呢?说到底,电影和一切艺术一样,需要对人和世界的人文关怀、人文思考。关注人的情感、命运,把镜头从生活的表象深入到人的灵魂深处,再把他们灵魂的悸动通过银幕形象和技术手段,生动而逼真地显现给观众。今天回头看,卓别林在默片时代拍的那些片子,美国的优秀影片、30年代的中国电影、40年代的意大利新现实主义、50年代的法国新浪潮,包括80年代的中国电影,其恒久的感人力量来自持续的与时俱进的人文情怀和对于人性的犀利解剖。这样即使你把镜头聚焦在黑社会,如《美国往事》《教父》,你也依然会被其中所积淀的人性的力量和复杂所激动。

这个时代,正被过度的技术主义和消费主义浪潮挟裹着无法自已,作为最大众的电影艺术,理应为人文主义的理想提供一份精神的支撑。为技术而技术,为市场而市场,都不是电影发展的方向而是歧途。

三、必须向着纵深挺进

《我是路人甲》作为本届电影节开幕影片，意味深长。那些蜉蝣般漂泊在横店摄影基地的"横飘"们，那些连一句台词一个镜头也很少出现，永远只是在银幕上一闪而过的影子们，以不折不扣的主角身份，演绎他们曾经不为人知的酸甜苦辣。

艺术是梦，电影更是人类色彩旖旎的梦幻。他们怀着梦，他们的梦在远方也在脚下，在当下，在横店，它是一个微缩的具体的中国梦。是喜剧有幽默，却浸透着泪水和汗水，甜蜜交织着苦涩。前途虽然微茫，心火却永远在炽烈地燃烧。为了梦想，我们永远要像那个来自冰天雪地的小伙子，怀揣着一千元，只身闯到横店，在生活中不知疲倦不惜体力地奔跑。

作为中国电影的忠实影迷，我经常在想，中国电影的优势在哪里？一是，中国有着全球第二大并且还在不断增长中的电影市场，像球迷一样不离不弃的忠实影迷。去年中国电影票房近三百亿元，今年，一季度全国票房95.84亿元，同比增长41.65%。现在，电影院已经成为年轻一代艺术欣赏休闲时间的主要去处。他们喜欢在黑暗中体验银幕上跌宕人生和情感波涛。

更重要的是，中国是全球的电影素材大国。一个有着五千年文化传统的古老民族，正在经历着人类历史上旷古未有的深刻巨变，改变着自己的生活和命运。走在我们身边的每个人，都是一个悲欣交集的"路人甲"。横店在历史瞬间平地而起的庞大影视建筑群和那些流血流汗打拼的群众演员，堪称中国电影史上前所未有的"神迹"。同样，我们完全可以用"神迹"来概括中国大地十三亿人三十多年来急起直追改变自己命运的轨迹。外部生活的急速变化，内心世界的剧烈动荡，使每一个人都拥有了足以构成电影传奇的故事。他们像满天无名有名的星斗，装点着我们头上的星空。可以说，今天的中国是全球最大的素材大国。在我们身边有着令全世界电影艺术家们羡慕不已的生活"富矿"。这是中国电影人最可宝贵的财富。

中国电影一百一十年来,有过自己值得骄傲的成就和传统,也有过一些曲折和教训。1982年中国电影曾去新现实主义的发源地意大利展映,中国30年代写实主义的进步电影引发了他们由衷的赞叹。新写实主义大师们没有想到,中国的电影艺术家早在他们之前已经以如此优秀的影片实现了他们后来追求的艺术理想。中国电影人,要像我们前辈艺术家一样,俯下身段,接续地气,满怀激情和想象,给路边野草般的芸芸众生寻常百姓,以更多艺术、人文的关怀。可以说,中国电影对于如此庞大的原始素材的艺术发掘和人文关怀,目前还是相当薄弱的。在艰难中前进的中国社会生活,尤其是身在其中的"人",远远没有得到应有的艺术表现。中国电影要向着现实生活的纵深顽强挺进,向着人性的深处掘进。

飞翔,想象,梦幻,为了中国电影未来的光荣与辉煌。

第二节　中国电影的
形象塑造和历史观念的建构[1]

中国电影的英雄书写丰富多样,有自己的特色,反映了百余年中国电影历史及其贯注的人民史观的重要发展轨迹。特定历史叙述中的人民史观的立场选择及其社会与人生、事功与情感话语演进,投射在中国电影的英雄书写实践与历史观念的变化方面。不同时期的历史发展与中国电影联系紧密,社会变动及其文化生产对电影的英雄形象塑造影响明显,电影英雄叙事主体从民族主体、革命和群众主体到人民主体,公众话语、英雄言说及其包含人民史观的运用有着深刻的变化。随着我国经济社会发展进入新阶段,新时代电影英雄书写的演进及其与人

---

[1] 作者丁亚平,中国艺术研究院电影电视研究所研究员,中国高校影视学会会长。本文原载《电影艺术》2021年第4期,题目已改动。

民的关系明显区别于之前的历史观念。英雄叙事自身出于市场的需要也在变化。中国电影的形象塑造对今人代表着什么样的历史观念？在今天的传承中，人们对电影中英雄与人民的理解发生着怎样的变化？如何建构电影形象塑造与历史观念互动共生的现代化，于此可以找到镜鉴和启示。

一、中国现代电影的民族主义与英雄书写

近代以后，中华民族遭受了深重的苦难，付出了巨大的牺牲。20世纪二三十年代，民族主义、爱国主义在多方面的文艺书写中成为主流。左翼公共话语与民族精神结合，影响了越来越多人的选择，国家是人民大众的心灵深处的精神寄托，在民族危亡之际，普通国民的"国家主人"意识趋于强烈，且格外依赖英雄，人民史观包含的人民是历史的创造者的思想，实质是与民族主义之间构成更为紧密的关系。中国人的民族国家主体意识被植入电影中，和彼时中国特定时代与社会空间发生更为直接的联系。早在1921年，顾肯夫就在《影戏杂志》发刊词上呼吁电影要"在影剧界上替我们中国人争人格"[1]，主张一种强调人格和国格的整合民族电影的深度发展方式。黎民伟的民新公司在拍摄梅兰芳《木兰从军》等传统京剧的部分段落的同时，积极为国民党人拍摄《孙大元帅检阅全省警卫军武装警察及商团》《孙大元帅誓师北伐》等纪录片，影片与政治联系，呼吁"电影救国"。1930年，中国共产党领导创建的"中国左翼作家联盟"，对民族革命和社会运动发挥了引领作用。左翼电影紧密结合时代发展新要求，关注并表现底层生活，具有批判性自觉，富有活力，取得了历史性成就。电影《狼山喋血记》通过猎人打狼这一"原本寻常"的故事，表现了村民齐心协力奋勇打狼的团结与勇气，"狼"即隐喻残暴侵犯我国国土的日本帝国主义"恶畜"[2]。战时语境，使得《狼山喋血记》《壮志凌云》《生死同心》《马路天使》这样的

---

[1] 顾肯夫：《影戏杂志·发刊词》，《影戏杂志》创刊号，1922年第1期第1页。
[2] 丁亚平：《中国电影通史》第一卷，中国电影出版社、文化艺术出版社2016年版，第193页。

倡导有国防意识的电影升高音调,突显中国电影自强自立的责任。集体的民族英雄叙事,满足着相应人群的需求,并带来了中国人的信心、勇敢和希望。

这一时期,电影的整体特征是伴随着近代中国两大矛盾的产生和发展的,中华民族同帝国主义的外部矛盾和人民大众同封建主义的内部矛盾是始终缠绕着中国人民的梦魇,歌颂"民族英雄"成为风潮。电影界各类主创人员的抗日热情都特别高,纷纷急着要拍抗战的影片,并先后塑造出各个不同类型的抗战英雄、历史英雄和文化英雄,映照、体现了民族主体意识观照下的中国电影英雄书写的共同逻辑。

《保卫我们的土地》《好丈夫》《胜利进行曲》《还我故乡》等作品,贯穿通俗化的剧作原则,虽热情有余,却努力创造投身抗战洪流中的新英雄人物,这样的抗战英雄及其形象塑造,得到充分的重视。《木兰从军》(1939年版)、《葛嫩娘》等历史题材电影,聚焦历史上的民族英雄不畏强权,心怀国家,以身殉国的故事。这些曲笔讴歌为民族解放而战的历史英雄,反映了创作者的英雄观,电影创作者们着力通过历史舞台上的主角显现了影像民族主义的深度和广度。无疑,抗战英雄、历史英雄在战时中国电影中所抵达的位置很高,代表着抗战电影的中心,而类如影片《孔夫子》的形象塑造,虽有明显的历史价值,但它叙写的则是英雄的异端。这样的形象提供了抗战电影以外的新启示,把英雄的话语和人格提升到文化的高度。影片结尾,过去烟云不再,孔子临死前对子贡、子思说:"这混乱的天下,全仗你们来收拾了。"他唱出了悲歌:天下无道久矣。① 其间的现实感在《孔夫子》的情节与人物表现中未必隐晦。当时有人这样表达观后感:"孔子是人,是一个有学问的有仁心的普通人,不是超人,更不是'神'……他知道一国的兴亡,是需要人民的力量,正如我们现在一样,要求得自由,平等,独立,是必须要全民族共

---

① 《论语》:"孔子因叹,歌曰:'太山坏乎!梁柱摧乎!哲人萎乎!'因以涕下。"

同起来奋斗的。"①《孔夫子》表达的是,人民的力量不只存在于特殊的场景,更是一点一滴施行成为一种历史的主体精神与民族意识。戴维·米勒在《论民族性》中指出历史性的一个特征是"一个体现历史延续性的认同……历史性民族共同体是一个义务共同体,……这个历史共同体也向未来延伸"②。孔子不是高人、逸人或历史的超人,但是可以称为民族或时代共同体的文化英雄。

二、新中国电影及公共场域中的两类新英雄人物

新中国成立,告别了旧中国,点燃了人们的激情,全国人民欢欣鼓舞,开始了建设自己国家的伟大进程。文艺被视为党和国家整体事业不可或缺的重要组成部分。国家的政治命运逆转和一种特殊快感的群众运动,显示冲荡之气的决然与机缘,中国人民终于掌握了自己的命运,可谓"人间正道是沧桑"。

群众的选择是集体性的,个人与集体并不矛盾,革命和爱国主义成为公共言说和公共场域的中心。历史的光点和高点在革命和去除旧中国带来的痛苦恐怖屈辱的革命中,得以呈显。1942年毛泽东发表《在延安文艺座谈会上的讲话》,指出"无产阶级的文学艺术是无产阶级整个革命事业中的一部分","要使文艺很好地成为整个革命机器的一个组成部分,作为团结人民、教育人民、打击敌人、消灭敌人的有力的武器,帮助人民同心同德地和敌人作斗争"。革命文艺形成的公共言说的地位、影响和作用,在新中国电影中的表现格外明显。

新中国电影要求创作无愧于时代的新英雄人物,早期中国电影中的抗战英雄、历史英雄和文化英雄,此时转变为群众为主体的行业建设英雄和革命战争英雄。相比较后者,前者某种意义上更重要,在更多的人的心里,"活着的英雄要比死去的英雄多得多"。创造生动鲜明的革

---

① 任明:《〈孔夫子〉的启示》,《社会日报》1940年12月19日。
② [英]戴维·米勒:《论民族性》,刘曙辉译,译林出版社2010年版,第23—24页。

命英雄形象,成为新中国电影艺术创作者努力奋斗的目标:"我们始终不渝地坚持创造革命的新英雄人物形象,来更好地更有力地贯彻电影为工农兵服务、为无产阶级服务、为社会主义建设服务的方向。"①作为革命的电影艺术,首先必须做到与革命、与人民大众对接,社会主义革命和建设成为"崭新的电影艺术"的核心、准则,和拓荒阶段的新中国电影创作的深刻焦点。

这个时候,电影的形象塑造与英雄书写,呈现出从个人到群体的改变,被视为英雄的异端的个体并不重要,而能不能和革命、和集体融为一体,完成心与心的交流,代表着电影事业能否沿着正确方向发展。无论是极不平凡还是平凡的英雄人物,其形象塑造、故事都应合政治选择和集体性的意识形态,充盈于1949年以后的革命的银幕之上,贯穿新中国电影创作的始终。

1950年,由成荫导演的表现解放战争的故事片《钢铁战士》上映。作为革命战争题材作品,影片塑造了解放战争中张排长等三位英雄形象,他们性格鲜明,具有钢筋铁骨般的意志,公映后受到部队指战员的热烈欢迎。1951年,史东山与吕班联合执导的电影《新儿女英雄传》,讲述冀中白洋淀地区老百姓在共产党员的号召下组织起抗日自卫队雁翎队的故事,影片热情地歌颂了英雄人物,上映时引起强烈反响。从《桥》《南征北战》《渡江侦察记》《平原游击队》《董存瑞》,到《林海雪原》《红日》《地雷战》《英雄儿女》《地道战》等战争影片②,其中的人物(包括女民兵队

---

① 陈荒煤:《创作无愧于时代的新英雄人物——在中国电影工作者联谊会第二次会员代表大会上的发言》,《电影艺术》1961年第2期,第2—14页)。

② 关于1949年以后的表现英雄人物的战争影片,陈荒煤在1961年曾这样例举:"新中国的电影,从第一部故事片《桥》开始,十一年来创造了许许多多具有生动的鲜明的英雄形象的影片。例如:反映第二次国内战争的有:《翠岗红旗》《党的女儿》《万水千山》《聂耳》《青春之歌》等等;反映抗日战争的有:《赵一曼》《中华女儿》《平原游击队》《回民支队》等等;反映解放战争的有:《钢铁战士》《南征北战》《渡江侦察记》《董存瑞》《永不消逝的电波》《战火中的青春》《金玉姬》等等;反映抗美援朝战争的有《上甘岭》等"(陈荒煤:《创作无愧于时代的新英雄人物——在中国电影工作者联谊会第二次会员代表大会上的发言》,《电影艺术》1961年第2期,第2—14页)。

长这样的女英雄)、桥段和细节虽然不无政治化/非性别化的特征,但作为红色电影的关键元素的战士英雄化,获得升华,成为观众竞相模仿的对象。作为英雄镜像的反派角色及对白,为众人津津乐道。这些革命战争英雄电影,有如下几个特点:一是革命英雄是中心人物,人物性格大都深沉刚毅,勇敢向前,蕴含着一种革命美,鼓舞了人们的战斗意志。二是反映中国人民革命的伟大胜利,记录中国共产党领导的军民浴血奋战、保卫中国热土的峥嵘岁月,注重大场面和历史气魄,其中包括的宏大叙事与公共言说,和其他影片比起来,简直判若云泥。三是影片叙事洗练,故事讲述采取小切口,反派角色的故事性也比较强,形象塑造大都非常有趣,和电影的情节设置构成互补关系。四是影片对过去充满怀旧感,又大都形成高关注度、话题度,放映后引起强烈反响,给人留下难忘的印象。有的公映后甚至创下当年国产电影全国最高观影纪录。

新中国电影的英雄书写,还包括反映生产建设的英雄人物,这是新制造出的当代英雄。如《马兰花开》《三八河边》《我们村里的年轻人》《老兵新传》《钢铁世家》《六十年代第一春》《霓虹灯下的哨兵》《雷锋》《带兵的人》等等。这些影片中所创造的英雄人物形象和《祝福》《林家铺子》《早春二月》等经典电影不同,它们提供了一种新的阐释视角,突显了多方面的意义。从历史电影中为新政权寻找合理和合法性,英雄永远活在人们的心中,伟大的人物、革命的战士让人记忆犹新,从历史的实有或虚无的暗影中走出,保有英雄崇拜的情怀有其显而易见的重要与必要性。但是,正如当时评论者所言:"时代在不停地前进,新的英雄人物在不断地成长。新的斗争现实,要求我们把社会主义革命和社会主义建设时期的英雄人物,经过银幕,艺术地再现出来,为今天战斗在各个战线上的人民群众,树立学习榜样,推动社会主义事业更快地向前发展。"[1]塑造并深爱从事的伟大的事业,

---

[1] 张立云:《社会主义时期革命英雄人物的创造问题——从影片〈霓虹灯下的哨兵〉〈雷锋〉〈带兵的人〉谈创造新英雄人物的若干问题》,《电影艺术》1965年第4期,第60—65页。

帮助新中国建设营造积极氛围,改变历史发展的格局,以革命和群众为主体进行英雄叙事的电影,可以提供电影人"在虚构话语和历史的边缘地带创造叙述声音"①的机会。树立新英雄,相信群众、集体的力量才是创造世界和创造历史的伟大力量,个人的力量只是这个伟大力量中的"沧海一粟",影片创作以此发挥作用,越来越多地影响、改变甚至重新规范城乡大众的工作、生产与日常生活。电影中英雄的非性别与精确性得到有力而积极的塑造,实情为何反而显得不那么重要了。

三、新时期电影史中的英雄典型如何跨越时间

广义的新时期横跨改革开放与思想解放阶段、市场化改革和进入全球化的阶段。中华民族伟大复兴的目标,比历史上任何时期都更接近,也更有能力实现这个目标。20世纪90年代以来,依靠媒体支撑和塑造的偶像受到大众推崇,新时期的英雄人物在大量地成长与涌现着,牢固树立并坚持"群众是真正的英雄"的观点,英雄书写展现为相对于过去的"工农兵电影"的超越意识形态的普遍力量,和新的关于广义的人及其在电影中的位置的不同思维与表现方式。

四十年来,国产电影的英雄书写形成了复杂、多元而又相对整一化的创作景观。第一类系英模片,以生活中英雄人物原型为背景,如《焦裕禄》《蒋筑英》《炮兵少校》《孔繁森》《离开雷锋的日子》《一棵树》《喜莲》《十八洞村》《李保国》《秀美人生》《中国机长》。第二类则为现当代历史中领袖人物的塑造,如《西安事变》《廖仲恺》《孙中山》《周恩来》《百色起义》到《开国大典》《大决战》《大转折》《大进军》《长征》。第三类是以个体承载时代或历史命题,英雄形象有了较明显的转变,并形成新的生态,如《智取威虎山》《湄公河行动》《红海行动》《我和我的祖国》,等等,都取得了显著成就。第四类是把成长中的英雄电影看成是某种主题的象征转移开来,以此获得和真实人生的意义联系,如

---

① [美]苏珊·S.兰瑟:《虚构的权威》,黄必康译,北京大学出版社2002年版,第17页。

《血，总是热的》《高山下的花环》《秋菊打官司》《一个都不能少》《三峡好人》，与中国历史语境发生互动，反映着时代变革中的人和故事。这些人物是"活生生的现实，是同时代人的现实行为，他们头上已没有了特加的'光环'"①，往往给观众亲近、亲和之感。第五类是通过英雄叙事描绘创作者心中的江湖人道，《红高粱》《白日焰火》取材于民间是这样，表现英雄成长、孤独成就的《双旗镇刀客》《西夏路迢迢》《天地英雄》《天将雄师》等武侠电影也是这样。第六类是实现了一次伟大且深刻变革的改革开放紧密相连，伴随全民的物质生活与精神内涵的极大改善，个体对于审美的体验性和抒情性被空前激发，日常生活中的普通人的诗意栖居也浮出地表，日常生活与英雄之间的价值沟壑被弥平。从《龙年警官》《凤凰琴》《赢家》《被告山杠爷》《埋伏》《黑眼睛》《那山、那人、那狗》，到《芳华》《归来》《地久天长》等国产影片，它们所表达的主体内容显示，现实往往不是非黑即白，孤独的成就者，对于外部世界的征候和意识有敏锐的洞察力，他们直接做出选择，以至是否适合了某种气候或固化的阶层意识，并不多做考量。

上面这前三类典型形象，可归为"主旋律"电影概念下的英雄叙事，强调正面人物或聚焦英雄与众不同的精神品质。后三类则以不同题材和多种风格塑造人物典型，体现的大都不是主流英雄的定义性特征。让传统英雄形象在嬗变中跨越时间，更趋丰富多彩。作为英雄的异端及表现，这些影片中的人物共同点，不能归为属于西方电影谱系的"反英雄"，与伟大、与崇高同体，却并不高声坚持自己的信仰，更不要万世师表。还神于人，走下神坛的真实，做简练而深刻的观察与把握，被普遍视作有影响的、干预中国现实的现实主义电影的核心。"以个人史来书写社会史"②，努力创造真实历史与日常生活中的英雄，同样

---

① 刘诗兵：《谱写当代人民英雄史的美学历程——论新中国电影英雄形象的表演塑造》，《电影通讯》1999年第5期，第19—22页。
② 陈晓云：《近年来国产影片中历史记忆的伦理表达》，《中国文艺评论》2020年第12期，第36—43页。

可以创造许多不朽的人物典型形象。

四、英雄与人民同构：形象塑造与现代性之间的张力

改革开放和市场经济推动了中国社会的繁荣发展，创造了发展奇迹。新时期以来，我们总结历史经验，坚持发展，找到了实现中华民族伟大复兴的中国特色社会主义道路，取得的成果举世瞩目。党的十八大以来，中国电影与党中央确定的坚持和发展中国特色社会主义、实现中华民族伟大复兴中国梦的全局相一致，电影的英雄典型性原则融合"人民是真正的英雄"的历史命题，映照出新时代文艺工作的道路方向、使命任务和历史责任之所在。

近十年来，消费时代的社会多元分层与上层建筑发展，生产力的解放越来越多地影响人民大众的日常生活，使得他们观念和思想差异极大，不同层次与年龄的人有各自崇拜的对象，英雄人物的书写具有明显区别于往昔社会发展的当下性和国家形象的代表性。当代电影中英雄人物形象的塑造方式各个不同，表现了完整而丰富的英雄书写作为"运动着的美学"的精神图谱及其价值。其中，有的表现长征、抗战和抗美援朝等不同历史时期的革命烈士、英雄儿女，也即属于革命历史斗争的英雄人物形象，他们具有"无往不胜的英雄气概"和"一往无前的英雄气概"，前赴后继、英勇奋斗、浴血牺牲，激发了人们的革命热情，在今天仍旧有着强烈的现实意义；有的表现各条战线上的英雄人物、先进模范；有的英雄人物身上固然燃烧着理想之火，更显现为普通人的真实，仿若就是生活在身边的你我他，又具多方面的思想品格和精神写照；有的则可称为时代的"共名"英雄，伴随着深化改革，扩大开放，建立人类命运共同体，续写越来越多的英雄的故事、"春天的故事"，成为新时代的重要标志。英雄叙事的核心，是具有伟大创造精神、奋斗精神、团结精神、梦想精神的人民，实现中华民族伟大复兴这一中华民族近代以来最伟大的梦想的基本母题，一是有中国人民创造历史的丰富记忆，二是有"人民是真正的英雄"的情感力量，三是融入"现实"，真

实、鲜活、生动,传递着中华民族从站起来、富起来到强起来的伟大飞跃的信仰之光。

小我和大我,民族革命和抒情在近十年的中国电影中是一体两面,以全球化时代民族国家建构为核心的挑战,构成在新语境下电影主体意识真正深入人心的关键。中国电影如何在表现人民、书写英雄上百花齐放,并形成同构关系的历史观念,成为电影意识形态介入当下选择与未来先锋发展的分界点。将这样的电影理念付诸实践,塑造与时代相互印证的形象谱系与电影空间,成为当代中国电影创作的必然选择。

邱少云、黄继光、杨根思、孙占元、胡修道等最可爱的人们自是可以成为影视作品的主角,但由于时代政治的改变、涌动的思潮和思想文化的不断启蒙,科学家、医生、教师、机关干部、扶贫工作人员、农民工、下岗工人、精准扶贫对象,等等,时代政治和媒体偶像越来越多地影响以至改变了电影英雄表现的历史观念和审美路径。新时代语境下,牢记历史,不忘初心,奋力前行,被放在最优先的位置。大道不孤,强国富民,天下一家;英雄与人民各以涓滴之力汇聚成模范样板的磅礴传力,构筑以中国发展为核心的共同体意识与担当意识。银幕上的英雄和人民书写,可以看到中国电影形象塑造中英雄叙事、历史观念的演变过程,这也诠释了新时代电影新的艺术意志和方向。

在消费时代的电影影像生产与消费潮流中,自由和"富得有光彩"成为媒体理想化对象,英雄未被踢出一般人记忆和电影表现之外,青年和普通人不能代替英雄的地位。在中国公众的心中,本就存在英雄的位置,但是媒体偶像、金融大亨和社会名流,或只见神性不见人性的英雄,很难说是真正的英雄。包含和强调普通人价值的另类英雄,未必不是英雄。英雄之于新一代的中国电影人,和爱情相似,亦同样意义特殊。

作为国产电影的新英雄叙事,《湄公河行动》《战狼Ⅱ》《红海行动》《流浪地球》,被归为"塑造中国英雄形象、富有史诗气质的电影",

"它们有效地实现了人类价值的中国表达,彰显中华文化的独特风范"①,引人注目。英雄叙事被视为一个宽泛的概念,《烈火英雄》《紧急救援》《中国机长》这样的电影英雄书写,覆盖公共职能部门、公共服务机构的专业人员,可见英雄也是有血有肉有感情的人。

平民化或常人化的英雄的日常生活更经验、表象和烟火气,尽管可能各有缺点,不容易进入历史,却和电影出色的故事讲述、转向信息多元的大群体,抑或内心世界的细节表现紧密相连,有执着、有理想、有爱心,更有烦恼心事,或张艺谋说的,有"隐忍之下的情感涌动"②。不高高在上,由此拉近英雄和普通人的距离,更值得关注与表现。即便是像《悬崖之上》这样的描绘我党先烈出生入死完成任务的故事,却也不无温情和人性光辉。隐蔽的市场在发展,也在左右着英雄书写。"通俗娱乐"的类型化,或者说,将不同类型的元素杂糅,获得了广泛认可。在观众的底端或开放的框架下,流行话语、市场经验和本土根基决定一切。形象塑造有得与失之分,充满了各种风险、个人语态、巨大的智慧和独创性。既能把各类英雄典型"按照自己的世界观改造世界""指引方向"③的维度表现或揭示出来,又能具有可看性,润物于无声,让人通过英雄理解学习,发挥英雄与人民、与越来越复杂和动荡的世界的协同效应,这呈现出不同于以往形象塑造与历史观念构建的新景观。

五、电影与典型:重新思考人民和英雄书写的关系及意义

对于英雄人物的塑造,和对历史的表达及其人民史观的运用紧密联系。人民史观的核心,是以人民为历史主体,重视人民作为推动历史

---

① 牛梦苗、李蕾:《从电影大国迈向电影强国还需要做些什么》,《光明日报》2019年3月25日。
② 任姗姗、苗苗:《心里的丰碑是永远的丰碑——对话张艺谋》,《人民日报》2021年5月10日。
③ [英]托马斯·卡莱尔:《论英雄、英雄崇拜和历史上的英雄业绩》,周祖达译,商务印书馆2005年版,第227页。

进步的真正力量。即：把人民称作"自觉的历史活动家"；视"历史活动是群众的事业"；坚持人民是推动历史前进之根本动力，"人民，只有人民，才是创造世界历史的动力"。① 早在20世纪上半叶，一些追求进步的知识分子竖起反帝反封建大旗，开始了知识分子与工农群众的伟大结合。不断兴起的现代民族主义和新中国社会主义建设，成为中国电影发展的人民性背景。抛开正义与否和人心向背，民族主义爱国主义和英雄主义也可能滑向虚无主义的泥淖。

考察人民史观对于中国电影塑造英雄形象的影响及其历史，可以看出，塑造生动鲜明的英雄形象，是中国电影创作的中心问题，从20世纪20年代至今，人民的愿望、需要和公众言说与中国电影的英雄叙事趋向于合而为一，并经历从冷到热的变化，这是和中国电影中渐趋自觉的文化生产的微妙地相互呼应并交织一起的，它体现在一系列的电影生产、社会传播及其展现方式和取向上。在中国电影典型形象塑造的演进中，以人民为中心的历史观念已是渗透到当下文化生产和电影创作者思想深处的一个不可忽视的变量因素，经常在具体的英雄书写中潜在地影响着创作者的选择和倾向性。

中国电影发展中的英雄叙事及其历史观念建构，电影历史上英雄与人民交相作用的动态过程，为我们提供了重新审视、认识中国电影典型创造和文化生产的一种方式。

首先，人民大众构成电影历史的主体力量，照映并成为百余年中国电影英雄观和英雄书写以至整个电影典型论的丰沃土壤。群众因为分散和日常，忽隐忽现，有时反倒不容易突出地进入电影史。电影典型作为熟悉的陌生人，具有政治倾向或媒体影响力。英雄的表现常常与重

---

① 分别引见：[苏]列宁著，中共中央马克思恩格斯列宁斯大林著作编译局编《列宁选集》第1卷，人民出版社1979年版，第127页；[德]马克思、恩格斯著，中共中央马克思恩格斯列宁斯大林著作编译局编：《马克思恩格斯全集》第2卷，人民出版社1979年版，第104页；毛泽东：《毛泽东选集》第2版第3卷，人民出版社1991年版，第1031页。

大历史问题和历史事件相关联,反映了时代政治作用下的电影生产的最有力之一种,但作为原型制造和同构性的历史观念的基础的人民叙事及其建构的思想精神史,能够影响以至左右英雄书写的可能性、可行性以及电影典型塑造的方法与路径。

从民族主体到群众主体再到人民主体,英雄成为电影的中心坐标之所在。从工农兵及干部形象到平凡的英雄形象的创造,大量地在新中国银幕上出现,经过历史曲折演进,人民史观在中国电影的英雄典型形象塑造和历史观念的价值内化与外延的关键或核心作用得以确定。把握中国电影的形象塑造中英雄与人民的同构性规律,会让电影创作者更容易正确地理解和把握中国电影英雄书写的形式和内容,让观众在我们这个甚嚣尘上的社会看到最真实的英雄,听到关于人民关于历史关于广义的"人"的故事。

其次,创造各类型的英雄人物形象,在文化生产中居于本质和核心位置,从精神上给予广大受众的巨大影响,是无法估量的。张艺谋说:"一部好电影、一个好角色,留存在人们心中。心里的丰碑是永远的丰碑,不是数字,不是票房,不是奖项,是在心里。"[1]电影中的英雄典型形象,它很多年以后,还活在人们的心里,确乎是这样。对于中国电影而言,英雄对人民性的核心观念不是解构性的,意义不会也不能被无意义消解。英雄并非冷血无礼,无论是"群众是真正的英雄",还是"平凡铸就伟大,英雄来自人民",没有不融入感情的美,好的而不是夸大其词的表现。人民生活和巨大的时空差异与功能区别中,英雄叙事仍然可以释放一切创造力,驱动更多的观众接受,甚至成为为新的市场发展准备的序曲,获得真正的共同体的实现。"每一个社会都会生产出它自己的空间。"[2]创造

---

[1] 任姗姗、苗苗:《"心里的丰碑是永远的丰碑"——对话张艺谋》,《人民日报》2021年5月10日。

[2] [法]亨利·勒菲弗:《空间与政治》,李春译,上海人民出版社2008年版,第10页。

新英雄的典型形象,有益于教育人民鼓舞人民。形成合力的热闹的影坛有待更多的英雄笔墨的挥洒,英雄话语从文化观念上不仅可上升到民族精神建构的高度,更重要的是它可以成为电影精神史、政治史上有意义、引起广泛关注的典型人物和形象,并反过来促使人们深化对英雄的理解,对英雄保有正确的价值判断,防止堕入"英雄"的市场化商品化的歧途。

再次,在历史中看取和重申英雄与人民的关系,兴许再没有比这更一般、更普遍,也可以说更老生常谈的了。把英雄的典型价值置入电影的历史中,历史赋予英雄的崇高性与尊荣,作为典型,其艺术的成熟完整,以及人们对之着迷不已,也可能是前所未有的。创造英雄形象和它所包含的电影历史观念建构中的微观政治及其研究意义,触及中国电影创作实践和理论发展的精髓。英雄书写是对当今影坛低级趣味的警惕与否定。英雄照亮了社会的遮蔽之物,英雄形象吸引更多观众围观和喜爱,展现出丰富的、为人民大众所需要的精神能量。

最后,英雄叙事有自己的情感政治,获得中国电影形象塑造的从内容到形式的多维度的美感经验,才能以更广阔的视野对中国电影形象塑造和现代性的观念有更多体会,进而召唤一种洞见和觉悟。虽然不能说是英雄情结和英雄崇拜心理的直接延伸,寄托人们"事功"或自我超越的渴望,但因其情感、心理与文化的融入特性,一方面反映了国家权力和话语对日常生活的渗透,以其理解、传播、影响而论,可谓复杂不可殚数;另一方面英雄的典型是有机地把属人的丰富元素,包括上述的英雄的异端融合在典型的整体之中的,是在本质上将有限的生命中的永恒精神做个性呈示。英雄未必就都热切地一味"事功",不能成为"有情"的革命话语,以及作为历史的永在的生命的温暖、体贴入微,让人获得美的感动。不能抱怨观众对我们英雄典型表现刻板概念化的歧视和偏见,努力做好总结,关注电影典型的基本精神、方向,思考典型像时间一样能够被人们"加以改变和控制"①的丰富、复杂性的一面,把握什么属于未来,哪些对中国和世界电影现代性发展都有益,才是最重要的。

第三节　当代中国文学"欲望书写"电影改编的新感性重构②

新时期以来,中国文学的基本主题多与"欲望"关联,承载了建国后到"文革"结束被压抑的深层文化心理,并在文本创作和类型演绎上将"欲望书写"贯穿下来,电影改编也一直呼应文学的"欲望书写",在"文"与"影"的循环互动中扩展边界。如第五代导演改编的莫言《红高粱家族》(1986)、苏童《妻妾成群》(1990)、《红粉》(1991),余华《活着》(1993),呈现着传统势力对欲望的压制和个体的反抗;第六代导演改编的毕飞宇《推拿》(2008),叶弥《天鹅绒》(2004),转向关注弱势阶层和边缘群体的欲望,并将之置放在改革的时代背景下;新生代导演改编的路内《少年巴比伦》(2017),鲁敏《六人晚餐》(2017)则瞄准普通平民阶层所经受的灵魂振荡。目前学界对文学电影改编研究主要集中在具体作家作品、人物形象塑造、历史文化意识等,也涉及文坛地域影像风格的比较研究,但文学电影改编中凸显的"欲望书写"主题和镜像表达还未得到深入研究。

电影文学作为文体的成熟和发展,与当代的文化焦虑契合,呼应了欲望这一独特的社会心理现象。弗洛伊德最早从心理学角度探究身体感知的"欲望本能"问题,将人类生物学上的性本能即欲望本能视为人类进步发展的永恒动力,认为欲望控制是文明得以建立的前提,该学说

---

① [英]齐格蒙特·鲍曼:《流动的现代性》,欧阳景根译,上海三联书店2002年版,第175页。
② 作者陶赋雯,上海师范大学副研究员。本文原载《现代传播》2020年第11期,题目有改动。

也构成了精神分析学的理论基石。保罗·萨特建立了"欲望本体论",将欲望视为意识转变的核心动力。吉尔·德勒兹则将电影分为侧重精神的"大脑电影"与侧重欲望的"躯体电影"①,欲望、机器和生产共同构成了世界上不同的生命现象。

在西方美学中,对于感性价值的贬低是其历史发展的基本线索。相对于传统理性,感性被视作"灵魂的低级部分"②,是混乱、贪婪、变动不居的负面存在。法兰克福学派代表人物赫伯特·马尔库塞首次提出了通过艺术的"新感性"来获得人性解放的问题。在当代中国美学研究中,丁国旗、何光顺等人较早探讨了"新感性"的学理话语及其艺术实践。丁国旗将感受力、反省力、审美力作为马尔库塞"新感性"的三个重要特征,认为这三个特征处于一种逐渐递增的顺序中③。何光顺认为:"20世纪现代艺术的感性激荡,常常和潜意识、无意识的问题联系在一起,并延伸到了传统感性学所视而不见的领域,因而我们可以称其为'新感性'",即一种"原始精神非常强烈的现代情绪,是消解现代文明理性机制的生命原欲。"④学者颜纯钧也提出"新感性"电影概念,阐述了转型期中国电影旧理性的钝化与新感性的激发⑤。可以说中国学界的"新感性"思想不仅限于感官欲望刺激,而是追求艺术与审美,吸收了弗洛伊德精神分析学"使生命体进入更大的统一体"的欲望理论,借鉴了马尔库塞"新感性"的相关论述,注重爱欲、幻想梦境及生命力的彰显。笔者认为,当代文学电影改编的"欲望书写",与停留于感

---

① [法]吉尔·德勒兹:《时间—影像》,谢强等译,湖南美术出版社2004年版,第323页。
② [德]赫伯特·马尔库塞:《工业社会和新左派》,任立编译,商务印书馆1982年版,第118页。
③ 丁国旗:《寻找"新感性"——马尔库塞"新感性"的诸种形式》,中国中外文艺理论学会年刊2010年,第281页。
④ 何光顺:《感性的抗争——从王蒙〈神鸟〉看现代艺术的他在》,《郑州大学学报》2011年第1期,第77页。
⑤ 颜纯钧:《"新感性"电影:中国电影旧理性的钝化与新感性的激发》,《现代传播》2018年第8期,第87页。

官或感性沉溺的传统欲望不同,而是呈现具有反抗传统道德礼教以及表达两性特别是女性生命体验的"新感性"表征。"新感性"是欲望的情境性原动力,目光(摄像机)的投射即"生命原欲"的投射,这其中有现代处境和原始欲望的内在矛盾与紧张,并生成了从小说到电影镜像表达的分叉和延伸,促进了"新感性"的生发。

一、"新感性"的生发:"欲望书写"改编的镜像表征

视觉文化一直影响着人类文明进程,而在当代更受到研究者的关注。加拿大传播学者马歇尔·麦克卢汉进一步强调了视觉文化在当代媒介版图中的重要作用:"我们正在从一种抽象的书籍文化进入一种高度感性、造型和画像的视觉文化时代。"[1]面对当代文化的视觉转向与挑战,文学作品的"欲望书写"通过视听语言将鲜明的人物形象与激烈的矛盾冲突镜像化处理,创出别致的欲望意象和饱满的画面感,在"溢欲"与"止欲"的双面队列中,呈现出"新感性"的生发,彰显人处于社会生存环境的现实景况。

1. 感性生命视觉化的文影连通

面对文学文本的电影转化,改编者以身体和欲望作为电影改编重要的叙事成分与表征符号,引领观众在镜头跳转间捕捉人物内心情绪流,揭示人物在不同历史时期和文化情境下的欲望生发。在对欲望的重新诠释和建构中,改编是其中连通"文"和"影"的密钥,而关键则在于实现感性生命的视觉化表达。《现代小说美学》的作者利昂·塞米利安曾提及:"技巧成熟的作家,总是力求在作品中创造出行动正在持续进行中的客观印象,有如银幕上的情景。"[2]以苏童小说为例,无论刻画人物还是描绘场景,字里行间将人物鲜明的欲望特征彰显,呈现出极

---

[1] [加]埃里克·麦克卢汉,弗兰克·秦格龙:《麦克卢汉精粹》,何道宽译,南京大学出版社2000年版,第459页。

[2] [美]利昂·塞米利安:《现代小说美学》,宋协力译,陕西人民出版社1987年版,第9页。

富戏剧效果的蒙太奇镜头感。

小说《妻妾成群》有一段描述:"午后阳光照射着两棵海棠树,一根晾衣绳拴在两根树上,四太太颂莲的白衣黑裙在微风中摇曳。雁儿朝四处环顾一圈,后花园间寂无人,她走到晾衣蝇那儿,朝颂莲的白衫上吐了一口唾沫,朝黑裙上又吐了一口。"①小说文本主要依靠读者心理想象和艺术建构完成,丫鬟雁儿对四太太颂莲的衣服用"吐唾沫"的行为表达愤慨,这份妒性来自因颂莲到来后自身的失宠,老爷对其欲望"落空"而带来雁儿的主体性焦虑。其改编电影《大红灯笼高高挂》的冲突相较于文学文本愈加集中强烈,镜像中雁儿将颂莲的衣衫放置在洗衣盆里,端到后院清洗,她步行急促,脸带愠色,发现四周无人时,忽然停下脚步,怒啐手上端着的衣衫。这一连串表情动作诉诸视觉,更凸现在感性生命场景中人物活动的立体感和冲击感。正如巴鲁赫·德·斯宾诺莎在《伦理学》中所言:"好胜心不是别的,正是我们内心产生的对某个事物的欲望,我们之所以对它有欲望,是因为我们想象到其他与我们相仿的人有着同样的欲望。"②镜头中呈现的欲望,其本质是"对欲望的欲望",作为欲望的介质之一——肉体消隐不见,而构筑为一种好胜动力的情感游戏,通过精神上的欲望法则,介入第三者心理建构的"模拟欲望",来实现欲望的生发与焦虑呈现,描撰出人物妄图宣泄的跋扈和主仆间无法弥合的欲望矛盾,并衍生出模仿、攀比、嫉妒、竞争等荒诞行为。

作家叶弥短篇小说《天鹅绒》曾被姜文改编成电影《太阳照常升起》,以银幕镜像承载特殊年代的文化记忆,传递出对"文革"闭锁时期压抑欲望、扭曲人格的抗议。影片通过对"什么是天鹅绒"的欲望探询,以少男的性启蒙、成熟男性的性尊严等符码承载"欲望书写"叙事,开启一段男性对女性"身体所有权"争夺失败的悲剧叙述。影片由陈

---

① 苏童:《妻妾成群》,华夏出版社1994年版,第206页。
② [法]奥利维耶·普里奥尔:《欲望的眩晕:通过电影理解欲望》,方尔平译,华东师范大学出版社2015年版,第97页。

冲饰演的林大夫一角,在片中一直以湿漉漉的护士服造型、温柔娇喘的少女般声线、"摸屁股"的戏谑遭际,成为电影里一个流动的、高度欲望化的实体投射。通过大胆的身体展演,彰显其主体意识伴随身体情欲的复苏,传达原著中特殊年代女性被遮蔽的欲望渴求和内心世界。而另一位女主角唐妻在原著小说中有段自述:"我家老唐说我的皮肤像天鹅绒。"在电影里这句话被姜文导演改编为:"我家老唐说我的肚子像天鹅绒。"把"皮肤"置换为更有显性肉欲意味的"肚子",其间的欲望表达更加明晰,承载作为服膺于男性情欲与私人占有的所指,实现改编中感性生命的视觉化体验。

2. 感性生命向原始神秘的返归

在改编中,文本投射的欲望既可通过摹状人物性格行为、心理变迁、情节发展等艺术技巧体现,也可通过独特的意象表达和场景设计来承载,其中所折射的隐蔽欲望和不可知命运的纠葛也构成了现代艺术向原始艺术"他性"(神秘性)的返归,呈现出"宿命论"与轮回观念的笼罩。例如电影《大红灯笼高高挂》将原著小说《妻妾成群》中充满南方陈腐糜幻气蕴的江南深宅,置换成山西的乔家大院,以一种中规中矩、与世隔绝的封闭式构图,在电影框镜中呈现对欲望的闭锁隐喻,承接了对神秘欲望的镜头窥癖,暗示人物所处的压抑生存状态。电影中启用了"点灯""捶脚"等神秘又带性暗示的民俗仪式,将深宅大院中禁锢扭曲的房事、算计倾轧的争宠大戏欲望化呈现,通过红灯笼的点燃、升起、悬置,象征为欲望的兴起、燃烧与压抑,将原始生命的幽深欲望不断溢出,视觉化呈现人性的阴森黑黢。张英进曾指出这些影片中呈现了"被压抑的性欲……在意识或其他类型农村习俗中可看到的性别行为和性展示"。① 欲望也在现代艺术的跨领域改编中,发生了溢出、复调和变奏。

---

① [美]张英进:《影像中国——当代中国电影的批评重构与跨国想象》,上海三联书店 2008 年版,第 35 页。

同样,被改编过程中,文本的时隐时现的线索,即作品的神秘性维度,也是欲望"止溢"的写照。正如葛红兵指出:"他(苏童)更看重的是人作为本在的根本性欠缺,这种欠缺是与生俱来的、无法回避和改变的,因此,苏童常常不能为自己笔下的人物的遭际提供一个社会学的解释,苏童笔下的人物常常是宿命的。"①在小说《妻妾成群》中曾设置了一口作为线索的"古老凶井":"颂莲听见自己的喘息声被吸入井中放大了,沉闷而微弱,有一阵风吹过来,把颂莲的裙子吹得如同飞鸟,颂莲这时感到一种坚硬的凉意,像石头一样慢慢敲她的身体。"②这一文学场景设计体现了颂莲对围绕这口阴森的井所流传的不祥传说的恐惧,对"宿命"的堪忧,对不可把控的命运、随时可能被幽黑深井般生活所吞噬的欲望抵抗。在改编电影《大红灯笼高高挂》里,场景设计被置换成了一间顶楼的黑屋子,并数次以远景方式出现,成为三姨太的死亡归宿和最终颂莲的幽闭归宿。电影通过三姨太被挟制挣扎的肢体动作和颂莲偷偷远眺窥视的眼神表演,诠释出人物的深惧及与命运的抗衡,使得观众产生对其悲剧命运的共情。通过改编,将小说中的凶井置换为电影里的黑屋子,呈现这看似细小的场景线索在欲望情节中牵持故事发展起落的作用,同时暗示主人公宿命般的命运轮回,将这份无奈森冷的可怖情感表现得入木三分。电影改编后,山西的乔家大院、大红灯笼、楼顶的小黑屋成为艺术形象被观众所记忆,它们既被看作是欲望叙事本身,也是欲望叙事的线索,是"有意味的形式",是现代艺术向原始艺术的感性回归与缘域生成。

3. 感性生命被压制的女性符码

布莱恩·特纳曾强调身体的政治性和社会性:"我们主要的政治和道德问题都是通过人类身体的渠道进行表达。"③底层、女性、身体、

---

① 葛红兵:《苏童的意象主义写作》,《社会科学》2003年第2期,第112页。
② 苏童:《妻妾成群》,华夏出版社1994年版,第212页。
③ [英]布莱恩·特纳:《身体与社会》,马海良、赵国新译,春风文艺出版社2000年版,第36页。

欲望,被摄影机紧密粘连在一起,将当代文学中众多被压制的底层女性形象"转译"为银幕上欲望的符码表征,以非暴力的欲望书写来实现一种软性反抗。于是,身体(尤其是女性身体)描写满足受众的窥视和幻想,就成为视觉上的"内部殖民化"①(interior colonization),塑造出一批具有抗争气质的女性形象。如莫言笔下的戴凤莲(我奶奶)、陈忠实笔下的田小娥、范小青笔下的万丽、叶兆言笔下的沈三姐、苏童笔下的颂莲、秋仪、织云,毕飞宇笔下的筱燕秋、玉米、玉秀、玉秧等。这些女性都带有外在朴质之美与受儒家文化影响的"表面的驯服",但骨子里充斥着人性的复杂和抗争气质,在欲望与礼数冲突中挣扎,爆发出被压制的身体原欲。银幕上这些女性欲望的符码表征,成为展示当代社会变迁、情感欲望及伦理道德的场域。虽然她们性格迥异,经历不同,但银幕上演的却是一幕幕动人心魄的欲望悲剧。

劳拉·穆尔维在《视觉快感与叙事电影》中提出"女人更密切地被联系到图像的表层,而非其幻觉的纵深处,那个被建构出来的三维空间注定要由男人占据并控制。"②苏童笔下的女性多呈现出对男性的欲望崇拜,随着深宅大院里妻妾争宠的畸形发展与欲望的过度膨胀,当颂莲们的自身力量无法满足超乎能力的欲求时,唯有死死抓住男性的"留夜权"及其欲望认同,以实现自我价值指涉。但在其电影改编中出现了权力的暂时反转,女性的"欲望的自我"(moi-du-desir)被实现出来。在电影《大红灯笼高高挂》中,女主人公颂莲独自静坐在光影里等候陈老爷的到来,镜头里冷艳的蓝红对比色调,形成了剧烈反差,显得女主角更为孤傲决绝,并让女性由"欲望客体"走向"欲望主体"。而在对男主角的"镜像期待"方面,导演张艺谋反其道而行,将男主人公陈老爷的刻画消隐,甚至他的脸都未曾在镜头里出现。这种改编可看作是诉

---

① [美]凯特·米利特:《性政治》,载钱满索主编:《我,生为女人》,河北教育出版社1995年版,第475页。
② [美]劳拉·穆尔维:《视觉快感与叙事电影》,《银幕》1975年第16卷第3期,第6页。

诸女性主体视角的"软性反抗",它表达了电影制作者对作为被压制对象的女性的同情,也揭示出男性无处不在的压制力量,表现了两性结构的更大内生张力,凸显了颂莲们的欲望悲剧,以及她们最终被驱逐到历史的夹缝边缘,或沉默、或失语、或疯癫的状态。电影为满足普罗大众的感官刺激需要,抹平和消解了文本中欲望与冲突的深度和复杂性,仅为迎合市场效应出现了"新感性"的沉沦,也呈现了"欲望书写"的审美误区。

二、"新感性"的沉沦:"欲望书写"改编的审美误区

随着市场经济的迅猛发展,传统伦理道德的基础被逐步蚕食,造成了文化领域的欲望流回归和反抗机器宰制的粗鄙化与功利化倾向,正如汪民安指出:"欲望生产着现实。"①在现代艺术中,欲望成为最现实的写作维度,文学作品的"欲望书写"改编承载了人物内在欲望的镜像化表达,并主要通过具象的身体形象来传载。然而,这种过度身体化或具象化的欲望书写,造成了屏幕现实的单向度和贫瘠化,导致部分改编电影作品先天营养不良,文化语境阉割、风格囿于脂粉、商业化导向,造成了"新感性"的沉沦,呈现去理想性、柔靡化、低俗化的审美误区。

1. 理想性文化语境的缺失

欲望研究历史可谓悠久,但在哲学、心理学层面得到充分探讨却是近现代工商业文化发展的结果。"欲望或欲望流实际是主体与社会存在拆解后的互动性实体,是对现代再现论、总体论、主体论等意识形态思维的疏离。"②这种从西方近代社会开启,蔓延到中国人文领域的"欲望"主题也强烈影响了改编,并在电影艺术的综合媒体效应中被放大。

诸多文学作品虽然在身体或欲望感官写作中强调理想性和超越性,"讲述个人经历的生命故事,通过个人经历的叙事提出关于生命感

---

① 汪民安、陈永国:《身体转向》,《外国文学》2004年第1期,第42页。
② 栾栋:《感性学发微——美学与丑学的合题》,商务印书馆1999年版,第137页。

觉的问题,营构具体的道德意识和伦理诉求"①,但由于电影注重工业化流程的切割与拼接,故在改编实践中,那种被文学家所看重的某种作为僭越指向的理想性文化语境丧失了,一种更为"苍白化""肉身化"的导向被凸显——银幕为观众带来快感并作为情感激发功能的外在装置被重视。正如改编自刘恒小说《伏羲伏羲》的电影《菊豆》,男主角杨天青透过门缝与墙洞窥视菊豆的裸浴,在银幕上充当了"男性凝视"(male gaze)者身份,透过他的眼睛替代了摄像机的窥视,观众们看见了杨天青所看到的一切,这使观众也变成了"双重窥视者"。菊豆是杨天青的欲望对象,也变成了观众投射自我欲望的对象。诚然欲望是文本的戏核与推动力,是使得观看者获得掌握被观看者的愉悦快感,但部分电影改编为追求视觉直观化效果,降格、置换、偷换了文学的文化语境,弱化阉割了文化主题,忽略作家注重"欲望书写"背后的文化语境与批判精神,从而使得电影显得空心化,并致使改编失败。

2. 囿于脂粉的柔靡化导向

值得肯定的是,部分作家在面对社会急遽发展中,始终秉持现实主义创作风格,注重用艺术改编来传达处于社会欲望漩涡中人的情感困惑与心灵挣扎,其中不少作品都承续着本源的地域文化风韵。如长三角一带,人文底蕴深厚,其文学创作本身带有浓郁的烟花脂粉味和传统文人才子气,形成了欲望书写的女性崇拜情结。这些江南地域风格明显的文本在改编过程中,自觉或不自觉被赋予了柔媚细腻的女性化特质,缺乏了深刻思考与凌厉粗蹈的气质。作品里"有一种总是消解不去的'秦淮情结',过于'脂粉气',轻灵虚美有余,高远深邃不足"②。因此这种以人物形象支撑的欲望"柔靡化"改编和制作方式,在很大程度上左右了电影的叙事框架、主题原型与故事图式,限制了构建鸿篇巨

---

① 刘小枫:《沉重的肉身——现代性伦理的叙事纬语》,上海人民出版社1999年版,第7页。
② 张光芒:《文化认同与江苏小说的审美选择》,《小说评论》2007年第3期,第31页。

制的能力。

短篇小说《妇女生活》充分诠释了人性的情感渴求和欲望挣扎,但其改编电影《茉莉花开》则摒弃原作中乖谬异常、人性逼仄的命运遭际,删改了原作中人物刻画的部分特征,如性格倔强、冷漠等,添加了更为温暖真实的成分,表现出浓烈的母性和亲情关怀,"影像"给予了人物最终的情感归宿,让观众得到情感宣泄和补偿性满足,引起强烈的内心共鸣。但精神式微过于"柔靡化"的欲望书写框架,削弱了作品本身的批判性力量与思想深度。诚然,换一视角,这种脂粉气浓重的欲望书写也可看作南方地域文化特色,是江南文化承载的"记忆之场",突显当地作家及其电影改编的地域性维度。但在坚持"欲望书写"的同时,汲取北方文学的阳刚气质与南方文学的开放精神,或应是当代文学与电影改编的重要方向。

3. 商业导向的低俗化发展

近代商业资本让整个世界流动变化速度加快,制造了庞大的大众阶层,解放了欲望,让身体得到充分展现和出场,但也消解了古典阶级固化中隐藏的静止和恒定的生命深度。80年代,中国作家开始构建具有启蒙和现代意义的爱欲自觉,一种具有原始情感和理性精神平衡的欲望书写,主要体现在海子、王蒙等作家写作中。90年代后,由于剧烈的市场经济冲击和文化变异,文学艺术家难以适应社会转型,其主体性被市场利益劫持,社会文化从启蒙转向娱乐消费,在文学中引入强烈低俗的商业化元素,出现了对"身体写作"的曲改,以迎合影像时代的阅读趣味。那种在80年代尚可维持原欲和理性平衡的"新感性",其爱欲维度开始遭到破坏,人性内在平衡被打破,并在文学电影改编中得到强烈体现。

在市场经济席卷下,改编行为不可避免受到以市场为导向的价值取向影响,"商业逻辑对各个文化生产场域进行了侵蚀和渗透"[1],出现

---

[1] [法]皮埃尔·布尔迪厄:《关于电视》,许钧译,辽宁教育出版社2000年版,第15页。

了大量以文化娱乐为旨归的商业化作品。其中"身体作为色情和欲望的能指,作为消费对象,开始被较多地呈现于银幕上,表现出中国电影视觉主题的某种转向,或者可以成为视觉意义上的'身体转向'"。①一些改编电影作品过分追求市场利益与商业眼球效应,忽视作品应具备的人文意涵和人性欲望的理性节制,银幕上充斥着肉体之欲和对感官的极度开放,重视情欲描摹的视觉呈现,导致改编的肤浅化,"激情戏""床战"等成为影片营销的手段,部分出位表演也带动了"一脱成名"的低俗化潮流。

三、"新感性"的重构:"欲望书写"改编的路径拓延

"欲望是一种文化现象。欲望不是一种主动、本能、自然的产物。人对某人或某物产生欲望,是因为他者作用,这个他者成为欲望者与欲望对象之间的中介,所以欲望实际上是对他者的模拟,是被中介化的。"②文学是通过文字的中介作用于读者的想象力,但电影是机械复制时代的艺术作品,更多依赖于不同的地域风格、经济考量、文化素质、接受能力等,导致创作主体在改编程度和内容把握上千差万别。电影想要表现的这种内在隐秘的"欲望",却又真切地进入人的感知系统,与影像系统融合成一体,呈现出一种未经理性认识,却朦胧敏锐地对事物做出反应(包括兴趣、好恶、取舍等)的"新感性"的重构。

1. 发掘"欲望书写"影像的精神自觉

在德勒兹看来,感性生命可能在这种消费化、媒体化和伪治疗化的社会被抹平,视觉的统治可能造成现代艺术感性生命丰富性的丧失。研究现代艺术,就需要充分了解其内在的文化精神及问题矛盾,此在/他在、自性/他性,既亲近而又争执的共构性紧张关系构成了现代艺术的二元性分裂,这种二元性分裂在当代文学电影改编中,体现为艺术性

---

① 陈晓云:《身体:规训的力量——研究当代中国电影的一个视角》,《当代电影》2008年第10期,第69页。
② [法]勒内·基拉尔:《欲望几何学》,罗芃译,华东师范大学出版社2016年版,第8页。

和商业性的冲突,既需在文学写作中坚守艺术纯粹性,又不得不接受作品面向市场所经历非艺术的商业导向。再如中国现当代文学在情爱、性爱的欲望书写中发生裂变,从某种意涵上来说,文学作品电影改编的"欲望书写",终极意义上是对人性深度的探幽与展演,是人的精神情感世界的宣泄与释解。

面对理想性文化语境的沉沦,诸多文艺作品反思了在物质繁荣中生存环境的骤变、精神压力的叠垒以及欲望的延展。回溯20世纪初中国文学,是以"人的觉醒"为发轫,以底层解放为表达诉求,以创作社会剧表达觉醒的个体对传统礼教政治的反抗。这样的创作曾给电影改编带来了原型母本,而"欲望书写"也是当代政治权力与两性权力的浓缩化表达,这种集中交织着权力隐喻的现代艺术,易于受到银幕上观众的欢迎,但迎合普通大众感官需要的欲望一旦表达过度,则丧失了更高的精神维度。因此电影在对文学作品中欲望矛盾和痛苦处境做出艺术表达时,仍要守护一种尺度,将欲望合理化表达,承载银幕之上的现代性精神。

2. 开拓"欲望书写"影像的空间构置

电影艺术是工业文明和商品经济时代的典型艺术,它在一定程度上既承接了文学内在的纯粹性,但更增加了观赏性和娱乐性,适应了快节奏的现代都市人进行欲望投射和精神释压的需要。在影像表达阶段,"影"在其美学意义上是与"意象"一致的,是艺术视知觉复合在作家灵魂空间的产物,是凭借主观情绪摄取的人生现象,是人性之光折射的结果。[①] 文学文本和电影改编在"欲望书写"的具体方式上有着较大差异,文学的叙述更加细腻化、心灵化,是面对那些相对更热爱文字推演的小众群体而写作的,而电影的叙述则更加视觉化、形象化,具有非理性激荡的"新感性"特质。"摄影机前的现实不同于人眼前的现实,之所以不同,关键是因为它用一个受制于无意识的空间替代了人的意

---

① 李洁非:《弄潮儿向涛头立》,《读书》2017年第8期,第124页。

识所主导的空间。"①

针对影视改编囿于脂粉的柔靡化风格,我们需要探讨"欲望书写"建立在虚拟性和假定性基础上的某种具体化情景,以重构欲望化身体的叙事元素与表征符号。针对电影主要面对娱乐化吸纳的普通观众,为制造情感激荡,要利用新的欲望空间,以调动观众的新感受力。在电影《大鸿米店》中,米仓成为一个封闭性欲望耦合的承载场景。导演黄建中用升格镜头表现出欲望主体五龙在米香中交织的生命气息。一场飞米中交媾的戏份将黑与白的世界对立起来,当五龙躺在洁白的大米中时,欲望就承载在银幕空间方寸中。"米"的影像在这里有多种对于欲望的呈现方式,人最初的欲望是能饱食二两米,而五龙的沦落,不仅是社会环境和个人命运遭际使然,更是其欲望承载主体意识的觉醒。电影中彰显五龙在米堆里扭曲变形的身体,源于其对性、对生存的饥渴,整个空间充满着强烈的原欲与吊诡的原罪感,增加了影片对现实的批判力度,揭示人物在不同历史时期与空间情境下的欲望生长及命运走向,向社会提供了一份多棱镜式的人性观察与思考。

3. 加强"欲望书写"影像的政策引导

近年来社会文化语境日益转向以影像为中心的感性主义创作,强化了作品的商业性和市场性,造成了对文学作品艺术性和纯粹性的挑战。譬如,作家们注重镜头描写的语言,体现其应和未来电影改编的某种兼容性,在深化人物形象时往往强化小说"欲望生产"的镜头感。电影文学最大特点就在于它的表达需要通过视觉和听觉两种方式,以动态具体形式呈现,并给人以感官的极致享受与震撼,但身体叙述往往容易迷失在追寻消费享乐主义、拜金主义的需求大潮中,用低级趣味、媚俗煽情的手段改编,"贬损化""娱乐化"人物形象,使得审美崩塌,歪曲历史事实。同时由于缺乏必要的审核把关,受众在暴力与色情的文化

---

① [法]奥利维耶·普里奥尔:《欲望的眩晕:通过电影理解欲望》,方尔平译,华东师范大学出版社2015年版,第183页。

中膜拜欲望介体,变成无能的窥视者,其视觉沉浸于他人虚假的激情。当个体过多载入这种媒介污化叙述,会产生对身体欲望书写的异化及刻板印象。

鉴于商业导向的低俗化现实,电影改编要注意在国家政策层面的引导力,特别是关注儿童/青少年的媒介接受途径,设置"性"的伦理表达分区,建立合理的电影审查分级制,化解社会规范与自由表达的冲突,避免"眼球经济"时代"流量至上"思想,呼吁创作团队将文学原著中不利于视听表达的感官内容加以驱除剪裁或转化,融入更加符合时代意蕴的新视像表达。既维护原著艺术上的完整性和纯粹性,又适应市场导向的商业性与娱乐性,以推动电影行业的制度改革。

英国文化理论研究者丹尼·卡瓦拉罗曾说:"身体尽管具有不稳定性,但它在我们对世界的解释、我们对社会身份的假设和我们对知识的获得中,扮演了一个关键性角色。"[1]当身体成为欲望展示的符码,欲望成为叙述的动力,欲望也成为新艺术史的原型母题。当代文学的演进过程,无论是先锋、新写实、新历史还是重述神话,都在对欲望进行索引探微,以开掘出作品的现实意蕴。从小说到电影改编"欲望书写"的视觉化表达,呈现了电影这一现代装置机器对于人的身体和欲望的双重延伸和聚焦,它不同于原始艺术中感官欲望的直接表达,而是更加注重在身体的感知觉视野和欲望具象化叙述中"新感性"权力话语的建构和发掘,形成了两性、同性间以及不同地位间展开权力争夺的实践之地。以"欲望书写"考察当代文学生产、传播与消费的流程,探讨文学电影改编在现代大众中的传播,可拓展文学研究视阈,并可为当代电影产业发展提供一份有益参考。

---

[1] [英]丹尼·卡瓦拉罗:《文化理论关键词》,张卫东、张生、赵顺宏译,江苏人民出版社2006年版,第96页。

《新月》，陈超作

第八章　音乐舞蹈的史论探讨

主编插白：中国音乐经典化建构的宏大命题，既来自现实驱动，也有学理依据。中国音乐家协会副主席、哈尔滨音乐学院院长杨燕迪教授在繁忙的行政工作之余笔耕不辍，对这一宏大命题提出了自己的系统化思考。从中国当前音乐生活状况的个人观察出发，结合中外学者有关文学经典和音乐经典的相关论述，立足中国当代音乐发展的实际，杨燕迪教授指出经典意识对于中国音乐建设具有积极意义，并就如何在中国音乐的创作、演出和理论批评等领域展开经典化建构做出展望、提出建议。舞蹈创造的艺术美的本质是什么，舞蹈家出身的上海戏剧学院舞蹈学院张麟教授结合自己的亲身体验对此做了理论回答，即舞台意象。他指出：舞剧的抒情本质决定了意象成为舞剧创造的艺术美核心，舞蹈家的主体呈现和舞剧的表意系统决定了意象创造成为舞剧创作的主要手段。如果说上述二人的文章是乐舞美学的理论探讨，上海音乐学院冯磊教授的《曲式与作品分析中的历史观》则注入了历史意蕴的考察。文章考察了古典时期音乐曲式的原型性特征和浪漫主义时期音乐曲式的新变，颇多独得，是专业性很强的当行之作。

第一节　中国音乐的经典化建构[①]

一、本命题的提出过程

显然,"中国音乐的经典化建构"是一个"宏大命题",如进入论证,必然牵引出诸多复杂的理论思考和实践课题。2016年5月,在上海音乐学院举行的"中国钢琴音乐经典百年回顾学术研讨会"上,笔者在题为《中国音乐的经典化建构及相关建议》的专题发言中第一次正式提出这一命题,这在很大程度上是出于对中国当前音乐生活状况的某些感触——相较于西方音乐自19世纪以来逐渐成形且具有覆盖性影响的"保留曲(剧)目"惯例,[②]以及与之紧密相关的"经典杰作"和"重头作曲家"观念,中国音乐的发展中仍然缺乏"经典化建构"的主动推进。在提出这一命题之后,笔者通过各种途径和方式(包括撰文、讲座、论坛等)积极践行这一命题的理念:如在《国立音专的钢琴名作:价值的再判定与再确认》[③]一文中,笔者对贺绿汀、丁善德和桑桐的相关钢琴杰作进行了全新的价值定位;2018年,为了纪念改革开放四十年,我在上海图书馆举办《改革开放以来的中国音乐》系列讲座,涉及近四十年来我国作曲家群体在歌剧、交响曲、

[①] 作者杨燕迪,中国音乐家协会副主席,哈尔滨音乐学院院长、教授。本文原载《音乐艺术》2020年第1期。
[②] 这一术语也即所谓的"standard repertory"概念,也可被翻译为"标准曲(剧)目",或"常备曲(剧)目"。它特指古典音乐的演出市场中,世界各大音乐厅和歌剧院的演出季安排中出现频率较高的作曲家和作品集合。一般而言,保留曲(剧)目的时间跨度是从18世纪早期至20世纪中叶,作曲家的涵盖范围大致从德国的J.S.巴赫到俄罗斯(苏联)的肖斯塔科维奇。"保留曲(剧)目"的形成与"音乐经典"的构成具有密不可分的关联,这本身即是一个值得关注的研究课题。
[③] 杨燕迪:《国立音专的钢琴名作:价值的再判定与再确认》,《音乐艺术》2017年第4期,第63页。

管弦乐和钢琴音乐等重要创作领域中的优秀作品的梳理和评介,其中一讲的主要内容已经写成文章《论改革开放以来的中国钢琴音乐创作》于近期发表,①其中不仅高度评价了汪立三和王建中两位最具"经典性"的中国钢琴作曲家的后期代表性杰作,而且也对近年来中国钢琴音乐中所出现的五种创作线路及其中的优秀作品进行了剖析与评论。2019年5月,笔者应邀参加"北京·2019国民音乐教育大会",在开幕论坛中的专题发言中,我呼吁在我国音乐教育和广义上的音乐生活中,纳入更多中国现当代音乐的内容。② 此外,笔者也积极参与了上海交响乐团、上海音乐出版社和上海文艺音像电子出版社为庆祝新中国成立七十周年而组织出版的《中国交响70年》(七十部作品,三十张CD)的相关工作,并认为这一项目正是建构中国交响乐经典的有力之举。③

当然,尽管"经典化建构"的命题在之前的中国音乐界并未成为一个明确的理论主张,但其实不论是中国音乐史的历史研究,或是中国现当代音乐的相关创作研究与评论,无时不贯穿着关于重要作曲家及其代表作品的价值评断和历史定位。如20世纪90年代所举办的"20世纪华人音乐经典"评选和展演活动,即是一次影响深远而意义非凡的举措:经过权威作曲家、专家和学者的提名,在五百余首(部)音乐作品的基础上最终入选一百二十四首(部)作品作为"20世纪华人音乐经典"的代表,涉及一百余位重要的华人作曲家,体裁领域涵盖歌曲、合唱、独奏曲、室内乐、协奏曲、民族管弦乐、管弦乐(包括交响曲、交响

---

① 载《音乐研究》2019年第4期,第25—35页。
② 这篇发言稿后以《关注中国,呼唤经典》为题,刊载于《文汇报》2019年6月20日第12版"笔会"。
③ 笔者应邀为这部唱片集撰写了序言。这篇序言也以《交响乐声七十年》为题,发表于《文汇报》2019年10月6日第8版"笔会"。另参见笔者的另一篇相关文章《交响音乐本土化》,其中对新中国各主要阶段里交响音乐创作的成绩和主要作曲家作品进行了评介,载《音乐周报》2019年10月2日第12版。

诗、交响序曲等)、舞剧、歌剧等类型,①这实际上已成为 20 世纪以来中国音乐经典化建构的一块重要指路牌。上海音乐出版社近年来连续推出"百年经典"的出版系列,引起音乐界广泛关注,对推动中国音乐经典的建构具有实质性的功效。② 而在实际的音乐生活(尤其是音乐演出)中,通过市场效应的遴选和推动,中国音乐的经典作品的产生与形成也在悄然进行中——诸如《黄河大合唱》、小提琴协奏曲《梁祝》、钢琴协奏曲《黄河》、交响序曲《红旗颂》《春节序曲》以及独奏曲《牧童短笛》《二泉映月》等作品因上演频率极高已经成为无可争议的"经典名曲"。

时至今日,至少就我个人而言,在理论上对这一命题进行更加完备和系统的阐述,已是"箭在弦上,不得不发"。实际上,关于"经典"及相关学理问题的探讨,在近年已成为包括美学、文学等相关人文学科理论界的热点话题,而国外音乐学界从"新音乐学"的崭新视角出发,对音乐的"经典化"(canonization)及其成因也正在进行多方位研讨。③ 下面,笔者将参考姊妹学科和国内外相关论述的理论资源,以中国音乐艺术与文化正处于高速发展的当前情势为背景,讨论与思考这一命题中所蕴含的现实和理论问题。

二、命题依托的学理背景

关于经典的理论思考与讨论,在很大程度上是源于某种特定的社会、文化和历史境况。如上文所谈,无论西方学界还是中国的相关学

---

① 参见中华民族文化促进会编:《回首百年——二十世纪华人音乐经典论文集》,重庆出版社 1994 年版。
② 参见李名强、杨韵琳主编:《中国钢琴独奏作品百年经典(1913—2013)》,上海音乐出版社 2015 年版;丁芷诺主编:《中国小提琴作品百年经典(1919—2019)》,上海音乐出版社 2019 年版;田晓宝、徐武冠、葛顺中主编:《中国合唱歌曲百年经典(1913—2018)》,上海音乐出版社 2019 年版。
③ 请参见"Canon", in David Beard and Kenneth Gloag, *Musicology: The Key Concepts*, New York, 2016。

科,"经典"成为一个学术问题并引起各方关注,正是近几十年的事情。① 这其中似存在某种悖论——所谓经典(至少在艺术领域中),按照一般的理解,恰恰是那些具备卓越品质、凝聚艺术家的心智结晶、超越具体时空并昭示永恒价值的伟大作品,方能被归属为经典。然而,近年来围绕经典所生发的问题意识及其相关争论,却反映出非常具体的、现实的社会起因与文化关怀,中外皆然。换言之,经典或许应是超越时空的,但对经典的认识、诘问和理解却与具体时空和历史文化环境紧密相关。

在西方的文化语境中,关于经典的意识和概念尽管可追溯至古希腊—罗马和基督教的传统,②但真正引起学界的高度关注与争论却是在1960年代的"多元文化"观念产生广泛影响之后。此时,世界各地产生大范围的社会动荡与意识形态转向。在第二次世界大战之后成长起来的一代年轻人,对于父辈一代所秉持的传统价值观产生怀疑和反叛——尤其在1960年代冷战对峙、美国陷入越战泥潭、黑人等少数族裔开始争取平等权利的社会环境中,西方世界尤其在大学校园出现了各种激进的"左倾"思潮,其代表性事件是1968年5月在巴黎发生的学生运动。③ 在这种思想背景中和文化条件下,女性主义、后殖民主义、后现代主义等思潮纷纷涌现,批评家和思想家从各自不同的视角审视

---

① 笔者所指导的刘青的博士论文《音乐经典及相关问题的美学研究》(2019年5月在上音答辩通过)对这一课题的前人文献基础做了比较翔实的整理与综述,对音乐经典的含义、标准、性质、确立、影响及今后的走向等问题也做了较全面的论述,可资参考。
② 如在西文系统中,关于经典的概念有两个相关的术语来源,其一是"classic"(古典的,经典的),它与古希腊—罗马的"古典时代"(classical antiquity)传统直接相关;其二是"canon"(经典),它原指与《圣经》相关的神圣经文典籍,后具有更大的涵盖面。参见刘青博士论文《音乐经典及相关问题的美学研究》第一章"内涵式解读:经典的定义"。
③ 有关这一时期西方思想文化界的变化与评介,请参见[美]斯特龙伯格:《西方现代思想史》,刘北成、赵国新译,中央编译出版社2005年版。特别是此书的第十六章,"反叛与反动:1968—1980年"。

西方文化和文学艺术中原有的价值系统和理念前提,原先得到普遍尊崇的文化经典的地位、价值和意义随之遭到质疑和诘问。"人们发现,文学经典几乎全部由已故白人男性组成,是欧洲中心论和瓦斯普主义(Waspism)的建构。"①但另一方面,一些持保守主义立场的知识分子也从学理层面对上述观点进行反驳,如美国耶鲁大学的资深教授哈罗德·布鲁姆(Harold Bloom)就坚守精英主义的审美理想,针锋相对地写出了《西方正典》(The Western Canon)一书(原著出版于1994年),以毫不妥协的态度捍卫西方文学中经典名家的永恒价值与地位——"他们包括乔叟、塞万提斯、蒙田、莎士比亚、歌德、华兹华斯、狄更斯、托尔斯泰、乔伊斯和普鲁斯特。"②关于经典的性质以及有关高等教育的教育思想、课程内容的争吵与论辩有时相当激烈,以至于出现了"草坪上的文化战争"这样的形容。③

在中国现当代文学中,关于经典作家和作品及其历史地位的重新思考是因改革开放而带来的思想变化:最突出的转变是自1980年代以来,中国文学史研究中逐渐摆脱"极左"的思维倾向,摒弃以政治为上的评价标准,恢复文学的审美本位,尊重文学的内部价值和规律。自80年代中叶以后兴起的"重写文学史"思潮与此有紧密关联。通过"重写",不仅对原来已具有经典地位的作家如鲁迅、郭沫若、茅盾、巴金、老舍和曹禺及相关作品的定位和意义有新的评价和认识,也对一些原来遭到忽略和贬损的作家作品进行了全新的历史和美学评定④——这

---

① 阎景娟:《文学经典论争在美国》,社会科学文献出版社2010年版,第1页。所谓的"瓦斯普主义"(Waspism)一词源自 White Anglo-Saxion Protestants(白人—盎格鲁撒克逊人—基督教新教),特指在美国社会中长期占据主导地位的白人英裔新教族群。
② 哈罗德·布鲁姆:《西方正典》,江宁康译,译林出版社2005年版,"序言与开篇",第1页。
③ 同注①,参见第116页之后。
④ 参见刘忠:《"重写文学史"争鸣中的观念碰撞和思想交锋》,《中山大学学报》2015年第3期。

其中最显著的变化是针对沈从文、张爱玲等人的评价。① 文学史中具体"经典"内涵的变动及其背后的文学观念的嬗变,势必引发学者们对"经典"取舍标准的思考和议论,从而促动了对该问题更深学理层面的开掘和研究。②

相比较而言,中国的音乐界对于"经典"问题的意识和思考,虽也受到来自国际学界和姊妹学科对该问题讨论的影响与启示,但更直接的刺激和触动却是来自音乐界自身的条件和境况。我以为,改革开放以来,中国音乐界(尤其是创作领域)所面对的巨大变化之一是20世纪以来西方现当代音乐观念与技法的引入和大范围的影响,这是有目共睹的事实。尽管现代音乐的观念和技法早在20世纪40年代已进入中国(如王义平先生于1940年即写出了具有非传统和声结构和手法的《恐龙》,③而桑桐先生于1947年创作的两首自由无调性作品——小提琴曲《夜景》和钢琴曲《在那遥远的地方》——所具有的激进性以及所达到的艺术高度至今仍令人惊叹④),但毋庸讳言,现代音乐的观念和技法真正在中国音乐界造成多方面的显著影响,确乎是迎来改革开放的思想解放之后——也即1970年代末以降。

现代音乐的观念和技法的引入带来了音乐审美习惯和评价标准的剧烈变化,而这一变化不仅影响到对过去的作曲家作品的取舍与选择,也会影响到如何看待和评判当下的最新创作。相比较而言,基于传统

---

① 在对沈从文、张爱玲(以及钱钟书等人)的重新评价中,美籍华人文学史家、批评家夏志清的观点对国内学界的影响很大。请参见夏志清:《中国现代小说史》,刘铭铭等译,复旦大学出版社2005年版。
② 参见童庆炳、陶东风主编:《文学经典的建构、解构和重构》,北京大学出版社2007年版。
③ 参见张奕明:《钢琴曲〈恐龙〉解析与技法探源》,《黄钟》2019年第3期;徐根泉:《中国第一部现代音乐作品〈恐龙〉——纪念王义平先生诞辰一百周年》,《黄钟》2019年第3期。
④ 同第314页注③。我在此文中的第四节"桑桐的《在那遥远的地方》:石破天惊的杰作"中高度评价了桑桐这首作品的艺术贡献和独特价值。

的作曲观念与技法(也即音乐专业圈中所谓的"共同音乐实践")的音乐作品具有相对统一和稳定的评价共识,而采用现代音乐观念与技法的创作则在评判和取舍上较为困难。之所以如此,原因是显而易见的:"共同音乐实践"的观念与技法具备比较深厚的历史积淀,以传统音乐语言惯例为基础的创作结晶也具有比较一致的审美准绳,因而无论是音乐界还是社会公众,在音乐经典(包括经典作曲家和经典作品)的构成上便容易形成相对一致的意见;与之相反,进入20世纪(尤其是20世纪后半叶)以来,音乐创作观念和语言技法的分化倾向和多元局面进一步加剧,不同的美学观念和技法流派彼此碰撞、对立甚至互不相干,因此在何为优秀作品,以及何为经典的问题上就比较难以达成共识。众所周知,在世界范围内,"古典音乐"的保留曲(剧)目的选择范围是相当稳定的——时间跨度大致从巴洛克晚期到20世纪上半叶,而作曲家的涵盖范围大约是从 J. S. 巴赫到肖斯塔科维奇、布里顿。① 反观中国,一个显而易见但却少有人关注的事实是,针对改革开放之前的中国音乐创作中的经典作品,我国的音乐界和社会公众已经基本达成共识(上文提及《黄河大合唱》《春节序曲》《梁祝》《红旗颂》等作品即为明证),而针对改革开放以来的中国音乐创作,其中究竟有哪些作品(以及为什么)具有杰作的品质而属于"经典",不仅在社会公众中尚未达成共识,即便在音乐界中也依然处于比较模糊和混沌的状态。我自己在2018年准备和开设《改革开放以来的中国音乐》系列讲座的过程中,对此有比较强烈的感受。造成这种情况的原因固然很多,但其中不可忽视的一点正是由于现代音乐的观念和语言性质发生了变化而造成

---

① 在辞世时间离我们最近的作曲家中,苏联的肖斯塔科维奇(1906—1975)和英国的布里顿(1913—1976)应是当今世界乐坛中作品上演率最高的两位人物。笔者呼吁,应对这种现象背后的学理原因(包括美学原因和社会原因)进行分析和探讨。我以为,其中原因之一是,这两位彼此是好友的作曲家在语言技法上更为靠近传统的"共同音乐实践",因而与一般公众的听赏习惯有较高的契合度。请参见笔者的文章,《现代品质与传统立场——谈布里顿》,载《文汇报》2013年12月25日第8版"笔会"。

"共识破裂"——世界范围内,20世纪以来现代音乐进入保留曲(剧)目的作品数量不多,而在这其中,20世纪下半叶进入保留曲(剧)目的作品数量又明显少于20世纪上半叶;反观中国,这种"厚古薄今"的总体情况与上述世界范围内音乐保留曲(剧)目的上演情况也多少有些类似。

显然,论及中国音乐的经典化建构,这一命题所面对的境况和疑难有其自身非常特殊的语境,它不同于西方文化与文学界中因多元文化观念兴起而产生的经典重构过程,也不同于中国文学中因改革开放之后"重写文学史"而导致的经典作家的重新确立与再度确认。我以为,中国音乐(尤其是中国现当代音乐)面临的一个重要问题是,由于现当代音乐观念和语言的变化而导致的"经典化建构不足"。而由此所引发的思考会进一步将我们的学理论辩引向深入。

三、音乐经典:立足中国境况的思考

上文所提及的"经典化建构不足"其实是有特定所指——如果说中国音乐的经典化进程仍处在意识欠缺和建构不足的状态,那么相对而言,西方古典音乐的经典化建构就呈现出"建构过度"乃至"经典固化"的窘境,并在近来遭到持"新音乐学"立场和倾向的学者越来越多的抨击与批判——在西方古典音乐中,音乐厅和歌剧院的保留曲(剧)目制度已成为某种老套不变的陈规,它不仅造成曲(剧)目安排的重复与固化态势,[1]而且也引发古典音乐本身与当代社会"脱节"(irrelevant)的博物馆倾向。(我们再次看到,因文化语境和社会环境完全不同,在面对同样的议题时,中国音乐的问题和西方音乐的问题可能会完全不同,而解决问题的方案和方向也很可能全然相反。)《新格罗夫音

---

[1] 例如,目前全球范围内的歌剧院中,按演出率高低排序的主要经典作曲家分别为:威尔第、莫扎特、普契尼、瓦格纳、罗西尼、多尼采蒂、理查·施特劳斯、比才、亨德尔。参见Carolyn Abbate and Roger Parker, *A History of Opera*, London, 2012, p. xvi。

乐与音乐家辞典》在2001年的新版中特意增设了"经典"(Canon)的新词条,以反映近来国际音乐学界对这一问题的关切。① 在这一词条中,作者吉姆·萨姆森尤其对西方古典音乐自18世纪末以来经典曲目形成中的意识形态建构进行了简要评介。他指出:"18世纪晚期,新兴的中产阶级开始在艺术上确立自身,以某种独立于宗教生活和宫廷生活的方式建构自己的音乐生活体制。中产阶级在英国、法国和中欧的主要大城市中建立其主要的盛典仪式——公众音乐会,开始创造一套古典音乐的保留曲目,并以相关的音乐会礼仪来确定和稳固这种新型的存在状况。至19世纪中叶,中产阶级已经建立了现代音乐经典的核心曲目,并在这一过程中赋予自身以文化根基,"发明"传统,创造对伟大作品的崇拜——而这种崇拜心态(fetishism)至今仍与我们同在……经典的实践力量和意识形态力量(在德国尤其明显)在19世纪已经非常显著。从实践层面看,经典推崇重要的人物和作品,从而掩盖了不重要的人物和作品(如勃拉姆斯的交响曲就掩盖了布鲁赫的交响曲),而这种权威性的品格在20世纪早期变得越来越彰显……从意识形态层面看,经典利用了保留曲目来确立社会中某类占据主导的人群的显赫地位……"②可以很清楚地看出,该词条作者萨姆森从"新音乐学"更为关注音乐所处的历史文化语境的立场出发,对"经典"保留曲目之所以形成的社会历史原因以及经典形成后所引发的后续效应进行了深刻的反思。上述引文中所表达的思想观点十分清楚:经典的建构并非自然生成,或仅仅出于单纯审美的无功利目的,而是有复杂的社会原因(中产阶级争取社会地位与文化权利)卷入其中,而经典的建构不仅具有

---

① Jim Samson, "Canon" (iii), in Stanley Sadie, ed. , *The New Grove Dictionary of Music and Musicians*, London, 2001, Vol. 5, pp. 6—7. 值得注意的是,《新格罗夫音乐与音乐家辞典》的1980年版并未收入 Canon 一词作为"经典"词意概念的术语(Canon 在音乐中也具有"卡农"——也即"严格模仿"——的词意概念),这个变化本身也是国际音乐学术界中"新音乐学"思潮产生广泛影响的某种表征。

② 同上,第7页,引文系笔者中译。

正面效应,也有隐含其间的负面影响——经典的建构过程中不可避免会引入权力运作,而杰作和经典作曲家的涌现必然意味着其他非经典作品遭受边缘化的排斥和挤压。

由于中国的文化历史以及社会发展的情况与西方全然不同,我们对于相关问题的看法一定会有中国人自己的视角与立场——在有关音乐经典的问题上,笔者的思考和认识便与西方目前的"主流"思想有所不同。如果承认中国音乐在当前依然处于经典化建构不足的境况中,我们对经典的态度便会具有更加积极的意向。在对经典的定性讨论中,一般有两种针锋相对的观点:其一是普遍主义、本质主义的立场,认为经典的品质是内在的和固有的,不受外部世界的干扰,有放之四海而皆准的客观尺度,并可以抵御时间和环境的流变;其二是建构主义、历史主义和特殊主义的立场,认为经典的构成受制于复杂的社会环境和文化条件,因而它是可变的、流动的、人为的,并无永恒的神圣性和不可言说的神秘性。① 在我看来,具体到中国音乐的经典化建构,在当前的情势中,我们目前所持的立场应该更靠近前者,但同时也不妨适当吸纳后者的警醒与提示。纵观中国音乐的历史,尤其是20世纪初以来中国"艺术音乐"的发展,我们的经典建构不是太多,而是太少;不是太过,而是太弱——这与西方古典音乐已长达二百余年的经典化建构历史和当前境况相比,其间的不同和反差是一目了然的。

古往今来,真正进入经典行列的艺术名作一定具备内在的可贵品质和公认价值,尽管如何认定和理解这些品质和价值会随着历史文化的变化而发生改变。具体到中国音乐的经典化建构,强调和凸显经典的内在品质和普遍价值,依然是当前最核心的诉求之一。我以为,应该从学理层面对经典化建构之于中国音乐的重要性做出如下澄清和说明。

其一,音乐经典的建构,有助于在音乐界形成具有历史纵深和世界

---

① 同第319页注②,第3—8页。

宽阔视野的作品质量意识与评价标准。任何一部具体作品的价值和定位,实际上都无法在一个局部的语境和封闭的环境中做出决裁和判断。也正因为如此,经典的产生和建构往往需要长时间的考验方能见出分晓,而经受了时间淘汰的经典也才能就此便成为音乐质量和审美标准的例证与榜样。当前,中国音乐创作出现了数量上的"井喷"现象,但艺术质量却常常并不令人满意,在此时重申并强调经典建构所彰显的普遍意义上的质量意识,这也许不是无的放矢。

其二,建构中国自己的音乐经典,有助于形成健康、有效而富于朝气的中国音乐生活。经典的意义,正在于从积极的方面给予某个民族和国度的音乐以方向性的指路牌,并从中提供象征性的凝聚力和精神性的动力源。围绕真正具备高质量水准的艺术经典,一个民族和国度的音乐生活才能形成内核并具备前行的驱动力。就此而论,在当前中国的音乐演出市场和音乐教育(尤其是高等音乐教育)的内容比例中,中国音乐自己的经典尚未占据应有的份额和地位。中国音乐的经典曲目即便出现在演出和教学中,往往也数量过少,而且这些经典曲目的创作时段常常集中于改革开放之前,从而给一般公众造成误导(似乎改革开放之后的音乐创作中缺乏优秀佳作,而这当然是错误的印象)。改变这种现况的必要性因而也显得更为急迫。

其三,在当前中国文化走向全面复兴并渴望具备世界性意义的情势中,中国音乐如要参与其中并承担应有的职责,经典化建构即是势在必行的步骤。艺术经典的题中要义之一,恰是其超越时空并面向普遍人性的品格。中国音乐的经典不能只属于中国本土,如果它们真正具备经典的品质,就应该而且完全可能走向世界。

由此可见,中国音乐的经典化建构应是中国音乐在新形势下继续发展的必要环节。在下文中,笔者将从实践的层面对此做进一步的思考和建议。

四、中国音乐经典化建构的展望与建议

中国音乐的经典化建构这一命题如果进入实施和操作,自然会是牵涉面很广的实践与行动。笔者无力也不可能对此做全方位的蓝图勾勒,但或许可以将视线集中至音乐创作、演出推广和理论批评三个方面并对其进行简要论说。

就音乐创作而论,如果明确引入经典的意识和概念,就必然对作曲家提出更为严苛同时也更为崇高的要求与挑战。诚然,任何作曲家在从事创作中如果秉持认真的态度,他(她)无疑是希望自己的创作能够"名垂青史"从而进入永恒。而"名垂青史"的获准条件之一,正是所创作的作品能够与历史上的伟大经典杰作相提并论,甚至分庭抗礼。经典的意识和概念引入了深刻的历史承诺和抽象意义上的责任承担,这无疑会进一步增强艺术创造的高度严肃性和深厚使命感——创作的目的不是仅仅瞄准一时一地的短暂成功,而是为了更为久远也更具价值的历史性接力。

对于中国当代音乐创作,我们需要再次思考有关现代音乐观念和技法所带来的审美困惑和疑难,这个话题在前面已有所论及——因为正是这种困惑和疑难,影响到现当代音乐中的经典化建构。在这一关联中,不妨提及施万春先生于2013年发表的《现代主义不应成为学院作曲教学的主流》一文。[①] 此文因批评国内学院派作曲教学中一味追求和模仿现代音乐的理念和技法而丧失音乐的可听性,在国内创作界和理论界引发高度关注。笔者并不完全赞同施万春先生的观点,但这篇文章所指出的症结确乎是现当代音乐面临的普遍问题(甚至是全球性的问题),无法回避。由此可见,在中国当代音乐的经典化建构中,作曲家除了考虑艺术质量和创作个性的诉求之外,还必须面对和解决

---

① 施万春:《现代主义不应成为学院作曲教学的主流——首届"中国之声"作曲比赛引发的思考》,《人民音乐》2013年第5期。

如何在现当代音乐语言的条件下提高作品的接受度的问题——而作品的接受与演出率的高低和观众的认可当然直接有关。

毋庸置疑,音乐经典的形成和沉淀与演出率(尤其是复演率)的高低呈直接正相关的关系,①虽然不能说演出率高的作品一定是经典,但经典的演出率和复演率往往较高,这是可以肯定的。应该指出,目前针对中国音乐,尤其是改革开放以来的中国当代音乐,演出、推广和传播的途径和效率并不令人乐观,尤其是新创作中优秀作品的复演率过少,认知度过低,令人扼腕。建议应在中国的音乐演出团体、表演场馆的演出季安排中,安排固定和适当比例的中国现当代音乐优秀作品,以此形成与世界古典音乐曲库的对话,并长期坚持,以形成和积淀中国自己的经典名曲系列。

在理论与批评方面,开展关于经典化建构的研究并将相关学理运用于具体作品的分析评论,任务繁重,前景广阔。如本文所论,关于经典的理论思考和学理开掘,在中国音乐学界尚未得到充分展开。从参照西学的角度看,梳理世界范围内古典音乐中经典人物和杰作系列的形成,尤其是保留曲(剧)目的建构历程,无疑会给中国音乐的经典化建构带来启示意义和借鉴价值,尽管——再次提醒——当前西方学者出于他们特定的思想立场,对古典音乐的经典化建构往往持批判和质疑态度。② 最后,落实到中国音乐(特别是中国当代音乐)的研究、分析与批评,我再次特别呼吁,从经典建构的视角看,除了当前比较常见的针对个别作品的创作背景介绍和技术语言分析之外,非常需要理论家

---

① 提请注意,本文这里的"演出"不仅指狭义的舞台展演,也包括当代多媒体环境中的各类音像制品发行、电台电视台传播和网络传播等各种途径。

② 关于音乐经典的课题研究,美国学者 William Weber 从社会学视角出发的研究成果较多,可以引起关注。请参见 William Weber, *The Rise of Musical Classics in Eighteenth-Century England: a Study in Canon, Ritual and Ideology*, Oxford, 1992; William Weber, *The Great Transformation of Musical Taste: Concert Programming from Haydn to Brahms*, Cambridge, 2009; 以及他的代表性论文, "The History of Musical Canon", in Nicholas Cook and Mark Everist, ed., *Rethinking Music*, Oxford, 1999, pp. 336—355。

和批评家抬高视野,磨炼慧眼,在某一时段或某一体裁的开阔历史语境中,对作曲家和作品的审美意图、价值取向和艺术用意进行批评式的鉴别与判断,助推和举荐优秀的作品,并洞察优秀作品中的卓越品质究竟何在,最终协力促进中国音乐经典的成形、建构与积淀。

第二节　舞台意象:舞剧创作的美学本质[①]

舞剧艺术的本质特征是借事抒情,这其中最为重要的一点就是主体情感的融入,由此主体情感与客观物象融合,创作主体从客观物象中找了主体情志,并通过舞蹈的形式和语言体现出来。因此,故事成为了抒情的理由,抒发情志才成为舞剧的核心。这是舞剧意象成为舞剧美学本质追求的原因之一。舞剧语言的特点决定了舞剧在艺术表达方面不同于文字语言,而是贴近于"诗体",由此,在"意—象—言"的表达过程中,意象就成为主要的表达方式。基于此,笔者认为判断舞剧是否成功的标尺其实就是从美学的角度来审视其意象的传达。另外,意象说也为决定着舞剧叙事的方式和手段。

意象,中国艺术创作中的一个至关重要的精神导引和追求所在。自古至今,中国艺术的精神内涵无不是对于艺术与生命浑然一体,在有限的真实中游垠无限,超然物外的一种价值体现。而"意象"就是这一关照和追求的具体体现。意象是对艺术美的本质的显现,是艺术本体之美。美学家叶朗认为:中国传统美学认为,审美活动就是要在物理世界之外构建一个情景交融的意象世界,即所谓"山苍树秀,水活石润,于天地之外,别构一种灵奇",所谓"一草一树,一丘一壑,皆灵想之独辟,总非人间所有"[②]。这个意象世界就是审美对象,也就是我们平常所说的广义的美。在这里与天地之外,别构一种灵奇就是指艺术创作

[①] 作者张麟,上海戏剧学院舞蹈学院教授。本文原载《北京舞蹈学院学报》2019年第1期。
[②] 叶朗:《美学原理》,北京大学出版社2009年版,第55页。

主体要充分发挥艺术创作和想象能力,要创造出一个有别于真实世界的充满独特审美意蕴和美感价值的意义世界。笔者认为,就舞剧艺术而言,其美学追求就是审美意象的创生。这是舞剧艺术产生和存在的根本。舞剧就是通过意象的捕捉和创造来显现它自身的美的本质,进而通过美的形式来显现出客体的本质之美。因此,就舞剧的创作而言,意象创造就称为关键所在。本文中笔者主要结合艺术创作中舞剧意象来展开论述。在舞剧创作中,舞剧意象是作为创作主体的舞剧导演在文学文本基础之上,将自己的主体情感与文本中的人和事进行碰撞后把握到的"象",它有别于实际的人或事的"象",熔铸了创作主体的情感判断和选择,是对生活表象更加深刻的本真的把握,最终通过舞台形象的创造舞蹈语言与舞蹈形式的组合来展现出具有深刻内涵的美的世界和意义的世界。

一、舞剧的抒情性本质决定了意象创造成为舞剧表现的核心

舞剧本质上是舞蹈艺术的一种表现形式,虽然它具有叙事的特点,但本质上仍然是舞蹈,是借事抒情的舞蹈,因此抒情性自然也是舞剧的本质属性。我们不能因为翻译或者编译为"舞剧",就理所当然地把他等同于戏剧,或者把戏剧的本质等同于舞剧的本质。笔者认为,二者有着明显的差异。戏剧艺术本质上是行动的艺术,在舞台上构建和呈现行动就成为其主要的目的和追求。但由于行动发生在不同的时空和环境,又在不同的人物关系的构建中产生,因而戏剧性就在这些人物与行动的交织呈现中产生。那么对于戏剧导演而言,构建和呈现戏剧性冲突的过程其实也代表着行动如何有机地得以组合与衔接。这就构成了戏剧的本质和追求。但对于舞剧艺术而言,舞剧的追求不是行动本身,而是蕴藏在故事之中,贯穿在行动之内的思想情感。意识到舞剧的抒情性本质,那么我们对于舞剧之"剧"以及舞剧的"戏剧性"才能有一个比较全面客观的认识。笔者认为舞剧之"剧"包含有三个层面的含义。第一,"剧"代表着"故事",这是文学层面在舞剧中的因素,它让舞剧的抒情有一个存在的理由。第二,是代表"戏剧性"的内部构成,是内在行动的情感呈现,它构成了舞剧真正的内在肌理,也代表着舞剧的本质特征。关于戏剧性,笔者认为:戏剧性一方面也来自文学构成中的戏剧性。文学构成中的戏剧性让舞剧有了理由去抒情,文学构成中的矛盾冲突、人物行动等等都成为舞剧构建的基础所在。但舞剧戏剧性更为重要的另一方面是体现在"舞台呈现的戏剧性"之中的。舞剧的戏剧性也就在于如何在时间和空间中,用动作语言来幻化和虚拟一个情感想象的世界,来传达行动背后所蕴含的情感冲突和情感内涵,最终让舞剧舞台呈现出与文学构成中一样的戏剧性,最终诉诸观众的视觉和想象。这就是舞剧戏剧性的体现。戏剧行动与舞蹈结合所呈现出来的舞蹈戏剧性最终的呈现是要通过舞剧的戏剧性结构来体现的。在具体结构的过程中,这一"诗化结合"的特点就显现出来。前面论述过舞剧首先是对戏剧情节的一种内化,形成了舞剧的戏剧性,突出了情感的起伏和发展演变。但是舞剧毕竟是"剧",它应该具备"剧"的属性之一——"线索",作者指出的"诗化"组合就是指"戏剧文学中的戏剧线索"转化为"情感情绪的戏剧发展的线索",在舞剧中这一线索是以情感的线索为基础的,也就意味着这条线索可以打破戏剧原本的故事线索,进入一种自足的、主观的线索中来,成为颇具"诗"的视角的线索组织方式。在这个"诗化"的结构线索中,故事的时空被重置。从时空特性来看,舞剧是时空综合的自由虚拟呈现。这也是舞剧意象化呈现的原因所在。第三是代表"结构形式",是舞剧的内在组织结构框架,它让事件和情感有机统一,最终又呈现为合理的舞段设计。结构就发挥着整合舞段的功用:将若干抒情性舞段整合成具有一定长度的舞剧,赋予抒情性舞段以意义,引人入胜。最终,舞剧艺术实现了将抒情与叙事相统一,突出了情感的表现,突出了情感性的内在形象创造,突出了戏剧行动与舞蹈意象的有机融合。因此,情感意象的凝练和创造就成为舞剧抒情的主要方式。

二、主体呈现决定了意象创造成为舞剧表现的主要手段

前文提到舞剧艺术本质上是"借事抒情",因为要抒情,事情则成为创作者眼中的客观存在。这些故事文本中已经存在的故事情节、人物形象、情感冲突都是作为如同生活一般的现实存在。对于舞剧导演而言,重要的任务就是如何透过这些客观存在的"象",寻找到一种美感,进而将客体与主题相融合,透过客体物象,把握到艺术表达的、超然于物外的"象"。美学家朱光潜也指出:"美感的世界纯粹是意象世界。"也就意味着,艺术创作的过程和任务不是仅仅拘泥于客观的"物",而是主客融合,透过"物",最终获得超然物外的"象"。这个"象"是暗含着创作主体的情感、意识、思想和观念的,体现着创作主体的美学追求和价值判断的,能够体现出创作主体洞察社会与历史、感悟生命之本的舞台形象。要阐述清楚这个问题,我们还必须回溯到西方芭蕾发展的历史进程中来看待这个问题。客观来讲,西方芭蕾舞发展的历史其实也是一部探索和彰显舞蹈艺术本体规律的历史。加之西方艺术传统观念的影响,使得西方芭蕾在古典时期其实基本都停留在"模仿论"的艺术范畴中,亚里士多德指出戏剧就是行动的模仿,强调戏剧行动的整体性和因果关系。因此西方古典戏剧基本就是在这个思路中进行。而古典芭蕾也是在这样一种美学精神所指引和左右下,注重对于行动的模仿,对于整个故事的完整呈现。虽然模仿并不排斥主体情感的融入,但对于行动的整一性呈现又从某种程度上限制了主体视角的发挥。因此,可以认为在彼季帕之前的古典芭蕾艺术都是在一种模仿论的框定中进行的,舞蹈艺术本体的表现性特征并未得到全部的发挥和显现。直到现代艺术时代的来临,表现艺术思想主张的兴起,舞蹈艺术才真正找到了自己的天地,不再削足适履。而这其中最重要的一点就是基于表现为基础的主体情感的融入,主体情志与客体物象融合在一起。在中国,关于主客体关系的融合,早在战国时期的《乐记》一书中就提出了,所谓:"凡音之起,由人心生也。人心之动,物使

之然也。感于物而动,故形于声。""诗,言其志也;歌,咏其声也;舞,动其容也;三者本于心,然后乐器从之。是故情深而文明,气盛而化神,和顺积中,而英华发外。"①其中虽然与西方的模仿说一样都承认艺术是对生活的反映,都把客观世界作为艺术创作的基础,但不同之处却在于后者更加强调感物而发,强调不仅仅拘泥于客体物象的模拟,而是上升到人的内心情志的抒发。最终,这种物我统一的思想就造就了不同于模仿说的艺术反映方式,他要求把外在世界和艺术家的内心情感世界相统一,创造出物中有我,我中有物的艺术形象。西方现当代芭蕾的代表人物阿什顿和麦克米伦一改古典芭蕾的藩篱,将主体情感极大程度地注入文学著作之中,突出了舞剧艺术的抒情性和表现性。他们一再声称自己的创作所关注的不是故事本身,而是故事中的人的情感。在阿什顿的作品《乡村一月》中,复杂纠葛的人情关系都在创作者主体情感视角的主导下,以不同的情感意象呈现出来。逃离、挣扎、纠缠等不同情感意象的舞蹈段落的意象组合中,即让故事原本的内容得以闪现,又充分开掘了舞蹈艺术的抒情性特点以及舞蹈语言自身的臆想空间特点。舞剧《斯巴达克》被认为是交响芭蕾的代表作品,但这个作品中同样是用不同的意象组合来呈现人物和行动的。例如斯巴达克在起义之间犹豫不决,举棋不定时,舞台上就用受难的奴隶群像以及斯巴达克的妻子的独舞,构成一幅受难的画面,在音乐的陪衬下,展现出族人集体的哀鸣和悲苦。情节最大限度地转化为情感意象。在中国著名的舞剧编导杨威执导的舞剧《红梅赞》中同样是以意象化的方式将江姐和狱友们在深牢大狱中宁死不屈,至死不渝,用生命捍卫革命迎接曙光的感人故事呈现在舞台上。马修·伯奈创作的《男版天鹅湖》更是将主体情志发挥到极致,对于原来经典的故事文本进行了颠覆性的改造,来凸显编导对于英国上层精英们的精神危机的思考,借由"天鹅湖"故事

---

① 引文见《乐记》乐本篇、乐象篇,转引自北京大学哲学系美学教研室编:《中国美学史资料选编》,中华书局1980年版。

之美来思索人性的伪装与善恶根源。在该剧中我们看到男性群鹅的舞段、王子不同情境中的独舞都是导演对于故事和现实生活关照和思考基础之上进一步的思想情感内涵的开掘。我们看到的王子是一个真实的、孱弱的"人",是在现实生活中被某种身份所桎梏的人。当代戏剧芭蕾的代表作品《曼侬》的舞台呈现中,导演麦克米伦在原本的小说基础之上,把每一次曼侬的抉择作为情感内涵挖掘和延展的切入点,将曼侬内心的情感世界展现在舞台上,并通过不同情境下的双人舞、独舞等形式来展现,情节在导演的叙事目的和话语组织下转化为情感意象呈现在舞台上,同样达到了强烈的戏剧性效果。苏珊·朗格在论及艺术家创造了什么时提到:"每一件真正的艺术作品都有脱离尘寰的倾向。他所创造的最直接的效果,是一种离开现实的'他性',这是包罗作品因素如事物、动作、陈述、旋律等的幻象所造成的效果。即使在诉诸表现的因素缺乏的地方,即没有什么被模仿、被虚构的地方,如在一块可爱的织物上、一只奖杯上、一栋楼房上或一段奏鸣曲里,这种虚幻的即充当纯意象的神韵,也依然如在最逼肖的绘画或最动听的叙述里那样强烈地存在着。"①这究竟是什么呢?苏珊·朗格在其后的论述中点明了要义,艺术家创造的其实就是一种意象,一种建立在真实存在的基础之上的意象。这种意象的创造目的不在于让我们从中去找回真实或与有形的现实相对应,而是透过意象来感受本质,感受整体。"它是一种表现性的形式"。朗格进一步指出:"一件艺术品就是一件表现的形式,这种创造出来的形式是供我们的感官去知觉或供我们想象的,而它所表现的东西是人类的情感。"②艺术作为一种符号呈现出表现性的形式而存在。苏珊·朗格在他的老师德国哲学家卡西勒符号学研究基础之上,进一步明确了艺术的符号是一种表象的符号,区别于科学和语言的符号。他的主要任务是组织和表达人类的内部情感经验。人类生活的情感经验是丰富而多变的,又是主观呈现和主观状态存在的。这些

---

①② [美]苏珊·朗格:《情感与形式》,滕守尧等译,中国社会科学出版社1980年版。

情感体验很难用语言来描述清楚的,只有通过艺术的形式才能被呈现,以此获得感知。为什么大量的当代舞剧和编导们都强调主体情感的融入和主体情志的显现呢？原因就是编导们在探寻舞剧的真谛和意义,在这个过程中编导们不再醉心于如何讲故事,如何用舞蹈表达清楚,而是专注于为何而舞。主体情志的传达、主体视角的融入其实也代表着舞剧观念的发展变化,这就是编导们对于超然于故事之外的深层情感内涵的提取、抽离和艺术呈现。

三、舞剧表意系统决定了意象创造成为舞剧言说的主要手段

对于舞剧艺术而言,舞蹈编导创造的不是故事,也不是文本本身,舞剧编导所创造的是新的言说系统。是在舞剧文本基础之上,所抽离和构建起来的"意"—"象"—"言"的属于舞蹈的表达系统。在这里,"意"是对文学台本所传达的"意"的再一次梳理和酝酿,是"感于物而动",其中掺杂着创作主体与外物的相互感应、相互碰撞,最终是情感的酝酿和生成,当然也交混着想象、感知、理解等多种因素和纬度。可以说,这个"意"是艺术家结合自己的现实生活经验,对文学文本所形成的一种审美观照和审美感悟。这种"意"是非逻辑、非概念的情感。苏珊·朗格说:"这样一种对情感生活的认识,是不能用普通的预言表达出来的,之所以不可表达,原因并不在于所要表达的观念崇高之极、神圣之极或神秘之极,而是由于情感的存在形式与推理性语言所具有的形式逻辑上互不对应,这种不对应性就使得任何一种精确无误的情感和情绪概念都不可能由文字语言的逻辑形式表现出来。"[1]正所谓"言不尽意"而"立象以尽意",舞蹈艺术家从文本中感悟到的"情感"便以"象"的形式体现出来。"象"和"意"之间构成一种同构。对于舞剧艺术而言,"象"是真正的创造过程。舞剧中的"象"是诗意的形象,是具有特殊意蕴的形象,在"象"的构造过程中,绝非对表象的重现和

---

[1] [美]苏珊·朗格:《情感与形式》,滕守尧等译,中国社会科学出版社1980年版。

复写(当然在中外舞剧发展史上,也出现过众多重现和复写的作品),而是在表象基础之上的想象、联想和幻想,最终幻化出一个新的意象空间,这个意象空间既是来源于表象,但又赋予表象深刻的意蕴,是编导通过他的想象创造出来的艺术幻象。苏珊·朗格把这个过程称之为"表象的抽象化和符号化过程"。在舞剧中,"象"的构思和创造的过程中,不是外部世界的物象的再现过程,而是将再现与表现融为一体的审美意象的创造过程。

那么当舞剧创作者在经过了从"意"的领悟到"象"的建构过程,最终就是如何对这些"象"进行组合,进而完成以具有叙事逻辑性呈现为前提的表达和交流。这就是舞剧的"言",即可成为"言说",如果更进一步就是"叙事技巧和手段"。通过这些叙事手法,舞剧中的情感意象被有机地组合在一起,伴随而来的则是"象"内部的舞段的设计和呈现,最终达成叙事的目的,进而与观众产生审美交流。故事中蕴含的情感,是文本给予创作者的一种激发,由此获得的一种情感想象,这种情感想象既包含着作者自己的情感冲动,又囊括了故事和人物中本身所具有的情感,作者的情感和故事本身的情感融合碰撞,最终便形成了舞剧艺术所要表达的情感本质。这种情感是主观和客观的一种融合,是感性和逻辑的融合,也是对社会生活的一种直接感悟。在舞剧具体的呈现过程中,舞剧编导所要做的唯一重要的事情就是将这一情感本质通过情感活动的过程,并以不同的艺术形式逐一呈现出来。舞剧语言表达方式是追求艺术变形的表现性语言,它和话剧、影视剧语言不同。它提炼生活的艺术构思不是模仿,而是超越,它反映生活的表达方式不是再现而是表现。

前面论述时提到苏珊·朗格认为艺术创造的是一种表象的符号。这种表象是一种抽象,但不同于科学概念的抽象,它是艺术的抽象。苏珊·朗格称之为"转化",如她所说:"每当人们极力用模仿的手段去取得某种情感上的意味时,就会完全超出模仿的范围,而取得一种抽象的效果。这就是艺术家们对素材'处理'时所使用的一种比较特殊的手法,对这种手法,我们称之为'转化',而不称之为模仿;它是对表象进行的一种特殊的处理,而不是忠实复制;它创造的是一种与原表象等效的感性印象,而不是与原型绝对相同的形象;它用的是一种具有一定局限性但又十分合理的材料,而不是性质上与那种构成原型的材料绝对相同的材料。"[1]舞蹈语言不是为了表现生活中的真实存在,而是表现一种感性印象。不是故事或文本情节本身,而是故事和文本中的本质所在,舞剧编导力求通过舞剧语言的作用让观众感受到这种本质。这些创造出来的意象就是舞剧的言语手段,体现着舞蹈编导主体的言说方式和艺术理念,这种言语又以不同的动作符号形式体现出来。舞剧艺术创造的过程紧紧围绕着语言符号产生的过程,即运用各种手段是情感表达客观化、对象化的过程。作为观众,凭借意象符号,从表层有形的、可知的形式去获得深层无形的、寓于心理的意义和情感。舞剧的语言是具有认识作用的,它服从于情感表现客观的内在法则,直指精神创造性地表现。在这种充满自由和想象的智性语言空间中,情感意象代替了客观现实,客观现实内化为舞蹈本体创造中的"象"。语言是认识的一种表现手段和呈现方式,舞剧语言在对认识的呈现和表现中是"诗化的",是诗性的认识。舞剧编导犹如诗人一般,必须通过感觉、感觉、再感觉来获得一种情感的动力激发,从而获得认识,获得一种情感化的认识。这种认识既不是作品材料中的情感,也不是作者自身的情感,而是与创造性知觉融为一体的,给予舞剧以形式的、意向性的创造性的情感。也就意味着,舞剧创作是一种诗性直觉的创造。直觉人类感知世界的能力和方式。而在诗人,在舞蹈家那里,这种直觉方式则发展为一种对诗性语言的直觉,一种直接地把握形象、把握世界的方式。诗性的直觉充满创造性的同时也具备认识的功能。就作品而言这种语言

---

[1] [美]苏珊·朗格:《情感与形式》,滕守尧等译,中国社会科学出版社1980年版。

是具有创造性的。在诗性直觉中，既显现出创作者的主观性，又显现出诗性的认识使他领悟到的实在。舞剧语言是对生活和文本的观察与分析之上，所形成的一种通过想象可以获得的语言。这种想象通过各式各样的言语形式与观众发生关联，并产生效果。也就意味着舞剧语言本身所具有的象征性是通过观察的渠道实现的，从而达成一种推断而知的想象。在这种推断而知的想象中，既有创作者创作过程的心理活动，又有一种逻辑思维蕴含其中。舞剧的语言是一种"有意味的言语形式"，它往往是以"立象以尽意"来反映各种现实生活，描写主体的情感意志和观念。所以在内部结构和逻辑组成上，舞剧的语言遵循的是情感逻辑，是情感逻辑作为内驱力，调动直觉感知和想象，最终产生情感意象。舞剧语言的创造就是情感逻辑的表现，目的在于通过情感思维，创造意象来传达主体对事物的情感认知。

基于上述的分析，笔者认为，在舞剧创作层面的美学本质追寻中，"意象"成为中西方舞剧导演共同追求的本质。而这一点，是在中西方众多著名的舞剧导演的作品创作思想阐述中一再被强调的。伟大的现代芭蕾开创者福金就曾指出：舞蹈必须是充满戏剧性的，是富有感情和发自内心的。美学家斯洛尼姆斯基提出了舞剧的"内在形象"的说法，他认为舞剧应该抛弃生硬的图解和展示人物性格，而应该形成属于与自己的语言特性相吻合的内在形象，而且要通过内在形象来实现自由的表达。把他提到的"内在形象"和"自由表达"结合在一起来分析，可以看出，斯洛尼姆斯基其实强调的就是舞剧艺术的意象呈现。意象的强调，使得舞剧的表意系统不再束缚在文本或文字语言系统，而是获得极大的自由度和表现性。所以从20世纪现当代芭蕾发展的艺术实践来看，如何强调主体情志与客体物象相融合，通过新的形象来突出舞剧艺术的"表现性"就成为交响芭蕾、英国戏剧芭蕾等一直探索的命题，也成为中国舞剧当代发展的美学命题。著名的舞剧编导舒巧老师在探索舞剧语言和舞剧结构特性的过程中，其实追寻的也是意象创造的美学本质。在她的作品《黄土地》中，这种意象呈现就显得尤为突出。舞剧《闪闪的红星》《阿炳》《简·爱》《杜甫》等优秀作品都摒弃了流水账似的人物和情节再现,而是将主体情感和客观事件相融合,借由人物内心情感的外化为手段,将不同的情感意象呈现在舞台,塑造出丰富可感的人物形象。这些作品将文学内涵与导演叙事相融合,成为了导演真正想要说的"话"。

另外,基于意象言说手段成为舞剧表意的主要手段,那么舞剧结构的思维和观念也必将产生新的改变。舞蹈导演要对文学台本和文学小说的叙事结构进行重组,依据导演心中的"艺术表达主体形象"为核心,对情节、人物等进行筛选和重组,并通过特定的舞蹈形式对重组后的"形象"进行物化,这种重组就是"结构",属于舞剧艺术的内在结构。这种结构将情感表达和舞蹈形式进行了整合,统一在舞剧言说的层级之内。

意象,作为舞剧艺术反映方式的核心,意象创造作为舞剧艺术反映方式的核心手段,这一观点的明晰将有助于我们先从舞剧的创作实践过程来审视舞剧艺术的本质和艺术特点,从而体现出舞剧艺术区别于其他艺术表现形式的特征所在。另外,"意象"的强调,也是指引我们去探寻舞剧特殊的叙述方式和叙事规律的逻辑起点。因为意象强调主客体的融合统一,强调主体内心世界与客体的融合,因此在舞剧创作中,客体的时间逻辑都有可能跟随主体内心的情感逻辑而发生变化,从而将线性发展的故事逻辑打破,实现空间和时间上的相对自由。也由此,叙事人称也会随着时间空间的自由转变而进行时时切换。另外,从叙事学的视角来看,也正是由于主体视角的显现,使得在叙事中形成了舞剧导演独有的"话语"方式和"形式",内心时空的外化,情感时空的突出,这些都彰显着舞剧叙事的话语方式,舞蹈段落的铺陈和设计则成为了舞剧导演的话语形式,从而实现了话语和结构、情感逻辑和时空转换、事件与舞蹈段落相对应的舞剧的叙事特征。但是纵观当今众多的舞剧作品,真正能够产生舞蹈意象的却少之又少。豪华的舞台、蜂拥的群舞、顶尖舞者的技术展示,这些各自看似十分炫目的要素,却并不能构成真正的"意象",这些都仅仅是艺术创作必用之"技",但目前大部分舞剧创作也就只能停留于此,停留在"技"的层面,还无法真正呈现观物体悟之"道"。究其原因就是对于文本分析不透,主体情志并没有产生。主体视角也没有产生,因此达不到物我相融的艺术境界。

第三节　音乐作品曲式分析中的历史观[①]

曲式学较为完整的体系在20世纪80年代之前便得以确立,此后在西方,特别是在20世纪之后的英语学术界中,曲式学已被作为一门基础学科来对待。然而,对这一学科理论体系的完善,无论在西方还是在国内都一直未停止。国内如1991年,李吉提教授在《中央音乐学院学报》发表的《有关曲式结构理论问题的探讨》[②]、钱亦平教授的《歌剧中的回旋曲式》[③];国外如威廉·凯普林的《古典曲式:海顿、莫扎特、贝多芬器乐音乐结构功能的理论》[④]和詹姆斯·赫珀科斯基、沃伦·达西的《奏鸣理论要旨》[⑤],等;此外,也有不少关于音乐学家已经开始致力于对19世纪音乐理论著述的整理和研究。这说明音乐理论家仍然在对已有的曲式学理论进行着不断地丰富和完善。其中,李吉提教授的文章是建立在丰富的教学实践和音乐作品研究的基础之上而完成的。

笔者在教学中也发现,没有任何一本曲式教材可以将音乐作品中呈现出的千差万别的曲式问题完全收录,因此,各种曲式的原理就需要特别加以强调。在我国教学中经常被采用的曲式教材中,钱仁康、钱亦平的《音乐作品分析教程》明确反映出了两位作者音乐史学的视角。

[①] 作者冯磊,上海音乐学院副院长、副研究员。本文原载于《音乐艺术》2020年第3期,题目有改动。
[②] 李吉提:《有关曲式结构理论问题的探讨》,《中央音乐学院学报》1991年第3期。
[③] 钱亦平:《歌剧中的回旋曲式》,《音乐研究》2003年第1期。
[④] William Caplin, *Classical Form: A Theory of Formal Functions for the Instrumental Music of Haydn, Mozart, and Beethoven*, Oxford University Press, 1998.
[⑤] James Hepokoski, Warren Darcy: *Elements of Sonata Theory*, Oxford University Press, 2006.

受此影响,史学观念和曲式学研究是否可以进一步相结合,也是本文作者不断思考的问题。

从历史发展看,曲式理论中所见的各种结构类型,都是在古典时期主调风格不断得以确立之后形成的。尽管古典风格有明确的从简到繁的过程,但其规律性相对明晰。阿拉波夫早已在其著作中指出:"在古典时期的作品里,主题的陈述是极其平衡的,因此很容易划分。但是在浪漫主义晚期的作品里或是印象派的作品里就很难划分,因为主题陈述的手法已经不同了。"① 威廉·凯普林在其《古典曲式》一书中也提出"这一理论是建立在一种单一风格之上的","尽管之前或之后的音乐(巴洛克、前古典、浪漫主义时期和晚期浪漫主义时期)也以多样化的方式展示出曲式的功能性,但是这些时期的曲式往往规律性不强,因此很难建立起普适性的原则"。② 因此从音乐分析和音乐史发展的角度,古典时期的音乐分析应该成为曲式理论和教学的基础,由此归纳出古典时期具有典型性的曲式原则,进而扩展到古典时期的特例、浪漫主义时期或中国传统音乐之中。简言之,要在曲式教学中为学生建立起古典曲式的历史坐标。此外,如果从西方音乐史的视角看,巴洛克时期尚属复调音乐的时期;前古典时期是主调音乐逐渐萌芽的阶段,主调音乐的曲式类型尚未确立;浪漫主义时期的音乐是在古典时期各种曲式类型得以确立和完善之后的进一步发展,这在贝多芬中后期的创作中已经出现端倪。由此也可见古典时期音乐曲式的研究意义和价值。

由于古典曲式涉及内容众多,难以在一篇文章中穷尽,因此仅选择几例在目前我国曲式教材中还可以进一步深化的问题来加以说明。

---

① 勃·阿拉波夫:《音乐作品分析》,中央音乐学院编译室译,人民音乐出版社1959年版,第21—22页。
② William Caplin, *Classical Form: A Theory of Formal Functions for the Instrumental Music of Haydn, Mozart, and Beethoven*, Oxford University Press, 1998, p. 3.

一、古典时期的音乐作品

各曲式类型的原型性特征尽管各种曲式教材中未明确提及,但是这一原型性思维在所有教科书中都得到过阐释。如果对这些内容加以归纳,主要集中在音乐发展原则和曲式构成原则两个方面。

表1:曲式教材中对音乐主题发展原则的论述①

吴祖强②	钱仁康、钱亦平③	李吉提④	钱亦平⑤	柴志英⑥	贾达群⑦
重复		重复（变化重复）	重复	重复	重复
变奏	变奏	变奏	变化的重复（变奏）	变奏	变奏
展开	展开		展开	展开	展开
对比	对比	对比（派生与并置）	对比（派生与并置）	对比（派生与并列）	对比
再现				再现	
	展衍	展衍			

---

① 下表中的引文会对部分著作的论述顺序做调整,将相同或相似的表述并排于同一行。表2同。尽管表1、表2中的内容看似差别不大,但是其中的论述都"和而不同",此方面具体内容本文不做阐释。
② 吴祖强:《曲式与作品分析》,人民音乐出版社1962年版,第36—41页。
③ 钱仁康、钱亦平:《音乐作品分析教程》,上海音乐出版社2001年版,第26—29页。
④ 李吉提:《曲式与作品分析》,中央民族大学出版社2003年版,第35—37页。
⑤ 钱亦平:《音乐作品分析简明教程》(上册),上海音乐学院出版社2006年版,第2—3页。
⑥ 柴志英:《曲式与作品分析》,中国文联出版社2010年版,第57—63页。
⑦ 贾达群:《作曲与分析:音乐结构:形态、构态、对位以及二元性》,上海音乐出版社2016年版,第72—75页。

表2：曲式教材中对曲式构成原则的论述

杨儒怀①	李吉提②	高为杰、陈丹布③	茅原、庄曜④	贾达群⑤
		呼应		
并列	并列		对比并置	并列
		三部性		
		起承转合		
再现	再现			再现
循环	循环	回旋	回旋	循环
变奏	变奏	变奏	变奏	
套曲	套曲		组曲	奏鸣
奏鸣	奏鸣		奏鸣	

  在不少教材中，理论家也关注了上述两个方面的结合。比如贾达群教授提出了四类组合方式（表2），即注重曲式的动态进行，这一点最早可以追溯到杨儒怀先生的著作；而柴志英则用"重复的原则""并列的原则""对比—再现的原则""连续对比—再现的原则""呈示—展开—再现的原则"⑥将音乐主题的发展与曲式构成这两个方面进行融合。因为，正如和弦只有在和声进行过程中才具有意义一样，音乐结构中的

---

① 杨儒怀：《音乐的分析与创作》（上册），人民音乐出版社1995年版，第253—256页。
② 李吉提：《曲式与作品分析》，第35—37页。
③ 高为杰、陈丹布：《曲式分析基础教程》，高等教育出版社2005年版，第6—10页。
④ 茅原、庄曜：《曲式与作品分析》（上册），人民音乐出版社2007年版，第41—42页。
⑤ 贾达群：《作曲与分析》，第72、79页。图表列出的是贾达群著作中提出的"四种组合方式"，他提出的五项结构原则为"呼应""对称""黄金分割""三部性""起承转合"。这五项结构原则有可能受到了高为杰、陈丹布教材的影响。
⑥ 柴志英：《曲式与作品分析》，第63页。

341

并列、对比、展开、返回和再现也都无法在作品中独立存在,将这两个方面做进一步融合可以得出表3。其中的"并列""对比""展开""返回""再现"可以称作"音乐发展的五大律",它们相结合而构成的曲式原则本文将其称为"五项曲式原则"。表3中还对应了相应的曲式类型。

表3:由"音乐发展的五大律"结合构成的"五项曲式原则"及其相对应的曲式类型

	古典时期	浪漫主义时期	
并列—对比原则	平行(复)乐段、并列单二	复二、并列单三、贯穿、拱形、套曲	混合曲式
并列—展开原则	严格变奏、性格变奏	主题变形	
对比—再现原则	再现单二、再现单三、复三、回旋	合成性中部的复三、多部再现结构	
对比—返回原则	古回旋、五部回旋	浪漫主义时期的回旋	
对比—展开—再现原则	奏鸣、奏鸣回旋	倒装再现的奏鸣	

需要说明的是:1)任何音乐上的问题都有"一般"和"特殊"两种情况存在,本文所论述的尽量贴近"一般"情况,也会举例说明某些"特殊"情况;2)表3中在古典时期和浪漫主义时期分别列出的部分曲式类型,并非完全泾渭分明,仅是根据更为常见的情况进行的分类;3)浪漫主义时期中,古典时期的曲式类型依然存在,但在原有基础上进行了自由的变化;4)无法归为上述类型的,被称为自由曲式,亦主要见于浪漫主义时期。

表3基本上可以反映出古典时期曲式的基石地位,古典曲式应作为西方调性音乐曲式分析的参照,无论对其之前的巴洛克还是之后的浪漫主义时期,皆如是;由此亦可以将古典时期的典型音乐语汇作为西

方调性音乐分析的参照。具体到每一种不同的曲式,也都各有其典型性特征。比如常见的两种单二部曲式,并列单二部曲式就常见于歌曲体裁,往往呈现出主副歌(Verse and Chorus)的形式,这与艺术歌曲盛行于浪漫主义时期密不可分,体现出的是音乐发展的"并列律";而再现单二部曲式则常见于变奏曲式的主题、回旋曲式的某一部分等,典型的再现单二部曲式亦见于古典时期。再如,插部开始的变奏曲式在巴洛克、古典和浪漫主义时期都可以发现,其共同特征是在乐曲最后一次主题出现之前,往往会有插部一的再现,也就是 BACA……BA,这样也体现出了音乐发展的"再现律"。

在建立起了曲式教学的古典主义时期的坐标之后,更多的历史维度就可以增加进来。钱亦平教授在述及回旋曲式的分类时,便是从历史视角进行的分期并对每个时期的回旋曲式特征进行了总结,由此,对回旋曲式这一古老的音乐结构就有了全面的和清晰的了解。[①] 同理,变奏曲式也是这样的结构。曲式教材在论及这一曲式的时候,往往会分节进行介绍,如"固定低音和固定音高变奏曲""严格变奏曲""自由变奏曲和混合变奏曲""双主题变奏曲"等。其中,"严格变奏曲"是古典时期经常使用的,而"固定低音和固定音高变奏曲"则流行于巴洛克时期。而作为变奏手法,固定低音和固定音高盛于巴洛克时期,装饰变奏和性格变奏在巴洛克和古典时期同样典型,而在浪漫主义时期则出现李斯特创立的主题变形。

二、古典曲式的"原型性"特征

古典时期,无论是曲式还是音乐语汇,都可以从明确的、具有规律性的分组中得到具有共性的规则,即本文所说的"原型性"。但即便是在古典时期的音乐作品中,也会经常遇到与这些一般规则不一致的特殊情况,而往往这些特殊现象才是作品分析所需要关注的重点问题。

---

① 参见钱亦平:《音乐作品分析简明教程》(上册),第 222—223 页。

下文中列举几个类型的实例加以说明。

(1) 一句类乐段

一句类乐段可以首先作为例子放置于古典时期的乐句类型中观察其特殊性。

古典时期最为常见的乐段即所谓的平行乐段。这一结构在西方曲式学理论中有专门的术语，即"antecedent-consequent phrase"，按照其字面意思是"前行—结果句"，也可以简称为"前后句"或"上下句"。这种乐句结构在古典时期是非常常见的，主要体现出的是"并列律"的特征。其和声布局的一般规律为前句不转调、结束于主调半终止（亦有结束于主和弦的情况），后句的调性变化可有可无，但是会结束于主调或是新调主和弦。

例1：贝多芬《D大调第15钢琴奏鸣曲》(Op. 28) 第三乐章主题

上例为d小调，"前后句"的乐句关系。前句半终止于d小调属和弦，后句以模进的方式始于F大调，结束于a小调。比此例更为"典型"的是前后两句开头完全相同或相似，即类似于中国传统音乐中的"同头异尾"关系，且后句结束于主调主和弦。比如贝多芬《A大调第2钢琴奏鸣曲》(Op. 2/2) 第二乐章主题（第1—8小节）。

由此，并结合相关实例分析，可以首先推断出一句类乐段（亦称一句一部曲式)在古典时期亦为较为特殊的类型,且界定一句类乐段往往是有条件的,也就是说一句类乐段很少会作为独立的音乐作品存在,"是曲式升级的产物"①,仅在某些特殊的结构位置下才会得以确立。如:

一是作为并列单二部曲式或单三部曲式的其中一段。前者如贝多芬《♭E 大调第 13 钢琴奏鸣曲》(Op. 27/1)主题(参见例 2,整个乐章为倍复三部曲式),后者如贝多芬《F 大调第 6 钢琴奏鸣曲》(Op. 10/2)第二乐章第 1—8 小节(单三部曲式的 a 部,乐章整体为复三部曲式)、贝多芬《G 大调第 20 钢琴奏鸣曲》(Op. 49/2)第二乐章第 9—12 小节(单三部曲式的中部,乐章整体为回旋曲式)。

二是作为变奏曲式主题,如贝多芬《C 小调 32 首变奏曲》。

三是主部主题,如贝多芬《G 大调第 10 钢琴奏鸣曲》(Op. 14/2)第一乐章主部主题(第 1—8 小节)、《♭E 大调第 18 钢琴奏鸣曲》(Op. 31/3)第一乐章主部主题(第 1—8 小节)。

例 2:贝多芬《♭E 大调第 13 钢琴奏鸣曲》(Op. 27/1)主题

上例如果去掉第四小节结束时的终止线,会构成一个典型的 4+4 的方整性乐段;但是由于作曲家增加了终止线,而使得原本的乐句结构

---

① 李吉提:《曲式与作品分析》,第 79 页。

升级为乐段结构,由此构成了并列(无再现)单二部曲式。

放置于古典时期并结合这一时期常见的"上下句结构"的二句类乐段,便可明确发现一句类乐段的特殊性:1)有条件的存在;2)曲式升级的产物。正因如此,一句类乐段必须要放置于音乐进行中才可以用"五大律"来解释。

(2)非方整性或难以分句的乐段

除了一句类乐段之外,在海顿和莫扎特的作品中也有为数众多的作品主题在"脱离"格式化的"前后句"的布局。这些特殊的乐段构造,或是非方整,或是难以分句,体现出了作曲家不拘一格的音乐构思。William Caplin 将这些变化形式归纳为"对称的变化"(symmetrical deviations)和"不对称的变化"(asymmetrical deviations)①。

例3:莫扎特《F大调钢琴奏鸣曲》(KV332)第一乐章主部主题

上例前四小节建立在典型的阿尔贝蒂低音之上;而第五小节利用侵入终止,引出了一个新主题,并从第七小节起做低十五度模仿。这样的主题便成为主调和复调两种风格的结合,而且两种风格的结合犹如天衣一般,已经完全脱离了"前后句"的布局,是典型的"不对称的变化"。

---

① 详情参见 William Caplin: *Classical Form: A Theory of Formal Functions for the Instrumental Music of Hadyn, Mozart, and Beethoven*, Oxford University Press, 1998, pp. 55-58。

例4:贝多芬:《♭B大调第11钢琴奏鸣曲》(Op.22)第一乐章主部主题

这也是贝多芬钢琴奏鸣曲创作中的一个很特殊的主部主题,分为三个部分:3+4+4的结构。其中,抒情的中间部分被两端纯器乐的音乐语言围绕,可以视为"强壮的"主部主题性格和"抒情的"副部主题性格在同一乐段中的结合。这样的主题写作方式对贝多芬而言无疑具有很强的实验性,同时也是其主题写作多样性的体现。

(3)由平行复乐段构成的再现单二部曲式

再现单二部曲式,体现出的曲式原则是"对比—再现"。古典时期,这一结构主要是由平行乐段构成的,典型的实例为莫扎特《A大调钢琴奏鸣曲》(KV331)第一乐章的变奏曲主题。在古典主义盛期,出现了由平行复乐段构成的再现单二部曲式,其中多为变奏曲式的主题。

这很显然是由于古典盛期,主调风格进一步得以完善,平行乐段向平行复乐段的扩张所致。莫扎特《C 大调钢琴奏鸣曲》(KV309)第二乐章和贝多芬的《^{b}A 大调第 12 钢琴奏鸣曲》(Op. 26)第一乐章变奏曲的主题便是典型的例子,但这种情况在古典盛期也较为少见。

而由平行复乐段构成的再现单二部曲式在浪漫主义时期则相对较多,比如舒伯特《^{b}B 大调即兴曲》(D935/3)变奏曲式的主题、肖邦《F 大调玛祖卡》(Op. 68/3)复三部曲式的呈示部;而且"对比句"的规模也会增大,比如门德尔松《^{b}E 大调第 20 首无词歌》(Op. 53/2);"再现句"的规模也会增大,比如肖邦《c 小调夜曲》(Op. 48/1)复三部曲式的呈示部。后两例将在下文中进一步阐述。

(4)变化奏鸣曲式

古典时期,奏鸣曲式在不断完善的过程中,这一结构也开始同步向两个方向发展。其一是对于其他曲式结构的渗透,最为典型的就是与回旋曲式相融合,并最终在贝多芬的作品中确立为奏鸣回旋曲式;其二是在其内部的拓展,所出现的就是五类变化奏鸣曲式,分别是:单主题奏鸣曲式、插部的奏鸣曲式、无展开部的奏鸣曲式、带有假再现的奏鸣曲式和倒装再现的奏鸣曲式。

单主题奏鸣曲式为 C. P. E. 巴赫和海顿所常用,在莫扎特和贝多芬的作品中也可发现,比如前者的《D 大调回旋曲》(KV485)和后者的《c 小调第 5 钢琴奏鸣曲》(Op. 10/1)第三乐章(单主题的副部主题出现在第 28 小节)。这种结构为古典曲式所特有,在浪漫主义时期就不是典型的结构了,这与浪漫主义时期的音乐更加追求主题的丰富性有关。

插部的奏鸣曲式和无展开部的奏鸣曲式都是在古典时期产生的,且在浪漫主义时期得以延伸。特别需要指出的是,无展开部的奏鸣曲式在其大部分的情况下都并非真的无展开部,而往往会以如下两种方式来体现出作品的"展开律"。1)"边再现边展开":这种情况以贝多芬钢琴奏鸣曲中的几个例子最为典型,比如《D 小调第 17 钢琴奏鸣曲》(Op. 31/2)的第二乐章,其中的呈示部结束于第四十二小节,从第四十三小节便是主部主题的边再现边展开;2)"展开部移位":这种情况大都出现在浪漫主义时期,就本文作者的分析实践,并未在古典时期发现。最为典型的例子是勃拉姆斯《c小调第1交响曲》第四乐章,其中出现于再现部的主部与副部之间的长达九十九小节(第204—302小节)的连接部已经完全扩充为展开部的规模,因此,此处作曲家是将原本应该出现于呈示部和再现部之间的展开部移位至再现部的主部和副部之间,由此构成了展开部移位的现象。但是,构成奏鸣曲式的"对比—展开—再现原则"并未产生本质变化。

假再现是一种音乐展开的方式,体现出的是"展开律"。假再现的奏鸣曲式在维也纳古典乐派的三位作曲家的作品中都可见。而且假再现不仅可以在奏鸣曲式中占到,而且可以出现在任何一种由"展开律"和"再现律"构成的复结构的曲式中。复三部曲式的假再现如贝多芬《^{b}E大调第4钢琴奏鸣曲》(Op.7)第二乐章第42—50小节;回旋曲式的假再现如贝多芬《G大调第10钢琴奏鸣曲》(Op.14/2)第三乐章第125—138小节;奏鸣曲式的假再现如贝多芬《G大调第10钢琴奏鸣曲》(Op.14/2)第一乐章第99—106小节;奏鸣回旋曲式的假再现如贝多芬《D大调第7钢琴奏鸣曲》(Op.10/3)第三乐章第46—49小节。满足以下四个条件即可判断假再现:1)真正的再现部之前;2)音乐展开了一定篇幅之后;3)主题性格与主要主题相同或相似;4)调性与主要主题不一致。

倒装再现的奏鸣曲式并非是古典时期常见的形式,贝多芬的《钢琴奏鸣曲》中仅有《$^\#$F大调第24钢琴奏鸣曲》(Op.78)第二乐章,杨儒怀先生认为这个乐章为奏鸣回旋曲式①。但在浪漫主义作曲家,特别是舒伯特的作品中,倒装再现的奏鸣曲式就更为多见了。

确立某一时代作品的共性,不仅可以了解时代风格,而且可以进一步把握作品的特殊性,而作品的特殊性是音乐分析中更值得关注的

---

① 杨儒怀:《音乐分析论文集》,中国文联出版社2000年版,第131页。

问题。

三、浪漫主义时期音乐曲式的新变

以古典曲式及其曲式原理为参照,曲式与体裁的关系也会变得清晰。比如古典时期,小步舞曲和谐谑曲往往是复三部曲式,类似于贝多芬《^{b}E 大调第 18 钢琴奏鸣曲》(Op. 31/3)第二乐章谐谑曲为奏鸣曲式的情况是罕见的;回旋曲(独立的回旋曲或套曲中的回旋曲乐章)往往是由回旋曲式构成的,比如贝多芬的《C 大调回旋曲》(Op. 51/1),类似于莫扎特《D 大调回旋曲》(KV485)这样实际为单主题奏鸣曲式的例子毕竟少见;奏鸣曲第一乐章往往是由奏鸣曲式构成的,而奏鸣曲第一乐章为变奏曲式或是其他结构的例子在古典时期也是少见的。由此,在浪漫主义时期,肖邦的《谐谑曲》不再常见复三部曲式、舒曼的回旋曲作品不再是古典时期典型的五个部分构成、李斯特的奏鸣曲式的乐章也经常会融合变奏和套曲原则。

从"音乐构成的五大律"而言,浪漫主义作曲家所普遍喜爱的是"展开律",正是由于"展开律"的强力渗透,才使得浪漫主义时期的音乐较之古典时期而言产生出了很多变化。

(1)浪漫主义时期的再现单二部曲式

前文曾经提及再现单二部曲式在"对比句"和"再现句"中的扩张现象,这是浪漫主义时期的典型特征;但构成再现单二部曲式的"对比—再现原则"并未产生本质变化,其"变"的部分往往是因为"展开律"思维的渗透。

先说一下门德尔松《^{b}E 大调第 20 首无词歌》(Op. 53/2)。再现单二部曲式的第一部分是平行复乐段结构,第二个大乐句将原本(4+4)的结构扩充为(4+8)。第二部分中,对比句被扩充成一个相对庞大的展开部,即在原本构成再现单二部曲式的"对比律"和"再现律"的基础上,增加了"展开律",从而将原本古典时期再现单二部曲式的对比句扩充成为二十八小节的转调乐段。但是,明确再现单二部曲式的曲式原则是仅再现第一部分的一句,这一点依然体现在这首无词歌中——再现句再现的内容是第一部分的第二大乐句(4+8)。特别是在实例分析中,如果因原本对比句的结构位置被扩展成为转调乐段而将其判断为单三部曲式,这样势必会忽视再现句仍然是原本平行复乐段一个大乐句的结构,而且会引起两种不同曲式类型之间的混淆。但是将作品纳入历史视野中,就会很容易理解作品中是如何既体现了古典曲式原则又体现了浪漫主义时期的"变"。

肖邦《c 小调夜曲》(Op. 48/1)的整体结构为插部的复三部曲式,其 A 部的结构也时常有不同的理解——作为再现单二部曲式、再现单三部曲式和"介于二部和三部之间的曲式"[①]。"但在实质上再现部是一个乐句的扩充"[②],也就是将原本四小节的乐句扩充为八小节的乐句,其本质仍然是再现句的规模。如果用从历史的角度理解,在浪漫主义时期将四小节的乐句扩充为八小节也就不足为奇了,明显是"展开律"的作用。因此,作为再现单二部曲式理解就是明确了乐句从四小节扩充为八小节是在浪漫主义时期出现的"变"。还需要说明的是,"曲式结构的质量互变"问题也需要有历史的视角,如果认为肖邦这首夜曲的八小节的再现是"质变"为一个与之前(4+4)相等的乐段规模,也会忽视这两个部分间一句和两句的差别。曲式研究中的质量互变不仅要着眼于音乐结构本身,也需要观察音乐作品的历史特征。

(2)合成中部的复三部曲式

根据钱亦平教授《音乐作品分析简明教程》,复三部曲式被分为三类:1)三声中部的复三部曲式;2)插部的复三部曲式;3)合成中部的复三部曲式。从历史观的角度看,前两类毫无疑问是古典时期最为常见的类型,而后者则正是孕育于古典时期、兴盛于浪漫主义时期的结构类型。因其经常由四部分构成,因此杨儒怀先生也将其称作"再现四部曲式"。正是由于浪漫主义时期的音乐结构在古典音乐结构的基础上

[①②] 钱仁康、钱亦平:《音乐作品分析教程》,上海音乐出版社 2001 年版,第 84 页。

不断扩展,即对于"展开律"的喜爱,因此往往合成中部的复三部曲式的规模较之于古典时期要大得多。

(3)以奏鸣曲式为基础的混合曲式

奏鸣曲式在浪漫主义时期不仅在其自身内部,而且外部也与其他曲式原则相结合,从而形成了较为复杂的状态。

奏鸣曲式内部的变化主要体现在"展开律"在各个曲式部分中的渗透、标题性思维的影响;而最具特点的是奏鸣曲式与其他曲式原则结合形成的混合曲式。

(4)自由曲式

关于混合曲式和自由曲式,已经有不少教科书有过论述。关于自由曲式的分类,根据本文作者的分析实践并结合浪漫主义时期自由曲式的特征可以归类如下:

一是受制于文学结构的自由曲式,如柴可夫斯基交响诗《暴风雨》(Op.18);

二是受制于标题性构思的自由曲式,如斯美塔那交响诗套曲《我的祖国》之三《莎尔卡》;

三是妙肖自然风光的自由曲式,如理查·施特劳斯的《阿尔卑斯山交响曲》;

四是由传统曲式类型变体而来的自由曲式,如肖邦《回旋曲》(Op.1和Op.5);

五是受民间音乐影响而形成的自由曲式,如李斯特《匈牙利狂想曲》的恰尔达什结构。

面对相距百年甚至跨越中西的音乐作品,我们需要在教学和研究中建立起历史的坐标;关注本质现象是学术研究应该持有的态度。本文通过历史的视角,在"音乐发展的五大律"和"五项曲式原则"的基础上,提出了应以古典时期曲式的普遍规律作为参照来观察各个时期曲式的特殊性和历史特征的观点。同时,处理好普遍与特殊的关系,亦应成为所有作曲技术理论研究中所关注的重点问题。

第九章　生活美学与当代社会

主编插白：随着社会生产力的提高和人类物质文明的进步，人们的衣食住行在满足了基本的功利需要之后，日益往外观美、形式美方向发展，从事踵事增华、锦上添花的建设。于是，日常生活的美化和生活的艺术化，成为当代社会的一个重要表征。改革开放四十多年，中国人解决了温饱问题，逐渐富裕起来，于是对美好生活的向往，成为新时代中国人的奋斗目标。正是在这样的历史语境和时代背景下，"生活美学"的概念在21世纪之初被大家不约而同地提出来了。2003年，山东大学的仪平策教授发表文章指出："生活美学"是"21世纪的新美学形态"。他这样展开论证：生活美学是与现代人类学思维范式相对应的理论产物，是对近代以来"超越论"美学的一种学术超越，它既是当代审美文化发展的理论旨归，同时也有得天独厚、丰富深刻的传统美学的根基。几乎从那时起，中国社会科学院的研究员刘悦笛开始了"生活美学"的倡导，一路著述一路呼唤，还返论于史，对中国传统的生活美学资源做了饶有趣味的发掘与描绘。生活美学强调美在生活中，这与车尔尼雪夫斯基早已提出的"美是生活"有何不同的特点？中国学者如何对"美是生活"做出过"中国化解释"？新世纪"生活美学"的转向体现在何处？刘悦笛在《从"美是生活"到"生活美学"》一文中具体回答了这些问题。与刘悦笛相呼应，复旦大学的张宝贵教授也倡导"生活美学"。那么，当下"生活美学"学说的思想形态是怎样的？还存在哪些问题需要面对和思考？他的《中国生活美学的形态与问题》一文对此做了比较系统的阐释。多年来，本人一直是"生活美学"的关注者。依我的体会，车尔尼雪夫斯基"美是生活"所说的"生活"是"生命"的意思。车尔尼雪夫斯基的"美是生活"与其说是"生活美学"的理论资源，不如视为"生命美学"的理论依据更为合适。今天我们倡导"生活美学"，并不意味着"生活"等于"美"（因为"生活"中也有"丑"，说"美是生活"，也可以说"丑是生活"），而是旨在强调：美应当成为我们当今生活追求的更高目标。而美是"本身具有价值同时使人愉快的东西"（亚里士多德），是"有价值的乐感对象"。让我们在生活中多多欣赏和创造有价值的令人愉快的对象，使我们的生活更加快乐、更有价值。

第一节　生活美学：21世纪的新美学形态[①]

审美文化的崛起与发展，已成为中国自20世纪末以来最普遍最突出的文化景观，它以一种从未有过的规模和力度，毋庸置疑地进入并影响了我们的日常生活。对此，美学界虽看法参差，毁誉不一，但总的来说，是忧患者、批判者居多，而肯定者、赞赏者较少。多数学者认为，审美文化在世俗领域、市民阶层、大众社会中的深广发展，美和艺术在感性、通俗、表象化、娱乐化层面的狂欢，总之是向日常生活界面的回归，标志着"人文"理想的一种退场和缺失，意味着"崇高"精神的一种沉沦和堕落。言语之间，大有视为洪水猛兽之意。但显而易见的事实是，这种来自所谓知识"精英"阶层的忧惧和批评是苍白的，当代审美文化依然按照它固有的轨迹和自身的"逻辑"蓬勃向前。这就明白地告诉我们，现有的美学话语、理论体系在应对当代审美文化的挑战方面是无力的和失效的，它同当下审美文化实践实际

[①] 作者仪平策，山东大学文学院教授。本文原载《文史哲》2003年第2期。

上呈一种隔膜脱节状态。它所习惯的"贵族化"学术姿态使之在新的艺术现实、审美存在面前,只能选择本能的抵御和盲目的指摘,而不是理性的认知和积极的介入。对此,中国当代美学已到了自觉反思自己并尽快做出调整的时候了。

为此,本人提出"生活美学"概念,以同当下审美文化实践的发展指向相对应。

作为一种新的美学形态,生活美学是以人类的"此在"(existence)生活为动力、为本源、为内容的美学,是将"美本身"还给"生活本身"的美学,是消解生活与艺术之"人为"边界的美学。它所谓"生活",不同于车尔尼雪夫斯基所说的"生活",因为车氏尽管将美学的重心从"先验理念"拉回到"现实生活",但他所理解的生活总体上依然是一种抽象直观的、生物学意义上的生活,是一种等同于"活着"的"生活"。我们所理解的"生活",指的则是人类在历史的时空中感性具体地展现出来的所有真实存在和实际活动;它既包括人的物质的、感性的、自然的生活,也包括人的精神的、理性的、社会的生活,是人作为"人"所历史地敞开的一切生存状态和生命行为的总和。因此,它不是脱离了人的"此在"状态的抽象一般的生活,而是每一个人都被抛入其中的感性具体寻常实在的生活。所以,所谓生活美学,也就是将美的始源、根底、存在、本质、价值、意义等直接安放于人类感性具体丰盈生动的日常生活世界之中的美学。在生活美学看来,美既不高蹈于人类生活之上,也不隐匿在人类生活背后,而是就在鲜活生动感性具体的人类生活之中。当然,美也不等同于世俗生活本身。本质上,美就是人类在具体直接的"此在"中领会到和谐体验到快乐的生活形式,是人类在日常现实中所"创造"出的某种彰显着特定理想和意义的生活状态,是人类在安居于他的历史性存在(即具体生活)中所展示的诗意境界。总之,脱离了人类生活世界的"美",无论它是对象的属性,还是主体的感受,实际上都是一种绝对的抽象,是一个"无",是根本不存在的。正如海德格尔论及"真理"时所说的:"唯当此在存在,才'有'真理。……此在根本不存在之前,任何真理都不曾在,此在根本不存在之后,任何真理都将不在"①。因为"在最源始的意义上,真理乃是此在的展开状态"。② 就是说,"此在"与"真理"是源始本然地统一着的。其实,同真理一样,"美本身"和"生活本身"在本真的、源始的意义上也可以说是天然一体,浑然不分的。再进一步说,在人类生活本真的、源始的意义上,审美与功利、自由与现实、主体与客体、高雅与通俗、感性和理性等等也是天然一体浑然不分的。从这个角度看,生活美学是无分精粗、不拘雅俗、消解对立、人人共美的美学,是承认一切个体审美权利合法性的没有高下贵贱等级差别的真正"文化的'民主化'"③的美学,是真正的人类学美学。在它里,那种由少数垄断着美学资源的所谓"人类灵魂工程师"向大众群体进行君临式启蒙宣教的传统美学霸权机制,将被颠覆和消解。在这个意义上,生活美学是敞开"此在"、普照生命、拥抱人类、快乐众生的美学,是真正落实美学特有的人类终极关怀使命的美学。

作为一种新的美学形态,"生活美学"的产生绝对不会是源自某种个人化的玄思妙想,也并非一个偶然的学术事件,而是美学学科发展的一种内在要求,是现代思维范式的美学产物,在中国也同时是传统文化资源和当代审美文化的必然发展指向。

一、生活美学是与现代人类学思维范式相对应的理论产物

任何一种新的美学理论、美学思想的产生,从根本上说,除了现实社会的内在需要之外,还与思维范式的创新和突破息息相关。笔者认同这样的观点:即大致说来,与人类文明三次大的变革相对应,人类思

---

① 海德格尔:《存在与时间》,陈嘉映、王庆节译,生活·读书·新知三联书店1987年版,第272页。
② 同上,第268页。
③ 丹尼尔·贝尔:《资本主义文化矛盾》,蒲隆等译,生活·读书·新知三联书店1989年版,第180页。

维范式也经历了三大阶段,即古代农业文明阶段的世界论范式、近代工业文明阶段的认识论范式和现代"后工业"文明阶段的人类学范式。①世界论范式追问的是,世界何以存在?也就是偏于从对象的角度,思考世界存在的原因和根据。认识论范式追问的是,人类能否认识世界的存在?也就是偏于从主体的角度,反思人类认识的可能性和知识的合法性。但是,无论是世界论范式,还是认识论范式,都有一个基本的思维定式,那就是都将对象和主体分离开来,将客体世界和人的认识分离开来,前者忽略了主体的存在,后者则将世界的存在"虚置"起来。显然,二者贯彻的都是一种主客对立的二元论思维模式,体现的都是一种抽象和绝对的存在论。作为对这两种思维范式的扬弃和超越,现代人类学范式的核心则在于将感性具体的人类生活本身肯定为真实的、终极的实在,视为理性、思维的真正基础和源泉。换言之,在现代人类学看来,没有超越人类生活之上的、与人类生活毫无关系的真实实在。人类所有知识都只是对人类生活或在世界中的生活的一种领会,因而它所能达到的也只能是人类世界、人类此在、人类生活本身。无论将什么作为人类生活的完全外在的、异己的客体,对人类来说实际都是不可思议的,都是一个绝对的抽象,诚如马克思所说的:"抽象的、孤立的、与人分离的自然界,对人来说也是无"。② 实质上与人类存在、人类生活相分离的任何东西,对人来说都是"无"。

从现代哲学发展看,将人类此在的、具体的生活世界看作知识始源和终极实在,是一个渐成主流的理论趋势。海德格尔就将人类生活世界看作一种"向来所是"的、"未经分化"的"本真状态",是"此在的基本状况",是真理、"诗意"等"安居"其中的"大地",或者说,"安居于大地上"就是真理、"诗意"的"源始形式"。海德格尔将返归生活、回到此在称为"还乡","还乡就是返回与本源的亲近"。③ 这就明确地表露出

---
① 王南湜:《论哲学思维的三种范式》,《江海学刊》1999 年第 5 期。
② 马克思:《1844 年经济学—哲学手稿》,人民出版社 1979 年版,第 131 页。
③ 海德格尔:《人,诗意的安居》,上海远东出版社 1995 年版,第 87 页。

以有限具体的人类生活为源始本根和终极实在的哲学意向。维特根斯坦则通过语言逻辑批判宣告，一切形而上学均无意义。对于一切说不清楚的"神秘之物"就应该保持沉默。然而他后期认为，他称之为神秘的，虽然是不能说出的，但却是能够表明的东西。他力图用"语言游戏"概念来表明这一"神秘之物"。语言游戏，实质就是生活中的日常语言、自然语言（包括身体符号）；它是日常生活的一部分，是一种"生活形式"。他同海德格尔一样，也将世界、语言和生活（此在）视为一体，认为"世界是我的世界这个事实，表现于此：语言（我所理解的唯一的语言）的界限，意味着我的世界的界限"，而"世界和生活是一致的"。① 所以，与"我的世界"一体的语言，亦即日常生活，成了后期维特根斯坦哲学的根本，成了他观察、解释世界的唯一依据。应当说，一如海德格尔，维特根斯坦走向"生活本身"的哲学意向也是耐人寻味的。这表明以人类生活为终极实在的人类学范式已成为现代思维的基本趋向。

　　以人类生活为终极实在的现代人类学范式与马克思的实践论范式是什么关系？这是需要回答的一个问题。实际上，二者有着内在的、本质的一致性，因为人类"全部社会生活在本质上是实践的"（马克思）。所以，以人类生活为终极实在，也必然是以人类实践为终极实在。不过，这里的"实践"与人们通常讲的物质生产实践还不是一回事。作为马克思哲学基本概念的实践（praxis）是存在论意义上的实践，它可以理解为人类生活或人类活动的同义语，而人们常说的作为物质性生产活动的实践（practice）是认识论、技术论意义上的实践，是主体对客体的一种工具性活动，是验证认识的一种手段。这种物质生产实践在人类生活中具有决定性作用，是一种基础性的实践样态，但马克思却从未将实践仅仅理解为物质生产。作为存在论范畴的实践在马克思那里指的就是一种包含物质实践在内的感性直观的人类活动、人类生活。这

---

① 维特根斯坦：《逻辑哲学论》，郭英译，商务印书馆1962年版，第79页。

一实践范畴的提出，在思维层面上体现的正是一种现代人类学范式。所以把马克思的实践论范式视为人类学范式的开创形态应当是合理的。

　　人类美学自古至今所发生的变化，实际上正是人类三大思维范式的相应产物。从大的方面说，人类美学迄今主要呈现为三大形态，即古代的客观美学、对象论美学，近代的主体美学、认识论美学和现代的生活美学、人类学美学。古代的客观论、对象论美学，主要将美和艺术视为一种客观的、对象化的存在，美和艺术的价值本体要么存在于客观的自然（形式），要么存在于客观的理念（上帝），要么存在于客观的社会（伦理），总之是客观的、必然的、对象化的；近代的认识论、主体论美学，着重从主体的认知能力、心理体验层面来解释美和艺术，美和艺术的价值本体要么表现为主观的认识（诗性思维），要么表现为内心的愉快（情感判断），要么表现为自由的意志（或生命、直觉、本能等），总之是内在的、自由的、主体性的。古代的客观论、对象论美学与近代的认识论、主体论美学虽立论相反，观点迥异，但有一点是共同的，那就是都将主体与对象、存在与认识、必然与自由、"诗意"与"大地"等对立起来，然后分取一端，各重一面，在思维上都固守着一种非此即彼的二元论模式。显然，这在思维上与古代的世界论范式和近代认识论范式是内在一致的。

　　以人类生活为终极实在的现代人类学范式，为美学形态突破传统的客观论与主体论、对象论和认识论的二元对峙，在一个更高的现代思维层面上切入审美问题的实质，建立一种现代生活论、人类学美学形态开辟了道路，因为现代生活美学或人类学美学作为对古代和近代两大美学形态的一种扬弃和超越，它从根本上重构（或确切地说是还原）了人与自然、人与整个世界的源始的、本真的关系。它既不再像古代世界论、客观论美学那样将对象世界从人类生活的整体中抽象出去，孤立出去，成为脱离了人、异在于人的外部世界，成为神秘的美的根源、本质之所在；也不再像近代认识论、主体论美学那样将人类生活中的人的"此在"抽离出来,孤立出来,使之成为脱离自然、对抗实在的空洞纯粹的主观精神或生命本能,成为同样神秘的美感根源、艺术本质之所在,而是彻底超越了人与世界(自然、对象)抽象的主客二元模式,将人视为在世界中生活的、此在的人,而将世界看作人类"在世"生活这一整体中的世界。人和世界在人类生活的整体形式中是原本一体、浑然未分的。由此,也就从根本上确认了美和艺术既非远离人类活动的纯然客观性、对象性存在,亦非远离生活世界的纯然主观性、抽象性形式,而就是融入与自然于浑然整体的具体、活泼、直接、"此在"的人类生活,就是人类感性活动、此在生活本身向人类展开的一种表现性方式,一种诗意化状态,是人类生活自身"魅力"之显现。一句话,美和艺术的故乡既不纯在客观外物,也不单在主观内心,而是就在感性具体丰盈生动的日常生活。正如海德格尔所说:若把人类生活说成是"一个'主体'同一个'客体'发生关系或者反过来",就是一个"不详的哲学前提",其所包含的"'真理'却还是空洞的"。① 所以,作为统一整体的人类生活世界("大地")就是真理、诗意的安居之所,是其"源始"和"故乡",而"诗人的天职是还乡,还乡使故土成为亲近本源之处"。② 这就从哲学层面上明确地确认此在生活为艺术之家,从而表露出一种现代生活美学意向。维特根斯坦在将日常生活视为唯一哲学基础时指出:"没有什么比一个自以为从事简单日常活动而不引人注目的人更值得注意。……我们应该观察比剧作家设计的剧情和道白更为动人的场面:生活本身。"③这句话至少包含这样的意思:日常生活作为终极实在不仅是美的本源和基础,而且它本身就是比一般艺术更为动人的美。生活与美是同一的。这表明在现代人类学思维范式的规定下,现代生活美学或

---

① 海德格尔:《存在与时间》,陈嘉映、王庆节译,生活·读书·新知三联书店1987年版,第73—74页。
② 海德格尔:《人,诗意的安居》,上海远东出版社1995年版,第189页。
③ 维特根斯坦:《文化与价值》,黄正东等译,清华大学出版社1987年版,第5—6页。

人类学美学的产生是美学发展的必然走向。

二、生活美学是对近代以来"超越论"美学的学术超越

从美学理论本身的价值取向看,生活美学或人类学美学也是对近代以来已成主流的所谓"超越"论美学的一种学术超越。我们知道,近代以来的美学在一种主客二元的模式中,一反古典美学的客观论、对象论传统,将艺术、审美的价值重心凝聚在"人"自身上,集中在主体论层面,在此基础上建立了一种抽象的"超越"论美学,即将艺术、审美活动中的内在矛盾因素,特别是功利与审美、生活与艺术、形式与内容、主体与客体、感性和理性、现实与自由等矛盾关系截然分离、对立起来,进而认为审美就是对功利的超越,艺术就是对生活的超越,形式是对内容的超越,主体是对客体的超越,感性是对理性的超越,自由是对现实的超越,等等。美和艺术在本质上被看作是对日常世俗生活的一种拒绝。它高蹈于日常生活之上,以冷眼旁观、超然物外的虚静态度对待生活。认为只有这样,才能给人以现实中所没有的自由,才能保证美学的人文关怀使命的真正落实。在这一抽象的"超越"论思维模式中,审美和艺术成了无关利害、独步世外、唯我唯美、绝对逍遥的精神乌托邦,成了人类脱离现实、返归内心、逃避异化、获得自由的主要方式,成了人类主观心情的慰藉物、内在灵魂的避难所、生命本能的伊甸园,甚至于成为"上帝死了"之后人类一种渴望超离尘世安慰心灵实现解脱的"准宗教"。一句话,超越生活远离现实的审美和艺术给了人类以无限自由的绝对承诺。主体、内心、情感、意志、自由、"诗意"在与客体、对象、理性、现实、必然、"大地"的截然对立中逐步走向绝对的抽象和虚空,用海德格尔的话说就是"飞翔和超越于大地之上,从而逃脱它和漂浮在它之上。"①从康德一直到萨特、马尔库塞

---

① 海德格尔:《诗、语言、思》,彭富春译,文化艺术出版社1991年版,第189页。

等人那里，我们听到的就是这样一种抽象虚幻的超越性、自由性承诺。在我国，自20世纪80年代始，学术界在反极"左"政治背景中也接受了这样一种"超越"论美学观，审美和艺术的本质也被定位在所谓的"超越"和"自由"上，而将非功利、无目的、超现实等规定为实现这一"超越"和"自由"的根本条件。时至今日，这一"超越"论美学理念依然占据着不容置疑的主导地位，并成为一些学者衡量艺术创作质量、批判当代审美文化的思想利器。

应当说，近代以来的超越论美学，在高扬审美和艺术的主体性、表现性，突出审美和艺术的独立性、自由性等方面，无疑有着构建之功。尤其重要的是，它使人类对艺术的审美特性和美学规律有了非常深刻的认知。但它的理论导向也有着重大缺憾，其主要表现就是割断了审美、艺术与人类生活的本真性、始源性联系，使之因远远脱离实在而陷入了抽象之思，因过分超越现实而走向了玄虚之境，因极端诉诸内心而造出了荒诞之象。……在美学理论开始偏好心理经验、主观解释而拒绝客观实在、生活内容的同时，艺术也开始变得恍惚迷离、晦涩难解，开始变成少数人所创造、"圈子"内所垄断的神秘之物，与日常生活世界越来越疏远了。与此同时，审美、艺术领域的"贵族"气质与"平民"口味、"精英"品格与"大众"风尚、"雅"与"俗"之间的分别和对立也日益严明地呈现出来。这就是近代超越论美学及其规约下的审美和艺术领域所呈现的基本景观。正因如此，扬弃"超越论"，走向此在，回归生活，使美学在克服片面中跃进到一个更高阶段，便成为一种学术必然。生活美学于是就应运而生。

生活美学一方面将超越论美学所拒绝的此岸现实日常生活，重新设定为审美和艺术的始源根基故土家乡，视其为审美的血脉所在、艺术的本体所归，另一方面则在扬弃了超越论美学非此即彼思维的绝对性和缺乏生活内容的抽象性的基础上，又将其所强调的审美的主体性、自由性等从少数精神"贵族"那里解放出来，还给了每一位生活者，还给了时刻创造着自身生活的大众，即如福柯所言，让每一个体的生活都成为一件艺术品①。也就是说,生活美学从根本上否定了超越论美学所迷恋的二元对立理论模式,在人类的日常生活世界里将功利和审美、现实与自由、艺术与非艺术、感性和理性、主体与客体、高雅和通俗等人为设置的断裂关系还原为源始本真意义上的天然一体浑然无别之关系。美学从片面抽象的主观世界真正返回(上升)到原初的丰盈具体的生活世界,从而实现自身的学术飞跃。

三、生活美学是当代审美文化发展的理论旨归

20世纪90年代以来,中国美学界发生的最为显著的转变,无疑是审美文化及其批评全方位、多层面的崛起和发展,并在较短的时间内占据了美学话语的中心。与此同时,建国以来一直处于正统和主导地位的本质主义、体系主义美学研究方式至此开始走向沉寂退居边缘。因为这一研究至少有两大弊端:一是总体上局限于纯概念、纯理论的抽象思辨,美学远离生活、远离此在。二是从理论范畴到研究方法基本以"西方"为圭臬,缺乏深厚的民族资源和当下的实践基础。20世纪90年代以来审美文化的深广发展,则打破了这种原理研究、体系建构的绝对正统地位,将美学关注的重心从美和艺术问题的本质、概念、逻辑层面转向生活、存在、经验层面。美学开始超越"纯粹",以一种"泛化"的开放姿态和从未有过的平和心境走出书斋,返归生活,拥抱实践,回到实在。美学视阈的具体化、平民化、普泛化、本土化趣尚,已经成为当代审美文化理论与实践的重要景观。

但本质主义、体系主义研究模式的消解,并不等于美学本身的消解。实际上,从远景预测的角度讲,这种审美文化研究似乎正是本质主义美学向生活美学演变的一个过渡和中介,是生活美学即将产生的一种现实准备和实践演示。当前,审美文化这些新征象将艺术、大众、市场、性感、休闲、世俗、审美、享乐等因素掺和在一起,很难将彼此分得清

---

① 李银河:《福柯的生活美学》,《南方周末》2001年11月30日。

楚。它至少昭示着传统意义的艺术与非艺术、雅和俗之间界限的趋于模糊,表征着审美与现实、超越与此在、艺术与生活的逐渐融合。它让我们看到,审美和艺术越来越切近地走向了世俗大众,越来越亲密地接触着日常生活。这种现象意味着什么?难道除了预示着美学向日常生活世界的敞开与回归,预示着一种与超越论(或本质主义)美学迥然异趣的新的美学形态——生活美学的呼之欲出,还会有别的答案吗?

需要特别指出的是,这一审美文化现象,与所谓"后现代"语境还有某种联系。笔者从来就不认为中国已真正进入后现代社会,这一点确定无疑。但从"后现代"与"后工业"相关这一点看,中国当代,特别是20世纪90年代以来的审美文化,随着市场化、商品化、信息化等的高速发展,又确实出现了某些与"后现代"语境相近的特征,诸如艺术与商品的对接,文化、审美的视觉化趋势,大众趣味对意义深度的消解,"雅"与"俗"界限的打破,官能化、感性化的愉悦模式等,皆与所谓"后现代"症候相近相关。那么,"后现代"语境中的美学文化应是怎样一种形态?杰姆逊认为:"到了后现代主义阶段,文化已经完全大众化了,高雅文化与通俗文化、纯文学与通俗文学的距离正在消失。……后现代主义的文化已经从过去的那种特定的'文化圈层'中扩张出来,进入了人们的日常生活"。[1] 这意味着,后现代语境中的审美文化是非专业的,是没有作者与读者、专家与大众、纯粹与通俗、艺术与非艺术等明显区别的,文学艺术只是日常生活所展示的一种适当形式。在这里,人类日常生活成为后现代主义所认可的唯一实在。理由显然是,"从根本上说,后现代主义是反二元论的"[2]。

四、生活美学以得天独厚、丰富深刻的传统美学资源为根基

无论是古典的本体论、对象论美学,还是近代的认识论、主体论

---

[1][2] 杰姆逊:《后现代主义与文化理论》,唐小兵译,陕西师范大学出版社1987年版,第170页。

美学,从根源上说,都基本是西方哲学架构和思维模式的产物。我国近、现代,特别是建国以来的美学,从其秉承本质主义、体系主义的理路看,也主要是西方美学(尤其是德国古典美学)的一种搬演和模拟。中国传统美学思想在这里反而成了"他者",成了一种论证西方美学理念的"材料"。20世纪末中国涌现的大众审美文化潮流,除了市场化、商品化、高科技等原因外,我曾指出其中也有着传统文化的因素,是中国传统市民趣味的一种当代"复活"形式①。但那不过是传统文化趣尚的一种自发的"复活"。21世纪生活美学的建构,将为传统审美文化提供一种现代批判基础上的自觉"复活"形态,由此使中国美学真正成为建立在本土文化资源基础上的、能够独立地参与世界性美学对话和交往过程的民族化美学。无疑,这将是中国美学真正走向成熟的标志。

中国传统文化资源丰厚渊深,其中最合生活美学精髓的主要有二:

一是"执两用中"的中和思维模型。这一思维模型包括两方面内涵,一方面是承认世界普遍存在着两两相对的矛盾性,强调要始终抓住矛盾的这两极、两端、两面……《左传》中说:"物生有两"(昭公三十二年);《周易·系辞上传》中讲:"一阴一阳之谓道";《论语·子罕》说:"叩其两端"等,其贯穿始终的就是一种"耦两"思维,"二端"思维。中国古代文学中大量最具民族特色的骈俪文、对偶句、楹联体,以及中国人常说的"无独有偶""好事成双"等表示吉祥美好的成语俗话等,都源于这种根深蒂固的"耦两"思维。另一方面,更关键的是,中国人注重"耦两"思维,却反对将"两"(矛盾的两方面)抽象地分离、对立起来,更不主张用"两"中的一方压抑、否定另一方(即孔子所反对的"攻乎异端"),而是要求矛盾的两方面应不偏不倚,无过不及,在对峙两极之间达到彼此均衡、恰到好处的持中状态。这即《中庸》所记孔子讲的"执两用中"(第六章)之义。《周易·系辞上

---

① 仪平策:《中国的艺术大众化与"后现代"问题》,《东方丛刊》1993年第1期。

传》说:"阴阳不测之谓神";程颐《遗书》中说:"中则不偏"(卷十一)等,即是推崇矛盾双方的持中不偏、和融如一。"中"作为人格、生命、审美的最高境界,亦即最高的"道""常""极",实际上就是"两"所本所归的"一",即矛盾双方的中和如一,如叶适在《进卷·中庸》中所说:"中庸者,所以济物之两而明道之一也"(《别集》卷七),既注重"二元"又强调"归一"。这种传统的思维文化资源,对21世纪中国的生活美学或人类学美学超越西方二元对立思维,建设真正民族化的现代美学形态,是颇具参照意义的。

二是"道不远人"的审美价值范式。在中国,"美是什么"的本体论问题是融解在"美应当是什么"的价值论思考中的,审美价值论才是传统美学的理论核心。儒家经典《中庸》提出的"道不远人"(十三章)命题,即讲究道与器、真与俗、本体与存在、天国与人间等圆融不分,浑然一如的哲学文化观念,就直接形成了中国特有的审美价值论范式,即"美"之"体"与"人"之"用"的相生不离。具体来说,在中国美学中,"美"(或审美之"道")既不在"人"之外的纯然"物性"(或质料、形式)世界,更不在"人"之上的超验的"神性"(或理念、绝对精神)世界,而是就在活泼泼的"人"的世界中,在日常现世的人生体验和人伦生活中。在根本的意义上,美就是一种同"人怎样活着才更好"的考虑直接相关的人格理想(儒)和生命境界(道)。在这个意义上,中国的传统美学既不归于经验主义的科学,也不归于超验主义的神学,而是一种充溢着"人间性"、"在世性"和生活味的"人学"。毫无疑问,这一"道不远人"的审美价值论范式,这一将审美胜境与人生乐境统一起来的传统美学精神,与现代生活美学在学理上虽不尽同却极为相通。它必将为现代生活美学在21世纪中国的产生提供丰厚博深的本土文化资源,从而真正实现美学当代性和民族性的统一。

第二节　从"美是生活"到"生活美学"①

从20世纪50年代开始,当代中国美学界开始集中探讨"美的本质"难题。"美的本质"问题,始终是欧洲古典美学的核心问题,从柏拉图对"美本身"的探究开始,这种"本质主义"的思维模式就统治了欧洲美学近两千五百年之久。在这种思维模式的影响之下,陈望道在1927年的《美学概论》当中就指出:"世界之中,既有这么多种类的美及其美的事物,所以'美是什么',或'美底本质是甚么',自然是一个须得研究的问题。而且自然固然是美的,人体固然是美的,艺术亦是美的;但总不能说那自然人体艺术就是'美'。……自然人体艺术究竟不是美底本身。"显然,这就揭示出了——"什么是美"的归纳与"美是什么"的演绎——的两种思路,按照欧洲哲学寻求本质的理路,当代中国的美学也开始探询美的本质。

按照从20世纪20年代延伸到80年代的基本看法,"美的本质"问题的解决是建构美学理论的基石,只有"美的本质"才能成为建构美学体系的逻辑起点,甚至可以说,"这所谓'美是什么'和'美的事物怎样才美'的两个问题却便是关于美的两个大问题。因为有这样两个问题须得解决,所以就有了称为'美学'的一种学问"。② 这种寻求美的本质的探索,在50—60年代中国和苏联所独有的两场"美学大讨论"当中被推上了历史的巅峰。苏联的美学论争开始于布罗夫(А. И. Вуров)的专著《艺术的本质》,而中国的美学论争一般认为是始于朱光潜自我批判的文章,这场围绕着本质问题的争论影响深远,甚至"在中

---

① 作者刘悦笛,中国社会科学院哲学所研究员。本文原载《广州大学学报(社会科学版)》2019年第5期。
② 陈望道:《美学概论》,上海民智书局1927年版,第11页。

国"本土的西方美学研究也受其影响,这是以往公认的史实。①然而,事实并非如此,当代中国美学研究的真正历史起点,却并不是那场"美学大讨论",反而是尼古拉·加夫里洛维奇·车尔尼雪夫斯基(Н. Г. Чернышевский,1828—1889)的"美是生活"的主流理论,这是笔者在考察当代中国美学发展史后率先提出的观点。

一、"美是生活"成为真正的历史起点

由中国文化艺术界曾经的领袖式人物周扬所翻译的《生活与美学》,这本专著在中国实际上已成为从事马克思主义美学研究的"入门书"。作为俄国革命民主主义者、哲学家、作家和批评家,车尔尼雪夫斯基在1855年初版的这本书的原名为《艺术对现实的审美关系》抑或《艺术与现实的美学关系》,这是他在1853年所写的硕士学位论文。经过周扬的经由柯甘的英译本之妙笔转移,《生活与美学》的书名恰恰提炼出了车尔尼雪夫斯基的核心美学思想——"美是生活"——这个著名定义的两个关键词:"生活"与"美学"。这种古典化的"生活美学"的思想内核,被翻译成如此这般的经典文本:"任何事物,凡是我们在那里面看得见依照我们的理解应当如此的生活,那就是美的;任何东西,凡是显示出生活或使我们想起生活的,那就是美的。"②

如果回顾出版历史来看,在1942年延安的新华书店就已将这本《生活与美学》正式出版,周扬同时也做过一项工作,从1942年始由他选编的《马克思主义与文艺》当中,其所翻译的部分内容也陆续在上面发表,最终在1945年结集由延安解放社出版。《生活与美学》的影响

---

① 思羽(朱狄):《现代西方美学界关于美的本质问题的讨论》,凌继尧:《苏联美学界关于美的本质问题的讨论》,中国社会科学院哲学研究所美学研究室、上海文艺出版社文艺理论编辑室编:《美学》第三卷,上海文艺出版社1981年版。
② 车尔尼雪夫斯基:《生活与美学》,周扬译,人民文学出版社1957年版,第6—7页;车尔尼雪夫斯基:《艺术与现实的审美关系》,周扬译,人民文学出版社1979年版,第6页。

在20世纪40年代就已经开始,当时车尔尼雪夫斯基旧译为"车尔尼舍夫斯基",香港的海洋书店1947年再版此书,上海的群益出版社1949年又版。①在中华人民共和国成立之后,人民文学出版社再度出版了这部已广为流行的著作,使得其获得经典的历史地位,但仍沿用《生活与美学》这个原来的书名,其中1957年的那个版本影响最大。② 当1979年人民文学出版社出第二版的时候,又将书名改回《艺术与现实的审美关系》,但是此时,这本由蒋路据俄文本重校一遍的专著的影响力却逐渐缩减了。

　　大致从20世纪中叶开始,来自《生活与美学》的"美是生活"的观念就在中国被广为接受,对于中国美学界和文艺界产生的广泛和重要的影响远远超过40年代,这既是主流意识形态(马克思主义美学成为主导话语)使然,又是当时中国知识分子的集体性的选择(接受马克思主义乃是与时俱进的历史主潮)。李泽厚曾对此有个明确的判断:"有意思的现象是,在西方美学史上排不上位置的车尔尼雪夫斯基的理论却成了中国现代美学的重要经典。原因是对它做了革命的改造和理解,舍弃了原来命题的人文主义和生物学的'美是生命'的含义,突出了'美在社会生活'等具有社会革命意义的方面。而这也就与马克思

---

① 在《生活与美学》翻译出版之前,周扬已在1937年3月出版的《希望》杂志创刊号上发表了《艺术与人生——车尔尼雪夫斯基的〈艺术与现实之美学关系〉》一文,具体介绍了车氏的美学思想。同时,普列汉诺夫(1856—1918)的重要美学著作《艺术论》(由鲁迅译出,光华书店1930年版)和《艺术与社会生活》(由冯雪峰译出,水沫书店1929年版)均已出版,1934年瞿秋白翻译发表了列宁论托尔斯泰的两篇重要论文《列夫·托尔斯泰是俄国革命的镜子》和《列·尼·托尔斯泰和他的时代》。

② 在新中国成立后的20世纪50年代,出版的车尔尼雪夫斯基的相关专著还有:《车尔尼雪夫斯基论文学》上卷,辛未艾译,新文艺出版社1956年版;《美学论文选》,缪灵珠译,人民文学出版社1957年版;《车尔尼雪夫斯基选集》上卷,周扬等译,生活·读书·新知三联书店1958年版;《哲学中的人本主义原理》,周新译,生活·读书·新知三联书店1958年版;《资本和劳动》,季谦译,生活·读书·新知三联书店1958年版,该书是根据苏联国家政治书籍出版局1950年版三卷集的《车尔尼雪夫斯基哲学选集》的第二卷译出的。

关于'社会生活在本质上是实践的'（马克思《关于费尔巴哈的提纲》）的基本论断联系了起来，而使现代中国美学迈上了创造性的新行程。正是在这行程中，严肃地提出了如何批判地继承和发扬本民族的光辉传统，以创建和发展具有时代特色的中国的马克思主义美学的任务。"①

按照李泽厚的这种思想性的说明，首先，在当时的中国美学界，车尔尼雪夫斯基的思想无疑占据了主导地位，那本《生活与美学》成为了20世纪从50年代到70年代美学著作里的"经典中的经典"，乃至在中国的美学研究中占据了"西方美学史"历史梳理的极其重要的位置（欧美所做的西方美学史从未如此为之），甚至诸多西方美学史的中文专著就以车尔尼雪夫斯基的思想作为终结篇。其次，更为重要的是，车尔尼雪夫斯基的思想由此成为了当代中国美学的"历史起点"，中国美学工作者们对"美是生活"理论进行了大幅度改造，一方面抛弃了费尔巴哈思想的"自然性"倾向，另一方面显现了其与马克思主义的"社会性"之思想关联。最后，以车尔尼雪夫斯基的美学为基本出发点，中国美学工作者们其实有着自身的根本目标——为建设一套"中国化"的马克思主义美学体系而努力，与此同时，这种思想体系的建设有着两方面的要求：既要立足于本土又与时协行地得以发展。

具有标志性的事件是，在1958年中国身处"大跃进"期间，当时文艺界的旗手周扬在北京大学中文系做了《建设中国马克思主义美学》之演讲，在这次演讲里首度明确提出——"中国化"的马克思主义美学——的口号，意义也颇为重大。这同时也证明，中国美学界在当时对同时代流行的苏联教科书模式既然在接受但其实并不满意，中国人要建构属于自己的、具有中国特色的、适合中国国情的美学体系。但是，任何建设都不是空创，都需要某种模本作为建设的前提，"美是生活"的确是当代中国美学家广为接受的"前提性"的美学理论，下面就从当

---

① 李泽厚：《李泽厚哲学美学文选》，湖南人民出版社1985年版，第236页。

时的美学论述当中来看这种影响的主要取向。

首先必须肯定的是,"美是生活"的问题,关系到"美的本质"问题的解决,这在当时被视为"符合唯物论"的正确的解决方式,甚至是唯一正确的解决方式,同时这也是"中国化"的马克思主义美学建设的"出发点"。

在当时的学者当中,叶秀山这样的看法带有普遍性:"提到什么是美,我们当然不能忽略车尔尼雪夫斯基的著名的定义:'美是生活'。车尔尼雪夫斯基批判了德国古典美学,结合了俄国艺术历史和当时的艺术实践,并且坚持唯物主义观点,提出了这样的定义。这个定义影响非常深远,可以说,它几乎是以后一切马克思主义文艺批判家、艺术理论家的出发点。"[①]叶秀山也部分赞同朱光潜的"美是主客观的统一"论,并认为如果这一定义与"美是生活"论建筑在同一的基础上,那么二者之间也是不矛盾的。尽管列宁在《唯物论与经验批判论》当中认定,由于"俄国生活的落后",使得车尔尼雪夫斯基不能发展到"马克思和恩格斯的辩证唯物论",尽管这种情形也体现在其美学理论上面,但是他关于美的原则性的定义"美是生活",在20世纪中叶的中国仍具有活生生的生命力,并且是成为了中国美学更向前进的踏脚石。

然而,尽管大多数论者接受了"美是生活"的观点,蔡仪这样的持"静观的唯物主义"的美学家却并非如此,自他从1947年读到《生活与美学》时就将该书的思想作为《新美学》曾经批判的对象,[②]因为他并不能认同"美不能脱离人类社会生活"的基本观点,当然后来的蔡仪受到大势所趋的影响也部分承认了车尔尼雪夫斯基理论的合理性。尽管蔡仪早在中华人民共和国成立前就看到车尔尼雪夫斯基观点与自己的差异,但在成立后的1956年发表的文章当中,蔡仪又试图用车氏的观

[①] 叶秀山:《什么是美?》,《文艺报》编辑部编:《美学问题讨论集》第二集,作家出版社1957年版,第99—100页。

[②] 蔡仪:《唯心主义美学批判集》,人民文学出版社1958年版,第2页。

点来作为自己观点的佐证,这也是一种悄然的转变。回到"形式美"论上更能看清这种思想差异,车尔尼雪夫斯基认定"喜欢和厌恶一种颜色",关乎它是"健康的、旺盛的"还是"病态的和心情紊乱的""生活的颜色",①而蔡仪则将颜色的美丑关系到"震动状态和放射微粒"的属性条件,所以,前者将颜色美丑关乎生活的内容,而后者则只将之关联于自然属性的形式规定性。但是,多数的论者认为,离开了"美是生活"的认识,专从事物的形式的特征去寻找美的本质只能陷入混乱,因为形式的特征并不能说明事物的美,它们只是美的形式的因素而已,所以还是要结合生活来理解形式美,因为"形式美的秘密就在于:这些形式的特征与生活发展的基调的内在的谐和,从形式本身是无法理解形式美的,只有把形式的特征与生活的特征联系起来时,才能深刻地理解它"。②

二、"美是生活"的三种中国化阐释

既然"美是生活"被大多数论者作为建构中国马克思主义美学的起点,那么,不同的论者就从不同的角度来发展车尔尼雪夫斯基的唯物论美学,但是,发展出来的观点却既可能是彼此接近的,又可能是相互对峙的,但他们基本上都认同车尔尼雪夫斯基所论的生活就是"社会生活",而相对忽视了车尔尼雪夫斯基原本所说的生活还包括"生命"的底蕴。最近,也有论者如钱中文在与笔者交流中认为,车尔尼雪夫斯基所用的"生活"的俄文原文,按照其本义其实可以翻译成"生命",尽管车尔尼雪夫斯基所用的"生活"包括此意,但是如果单单翻译成"生命",那么,"依照我们的理解应当如此的生命"这句话就变得难以理解了。那么,当代中国美学思想究竟是如何从车尔尼雪夫斯基的"美是生活"的思想当中发展出不同的路数来的呢?

---

① 车尔尼雪夫斯基:《美学论文选》,缪灵珠译,人民文学出版社1957年版,第121页。
② 曹景元:《美感与美——批判朱光潜的美学思想》,《文艺报》1956年第17号。

第一种发展的观点最切近车尔尼雪夫斯基本人,这种观点认为"生活就是美的真正本质,也是美的唯一标准",①车尔尼雪夫斯基也曾说过"生活就是美的本质"的原话,②但是他自己更倾向于认定美就是生活本身。

这种观点直接从"生活"的界定出发,并接受了进化论式的人与环境互动的观点,认定生活首先就是人与人的相互关系,其次也指人与自然的相互关系(因为人不与自然作物质变换就不能继续生活下去),"生活就是人类生存与发展的过程,就是人与环境交互作用的过程,就是人与自然、人与人的关系的过程的总和。人的生活总是社会的生活。"③既然生活本身是具有社会性的,那么,按照当时中国马克思主义的理解,"无限丰富多彩生动具体的生活"是劳动创造出来的,劳动才是生活的基础,在劳动基础上的"社会进步"才是生活的保证,可见,这种视野当中的生活乃是一种健康的生活(其特征包括新生、青春和朝气,创造和智慧,勤劳、勇敢和人道主义等等)。按照这种具有积极价值取向的观点,人们既认识了"现实中的美",又同时按照"美的法则"改造着现实。

依据这种基本思路,蒋孔阳认为:"美这种社会现象……它是从生活的本身当中产生出来的。……因此,和生活联系在一起的美,就必须像生活本身一样,是具体的、感性的……因此,美不仅以人们客观的社会生活作为它的内容,而且也以生活本身那种具体的感性形式,作为它的形式。"④所以,人类的带有目的性的、创造性的、能够引起美感和满足审美需要的活动就构成了美的活动,这种美的活动便构成了美的客观社会内容。洪毅然认为:"美是事物处于人类生活实践关系中,首先

---

① ③ 曹景元:《美感与美——批判朱光潜的美学思想》,《文艺报》1956年第17号。
② 车尔尼雪夫斯基:《美学论文选》,缪灵珠译,人民文学出版社1957年版,第64页。
④ 蒋孔阳:《简论美》,《学术月刊》1957年4月号。

基于它对人类生活实践所具有的意义和所起的作用,决定它是好或坏的事物。"①即便是色、线、性、音等形式要素也是充满着丰富的社会性内容的。曹景元同样认为:"事物的一定特性本身并不是美,只是由于它与生活发生了特定的关系,由于它表现了生活才成为美。……因此,事物由于它具备有一定的自然特性,而由于这种特性使它对人生有着积极的意义或表现了生活,所以才是美的。"②这些以生活作为美的本质的观点之间都是非常接近的。

第二种观点尽管也来源于车尔尼雪夫斯基,但居然走向了车尔尼雪夫斯基唯物论的反面,从而认定美就是一种观念,这种观点以"主观派"的吕荧为代表。

吕荧这样评价"美是生活"的理论:"彻底的唯物论者车尔尼雪夫斯基,他不是从抽象的一般的美的标准或事物的属性条件来谈美的,他从现实生活出发,两只脚坚实地站在生活的基础之上。"③这种理解与多数的论者保持了高度一致,但是吕荧归依这种理论是为了与蔡仪的《新美学》的客观化取向划清界限,因为在他看来,美不是物的属性,也不是超然的独立存在,而是随着历史与社会生活的变化发展而变化发展的,并且由此反作用于人的生活和意识。吕荧称车尔尼雪夫斯基为"战斗唯物论者",认为他在 1853 年的《现代美学观念评论》里面完全否定了当时流行的德国唯心论美学的"观念(或典型)完全实现在特殊的事物上"就是"美"的理论,而把美安置在生活的基础上,创立了唯物论的美学理论。

吕荧进而认为:"美是生活本身的产物,美的决定者,美的标准,就是生活。凡是合于人的生活概念的东西,能够丰富提高人的生活,增进人的幸福的东西,就是美的东西。"④然而,在行文的最后,吕荧将生活

---

① 洪毅然:《美是什么和美在哪里?》,《新建设》1957 年 5 月号。
② 曹景元:《美感与美——批判朱光潜的美学思想》,《文艺报》1956 年第 17 号。
③④ 吕荧:《美学问题——兼评蔡仪教授的〈新美学〉》,《文艺报》1953 年第 16、17 期。

与意识"互文"使用的时候,已经开始走向了观念的另一面,直至最终将美定位为"社会观念",但有趣的是,他强调的始终是"社会的"观念,而非个人的观念。这种观点来自车尔尼雪夫斯基"依照我们的理解应当如此的生活"来解释生活的思路,吕荧最终认定,美就是人的"社会意识",就是社会存在的反映,它实际上是"第二性的现象",尽管他亦赞成必从"社会科学"观点和"历史唯物论"观点来对美的根本问题加以说明。但具有悖谬性的是,美一方面被吕荧视为社会化的"观念",但是又被认定其绝非超现实、超功利、无所为而为的,这无疑是一种思想的内在矛盾。

第三种观点更直接来自车尔尼雪夫斯基,可以说,早期已初具实践论萌芽的李泽厚的美学,也是脱胎于"美是生活"的理论的,李泽厚本人也亲口说过"实践美学"其实就来自当时的"生活美学"。

李泽厚的《蔡仪〈新美学〉的根本问题在哪里》这篇文章在1959年7月24日完成,该文在收入《美学论集》之前并未公开发表,按照这篇文章的阐释,"美是生活"说,不但是反对"唯心论"之有力武器,而且也是反对所谓"机械唯物论"和"形式主义"美学之有力武器。①一方面,李泽厚并不满于吕荧借助车尔尼雪夫斯基美学的"漏洞"而走向了"观念论";另一方面,更不满于蔡仪回到更为传统的"直观的"唯物主义的趋向,由此给出了自己对"美是生活"的独特理解:"马克思主义美学的任务就在于:努力贯彻车尔尼雪夫斯基的这条唯物主义美学路线,用历史唯物主义的关于社会生活的理论,把'美是生活'这一定义具体化、科学化。"②如此一来,李泽厚就从"美是生活"这一历史与逻辑起点出发,来建构他自身独立的美学思想体系的。按照当时这种新构的美学思想来加以反观,车尔尼雪夫斯基的美学正如其哲学一样,没能完全摆

---

① 李泽厚:《〈新美学〉的根本问题在哪里》,李泽厚:《美学论集》,上海人民出版社1980年版,第120—125页。
② 李泽厚:《论美感、美和艺术(研究提纲)——兼论朱光潜的唯心主义的美学观》,《哲学研究》1956年第5期。

脱费尔巴哈的人本主义的影响，所以，生活在他那里仍是抽象和空洞的"人本学的自然人"的概念，关键是要在其中充实进唯物主义所推重的那种丰富和具体的"社会历史存在"的客观内容。但车尔尼雪夫斯基这种说法却是一切所谓"旧美学"中最接近马克思主义美学的观点，它基本符合李泽厚的"客观性和社会性相统一"的早期观念，因为它肯定了——美只存在人类社会生活之中，甚至可以说，美就是人类社会生活本身。

质言之，李泽厚对于美学的改造就从"社会生活"直接入手，他依据对马克思思想的更为原本的理解，将这种社会生活理解为"生产斗争和阶级斗争的社会实践"，"人类社会在这样一种革命的实践斗争中不断地蓬蓬勃勃地向前发展着、丰富着，这也就是社会生活的本质、规律和理想(即客观地发展前途)。"①李泽厚还引用了康士坦诺夫主编的《历史唯物主义》的相关论述，证明社会生活是一条长河，它滔滔不绝地流向更深更大的远方，它是变动的；但是，追本溯源，生活又有着它的继承性，在"变"中逐渐累积着"不变"的规范和准规。在李泽厚更早的用语那里，我们惊奇地发现，"生活"与"实践"两个词往往是可以互换的，而且常结合为——"生活实践"——这个新词，因为只有"从生活的、实践的观点"出发，才能根本地解决美的本质问题："如果说美感愉悦是人从精神上对自己生活实践的一种肯定、一种明朗的喜欢的话；那么美本身就是感性的现实事物表现出来的对人们生活实践的一种良好有益的肯定性质"，"当现实肯定着人类实践(生活)的时候，现实对人就是美的"。②

在此前思想拓展的基础上，李泽厚在《论美是生活及其他——兼答蔡仪先生》这篇文章当中，直接对"生活论"加以发展并区分了自身

---

① 李泽厚：《论美感、美和艺术(研究提纲)——兼论朱光潜的唯心主义的美学观》，《哲学研究》1956年第5期。
② 李泽厚：《〈新美学〉的根本问题在哪里》，李泽厚：《美学论集》，上海人民出版社1980年版，第143、146页。

的观点与蔡仪、朱光潜的差异。针对客观派,他认为车尔尼雪夫斯基对黑格尔的批判基本适用于批判蔡仪,因为美被视为观念(一般性)在具体形象(个别)当中的显现,而蔡仪的典型论也是要在个别具体物象当中显现"种类一般性"(车尔尼雪夫斯基也曾批驳蛙能表现蛙的理念但到底是丑陋的,这个观点被通俗化地用来批驳典型论:最美的癞蛤蟆对人而言也是丑的)。针对朱光潜的主观取向,李泽厚明言:"否认美的客观性,否认美是生活,把美仅看作艺术的属性,这一方面就会把艺术性、文艺特性与美等同起来,另一方面就会把艺术(艺术美)归结为主观意识的产物,从而就会否认深入生活中去的根本意义。"①由此可见,李泽厚利用车尔尼雪夫斯基的生活观两面出击,分别批驳了对手的两种思想倾向。

总之,车尔尼雪夫斯基曾在中国美学史上得以广泛播撒的"美是生活"理论,由于其将生活与美直接加以相互同一,从而未对"生活"的本身复杂的内在结构加以更为细微的区分,按照当时的眼光来看,"生活本身自有其复杂性,有属于物质的,有属于精神的;有属于基础的,有属于上层建筑的",②从而容易模糊了生活本身的意义。③实际上,将"美是生活"解析为本身、本质和本源的三种理解是更为适宜的。第一种理解为:美就是生活"本身",反之亦然,美的本身也就是生活;第二种理解是:美以生活为"本质",或者说,生活构成了美的本质性规定;第三种理解则为:生活是美的"本源",反之则不是如此,美并不能成为生活的本源,这是肯定的。由此出发,才能对从古典到当代的"生活美学"的不同形态给予更为细致与深入的辨析。但无论怎样说,李泽厚本人在新的世纪与笔者的对话当中,也曾明确表示,实践美学最早就来

---

① 李泽厚:《论美是生活及其他——兼答蔡仪先生》,《新建设》1958年5月号。
② 孙潜:《美是意识形态》,《文艺报》编辑部编:《美学问题讨论集》第二集,作家出版社1957年版,第117页。
③ 刘悦笛:《生活美学——现代性批判与重构审美精神》,安徽教育出版社2005年版,第176—179页。

自于生活美学,但是究竟"什么是生活",关键还是要引入《费尔巴哈提纲》当中的实践观点,这是实践美学的真正缘起的地方。

与此同时,"美是生活"论的内在缺陷,从理论上看不仅仅在于对于"生活"的模糊理解,而且,还在于如下的方面:

其一,"人本学"的倾向:车尔尼雪夫斯基的整个哲学及美学并未摆脱费尔巴哈人本学的深入影响,特别是对"生活"的理解仍未摆脱生物学的意义,往往将生活解释为低级意义上的"生命"状态(不曾想从20世纪80年代开始生命化的美学在中国又开始回潮)。

其二,"反映论模式"的自身矛盾:在车尔尼雪夫斯基的美学思想那里,他一方面强调"艺术不过是现实的苍白的复制",但另一方面又要求艺术去"说明生活",从而成为"人的生活的教科书",然而矛盾就在于,艺术既然是如此的苍白和贫弱,又如何能"对现实生活下判断"呢?众所周知,"美是生活"的理论,最终被归结为机械直观的模仿论,它更多要求艺术去再现和模仿生活(这与50年代开始中国艺术所渐成的"社会主义的现实主义"主潮是相互匹配的),这曾经成为绝对的主流思想。

其三,"自然美"难题:车尔尼雪夫斯基试图否定艺术美(因为按照他的观点,"真正的最高的美正是人在现实世界中所遇到的美,而不是艺术所创造的美"①),也无法解释自然美自身的难题,然而,问题就在于,自然美并非只令人想到生活才是美的(尽管如此,自然美难题在20世纪50—60年代的中国仍被视为解决"美的本质"问题的钥匙)。

其四,"认识论"视角:车尔尼雪夫斯基所心仪的"生活"具有一种理想主义的乐观意味,他"所说的美主要是指对生活的一种认识,指生活的理想或理想的生活",②从而仍囿于认识论的框架来理解生活,从而不可能走出古典而展现出本体论的维度。

---

① 车尔尼雪夫斯基:《生活与美学》,周扬译,人民文学出版社1957年版,第11页。
② 孙潜:《美是意识形态》,《文艺报》编辑部编:《美学问题讨论集》第二集,作家出版社1957年版,第116页。

由此可见,车尔尼雪夫斯基意义上的"生活美学"仍是不彻底的,我们可以姑且称之为一种本质主义观念的"生活美学",因为他在本质观上力求寻求回到现实生活的创新,但诸多具体问题仍滞留于传统思想内,这样就既没有也不可能一以贯之地解决生活的问题和美学的难题,这与21世纪初叶方兴的"生活美学本体论"是迥然不同的。

三、新世纪"生活美学"的转向

进入新的世纪之后,当代中国美学又开始了新的征程,而且与国际美学前沿的发展逐渐已经日渐同步化,当代中国美学的发展正在实现着一番崭新的历史革新。当前的中国学界的学者们,试图要超出实践美学及其各种"后学"的思维范式,所以他们就力求回归到现实的"生活世界",来重构当代中国美学本体论。实际上,"生活美学"的建构在中国是深深植根于本土传统之上的一种美学新构,它所代表的新世纪中国美学的所谓"生活论转向"。从20世纪50年代就已经开始,中国美学思想曾集中追问过"美的本质"问题,从90年代开始,这就转换到所谓的"本体论时代",到了新世纪之后,"生活论转向"的新视角得以被广泛接纳了下来。如今的"生活美学",已经成为中国美学未来发展的一条可行之路,它一方面力图摆脱实践美学的基本范式,另一方面又不同于后实践美学的旧模式,当然更不同于介于"生产美学"与"存在美学"间的各种旧有的美学形态,从而为新世纪的中国美学找到新的发展之路。

作为与国际美学得以同步发展的最新的美学思想之一,"生活美学"在中国并不是在受到外国美学影响之下而产生的,而基本上是自本生根地得以生长出来的(这与环境美学和生态美学所走的路并不相同),但是却与国际美学最新思想之间实现了异曲同工的连接。众所周知,20世纪西方美学的主流曾以艺术为主要研究对象,大致从世纪末才开始,欧美美学研究的领域重新丰满了起来。我始终认为,"艺术界"、"环境界"与"生活界"终于成为了国际美学研究的三大领域,美学从而可以在最为广阔的世界得以实现力量。"艺术哲学"的研究仍在得以继续发展,早期的"自然美学"研究逐渐扩大为"环境美学"研究,"生活美学"则作为最新的思潮而出场,由此所谓"人类生活美学"(the aesthetics of human life)的确成为了在当代美学中拓展范围的时候所集中探讨的热点之一。①

如今,"生活美学"已经开始走出亚洲,走向了世界美学之林。当代全球美学正在走出所谓"后分析美学"的传统,"分析美学"曾经以艺术作为研究核心的趋势已出现衰微,由此才出现了所谓 Aesthetics of Everyday Life 新潮,而回归生活世界的美学更在中国引发了相应的兴趣,笔者则直接称之为 Aesthetics of Living,以区别于当今西方的最新美学形态,这不仅是语言上的分殊,而且也是思想上的异质。2012 年在中国举办了名为"生活美学:东方与西方的对话"的国际美学会议,邀请了国际上的众多重要美学家来共同商讨"生活美学"的全球话题。这个会议的成果就是刘悦笛邀请国际美学协会前主席柯提斯·卡特(Curtis L. Carter)共同主编的英文文集《生活美学:东方与西方》(*Aesthetics of Everyday Life: East and West*)。②这本书历经近四年的编撰 2014 年由剑桥学者出版社出版,被列入斯坦福哲学百科的"生活美学"(Aesthetics of Everyday Life)与"环境美学"(Environmental Aesthetics)两个词条当中。③ 而且这两个词条恰是美学类词条里面仅仅新增的两个词条,因为从"环境美学"到"生活美学"是最具前沿性的国际美学新生点。

在《生活美学:东方与西方》这本英文著作当中,中国学者在言说

---

① Andrew Light and Jonathan M. Smith eds. ,*The Aesthetics of Everyday Life*,Columbia University Press,2005,p. 39.
② Liu Yuedi and Curtis L. Carter eds. ,*Aesthetics of Everyday Life: East and West*,Newcastle upon Tyne: Cambridge Scholars Publishing,2014.
③ Yuriko Saito "Aesthetics of the Everyday ",https://plato. stanford. edu/entries/aesthetics-of-everyday/; Allen Carlson,"Environmental Aesthetics",https://plato. stanford. edu/entries/environmental-aesthetics/.

生活美学时统一使用的术语就是 Aesthetics of Living,他们撰写的文章是刘悦笛的《文化间性转向视界中的"生活美学"》、王确的《美学在中国的转变和生活美学的新范式》和台湾地区学者潘幡的《传统中国文人生活美学的现代问题》。① 在本文集里面,九位西方学者与包括日裔学者在内的四位东方学者在生活美学基本问题上进行了理论的阐发、探讨与交锋,其中的中国学者就是要通过对话告诉西方学人:"生活美学"在中国乃是自本生根地得以生长的,我们由此可以"报本反始"将古典美学进行创造性的现代转化。正如刘悦笛在为该书所撰导言时所指出,该书聚焦于当今全球美学的核心之处,即在东西方文化中的日常生活这个全新关注点,这涉及东西方学术的合作以及当代西方和中国美学的重新界定的问题。② 将"生活美学"置于东西方的文化对话当中加以重新建构,从而试图熔铸出一种具有"全球性"的崭新生活美学形态,这将是未来中国美学的重要任务之一,更是当今中国美学对世界所做的重要贡献。

第三节　中国生活美学的形态与问题③

说来或许牵强,但我个人还是愿意将中国新世纪兴起的生活美学,看作是20世纪以来的第四次美学热潮。理由有两个,一个是它已经引起人们越来越多的关注。2010年在北京举办的世界美学大会,就特设了日常生活美学和生活美学两个会场,④同年《文艺争鸣》还开设了生活美学专栏,此后国内举办的大大小小的生活美学会议也不下十次。

---

① Liu Yuedi and Curtis L. Carter eds., Aesthetics of Everyday Life: East and West, Newcastle upon Tyne: Cambridge Scholars Publishing,2014,pp. 14—26,165—172,173—180.
② Liu Yuedi and Curtis L. Carter eds., Aesthetics of Everyday Life: East and West, Newcastle upon Tyne: Cambridge Scholars Publishing,2014,pp. vii-viii.
③ 作者张宝贵,复旦大学中文系教授,本文原载《美学与艺术评论》2019年第18辑。
④ 刘悦笛:《生活美学:全球美学新路标》,《中国文化报》2010年8月27日第3版。

据个人不完全统计,20世纪80—90年代以生活美学为名的论文只有十二篇,著作七部,硕士和博士论文没有。但进入21世纪至2018年末,论文就有二百八十一篇,著作八十一部(包括港台),硕士和博士论文也达至四十三篇。更为难能的是,生活美学不只停留在殿堂内探讨,而且还走了出去,在茶道烹饪、生态休闲、家居养生乃至产业设计等众多生活场域开花结果,景象繁荣。美学能得生活如此待见,着实不易。所以有学者将"生活美学转向"看作当代中国美学"实践论转向""生存论转向"后的本体论转向,①我个人还是同意的,其中的确存在创建一套独特话语的意向。第二个理由是生活美学也有它的现实土壤。如果说20世纪二三十年代第一次热潮的土壤,是启蒙与革命的需求,五六十年代第二次热潮是建设马克思主义美学的宏愿,80年代第三次美学热潮是重塑人文精神的热望,那么这一次,或许是来自消费时代的大众呼声。无论觉察与否,思潮总是时代的投影。

可是做出这个结论,也有令人迟疑的地方。或许由于起步晚,积累弱,目前的生活美学恐怕只能算是一种多向蔓延的思潮,呈现为多种思想形态。里面诚然有很多珍贵的想法,却还称不上严格意义上的理论,它的思想根基、思路架构、细节琢磨等等,还不稳定、不系统、不深入,还有诸多问题需要进一步思考。当然,迟疑不代表否定。既然时代给了丰厚土壤,美学向生活转向自有其来去理路,只需给它时间。至于"热潮"与否只是方便比照,用别的名词来称谓也不无不可,只要适合描述这个现象。

一、中国生活美学的三种思想形态

描述目前中国的生活美学很难。传统美学只研究文艺,目标专一,至少边界还好理解;可生活美学在思辨、消费、旅游、家居、茶饮等众多

---

① 刘悦笛:《当代中国"生活美学"的发展历程》,《辽宁大学学报》2018年第5期,第144页。

生活领域都有它的影子,难免给人"满天飞"的印象。到底说的是谁?颇令人困惑。这是其一。再则,若用理论的规格来要求它,难处就更多。给人印象最深的一点就是,生活美学讲了很多话,但很少有自己的话,很多都是别人在说话,是传统理论美学、西方生活美学、传统生活美学在说话。究竟是谁在说?分辨起来也不容易。这就是我称之为思潮而非理论的缘故。思潮可以在一个大方向下多向延伸,想法暂时也可以不用那么周详、规整、系统,理论就不行。当然,理论并非一天建起,它也是一种过程。所以这里我只是根据时间线索和理论意向,将众多的生活美学话语形式大略归为三类,一是应用性生活美学,二是日常性生活美学,三是思辨性生活美学。

1. 应用性生活美学

应用性生活美学在中国出现得最早。新世纪前的生活美学主要是这种类型,当然新世纪后也有,至少存在它的影响。1987年,最早提出"生活美学"概念的吴世常在一篇文章中讲道,"以往美学研究,偏重美学理论的探讨,忽视对应用美学特别是对生活美学的研究。"[1]话虽不长,却点出了此类生活美学最主要的两层意思,一是反对理论美学,后来又有人把这种理论美学或文艺美学称作"经院美学""纯美学""哲学美学"等等,[2]一是将生活美学理解为应用美学,和文艺美学并列的"应用美学的分支学科"。[3] 这两层意思一破一立,目的都是将美学的目光从理论拉到生活实践上来。有意思的是,当时与这类生活美学相关的书籍尽管出版了不下五十七部,甚至也是第三次美学热潮中的重要一脉,但参与者中几乎找不到第二次美学热潮中的人物,也少有美学新锐

---

[1] 吴世常:《生活美学研究的几个问题》,《上海师范大学学报》1987年第2期,第131页。
[2] 参见周志诚:《生活与美学》,广西师范大学出版社1988年版,第291页;单纪文等:《魅力在你身边:关于日常生活的美学》,轻工业出版社1989年版,第4页;傅其三:《家庭生活美学》,兵器工业出版社1993年版,第2页。
[3] 傅其三:《生活美学的理论构架》,《湘潭大学学报》1993年第2期,第82页。

触及这类话题,而且进入新世纪后,这类美学也近乎销声匿迹。为什么会这样?这恐怕只有放到滋生它的语境中才能理解。

今天回过头去看,1981年由九家单位共同发起的"五讲四美"活动,至少包含两层重要信息。第一层信息好理解,就是把善、美的价值观念应用到生活行为和生活环境当中。难理解的是第二层意思,它应该是由上至下发起的一场配合现代化经济建设的精神价值建设。① 其他不谈,至少对美学的要求极高,涉及的绝不仅仅是美学知识的生活化,它本身的内容架构也必然会发生变动,否则势必与生活间存在两层皮的现象。

遗憾的是,当时的生活美学看到的只是第一层信息。在处理美学与生活的关系时,也只能在美学知识的"应用""美育""美化生活"的意义上来理解。② 它还来不及将活动的外在需求转化为理论的内在自觉,来不及疏通美学与生活的逻辑通道,所能做的,只是将自己所理解的美学知识铺设到自然、社会等众多生活领域,结果人们看到的几乎千篇一律都是劳动美、环境美、语言美、风度美、人格美、服饰美、按摩美等的传道,至多前面加些车尔尼雪夫斯基、马克思、高尔基等与生活美学有关的讨论。这些都容易理解,也不难体谅,至少相比当时向理想高空攀缘的理论美学,它还是看向了支撑美学思想的大地,纵使不是自觉的。

---

① 中共中央第十二届三中全会《关于经济体制改革的决定》文件讲得很明白,"在创立充满生机和活力的社会主义经济体制的同时,要努力在全社会形成适应现代生产力发展和社会进步要求的,文明的、健康的、科学的生活方式,摒弃那些落后的、愚昧的、腐朽的东西"。(《十一届三中全会以来党和国家重要文献选编》[一],中共中央党校出版社1998年版,第163页)新的"生活方式"要求的不仅仅是实践,更重要的是实践什么样的精神。

② 活动展开不久,就已经有人将其理解为"具有广泛社会性的审美教育活动",(嘉宾:《"五讲"、"四美"是具有社会性的审美教育活动》,《锦州师范学院学报》1981年第2期,第5页)事实上它也的确演化为美育活动,1986年教育部就将"美育"列入教育方针。很多人也将此活动的性质理解为"美化自己的生活"。(曾闵:《生活美》,甘肃科学技术出版社1988年版,第6页)

2. 日常性生活美学

理论的问题不能只靠理论自身来解决,有些时候,必须要靠现实来扯动理论的目光。日常性生活美学的出现就是如此。进入新世纪后,人们亲眼见到了现代性经济发展给生活带来的改变,也觉察到随之而来的人们价值观念的悄然转换。里面有好的,比如公平多元、尊重个性空间,但更刺激人的是负面影响,像拜物无情、利益至上、尊卑失序等等。这些必然会触动一部分人的神经,尽管很多年轻人并不觉得这是什么问题。但更大的触动是对美学。一些美学新锐走出传统理论殿堂,最先把目光投向中国的消费社会。他们注意到了审美走进商场橱窗、酒吧包装、媒介广告、时尚着装等等日常生活事实,在理论上自觉反省这些社会生活现象。大致在2002年前后,他们提出了日常生活审美化的论断,很快引发讨论热潮。热潮的出现,是由于他们本出自理论美学阵营,受过专业而系统的美学教育,更因为他们的看法极具挑战性。

首先是对传统美学特别是文艺美学的挑战。此前的应用性美学也不是不反对理论美学,却没有否定它们,没有动它们的奶酪,甚至还承认乃至恭敬它们的独立地位,说"文艺美学不能为生活美学所代替",[1]生活美学和艺术美学同为理论美学下属分支,[2]二者尽可以各行其是。日常性生活美学则不同,它是由下至上感受到了消费社会中"文学艺术的死亡"征兆,[3]进而形成"对文艺学的挑战",[4]是要抹除文艺学的疆界,在实质上危及了传统理论的生存,引起剧烈反弹不足为奇。

其次是限定日常生活的边界。和应用性生活美学全面覆盖各个生活领域不同,这类美学基本上只针对生活中的日常部分,环境、生态、家

---

[1] 吴世常:《生活美学研究的几个问题》,《上海师范大学学报》1987年第2期,第131页。
[2] 傅其三:《生活美学的理论构架》,《湘潭大学学报》1993年第2期,第82页。
[3] 朱国华:《中国人也在诗意地栖居吗?——略论日常生活审美化的语境条件》,《文艺争鸣》2003年第6期,第16页。
[4] 陶东风:《日常生活的审美化与文化研究的兴起——兼论文艺学的学科反思》,《浙江社会科学》2002年第1期,第166页。

居、旅行、养生、茶道,等等,"是实际在食、衣、住、行当中体现出来的"生活美学,①其他像职业劳动、宏大社会事件均不在视野之内,近些年愈来愈多的中国古典、近现代生活美学尤其如此。

最后是明确理论取向。有意思的是,尽管这类美学承认审美在日常生活中泛化的事实,更没有反对这种泛化,却对其中某些泛化现象持批判态度。一是继续批判传统自律性的精英主义理论美学;一是文化批判,批判"畸形的消费主义和享乐主义",包括"建构一种具体的政治批判话语",②或者是批判现代工具理性在物欲、性别、民族三方面带来的"三重压迫"。③ 当然,持赞赏态度的也大有人在。他们或是与古典、近现代文人雅士的恬淡清静暗通款曲,或是从中体味到精神超越回归到生活感受的意义,力图确立"新感性价值本体",④建设生活美学的理论体系。

3. 思辨性生活美学

然而,建设理论体系意向更明确的,是同一时期兴起的思辨性生活美学。这类美学的来源主要有两条渠道,一条是过去实践美学、实践存在论美学等向实际生活的转向,一条是受西方现象学、实用主义美学、语言哲学、马克思美学或中国古典美学启发,出现的本体论生活美学。与前两类生活美学不同,它们更讲求哲学根底,更注重体系的严密性,无论批判还是建构,显得更能切中肯綮。这些主要体现在三个方面。

第一,否定传统理论美学的哲学根底。相比而言,应用性生活美学的批判更多是种妥协,它们操持的还是主观和客观这类传统美学的范

---

① 蒋勋:《天地有大美:蒋勋和你谈生活美学》,广西师范大学出版社2006年版,第11页。
② 陶东风:《走出精英主义,坚持批判精神——日常生活审美化十年谈》,《江苏行政学院学报》2011年第6期,第32页。
③ 周小仪:《消费文化与审美覆盖的三重压迫——关于生活美学问题的探讨》,《欧美文学论丛》年刊2004年,第201—204页。
④ 王德胜:《回归感性意义——日常生活美学论纲之一》,《文艺争鸣》2010年第3期,第8—11页。

畴和观念，并没有自己的独立话语。日常性生活美学反叛的态度是有了，还很激烈，但击中的却大多是枝叶。思辨性生活美学似乎做得就更彻底一些，认为传统理论的根本错失，是将观念的存在当作现实的存在，是种"现成论"。"现成论的要害是把人与世界从生生不息的生成之流中抽离出来，使之双双变成现成的实体存在者。"①所谓本质主义、二元论等，问题都出在这里。

第二，将生活（或"实践""存在"等）视为哲学本体，并做出结构性分析。李泽厚的实践美学在这方面的思考较多，也很具启发性。他说"哲学就是要彻底，要讲根本，讲最后的实在，"②即所谓"体"，而"根本、实体，就是现实的日常生活"。③ 他把这样的生活在逻辑上拆分为两部分，一是"人活着"，决定它的是物质生产，即"实践"；决定实践的是科学，所以他对科技理性总体上是支持态度。再一个是人往"何处去？""为什么活？""活得怎么样？"④也就是审美的问题。虽说受到李泽厚很大影响，但刘悦笛却不大赞同用"实践"做生活美学的根基，觉得这个词离美学有距离，是"间接根源"，不是"直接根源"，直接根源是"情本体"，所以要把情这个本体"贯彻到底，这才是本与体。"⑤他突出的是李泽厚生活结构的第二个层面。

第三，自觉或不自觉地将审美视作所有生活方式的基本属性。这是本体论生活美学的标志性特征。李泽厚很早就提到过"美的哲学是

---

① 朱立元：《走向实践存在论美学》，苏州大学出版社2008年版，第38页。
② 李泽厚：《政治与经济：本末倒置的世纪》，《告别革命》，香港天地图书公司1995年版，第16页。
③ 李泽厚：《静悄悄地工作》，《李泽厚对话录·八十年代》，中华书局2014年版，第88页。
④ 李泽厚：《哲学探寻录》（提纲之六），《李泽厚学术文化随笔》，中国青年出版社1998年版，第5页。
⑤ 刘悦笛、赵强：《从"生活美学"到"情本哲学"》，《社会科学家》2018年第2期，第5、8页。

人的哲学最高级的巅峰",①意思就是可以"把美和审美引进科技和生产、生活和工作"。② 这当然已远远超出日常性生活美学划定的疆界。不过,思辨性生活美学截至今天,至多是搭设了种种理论框架,系统的工作远未完成。

上面谈的是中国生活美学的建设情况。里面好的地方是主要的,比如反对传统理论美学,关心人的现实生活,希望里面多些美的享受,在道理上也更能说服人。接下来要谈的是其中需要进一步思考的问题,包括现代性问题意识、理论自主意识、形而上意识、模式分析意识、生活介入意识共五个方面。

二、现代性问题意识

理论美学过去把自己关在象牙塔里,不关心实际生活问题,自有其理由。在一些特殊历史时期,关心现实问题会危及身家性命,所以不能谈。就像魏晋时期嵇康、阮籍他们,长时间装疯卖傻以求"全身",这些都不难体谅,却很难说得出口。当然也有能说出口的理由,而且很正当,比如美学研究的是艺术,艺术属于一种特殊意识形态,身居上层建筑,研究是的理论问题,而不是生活问题,早期创造社不满"为人生"的文学研究社就是如此。这样讲是有道理的。经济学有自己的研究对象,政治学也有它的研究对象,美学自然也有美学的研究对象,有自己的特殊性,有的理论说是审美形式,有的说是审美知觉,有的说是审美意识形态,更多的说是艺术。可无论如何特殊,那些特殊对象的问题,归根结底都来自实际生活问题,不好因为自己的特殊,就否定这个最终来源。而且只有回到这个来源,特殊性的问题才能得到真正解决。所以我觉得马克思这句话讲得很对:"人应该在实践中证明自己思维的

---

① 李泽厚:《康德哲学与建立主体性论纲》,《李泽厚哲学美学文选》,湖南人民出版社1985年版,第162页。
② 李泽厚:《试谈中国的智慧》,《中国古代思想史论》,人民出版社1985年版,第322页。

真理性,即自己思维的现实性和力量,自己思维的此岸性。"①美学理论若不从现实中的问题出发,恐怕也解决不了文艺、审美自身的问题。从这个角度来看,当今中国的生活美学有的做得不错,有的尚缺乏足够的现代性问题意识,存在形式化、片面化、功利化的倾向。

这里提现代性问题意识,是说中国生活美学若想成为一种现实的力量,必须要把握好今天中国最基本的生活问题。最近这些年西方和中国有很多人都在讲现代性,理解各有不同。我个人更倾向于马克思的意见。他说,告别封建社会时代,进入现代资本社会是历史必然,发展科学技术,提高生产力本身都没错,但是这本身也必然会产生拜物、渎神、全球化及异化的问题;问题要解决,却不应以牺牲经济发展为代价。他的意见更为契合今天中国的生活语境,对把握中国的生活问题很有帮助。因为自十一届三中全会后,发展科学技术、全面建设现代化社会,已成为中国的事实,马克思指出的一些问题也程度不同显露出来,他的意见自然就变得有的放矢。② 遗憾的是,不是所有的生活美学都能从这个角度切进去,存在一些问题恐怕也在所难免。

1. 形式化的问题

什么是形式化？就是从指令、从理论出发,而不是从实际生活出发来理解生活美学,是种自上而下的做法。一般而言,这样做非但不能发现生活中的基本问题,甚至一些小问题也发现不了,因为它们只是把传统理论往生活身上套,不是用理论去解决生活中的问题,而是用理论来切割生活,用生活来说明自己。绝大多数应用性生活美学就是这样。它们本是"五讲四美"活动的产物,是对社团、政府指令的顺应,而且是消极的顺应。为什么说消极？是因为这次活动的原则有很多内容是很好的,抓住了实际生活中的主要问题,比如建设"适应现代生产力发

---

① 马克思:《关于费尔巴哈的提纲》,《马克思恩格斯文集》第一卷,人民出版社 2009 年版,第 500 页。
② 参见拙文:《马克思现代性思想与四十年中国文艺理论》,《湖北大学学报》2018 年第 6 期。

展"的"生活方式,摒弃那些落后的、愚昧的、腐朽的东西"。① 这是要理论在价值观念上拿出新的东西,而且是适应"现代生产力发展"的新东西。但我们的美学实际上做的只是"应用"旧东西,用得还不好。像有的美学教导人们说,胖子不能穿喇叭裤,"女同志应体态丰满"之类,就是对个人自由和权利的褫夺,明显有悖上述现代性原则,说明我们有的美学没有把指令中积极的东西转化为理论的自觉,没有随之从实际问题出发来构建新的理论,结果所能看到的只是自然、山水、园林、社会、人体、爱情、家居等等可以无限衍生、千篇一律的生活美分类。理论都是旧的,或者根本看不到理论。

2. 片面化问题

所谓片面化,主要是说用局部的问题来代替整体。此问题主要涉及对科技理性或工具理性的评价。从1978年到现在,改革开放给中国带来了巨大改变,在物质经济和价值观念两方面都是如此,都有重要收获。当然,现代化带来的问题也逐渐暴露出来,特别是价值观念方面,人们一般称之为现代性问题。说到底,这个问题就是马克思批判过的"拜物教"现象。经济利益的追逐对人精神世界的挑战,在马克思的笔下触目惊心,他说这种金钱关系:

> 无情地斩断了把人们束缚于天然尊长的形形色色的封建羁绊,它使人和人之间除了赤裸裸的利害关系,除了冷酷无情的"现金交易",就再也没有任何别的联系了。它把宗教虔诚、骑士热忱、小市民伤感这些情感的神圣发作,淹没在利己主义打算的冰水之中。它把人的尊严变成了交换价值,用一种没有良心的贸易自由代替了无数特许的和自力挣得的自由。总而言之,它用公开的、无耻的、直接的、露骨的剥削代替了由宗教幻想和政治幻想掩盖着的剥削。

---

① 《十一届三中全会以来党和国家重要文献选编》(一),中共中央党校出版社1998年版,第163页。

> 资产阶级抹去了一切向来受人尊崇和令人敬畏的职业的神圣光环。它把医生、律师、教士、诗人和学者变成了它出钱招雇的雇佣劳动者。
>
> 资产阶级撕下了罩在家庭关系上的温情脉脉的面纱,把这种关系变成了纯粹的金钱关系。①

在今天的中国,这些问题或许没有马克思说的那么严重,但至少程度不同地显现出来。对此,我们的生活美学,尤其是部分日常性生活美学,批判是激烈的,也完全应该批判。问题是,我们有些批判是片面的。且不说这些批判很多暴露出前面提到的形式化问题,只是从马尔库塞、鲍德里亚、布迪厄等西方人那里获得灵感,只是"按方下药"而非"对症抓药",更麻烦的问题是因噎废食。其中的逻辑是,既然拜物带来的物化、异化、道德失守等现象是由工具理性带来的,那就全面批判工具理性。这就有问题了。

问题之一,按马克思的现代性理论,工具理性隶属于科学技术范畴,是决定生产实践,由此决定现代化经济发展的生产力因素。它固然带来了拜物教和异化,但也不好由此否定其在经济发展方面的积极力量。这的确是两难的问题,却不是因噎废食的理由。在此,我赞同李泽厚"历史与伦理的二律背反"的提法,②历史前行总是要付出代价的,只拿好处不付代价不现实。当然这也是马克思和恩格斯的意思。

问题之二,更重要的问题是在现实历史层面。在历史上,中国人的工具性意识一直是匮乏的。我们的主流思维方式是伦理哲学而不是自然哲学,即便今天已经发展了四十年现代性经济,这种思维方式或意识,依然没有得到根本改变。怀恋温情、浪漫、血缘甚至不惜贫穷等等,有很多这样的表现,这是滋生片面性批判意识最幽深的土壤。工具理

---

① 马克思、恩格斯:《共产党宣言》,《马克思恩格斯文集》第 2 卷,人民出版社 2009 年版,第 34 页。
② 李泽厚、陈明:《浮生论学——李泽厚 陈明 2001 年对谈录》,华夏出版社 2002 年版,第 300—302 页。

性纵有千般不是,但至少它讲规则,敬畏规则,中国最缺的恐怕就是这个。所以李泽厚尽管很看重伦理温情,但有一段时间反复宣讲"工具本体",就是出于这种考虑。靳希平说"国人为什么应该爱康德而不是海德格尔?"①根据或许也在于对中国历史与现实的这般考量。

3. 功利化问题

理论研究包括生活美学研究,有它自己的规则和自律性,本身也需要敬畏和虔敬,不好成为理论所涉内容之外的工具和手段。这个道理人皆尽知,做到却难。特别是在消费时代的今天,或为学位,或为职称,或为名利,我们有的理论可以待价而沽,可以量产,可以包装营销,可以成为卖楼处的生活美学馆。当思想和利益挂钩,可以用文章、著作数量来衡量的时候,它可以是商品,却已不再是理论;著述人也不再是学者,而是"雇佣劳动者";它解决的是思想者个人的生活利益问题,却不是理论的问题。当然,这不是或不完全是思想者个人的原因,却是个人可以选择的原因。

如果说形式化倾向是没理会实际生活中的问题,片面化是没有抓住主要问题,那么,功利化倾向就是看错了问题。

三、形而上意识

2010年的时候,就有论者说中国的生活美学"尚处于外在、粗疏的阶段"。②话说得很清醒。哪怕时间过去了八年,书和文章出了那么多,我觉得这个判断依然没错。什么是生活,生活在什么意义上是美的,生活美的呈现方式,及其与生活功利性的关系等重要问题,直到今天,我不认为得到了系统回答。我们更多看到的是洋人或古人,在我们

---

① 靳希平:《国人为什么应该爱康德而不是海德格尔?——简论海德格尔的康德解读使得康德失去了什么》,见中国社会科学网2018年11月15日(http://phil.cssn.cn/zhx/zx_lgsf/201811/t20181115_4776144.shtml)。
② 薛富兴:《"生活美学"面临的问题与挑战》,《艺术评论》2010年第10期,第54页。

的专著或文章中神采飞扬地说话,把他们的意思拿掉,没有一句是我们自己的话;我们更多看到的是对生活或古人思想的描述和分类,对柴米油盐、茶艺雅舍的体悟与感叹,里面却缺少我们自己的判断。不是说这些不重要,它们甚至是产生理论不可或缺的根底。但转述、描述、感悟还不是理论。理论是要有思想的,这些还不是思想。有人说这就是后现代,只要学术,不要思想。除非中国的生活美学不想成为理论,否则它们不会喜欢这样的后现代。

人们对理论的戒惧完全可以理解。生活美学为什么反对传统理论?是因为这种理论活在观念中,用想象的真实取代生活的真实。生活美学反对这种理论,却不是反对理论本身。理论意味的是对生活世界系统化的认识,有了这种认识,才可以让我们活得更好。我们没理由反对让我们美好生活的理论,反对真正解决我们生活问题的理论,正如我们不因语言是抽象的观念,就反对语言一样。理论是形而上的,只要别变成形而上学,就是生活美学所需要的。

1. 新感性价值本体

在今天中国的生活美学中,这样的形而上意识不多,却不是没有。王德胜在2010年前后提出的"新感性价值本体",就应该看作是这样一种努力。美学本来就是"感性学",这点众所周知,并不新奇。问题是,从鲍姆加登开始,表面上对人和感性世界现象很重视,实际上心里面还是和前人一样,视之为"病毒"。何以解毒?唯有理性。经理性的引导、规训,纷乱而卑琐的感性才得以登堂入室。可是,即便此时的感性,一如理性的奴婢,美的世界仍是理性的独角戏,感性本身并无价值。王德胜说,这就是"理性一元主导论美学"。事实当然并非如此。特别在消费时代的中国,感性"是构成日常生活及其意义的核心要素",我们的日常生活,处于本体地位的是感性,而非传统理论所讲的理性,"作为人之生存本体,感性具有内在的合法性与正当性,尤其是在当代消费文化语境中,感性的满足被视为实现个体再生产的关键,直接关系到人之生存状态的满足程度。"①

美学基点由理性调整到感性,至少有两方面的价值。第一,对消费时代的日常生活现象更有解释力。事实确如王德胜所讲,在今天的中国,"人们对日常生活中感性欲望的满足与身体快感的享受变得愈加重视,甚至竭力寻求并扩大着将感官快感直接等同于审美感受的可能性。"②插花、香道、交游、饮酒、家居、网游,里面对感官快适的索求显而易见,它们不是传统意义上的文艺,所以传统美学不加理会,也理会不了。将美学的本体转到感性上来,就可以对"日常生活的感性存在、感性利益及其感性满足"这类"生存论的意义问题"予以评说。③ 第二,这种以感性为本体的新美学,也不是说要放弃传统美学的精神超越,不是说不要理性了,而是让理性的精神超越可以真正发挥社会功能。怎么发挥?自然是通过感性的通道,实现"超越性的精神目标向回归性的生活感受的转换"。④ 说到底,这无非是感性和理性的角色转换,美学的性质就不一样了。

2. 情本体

与王德胜的做法类似,刘悦笛也是回到鲍姆加登"感性学"原初的意思上,提出一种"情本体"的生活美学构架。但"情本体"的"情",与"新感性价值本体"的"感性",在针对对象、思想来源及内涵上却有很大不同。前者针对生活全领域,后者只是着眼于消费社会的中国日常生活;前者思想上接孔儒,下接李泽厚,后者更多发自鲍德里亚、费瑟斯通、韦尔施等人的灵感;前者更多关乎于伦理,后者则落在身体。很明显,"情本体"美学的中国特色更浓重,形而上冲动

---

① ② 王德胜、李雷:《日常生活审美化在中国》,《文艺理论研究》2012年第1期,第14页。
③ 王德胜:《回归感性意义——日常生活美学论纲之一》,《文艺争鸣》2010年第3期,第9页。
④ 同上,第11页。

也更强烈。

如果没有对"中国性"的自觉追求,恐怕就不会有"情本体"生活美学。真实的情况很可能是这样。早在2009年,刘悦笛就有了建立"新的中国性"想法,目的无外乎确认中国艺术和理论的"民族身份"与"文化身份"。① 后来他也提到了这种想法的由来,是根据自己在西方生活的个人体验,产生了"思乡"之情,觉得"做中国自己的学问,就不能只做西方,西方做得再好,只是他们系统之中的一员而已"。② 显然这是出于应对"全球化"的考虑。提出"情本体"生活美学,应该就是在找中国美学自己的"身份"。这种身份最后落在了"情"上,"情"成为这种本体论美学的理论基础。关键的问题是,这是怎样一种"情"?

刘悦笛给出的答案是儒家生活美学之"情"。不过,他所理解的儒家之情,并非是被"理性化"主导后要被"天理""灭"掉的情,而是先秦时代情、欲"难分"之情。这当然是一种伴随喜怒哀乐的感性之情。按2009年刘悦笛对《郭店楚简》的解读,原初儒家将"情"的地位看得很高,是人的"自然本性"的表现,是"天""命"的赋予。更关键的是,处于儒家思想标识地位的"礼",也是"生于情",而且在孔子那里"更要完成于审美化的'情'当中"。所谓"礼乐相济",就有了礼、乐(情)共生的意味,甚至感性的"情"比"礼"更具基础性。③ "情本体",主要就是在这个意义上来理解的。也正因为如此理解,只要将感性之情置于儒家传统之下,就难免染上伦理之情的色彩。礼为情之用,这也本是体用不二的题中之义。

3. 对两种本体的反思

---

① 刘悦笛:《"生活美学":建树中国美术观的切近之途》,《美术观察》2010年第4期,第100—101页。
② 刘悦笛、赵强:《从"生活美学"到"情本哲学"》,《社会科学家》2018年第2期,第7页。
③ 刘悦笛:《儒家生活美学当中的"情":郭店楚简的启示》,《人文杂志》2009年第4期,第91—98页。

由于本体论生活美学的建构尚属初步,以上两种理论目前更多是提供了思想基点,还有许多具体问题需要展开。这里只谈两点。

第一,将"感性"或"情"作为生活美学的本体是否合适的问题。我以为这种选择值得进一步深思。毋庸置疑,上述两种本体论建构循不同渠道,都受过西方生活论转向思想的影响,也承受着转向的恩泽。这种转向最重要的一个哲学标志是将"生活"本身视作本体。当然各流派对生活的称谓各有侧重,于杜威是"经验",于海德格尔是"生存",于维特根斯坦是"生活形式",于马克思是"生活",如此等等。这些都是作为行为过程的生活过程本身。也正因为生活本身是万流归宗的本体,才从根底上,对西方传统认识论形式的形而上学造成致命打击。其中最根本的逻辑是,唯有生活或生存活动本身才是最高的真实。柏拉图的"理念"、亚里士多德的"形式"、尼采的"意志",固然可以是生活中的重要元素,但终归是生于生活也要返回生活,而不是倒过来,让生活成为个人观念选择产物的奴婢,也即是让观念决定生活。从这层意思上看,无论"感性"还是"情",本身都是观念选择的生活"要素",强调它们如何重要没问题,只需给出充足的理由即可,但视其为本体,是不是有逆转向而动之嫌?我是怀疑的。

第二,即便是在生活"要素"选择上,也有一个现实针对性的问题。这里绝不是否认"感性"或"情"的合理性,恰恰相反,我深深认同二者的理论与现实价值。从理论方面讲,无论感性还是情,与美学的关系的确更为直接,不谈这些就不是美学。而且我个人更是相信,在实际的生活中,这类感性因素是最为基本的决定力量,无论科学理性还是价值理性,最终也只有回到感性因素才能证明自己。从现实针对性方面看,中国历史上,价值理性传统对肉身感性的压制众所周知,消费时代感性消费的盛行也有目共睹,强调感性本体,自是有的放矢。针对中国消费时代价值理性失范的现象,情本体生活美学希望人过上"好的生活",[1]由

---

[1] 刘悦笛:《植根本土与走向全球的"生活美学"》,《孔学堂》2017年第4期,第104页。

美入善，也不失其现实关怀。这两方面自然都要提，都很重要。可是让我选择，我更愿意循着马克思的现代性思路，选择科技理性，强调它对生活的基础作用和规范价值。理由也简单，人活着，首先要解决吃饭问题，一切价值观念由此而来才更为牢固，更令人信服。我们的历史和今天不乏对规则的巧用，更不缺乏价值理性的狂热，但最缺乏的，恐怕就是对科技理性和由此而生的规则本身的敬畏。没有人不渴望活得温暖，可首先得活着。

　　从"要素"角度构建中国生活美学的理论根基，自然也可以，甚至是必须要做的。我们现在很多生活美学确如某些论者所讲，只顾接地气，轻视了"哲学基础"，谈谈民居的舒适别致，就可以是生活美学，美学未免太过廉价。生活美学反对传统理论美学，并不该是反对理论本身，更不是全盘否定传统理论。择生活要素而建构，特别是感性或情这样重要的生活元素，会让我们更加自觉地创建和享受生活之美。当然别人也可以选择其他要素，只要真正对我们的生活有益，这样的形而上冲动就该有存在价值。

《锐(二)》，朱建辉作

《时间之六》,罗贵荣作

第十章　品牌美学与文化经营

主编插白:品牌既是一个商业问题,也是一个美学问题。如何把握品牌美学,这是美学研究的一个新课题,也有着强烈的现实需要,需要我们努力做出探索。品牌是文化,品牌是历史,品牌是个性,品牌是记忆,品牌是感动,品牌是价值。1927年沈莱舟在上海创立的恒源祥在30—40年代曾开创了一代商业传奇。改革开放以来,经过第二代传人刘瑞旗的妙手回春,恒源祥成功转制,脱胎换骨,凤凰涅槃,独步天下,成为家纺行业享誉世界的民族品牌。刘瑞旗先生是这个品牌的亲手创立者。几十年来,他以品牌战略经营恒源祥集团公司,既取得了超乎寻常的商业成功,也积累了品牌经营与品牌美学的若干心得。他的《品牌与文化》(中国发展出版社2013年版)一书足以成为品牌美学研究的一手资源。本章选取他发表过的《品牌设计与品牌管理》《中国制造与自主品牌》二文,以见恒源祥的品牌创立之路及品牌美学感悟。上海师范大学传媒学院的周韧教授结合大量品牌案例研究,撰成《品牌美学构建的五重维度》,以现代视阈对品牌美学的学理系统做了整体把握,揭示民族文化属于品牌美学的本土资源,生活之美属于品牌美学的现实前提,五觉愉快属于品牌美学的外在呈现,价值追求属于品牌美学的内在标准,艺术介入属于品牌美学的形态升级,形成了品牌美学的初步框架。张继明先生长期从事全国医药行业上市公司的品牌顾问。他结合自己成功的从业经验撰成《品牌美学视阈下的品牌塑造》一文,从品牌美学的义涵、美学为何能成为品牌的竞争优势、在品牌塑造中如何运用美学策略三方面做了理论总结,给品牌美学研究提供了值得重视的参考。

第一节　品牌经营与品牌美学

一、品牌设计与品牌管理[①]

手编毛线的行业现在越来越不景气了,不仅穿的人越来越少了,编织的人也越来越少了。那么,恒源祥在这样一个行业中怎样来发展呢?

1. 恒源祥的历史

恒源祥建于1927年,最初是在上海福州路外文书店的弄堂里面开了家小店,叫恒源祥绒线店。由于老板懂得这项业务,商店很快就成长起来了。到了1935年,它就成了上海毛线界同业工会的主席,影响力非常大。由于我国在20世纪20年代的时候并没有生产手编毛线的行业,所需绒线都是进口的。因恒源祥的飞速发展威胁到一些买办和外商的利益而受到货源方面的限制,于是陷入危机的恒源祥同其他受到限制的老板合资建立了自己的毛线工厂,这就是1936年建立的上海第一家毛线工厂——新中国成立后的上海国毛七厂。经过不懈的努力,到了1949年,恒源祥已经发展成为一个具有七个工厂、三个店面的亦工亦商的这样一个企业,在上海具有很大的影响力。举例来说,上海解放时,陈毅市长接见工商界的代表中,恒源祥的创始人就是其中之一。在1956年公私合营中,恒源祥所有的工厂划归于上海纺织局毛麻公司纺织系统,仅剩的一个绒线商店从金陵东路搬到了南京路。这之后,毛线的生产、销售、价格等一切环节都受到国家的计划控制,恒源祥也从

[①] 作者刘瑞旗,恒源祥集团有限公司创始人。本文发表于《市场营销导刊》2002年6月号。

那个时候起进入了沉睡状态。我是1987年1月1日进入恒源祥的。我发现恒源祥开办的所有工厂，都没有使用恒源祥的名字；它所生产的产品也没有用恒源祥的字号；只有它的商店用了恒源祥这三个字。也就是说，它的工厂体系和它的零售体系不是同一个字号，不是同一个品牌，那个时代虽然已经有了品牌的概念，但还没有把它们对接起来。

2. 恒源祥的品牌之路

基于对恒源祥这样的了解，1988年，我们开始搞商标。在一个朋友的指点下，我把"恒源祥"三个字作为商标注册下来了。为什么呢？第一，"恒源祥"作为一个字号，已经使用了几十年。至少在很多上海人的心中，都有一个印象：恒源祥是一个卖毛线的、比较有影响的、品种比较全的而且还有一点影响力的这样一个商店。所有品牌在消费者心中的影响就是一个企业或者说就是你这一品牌的价。既然"恒源祥"已经有这样一个价值了，我们就可以不用任何代价，把它作为一个品牌来进行发展。第二，"恒源祥"三个字非常具有个性和显著性。这三个字分开来看，每一个字都有非常好的含义："恒"——永恒；"源"——源源不断；"祥"——吉祥如意。虽然"恒源祥"三个字连在一起并没有什么含义，却会给人们带来很多的联想。因此，有个性和显著性的商标容易在整个市场中引起消费者的注意。在一个品牌的推广中，这样可以节省大量的成本。第三，作为一个具有个性和显著性的品牌，它在长期的发展过程中、在产品的延伸过程中，不太会和其他的品牌产生雷同。因为你越有个性，越不会相似。这样，一个品牌的发展空间也就越大。"恒源祥"在发展的过程中，深深感受到了这一品牌所带来的效益。

品牌设计完了之后，就是进入市场的问题。品牌进入市场，都要有一个导入成本。1997年，我们公司对全球品牌的导入成本做了一个调查。在70年代的美国，一个品牌的导入成本是一千万美元。中国用一千万元人民币将品牌导入市场的时代是在1988年到1992年。美国到了1997年，一个品牌的导入成本已经达到了七千五百万美元。在中国，已经达到了平均八千万到一亿元。品牌到后期要花费的是维护成本。"恒源祥"的商标在中国的维护成本是每年四千万元人民币。有效的维护可以使得品牌每年不断增值。

3. 恒源祥的市场开发

（1）绒线编织与课题研究。由于编毛线没有人编了，我们就搞课题，首先我们搞了"绒线编织和青少年的智力开发之间的关系研究"。我们在上海找了五百个学生，二百五十个每天编织毛线，另外二百五十个是不编的，用一个国际惯用的科学的测试方法 对其智力进行测试。经过两年时间的测试，明显地看到，编毛线和不编毛线的智力是不一样的。这是有科学依据的，我们委托有关心理专家进行调研。我们把前期的研究成果上报教委，国家教委已经批文给我们公司，将此课题列为国家教育改革的重大教育项目。这个课题是在抓小孩子。

接下来的课题是抓老年人。课题研究的题目是"绒线编织和防止老年痴呆症之间的关系"。经过专家论证，绒线编织和防止老年痴呆症绝对是有关系的，我们这里有很多个案，有的老人得了脑瘫，通过毛线编织会慢慢恢复。在手编毛线市场不好的情况下，我们通过做这样的课题研究开拓新的市场。这是第一个营销方案。

（2）绒线编织与奥运会项目。接下来我讲第二套方案。绒线编织是一种手指运动，既然是手指运动，那么，能不能把它作为一种运动项目来开展呢？既然是运动项目，那么，能不能搞竞赛呢？既然能够搞竞赛，它能不能成为奥运会的项目呢？……为了这个问题，我们专门找人开发研究。公司搞了一个编织的擂台，并设立了一百万元奖金。那么，我们怎样把它变成奥运会的项目呢？我又专门进行策划。当时伍绍祖是国家体委主任的时候，他到我们公司来，我和他谈起要把绒线编织变成运动项目时，他非常赞同，这样，在中国的可能性就有了。为了把绒线编织做成奥运会项目，1997年5月22日，我到达了瑞士洛桑，走进了萨马兰奇的办公室，向他汇报了一下我们想把绒线编织变成奥运会项目的想法。虽然他最后没有给我正面的回答，但他看到了我们追求奥运精神的执着，看到了奥运的希望。当然了，要成为奥运会项目，并不是我今天讲得这样简单,我只是说我们在市场开发方面的努力。

(3)绒线博物馆。第三件工作就是我们要建一个绒线博物馆。在中国,五千三百年以前就有手编线了。我们公司现在正策划搞一个中国绒线博物馆。为此,我们也做了很多工作,我们编了世界上最重的手工毛线织物,用的针也是最粗的,当时创了两项吉尼斯世界纪录。2001年,我们又创了一个全球最昂贵毛线的吉尼斯世界纪录,我们一斤毛线拍卖了八十九万元人民币。这斤毛线是有故事的:毛线是用全羊绒做的;里面包含着我们的技术工程师几十年的经验积累;拥有两项发明的专利,这是全球独一无二的。这斤毛线是恒源祥自生产毛线之日起,生产的第一斤毛线,这一斤毛线卖了八十九万元。这里主要是丰富绒线的内涵,做一个博物馆。

手编毛线市场不好,我们又不能转行,只有好好动脑筋,想着怎样在这个行业中运行下去。我们搞了以上三个策划的内容,以此来增加恒源祥品牌的内涵,使其能够有所提升。

4. 恒源祥的广告

广告人人会做,但要做到有效可不是那么简单。这里讲几个恒源祥做广告的故事。

(1)第一个故事是中国首创五秒广告:恒源祥,羊羊羊。恒源祥1991年在上海电视台投放广告的时候,当时的媒体只有十五秒一个的广告,没有五秒的。因为我们当时穷,只有很少的钱去做广告,由于钱少,我就自己创意了一个最简单的广告。另外十五秒广告太长,我只要用五秒,怎么办?我就跟他讲了,我一天做三个,七、八、九点各放一个,总共做十五秒。电视台最后同意了。大家知道,三个五秒的效果肯定比十五秒在一个时间放的效果好。最精彩的是,1991年,当时上海电视台正在播放台湾的电视连续剧《婉君》,在两集中间有两分钟广告,我买了十五秒,广告开始的时候我做了五秒;一分钟的时候,我又做了五秒;第二集要开始的时候,我又做了五秒,那时花两千元做一次。到后来,有人告诉我说,你这个人太坏了,人家放的一分四十五秒的广告全部给你的广告冲掉了……这就叫穷人穷办法。

1993年,我们到北京中央电视台投放广告。当时他们也不同意,我们只好在十五秒当中连播三遍。就是从1993年我们播出以后,1993年底到1994年初,中央电视台全部充斥着三遍广告,都是十五秒三遍。中央电视台搞不定了,在1994年9月专门发了一个文件,文件的内容有两部分:第一部分,1995年的广告,把十五秒拆成五秒一个,进行拍卖。结果,在1994年11月2日,拍卖的五秒的价格比1994年十五秒的价格还贵,并规定,若买连播三遍的十五秒广告,要加收60%的费用。由于恒源祥引发了这个事,造成了电视台五秒连播三遍的泛滥,所以它采取了这样的新方法。对此,媒体上都说:这是恒源祥为中央电视台开辟的新财路。对于我们公司而言,我们花了很小的力气达到了别的公司很可能要花双倍的价格才能达到的效果。

(2)天安门广场上的"恒源祥"。在广告方面,我们想做些别人想做做不到的事——要把"恒源祥"三个字放到天安门广场上。当时,我这个策划一出来,向几个领导汇报,他们都以为我的脑袋有毛病:显然不可能的事嘛!今天,我在这里,可以告诉大家:我做到了。在天安门广场放上了"恒源祥"三个字,这是任何企业花钱也做不到的,而且这在北京也是空前的。那么,我们是怎样来做这个事情的呢?怎样找到它的切入点呢?我们开始分析:我们公司有什么资源?我们应该怎样运行?经过研究,我们找到了切入点:小孩子。就把小孩子组织到那里去搞活动,再把"恒源祥"放在那里。整个活动从策划到成功经历了几个月的时间。

在天安门广场上搞活动,是要经过国务院办公厅、中央办公厅批准的,怎么办呢?大家知道,中国有个习惯,领导签字就可以了,大领导一签字,下面就好办了。于是,我们首先找领导。接下来,我先找和小孩子有关系的那些部门,把它们整理出来。我找到了"关工委",即"全国关心下一代工作委员会",接下来再找人,找到谁了?找到了"关工委"的主任。于是,"关工委"就成了我们这次活动的主办单位,"关工委"

的主任就成了我们这次活动的当然名誉主任。我们把写好的报告拿给主任看,并请求李鹏总理为此次活动题字。李鹏总理题了"锻炼坚强体魄,培育一代新人。为千名儿童会操题词。李鹏1997年2月26日"。题字一有,什么事都好办了。拿着题字,有着中央领导的关怀,各有关部门都很爽快地盖了章。整个活动组织得很省力。两千名来自全国的小孩子在那里举行了会操,其中北京的有一千名儿童,其他地方包括香港的有一千名儿童。那一天在天安门广场人民英雄纪念碑前的位置上树起了"恒源祥杯千名儿童会操"的牌子。中央领导亲自参与,其中,对新闻媒体开放非常严格:只有六十个记者的名额;国外来了九家电视台。

(3)恒源祥与足球。从1994年中国足球比赛恢复联赛时起,恒源祥的广告牌在那个位置就一直没换过。到目前为止,已经成为唯一一个没有变过的牌子。中国足协发奖杯的时候,每年恒源祥都有一个:支持中国足球贡献奖。放这个广告牌一年的费用是四十万美元。做足球广告,我们也做了很多中国的第一,这里就不多讲了。我想,大家都知道世界球星马拉多纳,我已经成为中国唯一一个为马拉多纳发过奖杯的人。1995年,我到阿根廷工作出差,在那里,突发奇想:是不是能把马拉多纳请到中国来?所以,我就把那里的业务交给了别人去做,我专门去找人,去请马拉多纳。后来找到了阿根廷议长的顾问,就全权委托他代表我们公司邀请马拉多纳到中国来。最后,马拉多纳到中国来了。所以在中国举行过中阿两国的足球对抗赛,这场比赛当时放在四川成都,四川的电视台有史以来第一次三个电视台同时实况转播。球票卖得最贵的是六百元人民币一张,这也是当时中国最高的球票价格,观众也爆满。里面还有一个很小的故事,当时,马拉多纳已经不是他们的队长了,发奖杯的话,只有队长才可以拿,马拉多纳是不能拿奖杯的,但我的目的是我要为他发奖杯,所以接下来,我们就策划,怎样把奖杯发到他的手中。我们提出要评选出一个优秀的运动员,如果他被评上优秀运动员的话,我就能给他发奖杯了。但是马拉多纳这个人很调皮的,而

405

且我们的合同规定只要马拉多纳踢满四十五分钟就可以了,如果别人进球,他不进球的话,优秀运动员的称号也不能给他。运动员比赛前应该兴奋起来,怎样让他兴奋起来呢?我们又开始策划了,想出了三招。第一招:他住在锦江宾馆,我们告知马拉多纳,他在锦江宾馆购买任何东西,只要签个字就可以了,不用付钱。第二招:帮他做从来没有做过的事情——骑三轮车。由于球迷到处都是,我在成都公安局找了四个保镖,他就从前门骑到后门,骑上两圈,这是他从来都没有做过的,很开心。第三招:让他干比较喜欢或者说最喜欢的事。马拉多纳其实还蛮喜欢女孩子的,怎样满足他呢?我找了十个模特,每个人穿了一件马拉多纳的汗衫(这也是我们的宣传品),每个人拿了一个足球。我让翻译告诉他:中国有很多马拉多纳的球迷,今天我们选了一些代表来看你,她们呢,想请您在足球上签个字,签字的同时,在姑娘们的脸蛋上吻一下。马拉多纳非常开心,非常兴奋,这样就把他的心情调整到了最佳状态。那天的足球比赛,马拉多纳整整踢满了九十分钟,而且三个进球全是他传出来的,3∶0战胜了四川队,马拉多纳当之无愧地成为了优秀运动员。我也顺理成章地为他颁发了"优秀运动员"奖杯。时间关系,这个案例我就不延伸了,我这里想要强调的是,你做一个品牌的内涵,要多次使用才能有效果。

(4)恒源祥的"万羊奔腾"广告。这个广告是怎样设计产生的呢?我们当时一天用的羊毛是从一万四千只羊身上剪下来的羊毛,所以我就想,用这一万四千只羊做出"恒源祥"三个字。我们把这个活动放到了澳大利亚,在那里,我们租了一个牧场,在墨尔本以北二百公里的地方——安东尼牧场。这个牧场是一个1883年法国移民开的,他有五万只羊,两万头牛,我们就在那里用直升机拍了。其实就拍广告片本身而言,并不重要,重要的是整个策划、运行的过程。广告片做完后,我们专门在上海、北京搞了两次广告片的推广会。这其中,我动了一下脑筋:我在对外宣传中说,中国企业出巨资到国外聘请外国人为我们打工,来拍摄这个片子。当时全国超过一百家媒体报道了这件事——恒源祥出巨资在澳大利亚拍摄了广告片,其中有两家报纸是整版报道的。在1997年中央电视台的春节联欢晚会上,第一个最大的广告也是我们的。当然,外面也有很多评价:"恒源祥的万羊广告现象""恒源祥的万羊广告是怎么回事"……他们有的说:你这个羊啊,怎么跑,也跑不出马的威风来。他们的意思是,我们的广告片没有很大的气势。事实上,你做了一件事情以后,社会对你有争议,是好事。就像我们做品牌要有争议,做人也要有争议,关键是你要把握住自己。

2000年,我们委托有关公司在市场上调查恒源祥品牌的个性。调查的结果是:恒源祥品牌的个性就是刘瑞旗!正如恒源祥的标志上所显示的那样。恒源祥的标志是一张小孩子的脸的画像,这是根据刘瑞旗小时候的照片画的。于是人们说:恒源祥就是刘瑞旗,刘瑞旗就是恒源祥。

二、中国制造与自主品牌[①]

中国虽是备受青睐的制造大国,但并未成为真正意义上的经济强国,我们该为"中国制造"警醒了。这个话题在2004年3月1日由恒源祥集团同中科院举办的"中国制造与自主品牌"研讨会上,引起了中国工程院院士翁史烈、郭重庆、孙晋良、郁铭芳、周翔等专家的强烈反响。

我们认为,"中国制造"仅仅是中国经济在21世纪参与全球分工的基础,在未来的全球产业价值链中,它不能支撑中国成为经济强国,它是强大中国的一种策略,中国应该努力成为世界的经营中心。因为没有一种技术可以支撑一个企业、一个国家到永远,但一个好的品牌的确可以支撑几代人。在很多人眼里,似乎中国有一些"领带大王""打火机大王""彩电大王",就可以做世界工厂了,但事实并非如此。真正

---

① 作者刘瑞旗,恒源祥集团有限公司创始人。本文发表于《上海质量》2004年第4期。

意义上的世界"制造基地"应该是占有世界工业品市场相当份额,拥有相当多创新产品,同时还有一大批在世界同类产业中居"排头兵"的品牌经营企业。

中国真的成为世界的制造中心了吗？中国离世界制造中心还有多远？让我们仔细分析几个数据：2001年世界五百强中,中国企业仅上榜十一家,还没有一家是制造业企业。2002年中国制造业产值为1.27万亿美元,居世界第六位,仅占全球GDP的3.7%,是美国的11.5%,日本的20%。也就是说,中国到目前为止还没有成为世界制造中心。

由于没有自己独家生产技术,很多关键部件都要用人家的品牌,所以中国制造在市场上的竞争力根本无法与洋品牌相匹敌,只好为其做OEM定牌生产,只给自己创造了1%~2%的利润！在全球制造业产业链上,我国企业只游荡在中低端。世界营销大师科特勒去年来我集团时同我说起过一个故事:在美国纽约第54大街销售的"BOSS"名牌衬衫,价值一百二十美元,渠道商分得利润的60%,品牌商占到30%,而中国的制造商只得了区区10%,现在我们的企业还在为抢夺份额不惜报出总价值8%的低价。世界畅销的芭比娃娃也都是"中国制造"的,我们的打工仔、打工妹日夜辛勤劳作,却只分得如此小的利润份额！

OEM(定牌加工)的困惑又岂止是劳动密集型的产业。以中国微波炉第一大户格兰仕为例,为了保证稳定的订单,其自身的收益薄到3%~5%；华虹、中芯国际也是如此。沃尔玛、GE等手中握着大订单的国际巨头在对中国企业压价时都毫不留情。我要问大家的是："U"字形价值链中我们的企业到底处在哪端？

1. 我们应该认真思考这么一个问题:在内忧外患的夹击下,中国制造还能走多远。

当巨大的内需并没有很快由潜在变为现实时,在内忧外患的夹击下,我们正悄悄失去"世界制造基地"的光彩,我们当前应该思考我国四个问题：

"内忧"之一是我国工业发展面临能源与供需缺口。石油资源

2010年供需缺口1.2亿~1.7亿吨,2020年缺口2.5亿~3.3亿吨;天然气和煤炭2010年分别缺口三百亿立方米和五亿吨。环境对能源消费的制约日益显现,据国际能源机构预测,2020年中国的二氧化碳排放量占全球的17.2%。中国制造业工业增加值目前已居世界第四位,但经济增加值率分别比美国、日本、德国低22.99%、22.12%、11.69%。同时,我国自主知识产权产品短缺、专利少,2001年我国接受海外申请专利三万七千八百件,而我国到海外申请专利只有两千件,其中尤以中草药、保健品为主,很少涉及高新技术,我国发明专利只有日本和美国的三十分之一,韩国的四分之一。

"内忧"之二是投资中国的成本看涨。成本低廉向来是中国持有的王牌,但随着东部沿海地区工资水平的提高,熟练工人和管理人员的供不应求,这一优势将不复存在。同时,由于市场的不规范,导致签订经济合同、执行合同等交易成本非常高。

"内忧"之三是中国遵循了一个无奈的成长定式。引进了新设备制造新产品,数月内,无数中国制造商也开始仿制,价格随之下跌,于是外国公司或者开始寻找新市场,或者从此不再向中国输出高端技术。

"内忧"之四是目前中国制造的多数产业和企业还处于依靠比较优势阶段。主要以生产制造为主,存在着科技创新能力弱、品牌建设不足、物流支持力度不够、基础设施依然薄弱、缺乏管理人才和熟练技工等劣势。

环顾我国周边一些国家,跃跃欲试的远亲近邻成了主要"外患"。新加坡正在不遗余力地宣传其邻国廉价劳动力,作为跨国公司投资的另一种选择。人口庞大、平均工资较低、原材料价格便宜,这些因素使"印度制造"的竞争力正在悄然崛起。眼前世界关注的焦点也许是中国,但今天他们可以把工厂搬来,明天或许就会从中国搬到印度去了。

在经历了"美国制造""日本制造"时代之后,"中国制造"时代是否水到渠成?它还能走多远?当然,中国可以成为世界的"制造大国",但不能作为"加工基地",作为别人的加工基地的中国制造只能永远处于落后状态,因为"制造"是一个完整的价值链,从设计、制造到销售,我们要有自己的核心技术、知识产权和自主品牌。中国去年半导体产业的销售超过二百亿元,但利润只有3%,而跨国巨头英特尔一家的销售就超过二千三百亿元,其利润高达18%。为什么?因为他们掌握着核心技术。中国企业一定要成为技术创新的主体,形成产、学、研战略联盟,强化自己的研发体系。而目前的中国制造很多还处于是加工层面上的制造。

2. 我们应该清晰地认识到:中国制造是策略,中国经营才是战略。

未来中国的发展,究竟应成为制造大国,还是经营大国?我们认为,"中国制造"仅仅是中国经济在21世纪参与全球分工的基础,在未来的全球产业价值链中,纯制造业环节的边际利润会变得越来越薄,它不能支撑中国成为经济强国。中国制造是中国踏上经济强国的必经之路,它可以为我们引进外资、引入先进技术,解决中国暂时的问题,但从长远来看,制造不可能造出强大的中国。

我们应该不断强化经营策略,不断增强营销能力,不断提升品牌发展战略,不断在创新机制上下功夫。我们不仅要有在中国组装汽车的能力,更要有在中国自己制造汽车的能力,还要有把制造的汽车经营到国外去的能力。中国制造是中国经济发展的过程,而不是最终的终点。制造是中国策略的一部分,是解决中国目前一些问题的权宜之计,而不是中国经济发展的战略。

我们说,一项技术、一项发明、一项专利不能支持一个企业、一个产业的永远,但是一个品牌却对一个产业有长久的支撑。肯德基、可口可乐,可以说没有什么技术含量,但为什么它可以打遍全世界?它靠的是品牌是经营。中国缺的不是创造能力,而是经营,缺少将品牌发挥出更大经济价值的经营能力。如果我们继续无休止地埋头加工产品,无视经营,最终只能把我们仅有的家底全部拱手相送,中国理应成为世界经营中心的一部分,只有中国经营才会强大中国,我们只有把品牌当作支柱产业来经营,一个城市、一个地区、一个国家的发展才能永续强大起来。

3. 我们应该着力于提升"三项能力",注重"三个转变"。

我们可以认真思考这么一个问题:技术是否是支撑品牌的关键?技术、款式、质量是否真的不重要?我们说不是不重要,技术的价值在于,这项技术对消费者而言能让他们得到心理、情感、精神上的享受,让人们得到最大的利益和好处;对企业而言则是能通过某项技术获得收益的最大化。否则技术是没有价值的,所以一个技术不能支撑品牌的长久发展,但如果是一个有优秀经营能力的品牌,则有可能支撑一个技术的经久不衰。

品牌是什么?品牌是消费者为了别人对我的身份、地位、品位等的认同而付出的成本。绝大多数的企业都在其所处行业中用最好技术装备来完善自己的制造,所以同类产品的技术、原料、款式、设计都可能一样,但为何有品牌或者说有强势品牌支撑的产品往往比那些没有品牌或者说号召力不强的品牌产品卖得更多、更好呢?区别就在于品牌价值不同,人们对消费品牌产品有着广泛的认同。所以对我们恒源祥来说,我们要牢记:经营能力是最大的生产力,其决定了我们能否把产品或服务卖得最好、最贵、最高,能否把一项技术变成人们心理、情感、精神上的需要,单单满足生理需求的产品在市场上是没有好价格的。只有我们把一项技术、一个发明、一个专利、一个营销、一个广告、一个形象以及所有的表现行为传递到消费者,把这些要素转变成消费者心理、情感、精神的需要,我们才能成长,才会成功。我们恒源祥所有成员的做事标准是:为品牌创造价值。着眼品牌的长远发展,我们应该着力实现"三个转变、提升三项能力"。

(一)三个转变

一是怎样从传统计划体制下形成的"重生产、轻经营"旧有观念和模式上转变到"重经营"上来,高度重视"研习经营、提升经营"的能力。我们集团在1999年制定和形成了公司的《21世纪战略蓝图报告》的时候,就明确了我们集团发展的战略是"从中国制造走向中国经营"。我曾经在多次重大的场合说过"制造不可能制造出一个强大的中国,中国成为世界制造中心,只是我们全球化战略的一部分",这话联系我们恒源祥事业发展的今天来说也是一样。"如果仅以我们目前加盟工厂的制造能力来看,不可能制造出一个强大的恒源祥手编毛线的品牌",因为制造的工艺和技术,在今天品牌高度竞争的市场看来已显得不是最重要了,因为目前社会化分工合作的日益紧密和全球化市场的高度开放与融合,一切工艺、技术、科技都能通过世界资源的组合,为我所用,这是趋势和规律,具有很强的替换性和组合性。而重要的是,我们必须拥有强大的经营能力或者我们必须高度重视我们的经营。从这个意义上说,我想大家一定相信"产线不如买线,买线不如卖线,卖线不如卖品牌"这个道理。这是我们从重生产、轻经营的现实问题和倾向中应该扭转和转换的方向,我们要高度重视"研习经营、提升经营"的能力,以此来使我们的生产能力在市场中体现、提升和变现其价值。

同时,综合原材料涨价、制造费用等与日逐增的各种不利因素,我们必须树立强烈的危机意识,必须清楚地认识到:单纯依靠我们的制造能力,是不能产出我们预期的效益和利润的。因此我们整个团队必须高度重视并加大力度提高、提升我们品牌的经营能力、经营水平和组合利用资源的能力,以此来支撑我们的生产和制造。

二是怎样从"重买卖、轻服务"的错位倾向和模式转变到"重服务"上来,着力提高和提升我们品牌所带给消费者的核心价值和附加价值。我们时常谈论的产品价格问题、网络问题等都是我们体系内的事情,这是买卖关系,这是内在的服务关系。我们所要关注并努力做到的,该是怎样为我们消费者服务?我们前不久在集团内部做过一次调查,并形成共识,我们利益最大的相关者是:消费者!我想,"谁是我们最大的利益相关者"这项工作在整个体系内深度地发动和调查以后,可以统一我们整个体系内不同层面、不同岗位人员的共识和理念。让我们每一个人深刻地理解、认识、知道:消费者才是我们恒源祥联合体每一个人最大的利益相关者!有了这个共识,我们不同层面、不同岗位的员工,应该衡量你做的每件事情同消费者的利益关系有多大?你是否在为消费者的需要创造价值,你是否在将消费者的需要淋漓尽致地表现出来,并在创造消费者的需求,创造消费者的认同,这是考量我们每一个人工作的唯一标准。延伸开来,我们这个组织所要创造的制度和文化,应该是使我们的团队和组织时时处处想到为别人带来价值、带来好处,并将最终价值体现在消费者身上,就是说我们联合体中的每一个人要成为品牌责任的承担者,而不仅仅是品牌利益的执行者。

　　从我们集团更长远的战略来看,随着人们生活水平的提高,消费行为、消费方式、消费习惯都在变化着,过去消费者消费我们的产品,主要是为了生理的需要,而今天的市场消费行为和习惯的变化,我们可以从人们消费咖啡文化、可乐文化、服装文化等看到,人们更多的是在为了自己心理和精神的需要与满足而付钱,是为了别人对他身份、地位、个性、品位等的认同而消费品牌。美国的一家调查公司,做过一项颇具权威性、科学性的调查,它发现每十个消费者消费一样商品,其中有四个人不满意,六个人满意,而其中四个不满意的消费者每一个人会将对这一商品的不满意情绪和口誉平均告诉十二个人知道,这种不满意的负面传播影响力的结果,总和会有五十二个人知道,而六个满意的消费者,每一个人平均会将对这一商品的满意感觉和口誉平均告诉五个人知道,这种满意的正面传播影响力的结果,总和会有三十六个人知道。如果我们顺着不满意的负面传播力的影响规律推算下去的话,我们集团每年两千五百万件商品的销售结果,将会有一亿三千万人会感觉不好、不满意,以十年为一个企业周期的话,十年后中国将有十三亿人对我们恒源祥的产品不满意,以此市场给我们提出一个关乎生死存亡的问题:十年后,我们还有消费我们品牌的消费者吗?面对这么一个严峻的问题,我们今天该怎么办?我们今天该怎么做?我们今天必须要着力与创新,必须要提高和提升我们品牌所带给消费者的服务,以我们最大的努力、最具与众不同的心理和精神的满足,给消费者以最好的服务,不断找回即将和已经失去的消费者!以我们的与众不同的服务同消费者进行对话，以保证我们能够在未来继续生存下去。

三是怎样从"重策略、轻战略"的旧有思维模式转变到"重战略"上来，科学明晰地确定我们的战略远景。战略是企业发展的长远目标和远景，策略是战略的组成部分，是为达到未来的战略远景而采取的方法和步骤。我们的战略应该是重视经营，重视服务，而不是游击式的、随意的、片段式的粗放式经营，它应该决断我们产业发展的方向，明晰市场、消费者、商业业态未来的发展变化的趋势和规律。

我们曾经做过调查，购买我们绒线的其中71%是女士，29%是男士，他们购买绒线的目的、习惯、喜好等一系列数据我们集团都有，对这些调查数据的分析与把握，可以明晰我们的绒线从包装、颜色、内质到市场的定位，可以知道未来市场中，消费者消费我们产品的主要心理因素是什么？只有当我们对市场、对消费者有着清楚的了解和把握，我们才能做到以最低的成本服务好我们的消费者。

比如说我们绒线消费群体中的儿童，他们消费我们商品的购买方式、购买习惯和购买心理都不是以自己的意志来权衡的，他们了解我们品牌产品的信息也不是从儿童的有关信息渠道获得的，即便是，最终采取购买行为的也不是他们本身，如果我们贸然采取同他们直接对话的方式来投放我们的广告、营销的话，我们的投入都将是浪费。这就要求我们对不同群体消费者的消费习惯、消费方式、消费心理、消费信息的获得做通透的了解和把握，以此确立我们与不同消费群体对话的策略，以最低的成本和最适合的方式传播、传递我们品牌的故事和价值。

(二)三项能力

第一和第二：我们必须拥有持续创新与创造的能力，努力使我们的品牌和事业保持"市场第一"。

有形和无形：我们必须拥有组合与放大的能力，努力使我们的战略联盟和资源的组合效能实现"1+1>2"资源互补聚合效应。

知产和资产：我们必须拥有运营和变现的能力，努力使我们企业的无形资产和创新、经营的团队智慧知识产权叠加，实现可持续的增值。

我们恒源祥集团经过历次痛苦的裂变和不息的奋斗,从一个只有店号的小商店发展成为一个拥有全国七十多家加盟工厂、六千多家经销网点的企业集团。在当初企业转制,实施"MBO"收购的时候,我们通过巨额资金实施转制,使恒源祥走上了一条"以品牌经营,特许战略联盟"为发展经营模式的全新的康庄大道。恒源祥的这种通过"以品牌经营"实施特许经营的运营模式,使我们的绒线及羊毛衫成为中国市场的第一,我们是一个拥有市场消费品牌的管理顾问公司,我们集团发展的战略远景是"中国第一,世界一流"。为实现这个目标,我们将努力在当前的市场经济条件下,坚持走"推进品牌发展战略,以无形调动有形"的道路,不断提升和锻造我们恒源祥的团队拥有"持续创新创造第一的能力,组合和放大有形与无形叠加效应的能力,运营和变现知产与资产融通的能力",使我们事业永续地向着"更 高、更远、更大、更强"的趋势发展挺进。

第二节 品牌美学构建的五重维度[①]

品牌是现代商业社会和现代性思维下的精神产物,因为品牌价值、品牌精神是人类价值标准的外在体现,因而品牌除了具有经济学、管理学、传播学等社会科学研究价值,也具备了人文主义的研究意义。美学是研究美本身的人文学科。从美学角度来看,建设品牌之美是构建品牌人文价值的一个重要方面。品牌美的建构包含了民族文化、生活之美、五觉愉快、价值追求和艺术之美等五重维度。

艾伦·麦克法兰(Alan Macfarlane)在其著作《现代世界的诞生》中谈到"现代性"要义中所具有"五个表征",其中两条分别是"全新

---

① 作者周韧,上海师范大学影视传媒学院教授。本文原载《艺术广角》2022 年第 3 期。

财富生产方式的兴起"和"特定的认知方法"①。即指现代工业生产所带来的劳动分工以及"科学的"、"世俗的"(secular)思维模式。从这两点上来看所谓"品牌"(Brand),本质上就是现代性思维下的精神产物:首先,品牌是在现代工业生产进入到高度发达和细分的阶段(甚至在此基础上发展出了更为细分的现代服务业)的社会产物;同时,品牌也是基于物质需求基础上所发展而成的一种高度世俗化的符号认知方式,这种符号认知甚至是对传统宗教反对偶像崇拜的反动,品牌用抽象化的、特有的、能识别的心智概念来表现其独特性,从而在人们意识当中形成特殊价值的综合反映,成为具有功能性利益和情感性利益的超物质偶像。因此品牌承载的是相当数量的一部分人对其产品或者服务的认可,是一种品牌商与顾客购买行为间相互关系衍生出的产物。

因为这种受众认可,使品牌能够带来溢价、产生增值,成为具有经济价值的无形资产。现代营销学之父菲利普·科特勒在《市场营销学》中定义品牌是销售者向购买者长期提供的一种特定的特点、利益和服务。从精神属性上来说,品牌是用于和其他竞争者的产品或服务相区分的名称、术语、象征、记号或者设计的组合,其增值的源泉来源于消费者心目中形成的关于其载体的印象。所以,尽管世界上一些知名企业或者大学研究机构热衷于在经济价值上对品牌进行排名。如最近的 2021 年,英国知名品牌价值咨询公司"品牌金融"(Brand Finance)在推出的"2021 全球最具价值五百大品牌榜"(Global 500 2021)中,苹果以令人咋舌的 2633.75 亿美元品牌估值升至第一位。但是,我们必须看到的是,品牌排行榜上的经济估值绝非企业所能够实际兑换的货币数字,而是一种心理价值的综合反映。譬如在 2011 年的 Brand Finance 机构排名中,诺基亚(Nokia)的品牌价值

---

① [英]艾伦·麦克法兰:《现代世界的诞生》,管可秾译,上海人民出版社 2013 年 8 月版。

从2010年的二十一位骤降至九十四位,并不是诺基亚的产品质量相较于过去出现了大幅滑坡,而是因为代表传统功能手机翘楚的诺基亚优质品牌形象反而成为了移动互联网时代智能手机形象的包袱,从而使诺基亚品牌排名和估值一落千丈。

因此不妨跳出传统的科学理性思维,从人文思维的价值论角度来理解品牌,人文学科是研究人类价值导向的学科,品牌价值观实际上就是人类的价值观念映照,这其中首先就包括了对品牌之中美的感受和认识。

美学(aesthetic)又被誉为"感性学",美学要讨论的问题并不仅仅是某些具体美的事物,而是所有美的事物所共同具有的那个"美"本身,包括使一切美的事物之所以美的根本原因。一个长期在消费者心目中具有美好形象的餐饮品牌,如果某日被媒体曝光出使用过期食材的丑闻,那么这个餐饮品牌之前所积累的一切美好形象很可能在一夜之间坍塌。品牌之所以能够在消费者心中建立崇高的价值信念,是因为品牌所代表的这种现代抽象符号具有超越理性判断的情感价值,成为了消费者心目中一种美好存在的价值判断,而这种美的感觉包含了品牌所有的审美经验和审美心理,这也使得品牌具备了美学上研究价值,成为美学的研究对象,品牌之美,具体又可以体现在五个维度层面。

一、民族文化:品牌美学的本土资源

现代企业的一个重要制度特征就是实行股份所有制,资本是没有国界的,越是优秀的品牌越受到资本青睐,其股权成分也就越复杂,很多国际品牌都有跨国资本的支持,这也使品牌似乎成为超越国界的全球化象征,但这并不就意味着品牌内涵与审美是建在立无根的浮萍之上。道格拉斯·霍特在《文化战略:以创新意识形态打造突破性品牌》中指出,最具挑战的战略不是如何获得或保持竞争优势,而是如何找到新颖而传奇的方式创造价值。在他的文化战略理论中,品牌的文化表述是文化创新的核心,由意识形态、神话和文化密码构成。① 毫无疑问,根植于品牌的审美灵魂其实是与品牌的创始地尤其是所在的国家和民族文化密不可分的,品牌可以从中汲取足够的传统文化养分,品牌审美是民族文化、民族性格、民族历史的浓缩反映。即使是像美国这样的由移民组成的年轻国家,许多品牌也仍然可以展现出美国人奔放、自由、浪漫、牛仔的性格特点,像万宝路香烟广告曾经展现的西部牛仔形象其粗犷的男子汉气概,这也是美国西部大淘金时代所形成的美国个人英雄主义民族性格的审美再现。日本的无印良品家居产品,虽然其设计风格简洁现代,但可以明显感受到这种简洁又与许多北欧家居品牌所崇尚的自然朴素并不相同,是在现代设计中明显地融入了传统日式禅宗和侘寂的审美特征。

  中国品牌亦是如此,早在茅盾的《林家铺子》一书中就出现了"国货"一词,体现出在国人心目中"洋货"的区别。鸦片战争以来,中国逐渐沦为半封建半殖民地社会,传统自给自足的手工业形态遭到剧烈冲击,所以百年以来中国人一直渴望建立自己的民族企业以及具有世界影响力的国货品牌。1927年日本伙同英、美炮击南京、阻挠国民革命军北伐,引起了国人的抵制日货运动。在这样的时代背景下,如1927年创立的恒源祥,可以说一开始就承担起了国货自强的民族重担,体现了中华民族坚韧不拔的性格品质。此后恒源祥历经新民主主义革命、新中国成立、公私合营再到改革开放等多个时期的发展,沉淀了近百年的发展历史。当代的恒源祥,已经成为走上奥运舞台的国际品牌,但无论哪个时期的恒源祥,不仅产品设计力求与国际时代潮流接轨,也始终植根于民族文化的继承和汲取,包括对国家级非物质文化遗产之一绒绣工艺的继承和发扬,在广告、产品设计中融入中国生肖、传统色彩、工艺美术图案等传统文化元素等等。这也使得恒源祥品牌既具有与时俱

---

① Douglas Holt, Douglas Cameron, Cultural Strategy: Using Innovative Ideologies to Build Breakthrough Brand, New York: Oxford University Press, 2010, P. 12.

进的现代性审美特征,也蕴含了丰富的中国民族文化审美底蕴,成为民族品牌审美的典型代表。中华文化的精髓充满了智慧,传统视觉符号是对中国文化智慧的视觉描述,由于其独特的造型与意象表达方式,使得本民族在文化上具有认同性,易于产生共鸣,可以达到雅俗共赏的视觉效果与文化情结。[1]

改革开放以来,更多的中国品牌尤其是众多科技品牌勃勃兴起,并获得了商业上的巨大成功。商业的成功更需要品牌内涵的建设,在此基础上,中国品牌更应该从在地文化的角度,找寻新时代中国品牌的定位。只有真正建立全球认可的东方文化,品牌才能具有生命力。正如学者黄胜兵、卢泰宏以中国传统文化的视角归纳出中国品牌的个性维度为"仁、智、勇、乐、雅"。[2] 品牌的民族审美,除了一些传统民族审美元素,更是文化基因的传承。文化概念的内核,源自中国传统文化精神、思想与哲学的精髓部分,或者是对民族文化、地域文化、特色文化等文化资源的继承与发展。[3] 以云南白药品牌为例,由云南名医曲焕章先生于1902年创制的云南白药对于跌打损伤、创伤出血有奇效。当云南白药推出全新的云南白药创可贴、云南白药牙膏等产品要与邦迪、宝洁、联合利华这些国际巨头竞争的时候,只能立足于博大精深的中医内涵,才能实现与西方品牌的差异化竞争目的。

由此可见,尽管品牌是现代商业社会的产物,但传统文化却是品牌审美蕴涵构建的土壤,脱离了民族文化的品牌,其审美蕴涵也必然是空洞的。民族文化尽管是传统的,但与品牌结合却也是现代性的必然需要,如近今年兴起的国潮之风,所谓国潮,是"国风"与"潮流"的融合,国风代表了对民族传统的继承和挖掘,潮流则代表了复兴与现代再创。

---

[1] 胡慧、曾景祥:《论中国传统视觉元素的文化精神》,《求索》2009年第9期。
[2] 黄胜兵、卢泰宏:《品牌个性维度的本土化研究》,《南开管理评论》2003年第1期。
[3] 闵洁:《传统文化资源激活本土品牌构建路径的研究》,《中国文化产业评论》2021年第1期。

二、生活之美:品牌美学的现实前提

以康德为代表的传统的审美观被认定是"无目的性"与"非功利性"(aesthetic disinterestness)的,这种审美观念虽然强调了美的自然与精神本性,但割裂了审美与日常生活的关联,使对美本质认识走向彻底的形而上学。康德美学始终保持一种"贵族式的精英趣味"立场,这使得他采取了一种对低级趣味加以压制的路线,试图走出一条超绝平庸生活的贵族之路,从而将其美学建基于"文化分隔"与"趣味批判"的基础之上。① 这种被少数人垄断的精英式审美主义显然并不符合现代商业社会事实,尤其是现代化的工业生产方式使得过去物质贫乏的社会变得充盈,对于完成工业化的国家来说,生产过剩早已成为事实常态。因此,企业为了更好地出售商品或服务,也需要将"审美态度"引进现实生活,使大众在满足一般需求之上,获得更美好的日常生活品质,从而实现"日常生活审美化"②。品牌是商业社会中从众多产品或服务中通过口碑和良好印象的日积月累脱颖而出的商业符号,这使得品牌在一众产品或服务中,首先需要能够更好满足民众生活的美好需求,成为消费者心目中生活的美好保障,因此,构建生活之美是建立品牌美好形象的前提③。

车尔尼雪夫斯基提出"美是生活"的著名判断,主要包含三个层面:第一种理解为美就是生活"本身",反之亦然,美的本身也就是生活;第二种理解是美以生活为"本质",或者说,生活构成了美的本质性

---

① 刘悦笛:《"生活美学"的兴起与康德美学的黄昏》,《文艺争鸣》2010 年第 3 期。
② Mike Featherstone, Consumer Culture and Postmodernism, London: SagePublications, 1991, pp. 65—72.
③ 当然,有许多品牌并非直接针对消费者市场而是针对企业的上游产品或服务,但即使是芯片这样看不见、摸不着的上游产品,最下游产品仍然是为了满足消费者的生活需求的。

规定;第三种理解则为生活是美的"本源",反之则不是如此。① 品牌虽然是基于意识构建的抽象精神符号,但它的根基是产品或服务,在市场经济社会,创造各种产品或服务的目的就是通过满足人民美好生活的需要从而实现价值交换。从民众最基本的衣食住行,再到现代社会所需要的一切服务产品,无一不是为了满足美好生活而创设。因此很多品牌最初也就是从某个单一产品或服务开始,做到品质上乘后,再开始多元化发展的。例如著名的中国民族品牌恒源祥,最初是绒线类产品,经过近百年的精耕细作,再发展到整个针织、服饰、家纺产业,通过打通纺织行业的全产业链从而实现全面满足人们的美好家居生活的。一些品牌服饰,已经远远超越了满足保暖的基本功能,更升华为满足人们的美的享受、礼仪、品质等更高的精神需求。阿瑟·丹托(Arthur Danto)在1984年提出了"艺术终结论","艺术终结"并非"艺术之死",而是可以分为"bad end of art"(坏的艺术终结)或"good end of art"(好的艺术终结)。学者刘悦笛认为生活美学的建立正是"好的艺术终结"的一种形式,当生活中处处充满了美(好),那么其实也就不存在了艺术与非艺术、美与不美的界限,而品牌的价值则在于使生活之中处处充满美(好)。② 品牌对生活的美学影响是现代公民化社会发展的产物,尽管它代表着相较于普通产品或服务更高的品质,也通过经济区分了阶层,但这和封建时代的世袭贵族文化显然是有区别的,这也符合了沃尔夫冈·韦尔施(Wolfgang Welsch)所说的"今天的审美化不再仅仅属于上层建筑,而且属于基础"③。

除了致力于提高产品或服务品质来满足美好生活需要,基于商业社会竞争的需要和自身累积的规模优势,品牌往往也是在各个领域创

---

① 刘悦笛:《从"美是生活"到"生活美学":当代中国美学发展的一条主流线索》,《广州大学学报(社会科学版)》2019年第5期。
② 刘悦笛:《艺术终结:生活美学与文学理论》,《文艺争鸣》2008年第7期。
③ [德]沃尔夫冈·韦尔施:《重构美学》,陆扬、张岩冰译,上海译文出版社2002年版,第9页。

造革命性产品来引领生活方式的开拓者。比如苹果创造 Iphone 智能手机等革命性产品彻底地改变了人们的生活;阿里巴巴通过天猫、支付宝等互联网产品改变了人们的商业模式;恒源祥与苏州大学联合启动全国首个被芯感官综合测评项目,通过测试评价不同材质被芯材料(如羊毛、蚕丝、化纤、羽绒等)的多项技术评价指标,开发建立一套完整的被芯感官功能指标体系。① 所以,从社会发展的眼光来看,品牌与美好生活实际上是相辅相成的促进关系,通过满足民众的美好生活成就了品牌的商业价值,而形成更大规模优势后又进一步促进产品和服务创新来引领新的生活方式。

三、五觉愉快:品牌美学的外在呈现

品牌之美是基于一种综合的五官愉悦体验。西方传统美学思想根据审美体验将人的审美感官分为"高级感官"和"低级感官",认为只有视觉和听觉才是高级感官,而味觉、嗅觉和触觉只是低级感官。这是以造型艺术、音乐艺术为主要研究对象的传统贵族精英式立场的美学局限,品牌是审美大众化的现代性产物,品牌产品涉及面极其广泛,从日用的生活快速消费产品、耐用消费产品再到无处不在的服务产品,这些产品和服务是为了更好地甚至全方位地满足消费者的生活体验,因此品牌所带来的美不仅仅局限于某一两类感官,而是基于各种感官审美体验的综合,这是无法切割的。以餐饮类品牌为例,如星巴克咖啡,拿铁、摩卡、美式、卡布基诺这些不同的咖啡品种首先给予了顾客不同的味觉体验,甚至同一种咖啡不同的温度、甜度的细微差别也别有韵味,这些不同的味觉,构成了独特的咖啡审美文化。当然,咖啡馆的环境、音乐氛围也是整个咖啡审美文化不可或缺的一部分,对于消费者来说,咖啡所给予的价值可能是纯粹的口感愉悦,也可能是因为视觉带来美的享受,或者是咖啡香味的沁人心脾。

---

① 梁莉萍:《恒源祥:感官睡眠为最浅睡城市支招》,《中国纺织》2013 年第 11 期。

快感是美感的基础,但快感并不直接等于美感。审美中的情感活动与对象的感性形式密切联系,审美对象引起的感觉、知觉、表象本身就带有一定的情感因素,而在知觉、表象基础上进行的想象活动,更推动了审美的情感活动。例如对高级品牌香水来说,嗅觉当然是主要审美对象,但是香水品牌的精致包装,是视觉上提升香水品牌档次必不可少的要素。从审美对象来说,香水本身只是味道好闻的化学品液体而已,只有喷在绅士和淑女身上才能更好地展现其魅力,喷在肮脏的动物或者形象邋遢的乞丐身上,香水不但不会使审美对象产生更多的审美愉悦,其审美体验很可能是负面的。所以香水本身其实就是视觉+嗅觉的综合感官审美体验,并从中获得对受众最有价值的审美愉悦,而且这两者是不可切割的。所以,对于很多品牌尤其是产品类别丰富的品牌来说,其带给消费者的通常是综合感官而绝不仅仅是某个单一感官的审美体验。比如迪士尼伴随青少年从儿童时代成长记忆的除了影视作品中的那些熟悉的动画人物,更多的是那些幼儿时期可触摸的玩偶(具),以及童年时在迪士尼乐园中刺激的游乐体验;恒源祥作为纺织类品牌,除了款式、图案、色彩的视觉设计,也包括温暖的触摸体验,以及孩子们从小对"恒源祥羊羊羊"耳熟能详广告语的回忆。由此可见,品牌是可以延伸到视觉、听觉、味觉、嗅觉、触觉全方面五觉愉悦的审美体验对象,这也是品牌作为审美大众化的重要现代性特征。

四、价值追求:品牌美学的内在标准

李泽厚认为相对于以基督教为底色的西方"罪感文化"而言,以儒学为主干的中国传统文化是一种"乐感文化"。[1] 罗素将"快乐"分为两大类:"朴实的快乐"与"想象的快乐",或"肉体的快乐"与"精神的快乐",或"心情的快乐"与"智慧的快乐"。[2] 学者祁志祥提出"美是有

---

[1] 李泽厚:《中国古代思想史论》,人民出版社1985年版,第306—316页。
[2] [英]伯特兰·罗素:《快乐哲学》,王正平、杨承滨译,中国工人出版社1993年版,第93页。

价值的乐感对象"①,该观点认为美的本质是一种带来快乐的对象,并且这种快乐对象应该是具有价值的。所以尽管美本质并不能直接与乐感画等号,但美感中所必须具有快乐因素是毋庸置疑的,这种"乐"不是简单的动物性肉体之乐,而是对受众具有价值的精神之乐。

首先品牌价值取决于品牌所能够给予客户有价值的快乐程度,所谓价值,指的是客体对主体的积极意义,价值既有物质性也有精神性。首先,品牌所提供的产品或服务不同于普通的产品或服务,普通的产品或服务是商品成本与市场供需之间的价格反映,而品牌产品远高于成本的溢价则是由于其自身包含的价值对客户所能够产生的乐感所致。以马斯洛需求层次理论来看,越是高价值的品牌,它所满足消费者的价值需求也越高,从而能够给予用户更高层面的精神乐感。金字塔模型的第一层次是最基本的生理需要(physiological needs),满足这个层次的需求只需要商品符合相应的功能就足够了,用户也仅仅能够获得生理层面的快乐。成为消费者心目中的"品牌",必须至少能够满足第二层以上的需求,而更高层次安全需要(safety needs)、归属和爱的需要(belongingness and love need)、尊重需要(esteem needs)、自我实现的需要(self-actualization need),要求品牌能够满足消费者更高的精神需求,越高的层级对品牌的要求也越高,尤其是最高的自我实现需要。例如在品牌层次分明的腕表领域,顶级奢侈品牌百达翡丽的广告语就是"没有人能拥有百达翡丽,只是为下一代保管而已",百达翡丽尽管售价极其高昂,许多限量款却甚至一表难求,这也说明了受众群体对百达翡丽品牌的高度认可以及拥有百达翡丽的精神快乐,这也是品牌乐感价值之美所能够达到的至高境界。

其次,因为品牌是对于大多数受众具有价值的乐感对象,因此品牌之美对于公众具有巨大的示范作用,品牌亦可在此基础上成为实现社会美育途径。中国人自古以来就重视德与乐之间的关系,早在简帛

---

① 祁志祥:《乐感美学》,北京大学出版社2016年3月版,第4页。

《五行》中就赋予了"德"以"乐"的内涵,提出了"不乐无德""乐则有德"①等命题,使"德"这一君子品格也由单纯的道德境界进入了审美的境界。从现代社会所包含的美德范畴来看,则包括了人生观、价值观、道德观、世界观等。品牌之所以能够成为大多数人认可的"品牌",是因为对绝大多数受众群体产生了有价值的物质性与精神性乐感,这种有价值的乐感也是品牌美的一个重要组成要素。诸如品牌的口号、广告、代言人,这些通过现代媒介传播以后对公众言行都有巨大的精神引领作用,这种快乐既可以是高尚的,一些德艺双馨的影视演员或者阳光健康的体育健儿,这些青年人的偶像和学习对象能够为品牌树立崇高的美感形象。反之一些低级趣味的快乐则会对品牌带来负面影响,也破坏了社会风气。正如一些有思想深度的品牌广告,无疑也是在向公众传达一种处世态度,像耐克的品牌口号"Just do it",并不告诉你耐克是做什么的,只把"尽管去做"的信念传达给消费者,让消费者感受到耐克不同于其他运动品牌的有价值乐感,在此基础上养成勇往直前的独立精神,最终实现品牌对社会价值观的美育引领。

五、艺术联姻:品牌美学的形态升级

艺术,一直是一个难以定义的哲学命题。古希腊哲学家认为艺术来源于人类对自然的模仿,但现当代艺术诞生之后,艺术与非艺术的边界与艺术本质逐渐模糊。以至于黑格尔在两百年前就感论"艺术已经终结",美国分析哲学家纳尔逊·古德曼甚至认为探讨艺术的本质与边界毫无必要:"真正的问题不是'什么对象是(永远的)术作品?'而是'一个对象何时才是艺术作品?'"②无论艺术是什么,但有一点可以肯定的是,艺术是用独特的创作手法来反映现实但比现实有典型性的社

---

① 荆门市博物馆编:《郭店楚墓竹简》,文物出版社1998年版,第149页。
② [美]纳尔逊·古德曼:《构造世界的多种方式》,上海译文出版社2008年版,第70页。

会意识形态,艺术是人类永恒的精神需要和追求精神超越的审美感悟,因此艺术其实并没有固定的形态,它是无处不在的,和商业也并不矛盾。对某个品牌来说,能够被赞誉为把产品和服务做成了一门艺术无疑是对该品牌的最高评价。

品牌是在产品或服务基础上凝结而成的消费者信任,产品或服务的第一重价值是功能,这是审美功利性的体现,而在优质产品或服务成长为品牌再向更优质的品牌发展过程中,这是一个受众对精神需求逐渐上升,对功能需求相对降低的过程。越是优质、高级的品牌,能满足受众的精神需求越高,而能够无限满足这种精神需求的,唯有通过艺术这种人类最高的精神手段,艺术成为了品牌美学构建的精神基础。

1. 品牌与艺术的内在关联

首先是品牌形象建设的艺术化。从品牌 Logo 开始到整个品牌的 VIS 系统设计、产品设计、广告、销售终端环境,有实力的品牌都会邀请专业的设计公司(团队)来进行设计,力求通过品牌形象的艺术化来向消费者传达美的感受,给受众传达品牌超越商品或服务功能本身的精神感染力,从而说服消费者心理接受品牌的高附加值。越是附加值高的品牌,艺术在其中的精神作用越重要。一个初创产品或许能够通过重复传播庸俗和媚俗的洗脑广告获得知名度并短时间获得巨大的市场销量,并在消费者心目中初步成为一个"牌子",但从本质上来说,这种营销手段只是解决了品牌从无到有的第一步,满足了马斯洛需求层次的第二层,仅仅超越了最基本的生理需要层次。但如果品牌的美学追求仅仅止步于此无法向更高的需求层次上升,则如同逆水行舟,不进则退。改革开放初期,中国很多新生品牌,或借助时代东风,或利用概念营销、广告迅速崛起,但往往其兴也勃焉、其衰也忽焉,就是因为太过于追求短期效益,而没有注重通过更高层面的精神需求来建设品牌。当然,随着中国企业的日益成熟与国际化的日益接轨,越来越多的品牌经营者认识到了品牌建设是个长期的过程,尤其是精神层面的建设,所以越来越重视艺术在其中的作用。无论是快销品还是服务业,从日用品到奢侈品,都在产品设计、广告、销售终端环境投入了大量的精力,一方面从生活层面拉近了艺术与受众的距离,使得日常生活审美化成为常态;另一方面艺术也进一步强化了品牌的美育作用,受众对艺术美的认识,不仅仅只是旧时代的精英和贵族阶层的专利,普通民众同样可以从随处可见的优秀广告、精美产品、商业环境中享受到艺术之美。

其次,从现代社会生产关系来看,品牌是艺术(家)和受众之间的连接纽带,三者也形成了一个稳定的等边三角形。传统社会,艺术(家)更多依附于贵族、僧侣等精英阶层生存,现代社会,艺术家作为一种相当独立的职业和数量庞大的群体,由于并不直接创造市场价值,高昂的作品又非大多数普通民众所能够接受,使得艺术家除了独立创作,能够将其作品与商业结合也是一个重要的现代职业模式。一方面品牌由于其规模性能够承担艺术家高昂的创作费用,另一方面也通过其产品量产的方式平摊了艺术的创作成本,成为艺术(家)和消费者之间的连接纽带。比如LV邀请了全球六位艺术大师让他们为LV ARTYCA-PUCINES系列设计手提包,尽管LV由于其奢侈品牌定位,手提包的价格自然不菲,但相较于艺术家手创孤品的价格来说则完全不可相提并论,大部分中产以上受众还是能够消费得起的,并且可以通过品牌来直接接触艺术。类似的还有恒源祥,2019年恒源祥组建"艺术与生活样式设计专业委员会",同时与时尚达人毛省瞳达成跨界合作,共同推出恒源祥联名达·芬奇的秋冬季服饰新品系列。品牌与艺术,可以说是互为作用的关系,这实际上形成了庞大的消费者群体支撑了品牌,品牌成就艺术(家),艺术(家)和品牌又共同为消费者提供了艺术美的享受,最终形成了艺术(家)、品牌、受众三者之间关系稳定等边三角形的现代商业关系。

2. 品牌美学的形式主义艺术追求

品牌作为一种人们心目中价值反映的商业符号,其内涵除了与高品质的商品和服务内涵画等号,具体也需要通过某些具体的外在形式来体现,在现代商业社中,这种形式不仅是品牌在发展过程中的"自律性"体现,也包含各种品牌营销手段的"他律"。俄国形式主义学派认为内容是短暂的、相对的,而形式是永恒的。形式主义美学是一种强调美在线条、形体、色彩、声音、文字等组合关系中或艺术作品结构中的美学观,与强调模仿或逼真再现自然物体之形态的自然主义美学相对立,品牌往往通过新颖的设计来创造出各种形式,从而实现品牌形象的独特美学塑造。

(1)构建出具有品牌差异化特征的各种形式美

1914年,克莱夫·贝尔在《艺术》一书中提出了"有意味的形式"一说。所谓"有意味的形式",即"以某种独特的方式组合起来的线条和色彩、特定的形式和形式关系激发我们的审美情感"[1]。

品牌建立"有意味的形式"最重要的就是建立品牌 CIS 识别理念,即包括理念识别(MI)、视觉识别(VI)或行为识别(BI)。这种差异化的识别就是持久地塑造品牌的各种独特形式。包括线条形式如可口可乐曲线;外观形式如绝对伏特加独特的酒瓶造型;色彩形式如特别制定了 Pantone 色号的蒂芙尼蓝;声音形式如华为请 Delacey 演唱的手机铃声 *Dream is Possible*;文字形式如各种朗朗上口甚至近乎洗脑的广告口号……当然,品牌形式的建立也包括品牌 Logo、吉祥物的设计与一些特定形象的形式联想,如恒源祥品牌与羊的形象、英超联赛品牌与狮子的联想等等。

(2)通过产品形式来塑造品牌的差异化特征

产品质量是需要通过时间来检验的。因此消费者很难在第一时间感受到不同产品之间的差异性,而某些产品背后的品牌已然通过长时间的持续经营赢得了消费者的口碑和信任,但需要在第一时间让消费者得以识别品牌,通过独特的产品形式来塑造品牌的差异化特征也是品牌形式美的一种重要手段。例如著名的宝马的"双肾"进气格栅前脸历经八十多年从未改变,从老爷车到现代轿车再到流线型的跑车、硬

---

[1] 克莱夫·贝尔:《艺术》,薛华译,江苏教育出版社 2005 年版,第4页。

朗的SUV,改变的只有与时俱进的汽车造型设计,"双肾"格栅也成为宝马汽车品牌最具识别性的产品形式美。① 而一些奢侈品牌为了区分自己的产品,更是会设计出一些"经典款"形式来建立高度差异化的识别特征,如路易·威登的"棋盘格""老花""水波"等经典款形式设计,这些都成为了路易·威登与众不同的产品特征。与此类似的还有欧米茄表的"星座"系列手表,通过独特的"托爪"设计使其在一众手表中异常醒目,几乎不需要看到Logo即可在第一时间得以辨识,这也正是独特产品形式美创造的价值所在。

(3)品牌成为形式主义美学的倡导者和引领者

优势品牌不禁热衷于建立自身品牌差异化的形象以及产品形式,更致力于对形式主义美学的倡导与引领,这样也使其成为审美风尚的直接开拓者。比如苹果iPhone智能手机的推出,其无按键盘的触摸式设计成为了颠覆性的数码产品,也成为了整个手机行业的未来发展方向;宜家家具以其简约、清新、自然、收纳性强、易搬动和自行拆装的北欧设计风格,影响了全球的家具设计理念;无印良品的清雅风格,成为家居产品的另类;恒源祥奥运赞助服装的"番茄炒蛋"风格,把国潮带到了运动领域。这些品牌形式美的创立,不仅局限于优势品牌在对自身独特性塑造,更是对整个社会形式主义美学的倡导和引领。

品牌是现代商业社会和现代性思维下的精神产物,建设品牌绝非一朝一夕之功,是一个艰辛、漫长的日积月累过程。过去主要把品牌纳入经济学、管理学、传播学等社会科学框架下展开研究,本文认为品牌同样也包含了人文主义的研究价值。人文学科的根本目的是为了探寻人的存在及其意义、人的价值及其实现问题,并由此表达某种价值观念和价值理想,从而确立人性的行为价值导向。从这个意义上来讲,品牌价值、品牌美誉、品牌印象的建立,都与这种人性的价值导向不无关系,

---

① 周韧:《产品识别系统的视觉符号化构建途径研究》,《工业设计研究》,2016年第1期。

尤其是从美学角度来理解品牌,本文抛砖引玉,从品牌的民族文化、生活之美、五觉愉快、价值追求和艺术之美来初步探讨品牌之美,以及品牌通过这种美的感受所传递给消费者的独特价值观念、价值理想,就是品牌的人文之道,这也是品牌人文价值构建的重要因素。当然,品牌美的研究不仅如此,包括品牌的美育功能研究,未来这些都将隐约勾勒出系统的品牌美学理论。

第三节　品牌美学视阈下的品牌塑造[①]

自从人类社会进入 21 世纪后,信息技术革命不断深入到人们生活的方方面面,社会物质财富得到极大丰富,社会意识形态发生变革,其中社会消费观念的变化最为显著,集中体现为人们的审美观念的变化。人们的审美观念已然从囿于产品的实用、耐用、功能等物理方面的关注逐渐聚焦于简约自然化、特立独行化、品位时尚化等精神方面的享受,对精神方面的追求甚至更加突出。在人们追求精神享受的情况下,品牌的消费能够满足社会大众的审美需要。当今社会,品牌消费已成为人人追求的社会风尚,生活中无时无刻不在散发着品牌的气息。

在我们生活的方方面面,品牌如影相随。一提到可口可乐,我们脑海里浮现的是亮眼艳丽的红色背景与白色斯宾塞字体的形象设计,我们也会自然而然想到激情、活力、畅快;被咬了一口的苹果商标设计则让我们想到了领先的技术和优质的品质;一说到星巴克,我们脑海里则显现的是清新大气的绿色背景与白色线条勾勒出的塞壬双尾美人鱼的形象和"品味、舒适、享受、轻奢的都市氛围"的消费文化;提到恒源祥,它也不仅仅代表纺织服装,而会让我们想起大草原和羊群,有一种纯朴归真的自然之美……这是为什么呢?这是因为这些品牌在消费者的眼里

[①] 作者张继明,上海桑迪品牌咨询机构创始人,上海六力文化传播董事长,华东政法大学等高校客座导师。本文原载《艺术广角》2022 年第 3 期。

并不仅仅一种商标或是一个产品,而是一种具有审美价值的文化。在消费观念盛行的时代,人们越来越重视品牌的审美价值,具有审美价值的品牌文化也越来越能够获得社会大众的青睐。这是由于品牌的审美价值不仅实现了人们对物理层面的基本功能需求,实现了人们对精神层面的审美追求,而且也满足了人们的感官享受。功能、审美、感官三者的统一与和谐充分实现了美学价值的"回归",这种"回归"来源于人们在日常生活中越来越追求审美化。在物质极丰富的基础上,消费主导型社会逐渐取代生产主导型社会,追求日常生活审美化成为社会常态,人们的生活方式受消费主导。在琳琅满目的同质商品中,人们往往会选择兼具使用价值和审美价值且审美价值更胜一筹的商品。因此,商家们会利用媒介和技术把审美原则、情感因素、文化内涵等灌注于商品中,使产品在众多商品中脱颖而出。费瑟斯通曾提过这样的观点,即"在消费时代,'日常生活审美化'就是充斥于日常生活经纬影像与符号。"[1]其实,"日常生活审美化"就是商品的审美化。

  品牌审美时代就是消费社会时代。品牌美学脱胎于品牌审美时代,是美学的一部分。品牌美学并不是品牌和美学机械式地一加一等于二的构成,而是品牌传播的结果,也是消费者深度参与品牌构建的具体体现。[2] 在品牌传播的过程中,灵活运用艺术手段以及贯穿以人为本的理念造就了品牌美学。以人为本的理念也充分体现于品牌塑造的过程,在这个过程中目标人群能够感受到品牌散发出来的魅力,非目标人群也能领略到品牌散发温文尔雅的氛围。消费人群在消费品牌产品的过程中收获了产品功能、审美需求、感官享受的欢愉,非消费人群也在品牌传播的过程中体会到了美感。

---

[1] [英]迈克·费瑟斯通:《消费社会与后现代主义》,刘精明译,译林出版社2002年版,第95—100页。
[2] 厉春雷:《论品牌审美时代的到来》,《理论界》2012年第6期,第136—138页。

一、何谓品牌美学

1. 关于品牌

什么是品牌？关于品牌，学业界的众多学者从不同的角度、不同的学科对品牌的定义和概念做出了自己独特的见解。现代营销之父菲利普·科特勒认为："品牌就是一个名字、称谓、符号或设计，或是上述的总和，其目的是要使自己的产品或服务有别于其他竞争者。""定位之父"杰克·特劳特对品牌的定义则是：品牌就是代表某个品类的名字，当消费者有相应需求时，立即想到这个名字，才算真正建立了品牌。世界级品牌管理大师戴维·阿克则认为："品牌是以一系列与品牌名称和标志相关的资产或负债，它能够增加或减少产品或服务带给企业和企业客户的价值。"……对品牌这一术语有如此众多不同的理解或解释主要是由于学者和管理者们处于不同时期和不同的环境。

站在企业角度来看，不同企业也会有自身对品牌不同的理解。中国服装品牌恒源祥将品牌定义为消费者的记忆，即消费者主要是通过视觉、听觉、嗅觉、味觉和触觉五种感官接受外界信息，并在大脑中进行综合交叉地处理来完成的。经过多年的品牌经营，恒源祥认识到品牌的背后是文化。①

结合各位学者和管理者对品牌概念的认知，笔者认为品牌其实可以用一句话简单概括：品牌就是产品在消费者心中烙上的烙印！

2. 关于美学

美学（aesthetic）是一个哲学分支学科，德国哲学家亚历山大·戈特利布·鲍姆嘉通在1750年首次提出美学概念，并称其为"aesthetic"（感性学），也就是美学。美学是一种哲学主题，是关于美的特性研究。对于康德，审美价值有四个方面的特点：第一，美是对品味的问题无私的评判；第二，美是一个没有概念约束的国际化的好感；第三，美是事物

---

① 恒源祥官网，http://www.hyx1927.com/Pictrueleft_709_679.htm。

的最终形象在作为被感知的对象时的表现；第四，美是一个公认的概念被普遍接受，像一种必需的满足感。[1]

3. 品牌美学

什么是品牌美学？贾丽军在2006年在《创意经济与品牌美学》一文中提出"品牌美学"的概念，认为"品牌美学是品牌规划、设计和传播领域的普遍美学规律的新兴学科"，其研究内容主要包括"品牌美的哲学、品牌审美心理学和品牌美学的应用"。之后，贾丽军在前面定义的基础上对品牌美学的定义做出了既准确严谨又突出本质、既定义科学又奠定基础、既指导实践又意义明确的定义：品牌美学是品牌受众通过品牌符号与情感体验的审美沟通而实现品牌溢价价值的传播理论。[2]主要将美学策略应用于品牌构建、设计和行销领域的传播学科。

品牌美学是一门由品牌受众通过品牌符号与情感体验的审美沟通而实现品牌溢价价值的传播理论。[3] 从品牌美学的角度去研究品牌，从产品的内在价值和外在形象着手为品牌增添新的意义。从产品的内在价值方面，赋予品牌独特的文化故事，为品牌塑造顺应时代发展潮流的精神文化，对企业形象和营销传播体系进行精心设计，使品牌拥有不同于其他的品牌的独特之处和别样魅力。从产品的外在形象方面，灵活掌握和恰当运用品牌美学的设计与手段，打造具有美学审美价值的品牌外观和产品形象，美好的品牌外观能够直接触动消费者的内心、吸引消费者了解品牌产品、激发消费者的购买欲望、提高消费者对品牌的好感度、拉近品牌与消费者的心理距离，最终能够形成对消费者对品牌的支持与认可。如果一个品牌缺乏审美的特征，那么这个品牌的产品

---

[1] 宋向华：《关于品牌的美学研究》，《美与时代（上旬刊）》2013年第5期，第58—62页。
[2] 贾丽军：《创意经济与品牌美学》，《广告大观（综合版）》2006年第3期，第121页。
[3] 顾薇、张敏：《基于品牌美学的营销传播策略研究》，《艺术教育》2016年第6期，第276—277页。

就无法获得广大消费者的青睐,企业的形象更无法完整地树立,终将在市场竞争的激流中消失。

俗话说人不可貌相,评判一个人,不能仅凭外在形象而下定论,评判品牌自然也不能只从单方面来进行。判断一个品牌是否具有品牌美学要结合两个方面:一是外在视觉形象,二是内在理念。品牌的外在视觉的形象美,来自设计与色彩的认知与愉悦;内在理念美,则来自品牌核心的深度与魅力。对于品牌美学来说,它的真正价值就在于:锻造品牌由外而内的美感,抓住消费者的眼球,更赢得消费者的心。① 例如中国服装品牌恒源祥,作为中华老字号品牌企业,真正做到了从外在视觉形象和内在理念两方面体现品牌美学。恒源祥集团旗下时尚艺术生活品牌——Fazeya(彩羊)诞生于 2003 年初,Fazeya 秉承"多元、多彩"的品牌哲学,产品品类涵盖服饰、针织、家纺、车居等众多领域。从品牌内在理念上,既根植于东方底蕴,又兼具国际视野,强调"中西融贯";从外在视觉形象上,设计方面运用现代国际简洁设计工艺理念,诠释东方与西方、传统与流行的和谐共融;风格方面专注于全球色彩文化研究与设计,从色彩艺术中汲取灵感,以丰富的色彩设计与艺术表达作为品牌的独特风格。

二、美学为何能成为品牌的竞争优势

美学能成为品牌的竞争优势在于美学能够为品牌创造价值。

1. 美学打造差异化

差异化,指的是一种特殊性,即企业通过各种方法使自己的产品拥有足以引发消费者偏好的特殊性。产品的差异化能使消费者自然而然地把该产品与同类竞品有效地区别开来,最终使企业达到在市场竞争中占据有利地位的目的。值得一提的是,中国服装品牌恒源祥在 2004

---

① 朱颖芳:《体验式营销——品牌美学的最佳体现》,《才智》2009 年第 25 期,第 189 页。

年2月13日,建立中国男子人体数据库,通过测量仪器,采集全国男子的体型数据,为未来实现消费者个性定制打下基础。① 这无疑是为品牌打造差异化的先行之举。

郑新安在《反向:品牌美学》中提到:"如果我们现在说产品的差异化已经较难,传播的差异化也不能维持长久,而服务的差异化有更多的人模仿,只有品牌美学的差异化才能在消费者内心产生消费价值。"② 那么,如何打造品牌美学的差异化?打造品牌美学的差异化的第一步是美学设计,美学设计体现在品牌商标和产品包装外形的设计。精美独特的美学设计不仅能够瞬间抓住消费者的眼球,而且还能在消费者的脑海里"挥之不散"。一个在足够吸睛的产品在传播过程上能够取得事半功倍的效果,从而在一定程度上有效降低推广产品的投入。美学设计使产品具备有形象的美感,这种美感在消费者心中容易形成一种区别于其他产品的特殊性。第二是塑造美感来维护愉悦感,从优质的质量、合理的价格、细致的服务、和谐的销售环境等各个方面来塑造品牌美感,消费者内心的愉悦感来自于品牌美感。这种愉悦感不是转瞬即逝的,而是贯穿消费者接触、了解到消费品牌产品和服务的整个过程中,是相对稳定且渐进的,因此,要通过持续塑造美感来维护愉悦感。

2. 美学提高忠诚度

忠诚度,指的是品牌忠诚度,品牌忠诚度是指消费者对品牌形成的一种信任、承诺、情感维系,而这种情感维系是在消费者长期反复地购买使用某一品牌的过程中形成的。这种情感维系甚至会演化成情感依赖。如果消费者对某一品牌产生高忠诚度,那么他们对价格的敏感度就低,且愿意为高质量付出高价格,他们能够认识到品牌的价值并将其视为朋友与伙伴,也愿意为品牌做出贡献。对于消费者来说,美学就是一种满意度,具体指的是一种心理满意性指标。品牌产品的各种美学

---

① 恒源祥服饰品牌介绍,http://www.hyx1927.com/BrandCont_760_754.htm。
② 郑新安:《反向:品牌美学》,中国经济出版社2006年版,第123页。

符号,以图像、声音、香气、口感、触觉、匹配度等美好的体验,植入消费者的购买决策。① 可口可乐、google、苹果手机等品牌深受人们喜爱,当人们提到羊绒衫就能想到恒源祥,这些品牌为何能够在消费者心中缔造一种像宗教信仰一样的狂热感情? 这除了得益于一些传统的营销工具,最主要的还是这些品牌产品所具备的美学符号带给顾客美好的体验,例如恒源祥的高端羊绒奢华品质能让顾客获得触觉上的美好体验,诸如此类的美好体验能够将顾客与他们信任的品牌紧紧地联系在一起。各类感官的持续性美好体验让人们对品牌产生一种难以描述的、无形的情感纽带,品牌也因此赢得了消费者的青睐和持久的信任,自然就对产品产生一种归属感。

3. 美学增加附加值

根据相关资料,产品附加值是指通过智力劳动(包括技术、知识产权、管理经验等)、人工加工、设备加工、流通营销等创造的超过原辅材料的价值的增加值,生产环节创造的价值与流通环节创造的价值皆为产品附加值的一部分。②

美学增加产品的附加值主要体现在两个层面:一是情感附加值,二是产生溢价。情感附加值指的是具有美学价值的品牌产品除自身所具有的价值之外,还附有文化价值和情感价值。情感附加值是品牌保持活力、企业基业长青的重要保证。消费者消费具有美学价值的品牌产品时,不仅获得了产品的使用价值,也获得了产品背后的文化价值和情感价值。消费者对文化价值和情感价值的接受与认可会使他们对这一品牌的一系列产品产生信赖感和亲近感。品牌一旦激发了消费者的情感欲望,消费者就会愿意持续购买该品牌的产品来满足自身的情感需求。在这种持续消费的过程中,消费者对品牌的认知升华,品牌和企业

---

① [美]施密特、西蒙森:《视觉与感受——营销美学》,曹嵘译,上海交通大学出版社1999年版,第78页。
② 李正权:《企业怎样创造更多的顾客价值》,《大众标准化》2015年第1期,第51—53页。

可以持续获得情感附加值。恒源祥从创办至今致力于公益慈善和体育事业,2005年发起了一项关爱孤残儿童的"恒爱行动",之后成为北京2008年奥运会赞助商,后来又是伦敦奥运会中国奥委会的合作伙伴。顾客在消费恒源祥商品时,不仅获得其产品物质性体验,也是对其积极承担社会责任的企业品牌精神的认可。

美学能够为品牌制造溢价,其实就是能够增加产品的实际价值。"耐克的每种产品都显示出世界级的品质,都能满足世界最好运动员的要求,即便这些运动员只占耐克顾客的极小一部分。耐克绝不会生产二十九美元一双的便鞋,然后让大的打折商店去销售。虽然这样会让我们损失赚十亿美元的机会,但我们仍然不会动摇。"[1]为什么耐克能够做出高出竞争者的定价策略且对于损失十亿美元也不会动摇,其答案在于耐克的绩效美学。正如施密特所指出的那样,"一个有吸引的美学识别能提高产品定价"。[2]

三、在品牌塑造中如何运用美学策略

1. 立足消费者需求

在如今的消费社会中,消费者的消费需求变得更加多样丰富,物质层面的丰富也不足以满足人们的需求,人们更多地开始追求精神层面的需求满足。消费者在观察和选择一个品牌产品时,产品的基本性能固然无法忽略,但消费者在同类品牌中认定某一品牌的最终决定因素或许就是品牌产品散发出来的个性和美学。消费者的审美需求鼓励了品牌对美的追求。因此,在进行品牌传播过程中,首先要立足消费者的需求,识别消费者的审美需求,才有利于品牌风格的定位。恒源祥为2015年劳伦斯奖工作人员设计的便装衬衫、毛衫、夹克等兼具功能性

---

[1] 厉春雷:《美学视角的品牌竞争优势:价值创造与美感体验》,《学术交流》2013年第2期,第137—139页。
[2] [美]施密特、西蒙森:《视觉与感受——营销美学》,曹嵘译,上海交通大学出版社1999年版,第78页。

和实穿性,既满足便于会场工作的需求,又符合会场礼仪。

消费者的审美需求具有共性与个性并存的特点,变化过程也存在具有稳定性与动态性的特点。了解当前流行的审美趣味最直接有效的方式就是进行市场调研。做好动态且全面的市场调研能够获得有价值的市场信息,进而企业在此基础上进一步推知消费者相对稳定的审美倾向与趋向。可以从以下几个方面进行审美预测:(1)循环规律。"时尚就是一场经典的轮回。"这句话充分表明审美变化的相对稳定和绝对动态的特点。从历史发展趋向中寻找市场审美趣味的变化与流行的规律。(2)影响因素。这些因素包括经济因素、社会因素和心理因素,其中最重要的是社会因素。审美需求的变化发展是与社会的方方面面紧密联系的过程,因此要有敏锐的审美眼光并善于捕捉发展时机。(3)关注权威。审美趣味的趋向和倾向常常会受到具有权威性的商业组织的活动的引导,例如发表权威刊物、举办展览等。

2. 定位品牌美学风格

确定独特的品牌美学风格是品牌在产品同质化、产品及品牌信息多元化的市场竞争环境中抓住消费者眼球的关键。随着全球化消费社会的进步,消费者的生活形态在发生变化,逐渐形成了一定的生活风格。① 生活风格和社会风尚成为消费者选择品牌的重要依据。例如,恒源祥服饰精心打造的中国代表团礼仪装备一经登场,红黄相间的"番茄炒蛋"经典款式立刻吸引了世人的目光,精湛一流的裁剪制作也获得了奥委会和运动员们的一致好评,此外,恒源祥服饰还在2010年世博中为中国国家馆打造了中西合璧的礼宾制服,在服装设计上融合了中国馆的建筑元素和绿色低碳的环保理念,从制服的各处细节中折射出"城市,让生活更美好"的世博主旋律。② 这就启示当今的品牌企业要从生活风格和社会风尚来准确定位品牌的美学风格,品牌的美学

---

① 邹卫红、秦秀荣:《基于美学视角的品牌经营研究》,《经济研究参考》2016年第59期,第103—104页。
② 恒源祥服饰品牌介绍,http://www.hyx1927.com/BrandCont_760_754.htm。

风格不仅要给顾客带来美学感受,而且还要给顾客带来积极的内心引导和积极的价值观。品牌美学风格不能一成不变,尤其是在生活节奏不断变化的今天,品牌以消费者的审美需求与情感体验为风向标,积极进行革新,打造独特品牌美学风格。

3. 品牌设计遵从美学理念

相关研究资料指出,在人们获取的所有信息中,有 80% 的信息是通过视觉获得的,消费者会基于这 80% 的信息,在二十秒内形成第一印象。[①] 因此,产品设计必须遵从美学理念,品牌设计要体现品牌美学价值,展现品牌形式,给消费者留下良好的第一印象。感官刺激是体现品牌价值的大门,色彩、气味、质感、声响等都能对人们产生巨大心理影响,其中色彩是最直接的刺激。[②] 例如,恒源祥集团旗下时尚艺术生活品牌——Fazeya(彩羊),它的 Logo 就是一只彩色的绵羊,以正红和正黄为主,颇具中华民族的特色,也与中华老字号品牌的地位相呼应,自然而然能够获得中国消费者第一印象的好感。再例如,苹果手机系列以黑白为主打色,后续推出金色、粉色、灰色、红色、星空色等,满足对色彩敏感度高的消费人群的审美需求。除了色彩,线条元素也能带来美学感受。从美学心理的角度来看,直线条和锐角元素代表力量、坚强、果断、刚毅等阳刚之美,而曲线条和钝角代表柔和、优雅、抒情等阴柔之美。例如,Dior 真我香水的金色水滴的柔美曲线,全方位聆听女性心声,演绎了现代女性的性感自信,激情活力,让人难以割舍。产品设计与品牌设计是不可分割的,产品设计遵从品牌设计的美学理念,产品自然会散发出美学之感。

4. 广告内容营造独特审美意境

广告是品牌营销的重要策略。广告要想达到最佳的"广而告之"

[①] 转引自顾薇、张敏:《基于品牌美学的营销传播策略研究》,《艺术教育》2016 年第 6 期,第 276 页。
[②] 邹卫红、秦秀荣:《基于美学视角的品牌经营研究》,《经济研究参考》2016 年第 59 期,第 103—104 页。

的作用,不能仅仅是向观众展现品牌产品的性能、特质,而是更要从视觉上能够给予消费者独特的美的享受,为消费者创造一个不同的意境,进而打动消费者的内心,在消费者的内心留下深刻印象。意境是需要从空间和时间上来营造的,正如美学家宗白华先生说过:意境是高度、深度、广度共同营造出来的想象空间。① 只有展现"真善美"的广告才能够营造独特的审美意境,能够在众多广告中脱颖而出。广告之真体现在事实真和情感真;广告之善体现在其目的性,除了促进商品销售的商业目的外,还要能够起到激发社会正能量、陶冶心灵、抚慰情感、启迪智慧等作用;广告之美体现在画面、场景、人物的美感,画面和谐、场景自然、人物形象阳光,还需运用各类元素给观众带来美的感受。在广告设计中,可以将产品看作情感传递者的角色,以生活中表达真情实感的场景为背景,积极渲染美好情感,真正做到事实真和情感真。产品在消费者眼里拥有了丰富的感情内涵与生命力,消费者对产品和品牌的认知度和认可度也会得到提高。例如,南方黑芝麻糊广告向人们传播温情、亲情,旺旺碎冰冰的广告向人们传递的是单纯真诚、乐于分享的友情,德芙的广告向人们传递的是甜蜜浓郁的爱情。

广告除了在画面感上需要让观众感受到独特的意境,广告词的设计也是至关重要的。某些情况下,简简单单的广告词也能够为观众营造独特的意境。例如"农夫山泉有点甜"让消费者产生了它是山泉水、来自大山里的品牌联想,给消费者一种清新自然之感。再如,恒源祥的广告词"恒源祥,羊羊羊!",也能将观众带到广阔无垠、豪迈开放的大草原上。

5. 创造完美体验感

什么是体验?用哲学家和心理学家的话来说,体验是"关于"或"对"某些事和物的体验,具有针对性和倾向性。体验不仅仅是认识活

---

① 转引自顾薇、张敏:《基于品牌美学的营销传播策略研究》,《艺术教育》2016年第6期,第277页。

动,它主要是人对客观事物的一种情感态度,体验的核心、出发点和归宿都是情感。① 伯恩德·H.施密特在《体验式营销》中提到:"品牌是值得记忆的美好体验产生的感官、情感和认知的丰富源泉。"②成功的品牌之所以能够成功,主要在于最大限度地让消费者体验到品牌的美。品牌需要运用美学策略着力为顾客创造完美的体验感。正如王石说:"选择万科就是选择一种生活方式、生活态度",意在告诉消费者所消费的并不只是物质性的,更多的是生活方式的体验。品牌可以通过创造令人赏心悦目又难以割舍的体验环境,吸引消费者进行美好的体验,使他们沉浸于其中,这种体验能够满足消费者的情感需求,刺激消费者的购买欲望,进一步引导消费者的消费行为和方式,最终使消费者认同品牌文化,对品牌产生信赖感和依赖感。例如,苹果公司创始人乔布斯造出高优雅、美轮美奂的苹果系列产品,苹果系列产品的成功很大程度上源于苹果公司推出体验模式,通过特定的刺激,释放出品牌内在的情感魅力,满足消费者对高品位生活方式的追求和对个人身份的认同,渐渐使消费者对其产生难以割舍的品牌依赖感。

当今体验经济和美学经济逐渐盛行,品牌美学为成功塑造品牌提供了一个新的视角。品牌美学的提出是源自心灵的需求,慢慢上升到心灵感动层次上的品牌理念。在品牌美学的视阈下,立足消费者需求、定位品牌美学风格、品牌设计遵从美学理念、广告内容营造独特审美意境以及积极创造完美体验感,多个方面共同塑造成功的品牌。

---

① 厉春雷:《美学视角的品牌竞争优势:价值创造与美感体验》,《学术交流》2013年第2期,第137—139页。
② [美]伯恩德·H.施密特:《体验式营销》,张愉、徐海虹、李书田译,中国三峡出版社2001年版,第20页。

附录：

一、坚守价值与快乐的双重维度，积极开展美学研究和美育活动

——上海市美学学会第九届工作报告①

祁志祥

2017年6月18日，上海市美学学会第九届换届大会在东华大学延安路校区举行。会议选举第九届理事会及领导班子。四年过去了。今天我们齐聚一堂，在这里隆重举行学会第十届换届大会。请允许我代表学会做第九届工作报告，请大家审议。

过去的四年，我们恰逢改革开放四十周年、新中国成立七十周年、中国共产党建党一百周年这几个大喜的日子，也遭遇了人类历史上从未有过的新冠肺炎疫情的劫难。在上海市社联的正确领导下，在市社联学会管理处的悉心指导下，我们克服疫情造成的困难，坚持正确的政治方向，恪守美学是情感学、美育是情感教育、美是有价值的乐感对象的学术理念，在兼顾价值与快乐双重维度的前提下，积极开展美学研究与美育实践活动，使学会的向心力、凝聚力不断增强，会员规模大幅增加，组织架构不断丰富，活动机制不断完善，学术影响力和社会美誉度

---

① 时间：2021年6月19日。地点：上海政法学院上合组织培训中心207报告厅。

日益提升。在过去的一届中,学会会员大幅增长,如今达到二百二十多名,年轻会员的比例大大提高。专业委员会从无到有,成立了中小学美育专委会、书画艺术专委会、审美时尚专委会,筹备中的设计美学专委会也已开展活动,舞台艺术专委会正在积极酝酿推进中。新一届理事候选人的覆盖范围从原来的十多所高校扩展到约二十所高校。学会财务状况大有改善。通过发展理事单位,开展共建活动,提供咨询服务等,学会增收大幅增加,任内在资助出版两部学会论文集的情况下,还有部分盈余,保证了学会活动正常、体面地开展。总之,在大家的共同努力下,学会发展呈现出生机勃勃、欣欣向荣的兴旺景象。

一、坚持正确的政治方向,围绕宏大的政治主题策划学会活动

2018年是改革开放四十周年。学会围绕这个主题开展活动。2018年4月22日,作为纪念改革开放四十周年系列活动之一,学会在金山区山阳中学举行了"春回大地:中学艺术教育现场观摩研讨会"。朱立元先生是伴随着改革开放四十年成长起来的著名美学家。2018年6月24日,学会在复旦大学举行"朱立元先生美学思想贡献暨实践存在论美学观研讨会",紧扣新时期四十年美学发展的纪念主题。2018年11月18日,学会在上海外国语大学举办"中外美学的对话与回顾高层论坛",同样联系四十年中国美学研究的历程。会议结束后举行的文艺联欢中,田奇蕊、高祥荣朗诵的金柏松《外滩早晨6点的钟声》,以独特的视角讴歌改革开放四十年取得的成就,引发巨大社会反响,新华社记者专程做了采访。2019年是新中国成立七十周年。11月16日,学会在同济大学举办"纪念新中国七十年美学研究暨设计美学高端论坛",凸显了这个主题。12月18日,学会在曲阳地区举办"庆祝新中国七十年上海市美学学会首届书画篆刻艺术展"。今年是建党一百周年纪念之年。学会的活动尽量贯穿这个主题。1月20日下午,学会在上海环球金融中心29楼的云间美术馆,为徐汇区汇师小学三年级雏鹰小队的小学生及其家长举办了一场红色经典书籍鉴赏会,重点讲

述《红岩》《红日》《太阳照在桑干河》《林海雪原》等作品对中国共产党百年奋斗历程的艺术反映及其特色。6月17日,学会与中央数字电视国学频道上海工作中心合作,在白玉兰广场举办全国书画印名家作品邀请展,也凸显了庆祝建党百年的主题。

与此同时,加强学会的党建工作,通过党组成员对会员群进行信息管理,维护了群众良好的政治生态。

二、坚守学术本位,开展高质量的学术活动

学会姓"学",组织的重大活动必须坚守学术本位,立足基础理论研究,紧扣学术前沿,保证学术含量。上海是全国美学研究的重镇,应当在美学基础理论研究方面追求引领全国风气之先。我们主要是从两方面着手努力的。一方面,重视一年一度年会学术主题的设计,安排会员中有成就的专家学者作主题发言,甚至邀请全国的部分名家作为嘉宾分享成果。2017年11月18日,"中华美学精神高层论坛"在上海大学举行,不仅本会的专家,上海市哲学学会、上海市伦理学会的部分专家共做主题分享。2018年11月18日,"中外美学的对话与回顾高层论坛"在上海外国语大学虹口校区举行。学会安排了十二位老中青学者分四场做主旨发言。2019年11月16日,学会与同济大学联合举办"纪念新中国七十年美学研究暨设计美学高端论坛",邀请了中国文艺评论家协会副主席毛时安先生、中华全国美学学会副会长厦门大学的杨春时教授和首都师大王德胜教授、中国人民大学的美学家袁济喜教授、同济大学的哲学家孙周兴教授共襄盛会,各抒高见,拓展了会员的学术视野。2020年11月21日下午,学会年会在上海国际时尚教育中心举行。主题聚焦当前美学学科发展的前沿问题。另一方面,为学会成员的重要成果举办研讨会,共同探讨、挖掘其学术价值。2018年6月24日,学会为朱立元先生的实践存在论美学观举行研讨会,会后由张宝贵、曹谦等人撰写了一组研讨文章,在《上海文化》杂志发表。2018年10月28日,学会与上海市哲学学会、上海市古典文学学会、上海市作家协会理论委员会联合主办"中国美学的演变历程高端论坛"暨《中国美学全史》五卷本恳谈会，会后，《东南学术》发表了陈伯海、董乃斌、欧阳友权的笔谈，《人文杂志》发表了袁济喜、夏锦乾等人的笔谈，《上海文化》发表了毛时安、周锡山的笔谈，产生了良好的学术反响。

三、面向实践，服务社会，积极开展美育活动

学会的基础理论研究不能闭门造车，脱离实际，它有必要接受审美实践的检验，也有责任服务社会，向大众进行传播。在当下流行着"美不可解"、美丑混淆，甚至美丑颠倒乱象的现状下，重温亚里士多德"美就是自身具有价值并同时给人愉快的东西"的古训，吸收现代美学的"关系"论成果，明确"美是有价值的乐感对象"，确认美的价值和快乐双重标准，对审美实践具有十分重要的指导意义。

在这方面，学会做的一件具有重大意义的事情，是调动上海和全国的专家资源，在上海市各高校和部分中小学开展普及性、大众化的美育系列讲座。讲座旨在矫正当下"美不可解"、美丑不分的审美乱象，帮助大学生和部分中小学教师正确辨别美丑义界，树立健康的审美观，从快乐和价值两个维度从事审美欣赏和创造，美化人生和社会。这轮讲座周期为二年，计划一年设十讲，共二十讲。今年3月开始，明年底结束。目前已进行了五讲。演讲覆盖的学校有复旦大学、上海交大、华东政法大学、上海政法学院、上海视觉艺术学院、上海师大、上海大学、上海建桥学院、上海第二工业大学、上海商学院、行知实验中学、枫泾中学、进才实验小学、杉达学院，下学期华东师大、上海音乐学院、上海戏剧学院、同济大学也将参加进来。演讲结束后根据录音整理成文，在《上海文化》上选登，最后统一结集出版。这将成为中国当代美学史上的标志性事件。

此外，三个专业委员会在学会的整体布局下积极开展各具特色的美育实践活动。

1. 中小学美育专委会活动

2018年4月22日,"中学艺术教育现场观摩会"在金山区山阳中学举行。六十多名与会人员观摩了山阳中学学生独具特色的龙狮舞、红鼓、中国画、葫芦丝、古筝、马巴林等民间才艺以及管乐表演。

2019年4月23日,学会中小学美育实践基地授牌仪式在上海市进才实验小学举行。授牌的三所基地学校分别是上海市枫泾中学、山阳中学和进才实验小学。同时举行了上海市美学学会中小学美育课题开题论证会。

2019年11月13日,枫泾中学师生书画成果展开幕。

2020年7月28日,学会给上海艺承明鑫艺考学校举行授牌仪式,授予其学会美育实践基地铜牌。

2020年9月26日举行授牌仪式,授予行知实验中学"上海市美学学会理事单位"称号和"上海市美学学会美育实践基地学校"铜牌。同时举行学会美育课题开题论证会。

今年4月9日,学会与宝山区教育局联合开设的"行知美育大讲堂"正式开讲,为期两年,上半年已组织三讲。该讲堂由行知实验中学负责承办。

5月22日,专委会举行罗店中学美学特色成果观摩研讨会,观摩了该校学生在管乐演奏、弦乐培训、书画篆刻、民俗艺术、心理辅导等方面取得的成果,并就该校在艺术教育方面的成功经验和存在困惑进行研讨。

2. 书画专委会开展的艺术创作展活动

2019年12月18日,书画专委会举办了上海市美学学会首届书画篆刻作品展,共展出三十多位会员的五十多幅作品。同时还举办了书画研讨会。青年书画家、红木家具商陈贵旭为此做出重要贡献。

2020年10月30日至11月1日,学会书画专委会主办的"朗迪杯"中医药文化书画展在上海图书馆二楼展厅举办。本次书画展收到成人投稿作品五百八十二幅,少儿投稿作品一千零一十五幅。最后选出成人作品一百二十四幅、青少年儿童作品一百五十幅参展。

2021年1月16日,"迎新春书画艺术佘山论坛"在上海政法学院隆重举行。三十多人出席了本次论坛。上海政法学院是上海市美学学会的挂靠单位。2020年岁末,上海市美学学会调动书画专业委员会的力量,邀请沪上及全国部分书画名家,为学会所在的佘山校区、普陀校区活动场所创作书画作品。这是一次拥有很高水准的艺术展示。当中既有金柏松、洪谷子、杨永法、钟景豪、何积石等老一辈艺术家的杰作,也有孙进将军、张维平将军和刘德兴、毛娟、詹东华等名人、学者的作品,还有许多年轻书画新秀的作品。

同时,书画专委会秘书室主任汪鑫以独具特色的设计为新会员办理电子会员证,会员证的精美广受欢迎。

3. 审美时尚专委会开展的活动

2017年6月学会换届后,审美时尚专委会主任王梅芳邀请东华大学设计师,以"美"字的巧妙变形设计了学会标志,为学会公众号、电子会员证、学会各种会议和上海美育大讲堂的海报设计统一使用,为传播上海市美学学会的学会形象做出重要贡献。

2020年8月28日,在临港新片区挂牌一周年之际,审美时尚专业委员会主办了"走进临港新片区时尚艺术展",二十多家知名媒体予以报道。

今年4月28日,审美时尚专业委员会与建桥学院在临港游艇俱乐部举行"审美时尚高端论坛",促进了校企合作联动。

与此同时,筹备中的设计美学专委会5月23日在北外滩1929艺术空间华人美术馆举行室内设计美学高端论坛。本次活动由沪上著名设计师于是负责承办。6月18日,设计美学专委会负责人同济大学邹其昌教授负责举办中国设计理论与国家发展战略学术研讨会。来自全国各地的四十多位学者参加会议并提交论文。

四、改进年会形式,增强学会活动的艺术性、趣味性

2018年3月2日,在上海市社联学会工作经验交流会上,我有幸应邀发言。我发言的题目是:"坚持有学术含量、有趣味的活动原则,将学会办成有凝聚力的会员之家"。美学学会既姓"学",又姓"美"。如何使美学研究的学术活动变得具有令人愉快的美的"趣味",是我们一直在思考的课题。

美学以研究艺术美为重要使命。艺术理论工作者应努力避免纸上谈兵,密切联系艺术实践。同时,本会也有部分艺术家和艺术爱好者。如何把他们的艺术特长发挥出来,把他们的积极性焕发起来,丰富学会活动的形式,增强学会活动的感染力,确实是学会工作值得努力的方向。从2018年的年会起,连续三届,我们在学术研讨之余留出一小时左右的时间,作为辞旧迎新的文艺联欢环节。演出的节目有独唱、合唱、诗朗诵、器乐演奏、拳艺等,深受会员欢迎。演出结束后进行后期录像编辑处理,在腾讯网发布,留下美好记忆,产生了广泛的社会影响。

此外,学会还注意开展有趣味的艺术特色活动。如2020年8月23日,学会在衡山路创邑空间组织了金柏松诗集朗诵、研讨会;2020年9月19日下午,学会协办的云间朗诵沙龙在松江泰晤士小镇市政广场举行。

五、不忘传统,留住血脉,开展"向老会长致敬"系列研讨

学会发展到今天,在我之前,经历了四任会长。走近老会长,了解他们的美学思想和贡献,梳理学会发展过来的美学传统,不仅是现实的需要,也是学会工作的要求。学会一届四年。从2018年起到今天,我们一年回顾、讨论一位老会长,恰好完成了向四位老会长致敬的系列研讨活动。

2018年6月24日下午,学会在复旦大学举行朱立元先生美学思想贡献暨实践存在论美学观研讨会"。学会理事、在沪工作的部分朱门弟子以及慕名而来的青年学者五十余人出席了本次活动。与会者高度肯定朱立元先生在西方美学通史主编、实践存在论美学观建构等方面所作的贡献,以及和而不同、多元共存的学术气度。

2019年4月27日下午,学会在上海音乐学院举办第一任会长贺绿汀先生音乐美学思想及贡献研讨会。会议回顾了贺绿汀先生在音乐创作、理论研究、音乐教育方面取得的杰出成就,并举行了贺绿汀先生音乐作品演奏会。

2020年11月21日下午,学会在上海国际时尚教育中心举行第二任会长蒋孔阳先生的美学思想及其贡献研讨会。蒋先生弟子及再传弟子张德兴、陆扬、张弓等做主题发言。与会者对蒋先生在德国古典美学、先秦音乐史研究、实践美学体系建构等方面取得的成就表示高度肯定。朱立元教授在评议中指出:蒋先生的美学是以实践论为基础、以创造性为核心的审美关系学,是"面向未来的美学"。

2021年5月30日,学会在上海政法学院普陀校区举行第三任会长蒋冰海先生的美育思想及其贡献研讨会。朱立元、姚全兴、夏锦乾等十多位新老会员代表出席,共同缅怀蒋冰海先生在美育理论建构与企业美育、学校美育、学会活动开展方面所做的重要贡献。

在开展"向老会长致敬"系列研讨的同时,学会还组织专题研讨,表达对学会前辈学者成就的尊重和敬仰。

2019年5月11日,学会在上海大学为学会资深理事、著名艺术理论家金丹元先生举行艺术美学成就研讨会。

2019年6月14日,本人与著名文艺评论家毛时安先生来到上海师范大学奉贤校区举行上海市社联东方讲坛科普宣讲会,讲述上海文学艺术终身成就奖获得者徐中玉先生的学术历程、文艺主张及学术贡献。

2020年11月15日下午,学会参办"徐中玉先生追思会暨《徐中玉先生传略》新书发布会",表达上海美学界对徐中玉先生人品与文章的崇敬和怀念。

六、培养青年,扶持后学,青年沙龙做好传帮接力

学会工作既要坚持尊重前辈,又要兼顾扶持后学。一年一度的青年沙龙是学会的传统特色项目。在本届之前,青年沙龙固定在 M50 现代艺术空间举行,讨论的主题是现代绘画艺术。如何变化出新,又更贴近青年会员的需要,是新一届学会面临的课题。2017 年 9 月 23 日,学会在黄浦区国际文化众创空间举办"创意设计与美学"青年论坛,体现了过渡特色。从第二年起,学会与青年沙龙负责人、副秘书长汤筠冰共同商量,结合青年人学术成长中经常面临的问题,确立"演讲的艺术""评议的艺术""主持的艺术"三个系列主题,一年讨论一个。2018 年 9 月 1 日"演讲的艺术"青年论坛在上海政法学院普陀校区举办。2019 年 9 月 23 日,"评议的艺术"青年论坛在上海师范大学桂林路校区举办。2020 年 9 月 13 日,"主持的艺术"青年论坛在上海国际时尚教育中心举行。论坛邀请嘉宾做经验分享,并回答与会青年学者提出的问题,对青年人的学术成长确实产生了促进作用。

此外,2019 年 7 月 27—28 日,学会还与中国艺术学理论学会、上海戏剧学院联合举办"全国首届戏剧美学博士生论坛"。来自全国及英国、俄罗斯、白俄罗斯、泰国等高校的约八十名艺术学博士生出席本次论坛。活动产生的影响不仅遍及全国,而且扩展到海外。

七、开门办会、扩大影响,提升社会美誉度

美是道德的象征、真理的化身。艺术是美的重要载体。美只有在传播中才能实现自身。美学与伦理学、哲学、艺术学、传播学密切相连,呈交叉状态。美学学会的活动只有坚持开门办会,道路才能愈走愈宽广。2017 年 11 月 11—13 日,学会与南开大学文学院、中国人民大学文学院、《探索与争鸣》杂志社、天津市美学学会在天津合作举办"听觉文化国际学术研讨会"。2018 年 10 月 28 日,"中国美学的演变历程高端论坛"由学会与上海市哲学学会、上海市古典文学学会、上海市作家协会理论委员会联合主办。去年10月31日至11月2日的朗迪杯中医药文化书画艺术展,由学会与山西振东集团、上海六力文化公司以及中国中药协会、中国非处方药物协会、中国书画家联谊会长三角书画艺术委员会、上海市书法家协会、中央数字电视书画频道上海中心合办。去年11月15日的"徐中玉先生追思会暨《徐中玉先生传略》新书发布会",学会与上海市作家协会、华东师大中文系、百花洲文艺出版社、上海政法学院文艺美学研究中心以及中国文艺理论学会、中国古代文学理论学会、全国大学语文研究会联合举办。去年11月10日,学会作为参办单位之一,跻身国家会议中心,参办2020北京国际公益广告大会"坚持公益之路,弘扬中华魂脉"分论坛,本人做主旨发言:"公益广告的美学追求:行善理念的悦人呈现",并接受央视节目主持人辛嘉宝的访谈。这次北京国际公益广告大会由中共北京市委宣传部、北京市广播电视局主办。今年4月9日开讲的"行知美育大讲堂",是与宝山区教育局的合作项目,听众覆盖宝山区教育局下属的个中小学艺术教师。今年6月17日,"纪念建党百年第二届全国书画印名家作品邀请展"在白玉兰广场空中大厅举行。主办单位是上海市虹口区委宣传部、中视文旅艺术研究院中央数字电视国学频道上海工作中心,承办单位是中视文旅中国画研究院、版画研究院、书法研究院、篆刻研究院、美学研究院,本会作为协办单位,与虹口区文学艺术联合会、虹口区文化和旅游局、虹口区美术家协会、虹口区北外滩街道办事处、东方有线网络有限公司、虹口区融媒体中心一起参与进来。目前我们与奥运赞助商、百年民企恒源祥的战略合作也在推进落实中。开门办会提高了学会的影响力和美誉度,大大增进和拓展了学会与相关高校、政府机构、企事业单位的学术交流与文化合作。

八、利用新媒体,建立公众号,加强学会动态报道与学会管理

适应新媒体发展的形势,本届学会建立了学会公众号,由副秘书长范玉吉负责管理实施。公众号主要承担两项任务,一是及时发布学会活动报道,二是展示学会会员的代表作。截至今年 4 月 8 日统计,过去的四年中,学会公众号共发布学会活动报道六十多条,分享会员美学研究论文七十九篇,发布相关链接信息三十二篇。那以后到现在又发布了学会活动报道的几十条信息。大大扩展了学会的影响力,增进了会员之间的了解,促进了学术研究的深化。

与此同时,建立学会会员微信群,鼓励会员分享美学信息,展示艺术成果,相互切磋,增进友谊。学会还建立了理事微信群。在 2020 年上半年疫情防控期间,理事微信群成为学会讨论工作、表决新会员和学会决议的重要平台。

本届学会在协助上届会长朱立元先生编撰出版论文集《美学与远方》(上海人民出版社 2017 年版)的基础上,从 2020 年上半年开始,向会员征集最新理论研究成果,编辑《美学拼图》论文集,后来又根据书中留白征集、穿插本会会员的书画篆刻作品。如今,这部图文并茂的著作不仅作为过去四年的会员成果展,而且作为建会四十周年的献礼作品已由复旦大学出版社出版。它的体量达六十万字,插图三十七幅,汇集了上海老中青学者及艺术家的美学论文及书画印代表作,成为反映和展示上海美学届最新风貌的一扇窗口。

此外,在学会管理上,坚持尊重学会、热爱学会、平等均衡、民主协商,在照顾灵活性的同时坚持基本的原则性,保证了学会生态的健康、良性发展。

各位会员:日月如梭,岁月如歌。过去的四年,在上海市社联的指导关心下,在全体会员的共同努力下,学会工作取得了很大发展,呈现出勃勃生机。但成绩只能说明过去,奋斗永无止境。新一届的大门今天开启,未来四年向我们招手。让我们团结协作,共同努力,再接再厉,再造辉煌,开创学会工作新局面!

二、2021年,我们这样走过

——上海市美学学会年度工作回顾[①]

祁志祥

即将过去的2021年是不平凡的一年。上海市美学学会在上海市社联的正确领导下,按照防疫要求克服困难积极开展学会工作,学会的社会影响力进一步提升和扩大,学会工作取得了新的突破。现将过去一年所做的工作回顾、总结如下。

一、学会层面做了八方面的工作

1. 6月19日举行第十届换届大会和学会成立四十周年纪念大会,顺利实现了学会新老班子的交接。以学会的社会影响力获得社会资源的全额资助,出版了过去四年的学会会员作品集,篇幅达六十万字,配有会员的书画作品,向建会四十周年献上了一份厚礼。为确保顺利换届,2月28日召开换届工作筹备会议,3月7日召开学会第九届最后一次理事会,4月11日召开第十届新晋理事候选人见面会。为保证新一届学会工作上新台阶,6月19日晚举行第十届学会第二次理事会。

2. 邀请上海及全国美学专家,以与上海各高校及部分中小学联办的方式,开设"上海美育大讲堂"。加盟联办的单位目前达到二十多

---

① 时间:2021年11月19日下午。地点:上海市漕溪北路41号社科会堂报告厅。

家,有上海交大、复旦大学、华东政法大学、上海师范大学、上海政法学院、上海视觉艺术学院、上海建桥学院、上海第二工业大学、上海大学、上海商学院、华东师范大学、上海戏剧学院、上海音乐学院、同济大学、杉达学院、枫泾中学、行知实验中学、进才实验小学、罗店中学、上海市宝山区教育局、全国幸福教育联盟、《上海文化》编辑部。按照一个学期五讲的设计,迄今为止完成了九讲。分别是本人担任首讲,讲题一,《"美育"的完整义涵及其实施途径》;讲题二,《"美"的解密:论"美是有价值的乐感对象"》,讲题三,《中国传统美学的"乐感"精神及其当代意义》,分别在 3 月 22 日、23 日、24 日、25 日、26 日、30 日、31 日、4 月 2 日、6 日、7 日、9 日、27 日等时间做了十几场讲座。中南大学教授、中国作家协会网络文学委员会副主任欧阳友权担任第二讲《网络时代能否打造文学经典》,4 月 12 日至 16 日讲了五场。哈尔滨音乐学院院长、中国音协第九届副主席杨燕迪担任第三讲《交响乐鉴赏之道:美学品格与形式规范》,4 月 28 日至 30 日讲了三场。中国社会科学院哲学所研究员、国际美学协会原总执委刘悦笛担任第四讲《中国人的生活美学》,5 月 10 日至 13 日讲了五场,上海交大人文学院院长、欧洲科学院外籍院士王宁担任第五讲《全球人文与中国学者的担当》,5 月 25 日、26 日讲了两场。复旦大学国家文化创新研究中心主任、中国传播学会副会长孟建担任第六讲《中国美好形象的建构与传播》,9 月 28 日、29 日、10 月 13 日讲了四场。原中国文艺评论家协会副主席毛时安担任第七讲《我们需要什么样的美好艺术》,10 月 12 日、13 日、15 日、11 月 12 日、19 日讲了五场。中国古代文论学会会长、华东师大中文系教授胡晓明担任第八讲《江南文化的审美品格》,10 月 25 日、28 日讲了两场。中国传媒大学人文学院院长、中国辽金文学研究会会长张晶担任第九讲《谈谈艺术训练》,由于疫情限制,11 月 8 日、12 日线上举行了两场。初步形成了品牌效应。

3. 5 月 30 日,向老会长致敬系列收官,研讨蒋冰海先生美育思想及贡献。

4. 10月23日,在华东政法大学中北校区开设新一轮青年沙龙,讨论美学前沿问题。之一是美的本质与非本质关系问题。

5. 与恒源祥的战略合作:3月29日,为恒源祥集团全体中层高管举行恒源祥大讲堂首讲《谈"美"是有价值的乐感对象》。4月8日,恒源祥集团有限公司的董事长兼总经理陈忠伟来访商讨与学会战略合作事宜。10月9日,与恒源祥成功签约,一年一辑的"恒源祥美学文选书系"计划于2022年9月推出,第一辑名为《中国当代美学文选2022》。

6. 会员规模不断扩大,目前已近三百人;公众号信息更加丰富,社会影响力倍增。

7. 社会合作不断拓展。鉴于学会的良好社会影响,8月13日,应邀与上海一条科技网络公司高管商议"美学大赏"项目合作;9月7日,应邀与上市公司子公司美学疗愈文化(上海)有限公司签订理事单位合作协议;9月15日,会长应邀代表学会参加联合国教科文组织国际工程教育中心在清华大学举行的芭蕾美育进清华项目发布会,并作主旨发言。

8. 继上海政法学院学会活动室挂牌后,随着会长工作单位的变动,7月19日,学会会员之家在上海交大徐汇校区第一教学楼人文学院挂牌。10月28日,交大徐汇校区人文学院院院长会客厅举行书画捐赠仪式。学会活动得到交大人文学院领导全力支持。于是有了这次高规格的年会。

二、三个专委会开展的活动

1. 中小学美育专委会。1月20日,上海环球金融中心"云间美术馆"与汇师小学学生谈红色经典之美。3月5日,上海市社科研项目《上海疫情防控下中小学美育如何开展》在枫泾中学举行评审汇报会。4月9日,行知美育大讲堂举行揭牌仪式并开讲。5月22日,举行罗店中学美育工作现场观摩交流会。9月23日,举行罗店中学美育基地授牌仪式。

2. 书画专委会。1月16日,迎新春书画艺术佘山论坛在中国—上合组织培训基地举行。2月15日,在钟景豪书画工作室举行专委会主任工作会议,策划全年工作。6月17日下午,学会在北外滩白玉兰广场空中大厅参办全国书画篆刻名家作品邀请展。10月16日,举行何积石先生诗印书画艺术研讨沙龙。12月26日,在杭州国际博览中心举行首届中国医药企业家摄影书画艺术作品展。

3. 审美时尚专委会。4月28日,在临港主办"多维时尚面面观论坛"。10月21—22日,参办"中华杯·时尚盛泽"数字艺术设计大赛颁奖盛典。

4. 设计美学专委会。1月8日,在上海科大创艺学院举行设计美学专业委员会筹备会议。3月14日,上海政法学院普陀校区举行今年活动策划会议。3月20日,到理事单位觉木装饰设计工程公司考察。5月23日,北外滩举行室内设美学高端论坛。6月18日,协办中国设计学论坛。10月23日,与南工程技术大学联办大美育人与全国设计理论教学高端论坛。

5. 舞台艺术专委会。5月17日,邀请伍维曦、支运波、吴斐儿谋划成立舞台艺术专委会。为大家提供《上海市科技节颁奖晚会》《红场上的红流》《诗歌的江南》等四次演出戏票。

各位会员:以上成绩的取得是大家共同奋斗的结果。请允许我向大家表示衷心的谢意。牛年即将过去,虎年正向我们走来。让我们在会长工作单位上海交大的大力支持与合作下,在社会各界有美学情怀的企事业单位的共同参与下,以品牌意识运作学会,开拓思路,创新思维,虎跃龙腾,虎虎生威,在新的一年将学会工作做得锦上添花!

三、永不凋谢的绒线花

——民族品牌恒源祥与奥运会的合作历程

陈忠伟

2022年北京冬奥会和冬残奥会的颁奖仪式上，运动员的获奖花束一改鲜花传统，被鲜艳亮丽、栩栩如生的绒线花所取代。她不仅体现了绿色、环保、廉洁、开放的办会理念，而且时尚、立体，具有点彩派现代画风格；不仅向世界展示了海派绒线编结的非物质文化遗产魅力，更重要的是可以成为运动员永不凋谢的珍藏。而这项创意，就出自恒源祥。

恒源祥是诞生于1927年的民族品牌。改革开放以来重获新生，在许多老字号民族品牌被外国品牌并购消亡之际，恒源祥在第二代掌门人刘瑞旗的运筹帷幄下，不仅成为国内家纺行业的龙头老大，而且成为向世界纺织行业进军的国际品牌。这次作为双奥之城的双赞品牌，恒源祥以永不凋谢的绒线花为全世界的运动员和观众留下了美好且难忘的历史记忆。

在北京冬奥会文化展示体验区中，恒源祥又别具巧思，献上了另一件非遗礼物《绒之百花·春之镜像》。依然采用海派绒线编结技艺，主角仍然是绒线花。一千余朵绒线花从天而来，花与观众的面孔一同映入在地上的镜面中，呈现出一幅百花齐放、祥和迎春的画面。海派绒线编结技艺体现的是中国的手工艺技艺，彰显了中国文化的自信与魅力，如果说颁奖花束是历史人文的呈现，那《绒之百花·春之镜像》偏重于当代艺术的表达，通过中西合璧、传统与现代相结合的手法，在平衡色彩、大小、形状等视觉元素后通过空间艺术创作，最终呈现出一件美轮美奂的艺术作品，成为体验区中夺目的存在。恒源祥对线情有独钟。中国人常说"情牵一线"，恒源祥借绒线花创意出新，做足文章。花的意象最能表达"各美其美、美人之美、美美与共、天下大同"的理念。恒源祥用充满爱意的无限之"线"把五大洲饱受疫情影响变得疏离的人们连接起来，编织人类文明的大美与大爱，共同祈盼全人类祥和之春的到来。

在北京冬奥会冬奥村里，恒源祥设计制作的抱枕被也受到各国运动员们的青睐。她是可以被冬奥健儿们带走的床上用品。"这既是枕头，也是毯子，天才的设计！"运动员们入住冬奥村后看到抱枕被后，纷纷在社交软件上分享，在网络上掀起了一股热潮。恒源祥在为运动员带来暖心呵护的同时，更可以让他们回国后延续一份源源不断的情谊。小小抱枕被，内有大乾坤。初看是一个方形靠垫，一面印有北京冬奥会会徽，另一面是北京冬奥会吉祥物冰墩墩和雪融融。拉开抱枕拉链后，立即变身成一条实用的被子，被子内里印有蓝白两色的本届冬奥会体育图标，这源于二十多年前的一段历史。1996年，恒源祥为庆祝现代奥林匹克运动会诞生百年，组织其支持的"好小囡万能双手俱乐部"的一百位青少年，创作了一百枚奥运体育图标的篆刻印章，制作成了《百人百项百印庆百年》的艺术作品，到瑞士洛桑赠送给了国际奥委会总部。恒源祥为本届冬奥村提供的抱枕被上依然延续使用这些图标元素，不仅充分体现北京冬奥会的中国文化特色，同时也延续了恒源祥长期用艺术形式传播奥林匹克精神的传统。品牌经营与奥运精神在历史文化传承上，都在塑造着一种"源远流长"。

成为奥运会赞助商，是恒源祥品牌战略的最为重要的组成部分。2008年，恒源祥作为世界纺织服装行业的唯一代表，成为北京奥运会赞助商。从那至今，恒源祥已连续为八届夏冬奥运会提供了赞助服务。

1896年，现代奥林匹克运动在希腊雅典正式诞生。2001年7月13

日，时任国际奥委会主席的萨马兰奇先生在莫斯科宣布：第29届奥运会将于2008年在北京举行。奥运会已经成为全球最有影响力的盛会之一，并被全人类尊敬和崇拜。在奥林匹克"更快、更高、更强"的口号指引下，1995年恒源祥立下誓言：总有一天，恒源祥要出现在奥运会和"世界杯"上。2005年12月22日，是奥运历史值得记载的一笔，也是中国历史值得记载的一笔，更是中国纺织服装业值得记载的一笔。恒源祥作为一家纺织服装企业第一次成为奥运会的赞助商，这是所有恒源祥人的骄傲与自豪！

在过去的发展历程中，恒源祥已经在广大消费者的心目中建立起了非常高的知名度，但这只是品牌建设迈出的第一步，我们还要向更高的目标迈进，即恒源祥品牌在消费者心目中的美誉度。但随着经济和科技等的全球化发展，提升品牌价值的难度越来越高。如何用最短的时间提高恒源祥的品牌美誉度呢？我们选择赞助奥运。

奥林匹克所创造的文化、精神、内涵和美誉度已在全球人民心中深深扎根，它所创造的公平、公正的竞技舞台，它所倡导的友谊、团结的理念，让所有热爱它的人都心向往之。恒源祥赞助奥运就是要把奥林匹克的精神充分融入恒源祥品牌的内外生态体系中，这是品牌进一步从知名度向美誉度跨越的前提。

回首恒源祥与奥运共同成长发展的历程，留下的是一个个生动难忘的历史记忆。

1997年5月，恒源祥集团创始人刘瑞旗在瑞士洛桑国际奥委会总部，拜访时任国际奥委会主席萨马兰奇，百年恒源祥的奥运梦从这里迈出坚实的第一步。

2005年12月22日，恒源祥正式签约成为北京2008年奥运会赞助商，成为奥运会历史上第一家非运动纺织服装的赞助商，恒源祥"用绒线编织的奥林匹克梦想"，十年不懈终圆梦，是载入恒源祥品牌发展史的里程碑事件。

2008年5月22日，19000幅窗帘、35200只枕套和49920条床单等北京2008奥运会物资装备发车,从恒源祥家纺一厂运往北京奥运村的物流中心,助力北京奥运,恒源祥向前的每一步都是全力以赴。

2008年8月8日,由恒源祥为中国体育代表团精心打造的国旗色奥运礼服,昂"羊"亮相北京2008年奥运会开幕式,中国人展现的精气神惊艳世界,恒源祥品牌在世界舞台的首秀,万众瞩目,闪闪发光。

2012年7月27日,中国体育代表团再次身穿由恒源祥打造的奥运礼服,亮相伦敦奥运会开幕式,这是恒源祥又一重要历史时刻,品牌精神正在加快与"更快、更强、更高"的奥林匹克精神融合的步伐。

2016年8月6日,中国体育代表团第三次身着由恒源祥量身打造的礼服,亮相巴西里约奥运会开幕式,中国品牌恒源祥与三次身披"红黄之力"的中国军团一起,成为全世界美好而深刻的集体记忆。

2019年11月18日,恒源祥签约成为2022北京冬奥和冬残奥会官方正装和家居用品赞助商,中国名"羊"恒源祥五度携手奥运成佳话,在走向国际的进程中,恒源祥品牌知名度和美誉度得到显著提升。

2021年7月23日,不只身披国旗的"红黄之力",更是心系世界的"湛蓝胸怀",恒源祥为东京奥运会难民代表团制作礼仪服饰,奥林匹克让世界"更团结",恒源祥这束"和平之光"也成为无数国人之骄傲。

2021年8月24日,在东京残奥会开幕式上,中国代表团身穿由恒源祥提供的礼服亮相,象征平等与融合的湖蓝色调与现场灯光和烟火交相辉映,成为奥运赛场上一道亮丽的风景,"情同与共 昂YOUNG无限",恒源祥祝愿生命之光在每个人身上闪耀!

告别东京,相聚北京。2022年北京冬奥会,我们用绒线编织了一道道美丽的风景,更孕育着中国品牌新国潮的生命力!

奥运是一次改变国家、企业和个人命运千载难逢的机会。历史已经清楚地证明,举办一次奥运可以振兴一个国家,赞助一次奥运可以振兴一个品牌,用好一次奥运资源可以改变一个人的人生。

恒源祥作为历史悠久的民族品牌,秉承的"做长做久、持之以恒、追求卓越"的理念,这种理念与奥运精神是高度契合的。恒源祥的目标指向未来和恒久。恒源祥与奥运的携手合作,意味着恒源祥理念与奥运精神的融合与交织,意味着百年品牌文化基因的沉淀与提升,将成为引领每一个恒源祥人的心中明灯,让恒源祥品牌不断成就"无限之线"的恒好未来!

《大鱼天地》,金柏松作

书画作者索引

封面插画
恒源祥非物质文化遗产作品：永不凋谢的绒线花

扉页题字
周　斌（上海交通大学人文学院教授，联合国总部新闻部NGO组织"国际书法联合会"主席）

国　画
陈若晖（福建省东方画院创院院长、福建省美术家协会山水画艺委会顾问），作品见封底

乐震文（上海觉群书画院院长、上海市文史研究馆馆员），作品见目录第12页

劳继雄（著名书画鉴赏家、画家），作品见编委会第6页

杨国新（安徽省美术家协会原主席、中国美术家协会理事），作品见前言第14页

谢　麟（广西壮族自治区美术家协会名誉主席、中国美术家协会理事），作品见正文第48页

武千嶂（中国诗书画研究会上海分会艺术顾问、山水画专业委员会主任），作品见正文第277页

谌宏微（贵州省美术家协会原主席、中国美术家协会理事），作品见正文

第 278 页

金柏松（上海市美学学会书画专委会名誉主任），作品见正文第 461 页

版　画

卢治平（上海虹桥半岛版画艺术中心艺术主持、中国国家画院版画专业委员会研究员），作品见正文第 13 页

姜　陆（天津美术学院原院长、中国美术家协会版画艺术委员会名誉主任），作品见正文第 47 页

班　苓（安徽省文史馆馆员、中国美术家协会第五届版画艺术委员会副主任），作品见正文第 144 页

代大权（清华大学美术学院长聘教授、博士生导师，中国文化艺术发展促进会版画专业委员会执行主任），作品见正文第 234 页

陈　超（中国文化艺术发展促进会版画专业委员会秘书长、研究员），作品见正文第 312 页

张敏杰（中国美术学院教授、壁画系首任系主任，中国美术家协会版画艺术委员会副主任），作品见目录第 7 页

朱建辉（启东版画院院长、中国美术家协会藏书票研究会常务理事），作品见正文第 397 页

罗贵荣（中国国家画院研究员、英国皇家版画协会荣誉会员），作品见正文第 398 页

书画统筹

史赟淇（中国数字电视国学频道上海中心主任）

463